教育部高职高专规划教材

轧 钢 机 械

文庆明 主编

李森林 主审

化学工业出版社

教材出版中心

·北 京·

本书主要介绍钢坯、板带钢生产设备、线材轧机、钢管轧机和万能轧机以及轧钢机械设备的结构、工作原理与设计计算的理论及方法。为了适应技术发展和技术进步的要求，本书还简要介绍了目前国内外多种主要的新型轧机，并对其发展、原理、特点、结构和应用等进行了较为详细地叙述。

本书内容特点是：突出实用性，根据高职高专教育的特点，突出应用能力的培养，强调实用性；体现先进性，注重轧钢机械新技术贯穿教材各章节；突出理论联系实际。

本书可作为冶金机械专业、金属压力加工专业和机械工程专业的选修课教材或教学参考书。也可供从事轧钢生产、设计和设备制造与维修等工程技术人员参考。

图书在版编目（CIP）数据

轧钢机械/文庆明主编. —北京：化学工业出版社，2004.6（2025.2重印）
教育部高职高专规划教材
ISBN 978-7-5025-5788-1

Ⅰ.轧… Ⅱ.文… Ⅲ.轧制设备-高等学校：技术学院-教材 Ⅳ.TG333

中国版本图书馆CIP数据核字（2004）第053391号

责任编辑：高　钰　　文字编辑：廉　静
责任校对：边　涛　　装帧设计：郑小红

出版发行：化学工业出版社（北京市东城区青年湖南街13号　邮政编码100011）
印　　装：北京科印技术咨询服务有限公司数码印刷分部
787mm×1092mm　1/16　印张17　字数422千字　2025年2月北京第1版第12次印刷

购书咨询：010-64518888　　售后服务：010-64518899
网　　址：http://www.cip.com.cn
凡购买本书，如有缺损质量问题，本社销售中心负责调换。

定　　价：58.00元

出版说明

高职高专教材建设工作是整个高职高专教学工作中的重要组成部分。改革开放以来，在各级教育行政部门、有关学校和出版社的共同努力下，各地先后出版了一些高职高专教育教材。但从整体上看，具有高职高专教育特色的教材极其匮乏，不少院校尚在借用本科或中专教材，教材建设落后于高职高专教育的发展需要。为此，1999 年教育部组织制定了《高职高专教育专门课课程基本要求》(以下简称《基本要求》) 和《高职高专教育专业人才培养目标及规格》(以下简称《培养规格》)，通过推荐、招标及遴选，组织了一批学术水平高、教学经验丰富、实践能力强的教师，成立了"教育部高职高专规划教材"编写队伍，并在有关出版社的积极配合下，推出一批"教育部高职高专规划教材"。

"教育部高职高专规划教材"计划出版 500 种，用 5 年左右时间完成。这 500 种教材中，专门课（专业基础课、专业理论与专业能力课）教材将占很高的比例。专门课教材建设在很大程度上影响着高职高专教学质量。专门课教材是按照《培养规格》的要求，在对有关专业的人才培养模式和教学内容体系改革进行充分调查研究和论证的基础上，充分汲取高职、高专和成人高等学校在探索培养技术应用型专门人才方面取得的成功经验和教学成果编写而成的。这套教材充分体现了高等职业教育的应用特色和能力本位，调整了新世纪人才必须具备的文化基础和技术基础，突出了人才的创新素质和创新能力的培养。在有关课程开发委员会组织下，专门课教材建设得到了举办高职高专教育的广大院校的积极支持。我们计划先用 2～3 年的时间，在继承原有高职高专和成人高等学校教材建设成果的基础上，充分汲取近几年来各类学校在探索培养技术应用型专门人才方面取得的成功经验，解决新形势下高职高专教育教材的有无问题；然后再用 2～3 年的时间，在《新世纪高职高专教育人才培养模式和教学内容体系改革与建设项目计划》立项研究的基础上，通过研究、改革和建设，推出一大批教育部高职高专规划教材，从而形成优化配套的高职高专教育教材体系。

本套教材适用于各级各类举办高职高专教育的院校使用。希望各用书学校积极选用这批经过系统论证、严格审查、正式出版的规划教材，并组织本校教师以对事业的责任感对教材教学开展研究工作，不断推动规划教材建设工作的发展与提高。

教育部高等教育司

前言

随着科学技术的进步，冶金机械的发展也日新月异。为了适应轧钢生产技术的高速发展，冶金机械专业轧钢机械课程需要不断的更新，为了体现高职高专的特色以及冶金机械专业教学的需要，我们编写了这本书。本书既可作为冶金机械专业学生的必修课教材，也可作为轧钢机械课程的教学辅导书，还可以供从事轧钢生产、设计、研究和设备等部门的工程技术人员参考。

本书共分十四章，包括目前国内外各种主要的新型轧机，并对其发展、特点、原理、机构及应用进行了较为详细的叙述，为了适合高职高专教育的特点，对有关数理推导给予简化。

本书由文庆明主编，袁建路、张兆刚、张光明、程志彦任副主编。参加本书编写的有袁建路（第一章至第三章）、张兆刚（第四章第四节、第六章第七节）、纪宏（第五章、第九章）、文庆明（第六章第一节至第六节、第七章）、刘金华（第八章）、张光明（第四章第一节至第三节、第十章）、程志彦（第十一章、第十二章）、宁晓霞（第十三章、第十四章）。全书由文庆明副教授统稿。

本书由李森林教授审阅，并对初稿提出了许多宝贵意见，在此表示深切的谢意。在本书的编写过程中，参阅了北京科技大学王邦文、黄华清和邹家祥，上海冶金专科学校蒋维兴和武汉科技大学李友荣等老师编写的有关文献，在此表示衷心的感谢。

由于作者水平有限，加之时间仓促，书中错误之处在所难免，殷切希望广大读者批评指正。

编者

2003 年 4 月

目　　录

第一章　轧钢机械概述

第一节　轧钢生产与轧钢机械

一、轧钢生产

轧钢生产是钢铁工业生产的最终环节。轧钢车间担负着生产钢材的任务。例如，铺设一条5 000km的双轨铁路，需要100万吨重型钢轨；制造一艘万吨轮船，约需6 000t钢板；铺设一条5 000km的石油输送管道，需要90万吨无缝钢管。因此，钢铁轧制在国家工业体系中占有举足轻重的基础地位。

20世纪90年代以前，中国轧钢生产的平均水平与世界主要产钢国比较，还比较落后。轧钢生产以型钢为主，生产线大、中、小型并存。不同企业的技术装备水平参差不齐，能耗、成本较高。很多企业还使用着20世纪50～60年代较为陈旧的设备和工艺。这是钢材质量、品种和效益较差的主要原因。

20世纪90年代后期，国内经济有了高速的发展。加入WTO后，为适应参与国际钢材市场竞争的需要，国内各大企业采用当今世界先进技术和装备，进行了大规模的技术改造。广泛引进新技术、新设备、新工艺，使中国轧钢生产的水平有了长足的进步，发展了一批高技术、高附加值的品种，如汽车、家电用薄钢板，H型钢，高档次石油钻套管，UOE大口径天然气输送管道钢管等。95%以上的钢材品种，从数量到质量均可以满足国民经济各部门的需要。对于一批高难度的品种也在组织技术攻关和引进国外先进技术，如高档次汽车用冷轧薄板、不锈钢冷轧薄板等。建成了以宝钢、天津大无缝为代表的现代化企业和以邯钢、珠钢、包钢薄板坯连铸连轧为代表的现代化生产线。全国2002年产钢100万吨以上钢铁企业（集团）已有50家，年产钢量1.54亿吨，已占全国钢产量的85%。其中宝钢集团年产钢规模达2 000万吨；鞍钢达1 000万吨；中国钢铁工业已进入技术创新全面繁荣的新时期。轧钢生产技术创新发展方向为：通用工艺技术、综合节能与环保技术、新品种开发与钢材性能优化技术、信息技术和装备机电控制一体化技术。

二、轧钢机械

轧钢设备包括轧制、精整和辊道等设备。根据各种机械设备不同的用途，可以分为主要设备和辅助设备两大类。主要设备是使轧件在轧辊中实现塑性变形（即轧制工序）的机械，一般称为主机或主机列。辅助设备是用来完成其他辅助工序的机械，如剪切机、矫直机、辊道、卷取机等。

轧钢机主机列通常由主电机、主传动、工作机座三部分组成（见图1-1）。

主电机的形式主要根据轧机在工作中调速需要而定。包括不需要调速的异步交流电机；需要调速的直流电机；用变频装置调速的交流电动机等。主电机的容量主要根据轧机的生产率和用途可以在极广泛的范围内变动，从几十千瓦到几千千瓦。现代化的初轧机，一台主电机容量达2 500～7 000kW，而某些精密箔带轧机，其主电机容量只有10kW左右。

主传动一般由减速机、人字齿轮座、主联轴器等传动装置组成。在主传动中是否采用飞

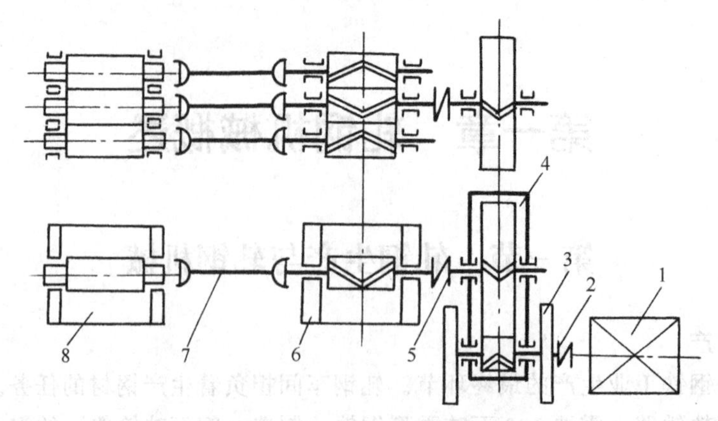

图 1-1　型钢、开坯轧机主机列

1—主电机；2—电动机联轴器；3—飞轮；4—减速机；5—主联轴器；
6—人字齿轮座；7—万向接轴；8—工作机座

轮，应当从轧机的作业方式和负荷图决定。

在某些大轧机上，如二辊可逆式初轧机、四辊可逆式钢板轧机，主传动中设有减速机和齿轮座（见图 1-2），每一个工作辊都用一个单独电动机驱动。这不仅大大简化了设备，而且更重要的是解决了制造特大功率电动机带来的许多困难。

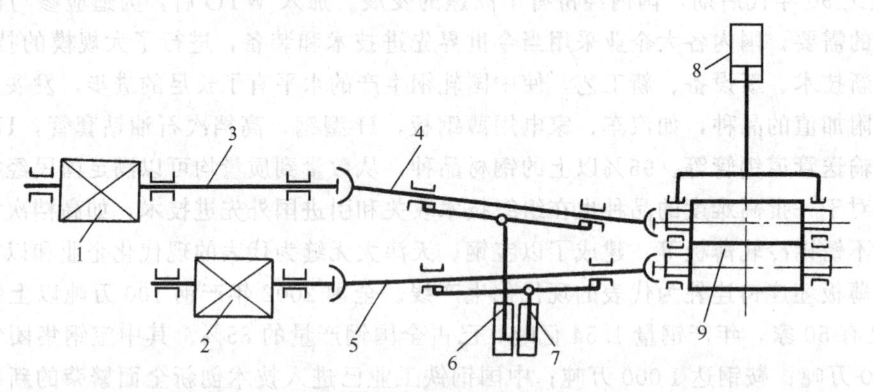

图 1-2　双电机的轧机主机列

1，2—主电机；3—传动轴；4，5—万向接轴；6，7—接轴平衡缸；
8—上辊平衡缸；9—工作辊

轧钢机工作机座是由机架、轧辊、轧辊轴承及压下平衡装置等组成，这些零部件的形式和结构主要决定于轧机的用途。

第二节　轧钢机的标称及其分类

一、轧钢机的标称

轧钢机的种类很多，根据生产能力、轧制品种和规格的不同，所采用的轧机也不一样。轧机的标称基本上可归纳成三类：开坯和型钢类型；板带类型；管材类型。

1. 开坯轧机和型钢轧机

按轧辊的名义直径或齿轮座齿轮的中心距来标称。例如，650 型钢轧机，即指齿轮座齿轮的中心距为 650mm。如果轧钢机有若干个机座，那么整个轧钢机按最后一架精轧机座的参数来标称；例如，“连续式 300 小型轧机” 即指精轧机座末架的轧辊名义直径为 300mm。

2. 钢板轧机

按轧辊辊身的长度来标称。例如，1 700 钢板轧机，即指轧辊辊身长度为 1 700mm。所轧钢板的最大宽度约为 1 550mm。

3. 钢管和钢球轧机

按所轧钢管和钢球的最大外径来标称。例如，140 无缝轧管机，即指所轧钢管的最大外径为 140mm。

二、轧钢机的分类

轧钢机通常可以按用途、构造和布置分类。

（一）按用途分类

这种分类可以反映轧机的主要性能参数及其轧制的产品规格（见表 1-1）。

表 1-1　轧钢机类型及主要技术特性

轧机类型		轧辊尺寸/mm		最大轧制速度 /m·s^{-1}	用　途
		直径	辊身长度		
开坯机	初轧机 板坯轧机	750～1 500 1 000～1 370	～3 500 ～2 800	3～7 2～6	用 1～45t 钢锭轧制(120×120)～(450×450)mm^2 方坯及(75～300)×(700～2 050)mm 的板坯
	钢坯轧机	450～750	800～2 200	1.5～5.5	将大钢坯轧成(55×55)～(150×150)mm^2 的方坯
型钢轧机	轨梁轧机	750～900	1 200～2 300	5～7	38～75kg/m 的重轨以及高达 240～600mm,甚至更大的其他重型断面钢梁
	大型轧机	500～750	800～1 900	2.5～7	80～150mm 的方钢和圆钢,高 120～300mm 的工字钢和槽钢,18～24kg/m 的钢轨等
	中型轧机	350～500	600～1 200	2.5～15	40～80mm 方钢和圆钢,高达 120mm 的工字钢和槽钢,(50×50)～(100×100)mm^2 的角钢,11kg/m 的轻轨等
	小型轧机	250～350	500～800	4.5～20	8～40mm 方钢、圆钢,(20×20)～(50×50)mm^2 角钢等
	线材轧机	250～300	500～800	10～102	轧制 ϕ5～9mm 的线材
热轧板带轧机	厚板轧机	—	2 000～5 600	2～4	(4～50)×(500～5 300)mm 厚钢板,最大厚度可达 300～400mm
	宽带钢轧机	—	700～2 500	8～30	(1.2～16)×(600～2 300)mm 带钢
	叠轧薄板轧机	—	700～1 200	1～2	(0.3～4)×(600～1 000)mm 薄板
冷轧板带轧机	单张生产的钢板冷轧机	—	700～2 800	0.3～0.5	—
	成卷生产宽带钢冷轧机	—	700～2 500	6～40	(1.0～5)×(600～2300)mm 带钢及钢板
	成卷生产窄带钢冷轧机	—	150～700	2～10	(0.02～4)×(20～600)mm 带钢
	箔带轧机	—	200～700	—	0.001 5～0.012mm 箔带

续表

轧机类型		轧辊尺寸/mm		最大轧制速度/m·s^{-1}	用途
		直径	辊身长度		
热轧无缝钢管轧机	400 自动轧管机	960～100	1 550	3.6～5.3	ϕ127～400mm 钢管，扩孔后钢管最大直径达 ϕ650mm 或更大的无缝钢管
	140 自动轧管机	650～750	1 680	2.8～5.2	ϕ70～140mm 无缝钢管
	168 连续轧管机	520～620	300	5	ϕ80～165mm 无缝钢管
冷轧钢管轧机		—	—	—	主要轧制 ϕ15～150mm 薄壁管，个别情况下也轧制 ϕ400～500mm 的大直径钢管
特殊用途轧机	车轮轧机	—	—	—	轧制铁路用车轮
	圆环-轮箍轧机	—	—	—	轧制轴承环及车轮轮箍
	钢球轧机	—	—	—	轧制各种用途的钢球
	周期断面轧机	—	—	—	轧制变断面轧件
	齿轮轧机	—	—	—	滚压齿轮
	丝杠轧机	—	—	—	滚压丝杠

1. 开坯机

以钢锭为原料，为成品轧机提供原料的轧钢机，包括方坯初轧机、方坯板坯初轧机和板坯初轧机等。

2. 钢坯轧机

它也是为成品轧机提供原料的轧机，但原料不是钢锭，一般分为连续式及横列式两种形式。连续式又常分为一组连轧及二组连轧机组。

3. 型钢轧机

包括轨梁轧机，大型、中型、小型轧机及线材轧机等。

4. 热轧板带轧机

包括厚板轧机、宽带钢轧机和叠轧薄板轧机等。

5. 冷轧板带轧机

包括单张生产的钢板冷轧机、成卷生产的宽带钢冷轧机、成卷生产的窄带钢冷轧机等。

6. 钢管轧机

包括热轧无缝钢管轧机、冷轧钢管轧机和焊管轧机等。

7. 特殊用途轧钢机

包括车轮轧机、圆环-轮箍轧机、钢球轧机、周期断面轧机、齿轮轧机和丝杠轧机等。

可以看出，上述分类方法基本上是按轧钢机所轧产品的断面形状分类的。因此，轧钢机的尺寸就取决于它所轧产品的断面尺寸。

（二）按构造分类

通常轧制同一种用途的产品轧钢机，它们在构造上很可能不同。因此，根据轧钢机的生产要求，按轧辊的数目及在工作机座中不同的布置方式，轧钢机可分为以下五种主要类型：具有水平轧辊的轧机，具有立式轧辊的轧机，具有水平辊和立式辊的轧机，具有倾斜布置轧辊的轧机以及其他轧机。

1. 具有水平轧辊的轧钢机（见表 1-2）

这类轧钢机应用最广泛，分为以下几种型式。

（1）二辊轧机（见表 1-2 中图 1） 其工作机座由两个布置在同一垂直面内的水平辊所组

成。这种轧钢机的应用最广泛，主要应用于以下几种情况。

① 二辊可逆式轧钢机　该机工作中轧件每通过轧辊一道以后，便改变轧辊的转动方向一次，使轧件进行往返轧制。它主要用于轧制大钢坯，如初轧钢坯、板坯、轨梁、异型坯和厚板等。

② 二辊不可逆式轧钢机　它主要用于现代化高生产率的型钢和钢坯轧机，由数个依次顺列布置的工作机座所组成。轧件在每个机座上仅进行一道轧制。

③ 薄板轧机　一般是指单片生产的热轧厚度为0.2～4mm的钢板轧机。

④ 冷轧钢板及带钢轧机。

(2) 三辊轧机（见表1-2中图2）　其工作机座由三个布置在同一垂直平面内的水平辊所组成。在轧制过程中，轧辊不反转，而轧件可以通过上、下轧制线进行往返轧制。这种轧钢机已有被高生产率的二、四辊不可逆式轧钢机取代的趋势。因为在二辊不可逆式轧钢机上，轧件在每架轧机上只通过一次，不必进行往返运动，从而大大提高了生产率。但目前这种三辊式轧机在中国还广为应用，它主要有以下几种类型。

① 轧制中厚板的三辊劳特式轧机　这种轧机中辊不传动，而且直径比上、下辊小（见表1-2中图3)。每轧制一道后，中辊均要上升或下降一次；这种轧机目前已不再制造了。

② 轨梁轧机　即轧辊直径超过750mm的型钢三重式轧机。

③ 横列式型钢轧机。

④ 三辊开坯机　用来将1～1.5t的小钢锭开成小钢坯。

表1-2　轧辊水平布置的轧钢机

轧辊布置形式	机座名称	用　途
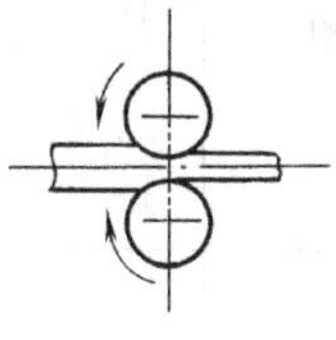 图1	二辊轧机	可逆式轧机，轧制大断方坯、板坯、轨梁异型坯和厚板；薄板轧机；冷轧钢板及带钢轧机；高生产率生产钢坯和线材的连续式轧机以及布棋式和越野式型钢轧机
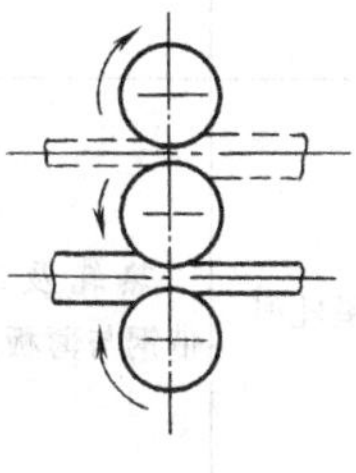 图2	三辊轧机	轧制钢梁、钢轨、方坯等大断面钢材及生产率不高的型钢
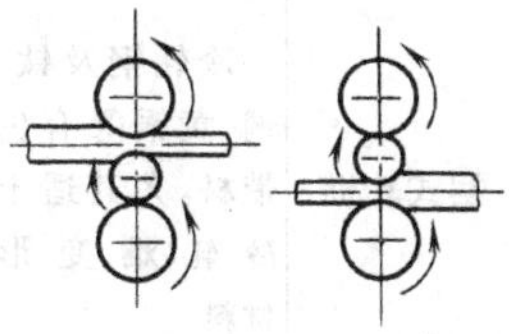 图3	具有小直径浮动中辊的三辊轧机(劳特轧机)	轧制中厚板，有时也轧薄板
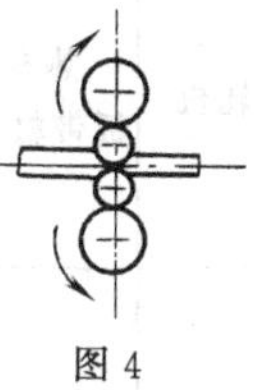 图4	四辊轧机	冷轧及热轧板、带材
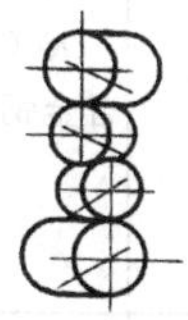 图5	PC四辊轧机	冷轧及热轧带材
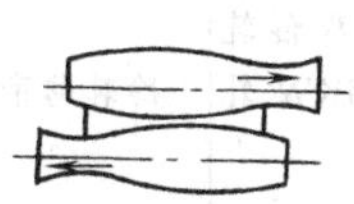 图6	CVC凸度连续可变轧机	热轧及冷轧带钢
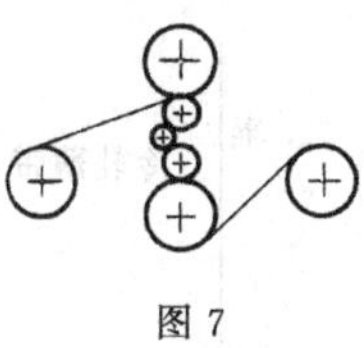 图7	具有小弯曲辊的四辊轧机(偏五辊轧机)，也叫C-B-S轧机(即接触-弯曲-拉直轧机)	冷轧难变形的合金带钢

续表

轧辊布置形式	机座名称	用途	轧辊布置形式	机座名称	用途
图 8	S轧机	冷轧薄带材	图 15	二十辊轧机	冷轧薄带材
图 9	五辊轧机（泰勒轧机）	精轧不锈钢和有色金属带材	图 16	复合式十二辊轧机	冷轧薄带材
图 10	FFC 平直度易控轧机	冷轧薄带钢	图 17	Dual Z 型轧机（1-2-1-4型）	高强度合金带材
图 11	六辊轧机	热轧及冷轧板带材	图 18	十八辊 Z 型轧机（1-2-1-4-1 型）	高强度合金带材
图 12	HC轧机	冷轧普碳及合金钢带材	图 19	在平板上轧制的轧机	轧制各种长度不大的变断面轧件
图 13	偏八辊轧机（MKW 轧机）	冷轧薄带材	图 20	行星轧机	热轧及冷轧带钢与薄板坯
图 14	十二辊轧机	冷轧薄带材	图 21	摆式轧机	冷轧钢及钛、铜、黄铜等有色带材，尤其适于冷轧难变形材料

表 1-3　具有垂直轧辊的轧机和万能轧机

轧辊布置形式	机座名称	用　途	轧辊布置形式	机座名称	用　途
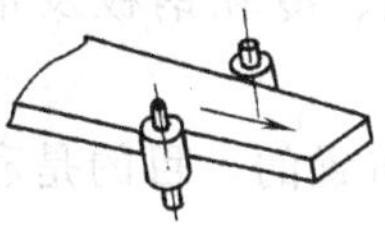 图 1	立辊轧机	轧制金属侧边	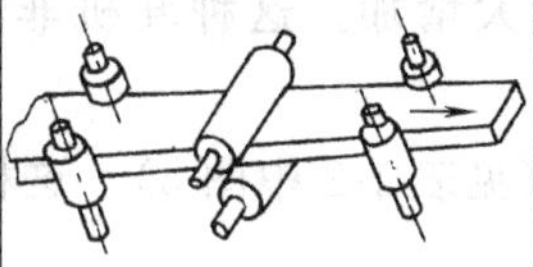 图 3	二辊万能轧机（有两对立轧辊）	轧制宽带钢
 图 2	二辊万能轧机（有一对立轧辊）	轧制板坯及宽带钢	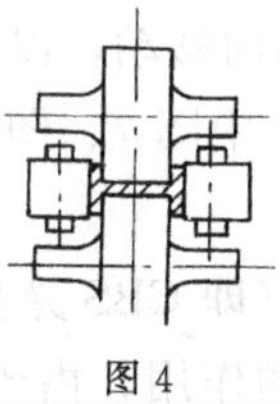 图 4	万能钢梁轧机	轧制高度为300～1 200mm的宽边钢梁

表 1-4　轧辊倾斜布置的轧机

轧辊布置形式	机座名称	用　途	轧辊布置形式	机座名称	用　途
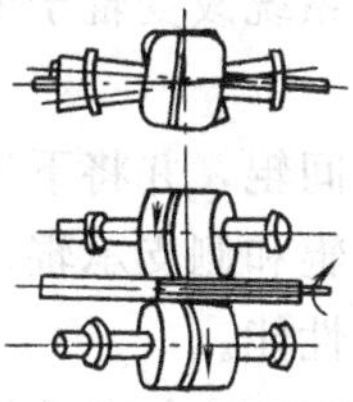 图 1	斜辊穿孔机	穿孔直径为60～650mm 的钢管	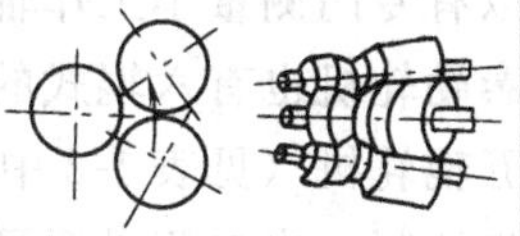 图 4	三辊穿孔机	难变形金属无缝管材的穿孔
			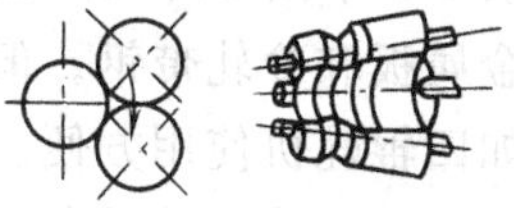 图 5	三辊延伸轧机	借减小管壁厚度来延伸钢管
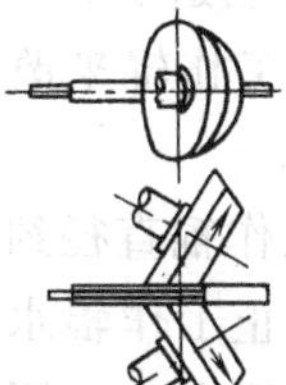 图 2	蘑菇形轧辊的穿孔机	穿孔直径为60～200mm 的钢管	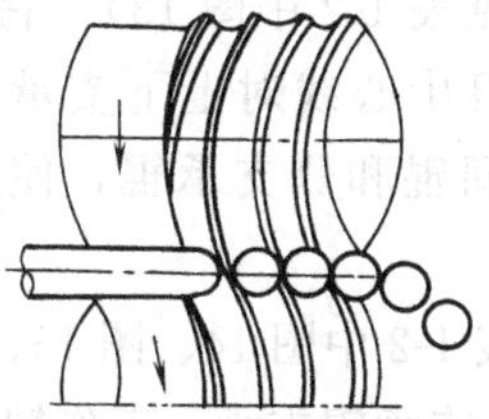 图 6	钢球轧机	轧制 18～60mm 以上的钢球
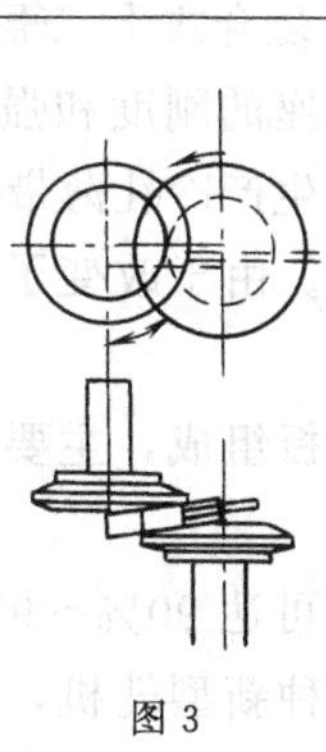 图 3	盘形轧辊的穿孔机	穿孔直径60～150mm 的钢管	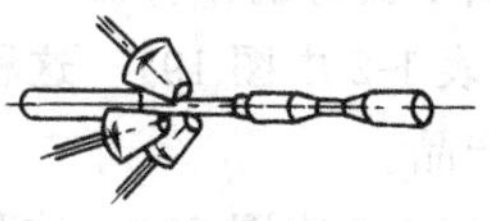 图 7	三辊周期断面轧机	轧制圆形周期断面的轧件

(3) 四辊轧机（见表1-2中图4） 它的工作辊机座由四个布置在同一垂直平面内的水平辊所组成，轧制仅在两个中间轧辊间进行，这两个中间辊称为工作辊。工作辊的直径比上、下轧辊的直径小得多。上、下大轧辊只用来支承工作辊，所以叫支承辊。采用支承辊的轧机，其刚度及强度都大大增加。这种轧机非常普遍地应用于热轧钢板、冷轧钢板及带钢轧机。

(4) PC四辊轧机（见表1-2中图5） 这种轧机的中心轴线是交叉布置的，目的是利于板形的调整。

(5) CVC凸度连续可变轧机（见表1-2中图6） 它是将四辊轧机的工作辊磨成S形的辊廓曲线，使用时工作辊可以轴向移动，以此改变轧辊辊缝间的距离，从而有利于板形的控制。

(6) 五辊轧机（见表1-2中图7、图8、图9） 这类轧机是在四辊轧机的基础上发展起来的，主要用于板带生产。

具有弯曲辊的五辊轧机（即CBS异步轧机），轧制过程中具有接触-弯曲-拉伸综合作用。小直径的空转辊起弯曲轧件的作用，由于轧辊的线速度不同而构成异步轧制的特点。这种轧机压下量大，可减少轧制道次，适用于轧制难变形的金属（见表1-2中图7）。

另一种型式的异步轧机，称为S轧机（见表1-2中图8）。

泰勒轧机（见表1-2中图9）采用异径组合的工作辊。上工作辊的直径小，在轧制过程中易发生水平弯曲，所以有专门测量小工作辊水平位移的装置，通过控制系统改变辊子的扭矩分配，以调节辊形。泰勒轧机也有六辊式的。

具有水平支承辊的五辊轧机（见表1-2中图10）较四辊轧机多一个中间辊，并将下工作辊直径减小，以实现异步轧制。出口侧设置了限制工作辊产生弯曲的侧弯辊和侧支承辊。这种轧机有垂直方向的弯辊系统和水平方向的弯辊系统，提高了轧机的调节性能。

(7) 六辊轧机（见表1-2中图11、图12） 其工作机座由两个工作辊和四个支承辊组成。主要用于轧制有色金属板和冷轧带钢。但实际使用表明，它的刚度与四辊轧机相比并没有显著的特点，而且不如四辊轧机使用方便。因此，这种轧机目前几乎不再制造了。

HC轧机是一种中间辊可以轴向移动的六辊轧机，通过抽动中间辊或工作辊来改善板形，配合使用弯辊装置，可使轧辊横向刚度增大。

(8) 偏八辊轧机（见表1-2中图13） 它是MKW型轧机的一种。其工作辊直径约为支承辊直径的六分之一，且中心线对上下支承辊中心连线有较大偏移。为防止工作辊水平弯曲，在出口侧设有侧中间辊和侧支承辊，使机座水平刚度提高。它的轧制压力小，压下量大，适用于薄带材生产。

(9) 多辊轧机（见表1-2中图14、图15、图16） 有十二辊、二十辊及复合式十二辊等形式。由于有多层中间辊及支承辊支承，工作辊的直径就可以大为减小，而机座的刚度和强度都很高。一般都是中间辊驱动，使工作辊不承受扭转力矩。这类轧机主要用来生产冷轧薄带钢。

(10) Z型轧机（见表1-2中图17、图18） 它是由多辊轧机变化而来。由于改变了工作辊辊径，为控制板形提供了良好的条件。

(11) 单辊轧机（见表1-2中图19） 这种轧机由一个辊和一个运动平板组成，主要用来轧制长度不大的变断面产品。

(12) 行星轧机（见表1-2中图20） 这种轧机热轧带钢，道次压下量可达90%～95%。

(13) 摆式轧机（见表1-2中图21） 这是20世纪50年代末出现的一种新型轧机，这种轧机适合轧制难变形的金属。

2. 具有垂直轧辊的轧钢机（见表 1-3 中图 1）

这种轧钢机是在不需翻动轧件的情况下，使轧件在水平方向得到侧压。它主要用于连续式钢坯轧机、型钢轧机及宽带钢轧机的轧边。板坯热轧前的除磷也用立辊轧机。

3. 具有水平辊及立辊的轧机（见表 1-3 中图 2、图 3、图 4）

4. 轧辊倾斜布置的轧机（见表 1-4 中图 2、图 3、图 4）

用于横向螺旋轧制，如钢管穿孔机以及钢管均整机，都属此类轧机。

5. 轧辊具有其他不同布置形式的轧机

（1）圆环及轮箍轧机（见图 1-3）　这种轧机的结构型式很多。圆环轧机广泛地用于轧制滚动轴承座圈的毛坯、大齿轮齿圈的毛坯等。但近年来由于整体轧制车轮的发展，轮箍轧机已很少应用。

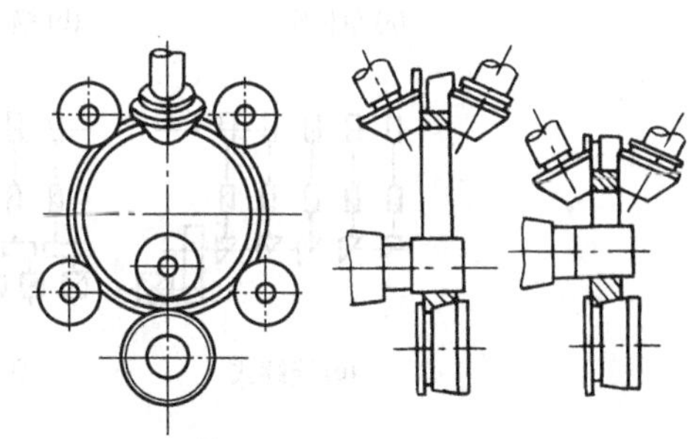

图 1-3　轮箍轧机简图

（2）车轮轧机（见图 1-4）　近年来这类轧机得到了广泛应用。

（3）齿轮轧机（见图 1-5）　这类轧机将轧辊按照啮合齿形设计，采用横轧使齿轮成形。

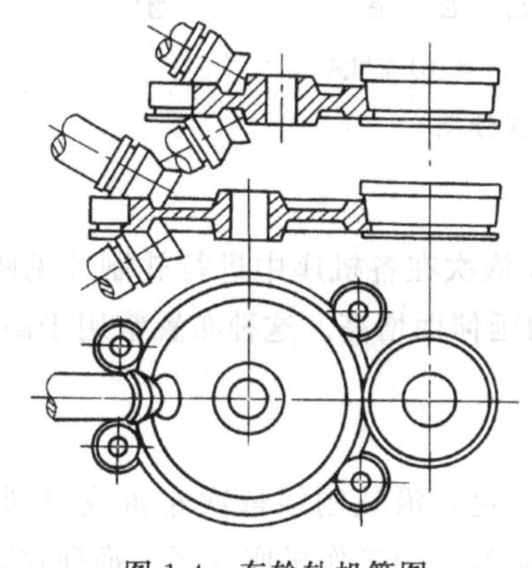

图 1-4　车轮轧机简图

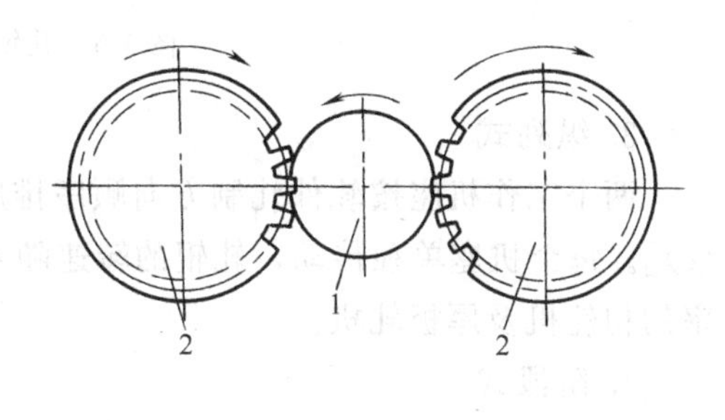

图 1-5　齿轮轧机简图

1—轧件；2—齿轮轧辊

（三）按工作机座布置分类

1. 单机座

这种轧机布置形式最简单，轧钢车间只由一个工作机座及其驱动电动机和传动系统所组成［见图 1-6（a）］。这种布置用于：轧制巨型断面的二辊可逆式轧机（初轧机、板坯机、厚板与万能轧机）；轧制钢管和冷轧钢板及带钢的二辊不可逆式轧机。

2. 横列式

几个工作机座横排成一列，由一台电动机经过公用的减速机、齿轮座传动［见图 1-6（b）］。这种布置的优点是设备简单、造价低、易于建造，在发展地方钢铁工业方面起了很大作用，过去中小型型钢车间多采用此类布置，现逐渐淘汰。其主要缺点在于用一台电动机驱动，各个工作机座的轧辊转速相同，故轧制速度不能随着轧件长度的增加（由于轧件延伸）而提高。同时轧件从一个机座送向另一机座时，必须作横向移动，既不方便，又限制了生产率的提高。在一个机列中，工作机座的数目根据轧机的不同用途可达 2～5 台。横列式布置用于轧制型钢、线材等。

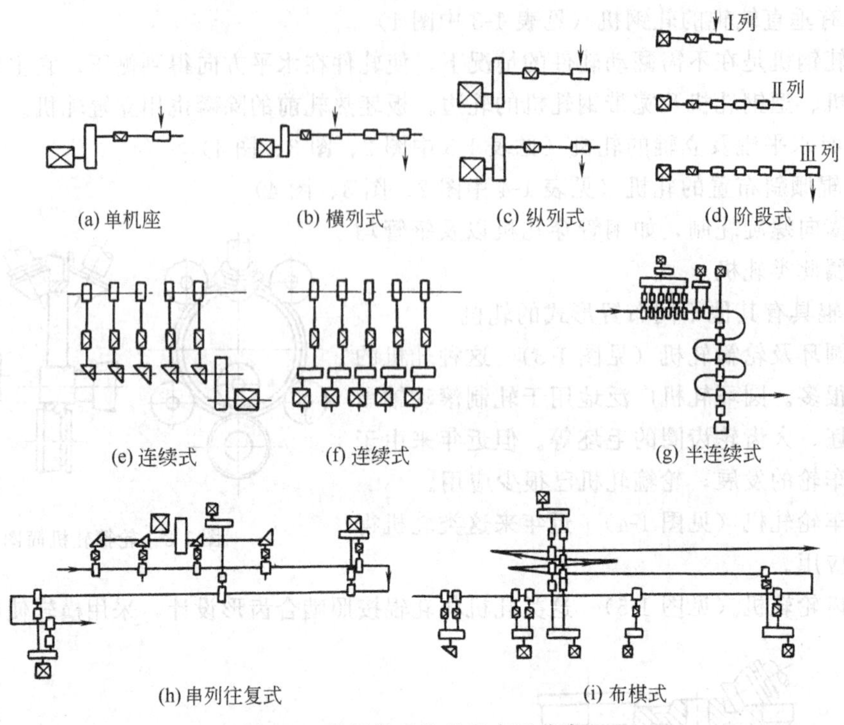

图 1-6　轧钢机工作机座布置分类

3. 纵列式

两个工作机座按轧件轧制方向顺序排成一行，轧件依次在各机座中进行轧制［见图 1-6 (c)］。每个机座单独传动，轧辊的转速随着轧件长度的延伸而增高。这种布置常用于高生产率的初轧机及厚板轧机。

4. 阶段式

这种布置是前述几种布置的组合，由图 1-6 (d) 可见，沿轧制线依次布置成三列（属于纵列式)，在第二机列中，由于孔型设计的需要而布置有三个工作机座（属于横列式)。这种布置常用于轧制型钢，机列与机座的数量决定于孔型设计的条件。

5. 连续式

几个工作机座沿轧制线排成一行［见图 1-6 (e)、(f)］，机座数等于轧制道次，并且轧件同时在几个机座内进行轧制。连续式轧机是现代化的轧钢机，它的生产率很高，操作过程的机械自动化程度很高，并且有很高的轧制速度。其缺点是调整比较困难，而且改变轧件的规格时也比较复杂。虽然如此，由于连轧机具有高生产率的突出优点，因而它被广泛用来轧制带钢、线材及钢坯等。

6. 半连续式

轧制比较复杂的断面（角钢、槽钢等)，因为连轧机调整复杂，通常采用半连续式［见图 1-6 (g)］，它由两组机座组成，其中一组布置成连续式（粗轧机组)，另一组布置成横列式精轧机组或阶段式。

7. 串列往复式

这类布置如图 1-6 (h) 所示，工作机座数目和连轧机一样，应尽量等于所轧产品需要的轧制道次。轧件在每个机座中只轧一道。与连轧机不同处是只有当轧件从前一机座中全部轧完后，才进入后一机座，这样就解决了复杂断面型钢连轧时的调整困难问题。为了减少厂房的长度，轧机平行地排成几行。轧件由一行到另一行时需作横向移动，因而这种布置也可称为横越式，或称越野式。在这种布置的各个机座中，轧制速度随着轧件从一个机座到另一个机座的延伸而提高，故这种布置生产率很高。近来被广泛应用于高生产率的大、中型轧机上。

8. 布棋式

它由串列往复式变化而得，与串列往复式基本相同，区别在于为了使布置更为紧凑，后面的机座布置成走棋的形式［见图 1-6 (i)］。和串列往复式一样，每道有自己的工作机座与轧制速度，故也广泛用于高生产率的大、中型轧机上。

思考题

1. 何谓轧钢机械？何谓轧钢机？主机列由哪些部分组成？

2. 各类轧钢机的标称方法有何不同？

3. 轧钢机按用途、构造和机座布置分类，各有哪些类型？型钢轧机可采用哪些布置形式？

第二章　轧制力能参数

第一节　轧制原理的基本知识

一、轧制过程基本参数

（一）轧制过程变形区及其参数

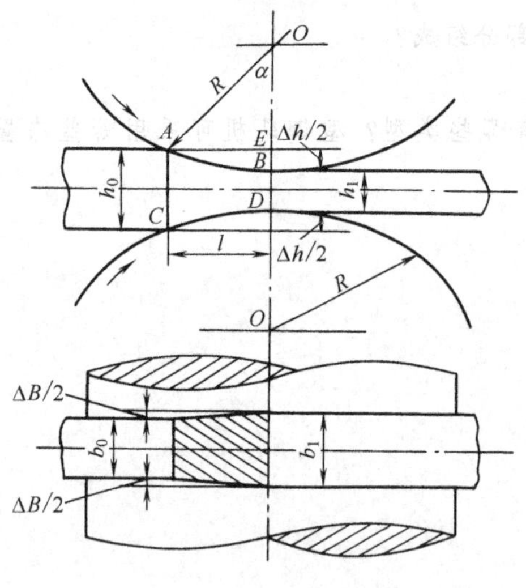

图 2-1　变形区几何图形

轧制过程是靠旋转的轧辊与轧件之间形成的摩擦力将轧件拖进辊缝之间，并使之受到压缩产生塑性变形的过程。轧制的目的是使被轧制的材料具有一定形状、尺寸和性能。为了控制轧制过程，必须对轧制过程形成的变形区有一定的了解。

在轧制过程中，与轧辊接触并产生塑性变形的区域称为变形区。如图 2-1 所示的 $ABCD$ 区域。变形区的主要参数如下。

① 轧辊直径 D 或半径 R。

② 轧前厚度 h_0。

③ 轧后厚度 h_1。

④ 压下量（$\Delta h=H-h$）。

⑤ 轧前宽度 b_0。

⑥ 轧后宽度 b_1。

⑦ 宽展量（$\Delta B=b_0-b_1$）。

⑧ 接触弧：轧辊与轧件接触的弧$\overset{\frown}{AB}$、$\overset{\frown}{CD}$。

⑨ 咬入角：接触弧所对应的圆心角 α。

⑩ 变形区长度：接触弧的水平投影 l。

（二）变形区参数计算

1. Δh 与 D、α 的关系

由图 2-1 可知 $BE=OB-OE=R-R\cos\alpha=R(1-\cos\alpha)$

因为
$$BE=\frac{h_0-h_1}{2}=\frac{\Delta h}{2}$$

所以
$$\Delta h=D(1-\cos\alpha) \tag{2-1}$$

显然，轧辊直径 D 一定时，咬入角 α 愈大，则压下量 Δh 愈大。

2. 变形区长度计算

在$\triangle AEO$ 中 $AE^2=R^2-OE^2=R^2-(R-BE)^2$

式中
$$AE=l,\ BE=\frac{\Delta h}{2}$$

则
$$l^2=R^2-\left(R-\frac{\Delta h}{2}\right)^2$$
$$l=\sqrt{R\Delta h-\frac{\Delta h^2}{4}}$$

上式中，$\frac{\Delta h^2}{4}$较 $R\Delta h$ 要小得多，可以忽略。

因此，变形区长度的计算公式为

$$l=\sqrt{R\Delta h} \tag{2-2}$$

（三）相对变形量

相对变形量是以三个方向的绝对变形量与其各自相应线尺寸的比值所表示的变形量。即

相对压下量 $$\varepsilon_1=\frac{\Delta h}{h_0}\times 100\% \tag{2-3}$$

相对宽展量 $$\varepsilon_2=\frac{\Delta b}{b_0}\times 100\% \tag{2-4}$$

相对延伸量 $$\varepsilon_3=\frac{\Delta l}{l_0}\times 100\% \tag{2-5}$$

式中　Δl——轧制前后轧件长度变化，$\Delta l=l_1-l$；

l_1——轧后长度；

l_0——轧前长度。

上述相对变形量以相对压下量使用较为广泛。

（四）变形系数

变形系数是另一种表示相对变形的方法，是以轧制前与轧制后（或轧制后与轧制前）相应的线尺寸的比值表示，即

压下系数 $$\eta=\frac{h_0}{h_1} \quad 或 \quad \eta=\frac{h_1}{h_0} \tag{2-6}$$

宽展系数 $$\omega=\frac{b_1}{b_0} \tag{2-7}$$

延伸系数 $$\mu=\frac{l_1}{l_0} \tag{2-8}$$

上述变形系数反映了金属变形前后尺寸变化的倍数关系，在实际生产中应用较广泛，特别是延伸系数应用更为广泛。依据体积不变定律（金属材料塑性变形时，材料的体积保持不变，即轧制前后轧件的体积相等），延伸系数又可以用下式表示。

$$\mu=\frac{l_1}{l_0}=\frac{b_1}{b_0}=\frac{Q_0}{Q_1}$$

式中，F_0、F_n 分别表示轧制前后轧件的断面积。

轧件总的变形程度常用压缩比来表示，压缩比就是轧制前后轧件断面积之比。用较大的压缩比轧制，才能充分破碎钢件的铸造组织，使钢材组织致密，改善其性能。

（五）变形速度

变形速度是指单位时间内的相对变形量，即变形程度对时间的导数，以 u 表示

$$u=\frac{d\varepsilon}{dt}，\ d\varepsilon=\frac{dh}{h}$$

所以
$$u=\frac{\mathrm{d}h}{h}\times\frac{1}{\mathrm{d}t}=\frac{1}{h}\times\frac{\mathrm{d}h}{\mathrm{d}t} \tag{2-9}$$

轧制时，在变形区内任意断面上的变形速度 u_x 是变化的，一般取变形区长 l 内 u_x 的平均值即平均变形速度 u_m 来计算

$$u_m=\frac{1}{l}\int_0^l u_x\mathrm{d}x=\frac{v_1}{l}\cdot\frac{\Delta h}{h_0} \tag{2-10}$$

式中 u_m——平均变形速度，s^{-1}；

v_1——轧件出口速度。

（六）轧制时的前滑与后滑

实验测定表明，在一般的轧制条件下，轧辊圆周速度和轧件速度是不相等的，轧件出口速度比轧辊圆周速度大，因此，轧件与轧辊在出口处产生相对滑动，称为前滑。而轧件入口速度比轧辊圆周速度低，轧件与轧辊间在入口处也产生相对滑动，但与出口处相对滑动方向相反，称为后滑。

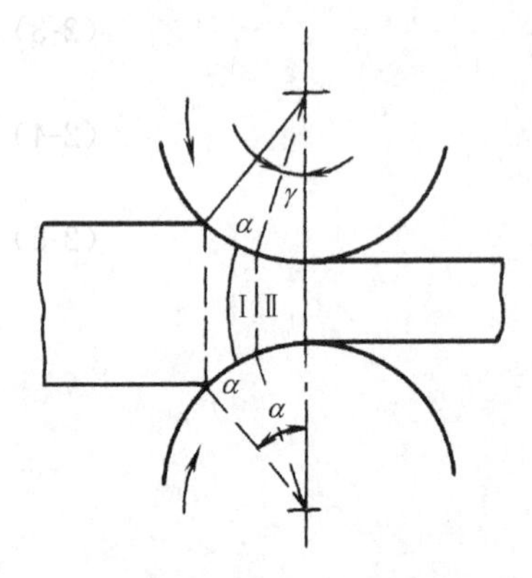

图 2-2　前滑区和后滑区

由于存在前滑和后滑，则在变形区中必然存在着一点，该点上的金属移动速度与轧辊圆周速度相等，称为中性点。过该点作的断面称为中性面（见图 2-2），中性面上各点的速度相同。中性点到轧辊中心的连线与两辊中心连线的夹角 γ，称为中性角（临界角）。

中性面至轧件出口的变形区称为前滑区，中性面至轧件入口的变形区称为后滑区。

实际生产中，前滑值通常为 3%～6%。单机架轧制可以不考虑，但在连轧生产中，为了使轧制能正常进行，必须保证连轧关系，即轧件通过各架轧机的金属秒流量相等。

$$F_1v_1=F_2v_2\cdots=F_nv_n=\text{常数} \tag{2-11}$$

在计算秒流量时，考虑到前滑值，连轧关系又可表示为

$$F_1v_{r1}(1+S_1)=F_2v_{r2}(1+S_2)\cdots=F_nv_{rn}(1+S_n)=\text{常数} \tag{2-12}$$

式中 F_1、F_2、…、F_n——各架轧机出口处轧件的断面积；

v_{r1}、v_{r2}、…、v_{rn}——各架轧机轧辊圆周速度；

S_1、S_2、…、S_n——各架轧机轧制时的前滑值。

（七）咬入条件

建立正常轧制过程，首先要使轧辊咬入轧件。轧辊咬入轧件是有一定条件的，简称咬入条件。轧件通过辊道或其他方式送往轧辊与轧辊接触时，轧件给每个轧辊两个力（见图 2-3），即法向力 N_0 与切向力 T_0（摩擦力，它阻碍轧辊旋转，故与轧辊旋转方向相反）。而每个轧辊给轧件两个反作用力 N 和 T（与 N_0、T_0 大小相等，方向相反）。轧辊作用在轧件上的力 T 的水平分力 $T_x=T\cos\alpha$ 是咬入力，即前拉力；N 的水平分力 $N_x=N\sin\alpha$ 是阻止力，即后推力。显然，要使轧辊咬入轧件的条件是

$$2T_x\geqslant 2N_x$$

即 $$2T\cos\alpha \geqslant 2N\sin\alpha \tag{2-13}$$

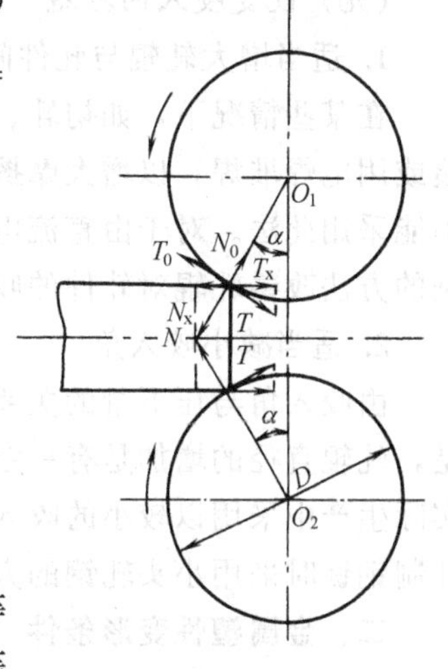

图 2-3　轧件咬入时的受力图

设 f 和 β 是轧辊与轧件之间的摩擦系数和摩擦角（$f=\tan\beta$），根据摩擦定律，得

$$T=fN$$

代入式（2-13）

$$2Nf\cos\alpha \geqslant 2N\sin\alpha$$

所以　　$f\geqslant\tan\alpha$　或　$\tan\beta\geqslant\tan\alpha$

即 $$\beta\geqslant\alpha$$

故得，咬入条件为：轧辊与轧件之间的摩擦系数 f 必须大于等于咬入角 α 的正切，或轧辊与轧件之间的摩擦角 β 必须大于等于咬入角 α。否则，轧辊就不能咬入轧件，轧制过程就不能建立。可见，轧辊咬入轧件是依靠轧辊与轧件接触面间存在摩擦力而实现的。

（八）最大压下量的计算方法

前面已经给出了压下量、轧辊直径及咬入角三者的关系。在直径一定的条件下，根据咬入条件通常采用如下两种方法来计算最大压下量。

1. 利用最大咬入角计算最大压下量

当咬入角的数值最大时，相应的压下量也最大，即

$$\Delta h_{max}=(1-\cos\alpha_{max}) \tag{2-14}$$

在实际工作中，根据不同的轧制条件，所允许的最大咬入角也不同，见表 2-1。

表 2-1　不同轧制条件下允许的咬入角

轧制条件	α_{max}	轧制条件	α_{max}
冷轧有润滑	3°～4°	自动轧管机热轧钢管	12°～14°
冷轧无润滑	5°～8°	热轧型钢	22°～24°
热轧钢板	15°～22°	轧辊表面刻痕或堆焊	27°～34°

2. 根据摩擦系数计算压下量

前面已经确定了如下关系

$$f=\tan\beta\ ;\ \alpha_{max}=\beta$$

故 $$\tan\alpha_{max}=\tan\beta=f$$

根据三角关系可知

$$\cos\alpha_{max}=\frac{1}{\sqrt{1+\tan^2\alpha_{max}}}=\frac{1}{\sqrt{1+f^2}} \tag{2-15}$$

$$\Delta h_{max}=D\left(1-\frac{1}{\sqrt{1+f^2}}\right) \tag{2-16}$$

(九) 改变咬入的措施

1. 适当增大轧辊与轧件间的摩擦系数

在某些情况下，如初轧、开坯的轧辊，由于产品表面质量要求不高，可以在轧辊表面切痕或用电焊堆焊，以增大摩擦系数。在型钢轧机以及其他对轧件表面质量有要求的轧机，则不能采用此法。对于由直流电机驱动的轧机，如中厚板轧机，还可以采用低速咬入、高速轧制的方法改善轧辊对轧件的咬入。

2. 适当减小咬入角

由咬入角与压下量的关系可知，减小咬入角的方法是增大轧辊直径和减小压下量。但是，轧辊直径的增加是有一定限度的，而减小压下量必然使轧制道次增加，是不可取的。在实际生产中采用以较小的咬入角将轧件咬入轧辊后，利用剩余摩擦力，再增大咬入角，如在轧制钢锭时采用小头轧钢的方法和带钢压下、强迫咬入等方法。

二、金属塑性变形条件

金属受到外力作用后，首先产生弹性变形，当外力增加到某一极限时，开始由弹性变形过渡到塑性变形。随着外力的继续增大，塑性变形也继续增加。塑性变形条件就是材料由弹性状态进入塑性状态的条件。

在材料拉伸试验中，当拉伸应力等于材料的屈服极限时，就产生塑性变形，对一定材料在特定的试验条件下得到的屈服极限为一定值。材料试验的条件是：变形温度为室温；变形程度很小，试件产生残余伸长为原始长度的0.2%；变形速度很小，对于一般材料，试验机所产生的变形速度仅为$u=6\times10^{-4}s^{-1}$。因此，在材料力学中得到的屈服极限是有条件的屈服极限。

轧制时使金属产生塑性变形也有一屈服极限，称为变形阻力。显然用材料力学中的屈服极限是不对的，因为轧制时的加工条件与材料力学试验条件有很大区别。例如，轧制时温度在900～1 100℃，变形程度达50%，变形速度可达$10\times10s^{-1}$，而且轧制时应力状态很复杂，变形区内金属在垂直方向受到压缩，在轧制方向产生延伸，在横向产生宽展，而延伸和宽展受到接触面上摩擦力的限制，使变形区内的金属呈三向压应力状态。

变形区内各点的应力状态是不均匀的。在有前后张力轧制时，变形区中部呈三向压应力状态，靠近入口和出口处，由于张力的作用，金属呈一向拉应力和两向压应力状态，如图2-4所示。变形区内应力状态的形成，主要是由于接触弧上单位压力和摩擦力的影响。但造成应力状态分布不均匀的现象，则受很多因素的影响。

变形能定值理论认为，欲使处于应力状态的物体中的某一点进入塑性状态，必须使该点的弹性形状变化位能达到材料所允许的极限值，并且该极限值和应力状态的种类无关，而为一常数。由变形能定值理论可推导出轧件产生塑性变形的条件——塑性方程式。

$$(\sigma_1-\sigma_2)^2+(\sigma_2-\sigma_3)^2+(\sigma_3-\sigma_1)^2=2\sigma^2 \tag{2-17}$$

式中 σ_1，σ_2，σ_3——三个主应力；

σ——金属塑性变形阻力，它只决定于材料种类（化学成分）及变形条件（变形温度、变形程度、变形速度），而与应力状态无关。

塑性方程式的物理意义是：在三向应力状态下，当主应力差的平方和等于金属材料塑性变形阻力平方的二倍时，物体就开始产生塑性变形。

由于三个主应力是按其大小顺序定义的，即有$\sigma_1>\sigma_2>\sigma_3$，所以中间主应力$\sigma_2$的值最大

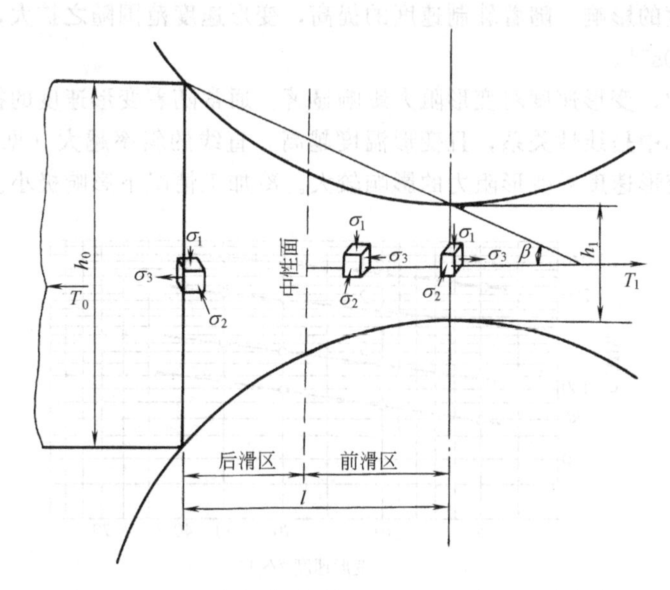

图 2-4　有前后张力轧制时轧件变形区内各点应力状态

可能等于 σ_1，最小也不会小于 σ_3。为了应用方便，塑性方程式可简化为

$$\sigma_1-\sigma_3=\beta\sigma \tag{2-18}$$

式中，β 为考虑中间主应力 σ_2 的影响系数，β 值在 1～1.15 范围内变化，板带轧制时，可取 $\beta=1.15$。

三、金属塑性变形阻力 σ

1. 影响金属塑性变形阻力的因素

金属塑性变形阻力是指单向应力状态条件下金属材料产生塑性变形时所需的单位面积上的力，它的大小取决于金属材料的种类（化学成分和组织状态）、变形温度、变形速度以及变形程度。

(1) 金属材料种类　金属的化学成分和组织对变形阻力有显著的影响。例如，合金钢的变形阻力要比低碳钢大得多，纯金属的变形阻力远较其合金小，钢中碳、硅、锰、镍、钼、钛等的含量增加，将使变形阻力增大。

同一化学成分的金属和合金，由于组织不同，其变形阻力也不同。晶粒细小者具有较大的变形阻力，组织不均匀、具有加工硬化者比组织均匀、退火软化状态者有更大的变形阻力。

(2) 变形温度的影响　温度是对变形阻力影响最大的一个因素，随着变形温度的升高，各种金属和合金所有的强度指标（屈服极限、强度极限和硬度等）均降低。由图 2-5 可知，随着变形温度升高，不同金属或合金变形阻力之间差别缩小，在高温下，含碳量对变形阻力影响不大。

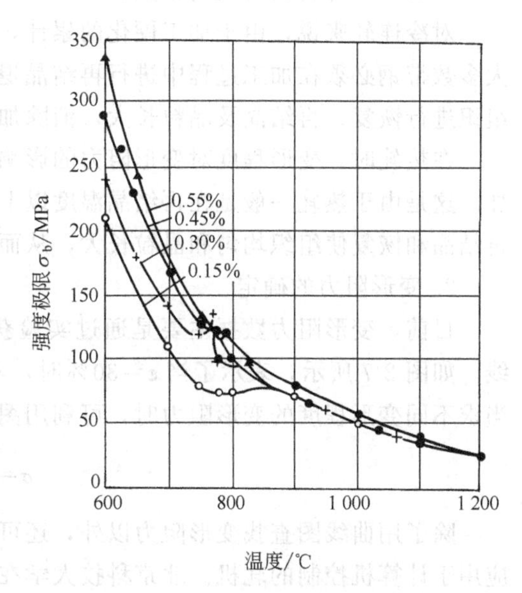

图 2-5　0.15%～0.55%碳钢 σ_b 与温度的关系

（3）变形速度的影响　随着轧制速度的提高，变形速度范围随之扩大，其平均变形速度的范围为 $1\sim1\,000s^{-1}$。

在热轧生产中，变形速度对变形阻力影响显著。通常随着变形速度的提高，变形阻力增大，在双对数坐标中呈线性关系，且变形温度越高，直线的斜率越大（见图 2-6）。这表明，在高温加工时，变形速度对变形阻力的影响较大。冷加工情况下影响极小。

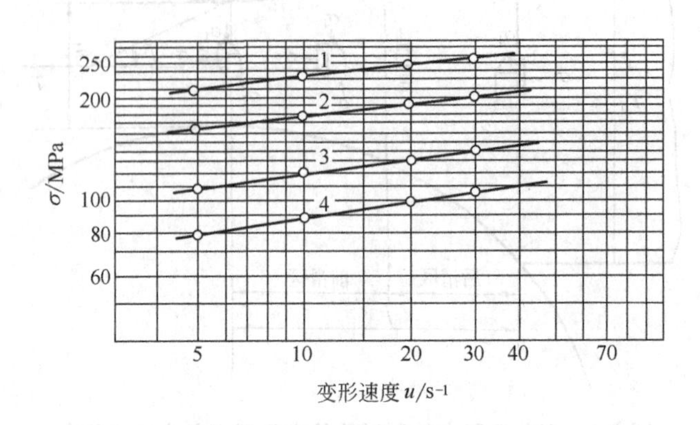

图 2-6　35 钢变形阻力与变形速度的关系（$\varepsilon=40\%$）

1—850℃；2—950℃；3—1 000℃；4—1 200℃

（4）变形程度的影响　带钢在冷轧后，由于金属晶粒被压扁、拉长，晶格歪扭畸变，晶粒破碎，使金属的塑性降低，强度和硬度增高，这种现象称作加工硬化。

冷轧时，由于金属的强化（加工硬化），变形阻力随变形程度的增大而显著增大。金属的加工硬化曲线可用幂函数表示为

$$\sigma=\sigma_s+\alpha\varepsilon^n \tag{2-19}$$

式中 σ_s——材料的屈服强度；

α，n——与材料有关的常数。

对冷连轧来说，由于加工硬化的累计，给带钢继续冷轧带来困难。为了消除加工硬化，大多数带钢必须在加工过程中进行再结晶退火（软化退火或中间退火）。通过退火，使金属组织进行恢复、再结晶及晶粒长大，消除加工硬化，从而改善其加工性能。

在热轧时，变形程度对变形阻力的影响较小，一般随变形程度的增加，变形阻力稍有增加。这是由于热轧一般是在再结晶温度以上进行的，在强化的同时存在着强化的消除，通过再结晶和恢复使组织均匀和晶粒长大，从而降低变形阻力。

2. 变形阻力的确定

目前，变形阻力数据主要是通过实验获得。最常用的变形阻力曲线有金尼克所作的曲线，如图 2-7 所示，表示了当 $\varepsilon=30\%$时，不同变形温度下变形阻力 σ_{30} 与变形速度的关系。当求不同变形程度的变形阻力时，可利用图中左上角的变形程度影响系数 K_ε 进行修正，即

$$\sigma=K_\varepsilon\cdot\sigma_{30}$$

除了用曲线图查找变形阻力以外，还可将实验结果整理成相应的数学表达式，这更便于应用于计算机控制的轧机。北京科技大学在凸轮压缩变形试验机上进行了 50 多个钢种的变形阻力试验，并整理成图表及相应公式如下

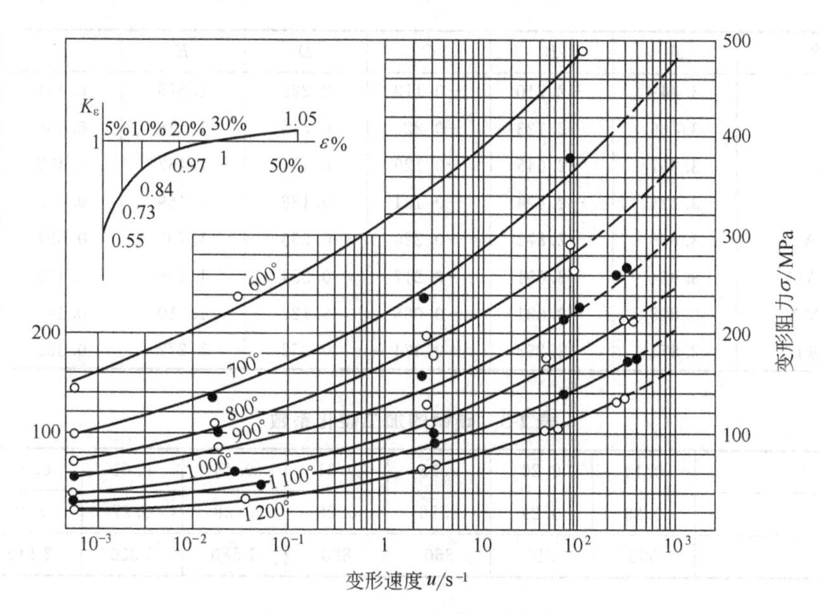

图 2-7 Q235A 变形阻力曲线

$$\sigma=\sigma_0 K_t K_u K_\varepsilon \tag{2-20}$$

式中 σ_0——基准变形阻力，即变形温度 $t=1\,000$℃，变形速度 $u=10\text{s}^{-1}$，变形程度 $\varepsilon=40\%$时的变形阻力；

K_t——变形温度影响系数，当 $t=1\,000$℃时，$K_t=1$

$$K_t=e^{A+BT} \tag{2-21}$$

$$T=\frac{t+273}{1\,000} \tag{2-22}$$

K_u——变形速度影响系数，当 $u=10\text{s}^{-1}$时，$K_u=1$。

$$K_u=\left(\frac{u}{10}\right)^{C+DT} \tag{2-23}$$

K_ε——变形程度影响系数，当 $\varepsilon=40\%$时，$K_\varepsilon=1$。

$$K_\varepsilon=E\left(\frac{\varepsilon}{0.4}\right)^N-(E-1)\frac{\varepsilon}{0.4} \tag{2-24}$$

式中 A、B、C、D、E、N——决定于钢种的系数，见表 2-2。

冷轧变形阻力的试验结果，也可用相应的曲线或计算公式表达

$$\sigma=a\varepsilon^n \tag{2-25}$$

式中 a，n——与含碳量有关的系数，见表 2-3。

表 2-2 各钢种变形阻力公式系数值

钢　种	A	B	C	D	E	N	σ_0/MPa
08F	4.312	−3.387	−0.532	0.513	1.879	0.569	138.9
Q235A	3.445	−2.706	−0.355	0.374	1.424	0.393	151.2
20	3.321	−2.609	−0.133	0.210	1.454	0.390	155.8
45	3.539	−2.780	−0.157	0.226	1.379	0.342	162.1

续表

钢　　种	A	B	C	D	E	N	σ_0/MPa
09Mn2	3.449	−2.710	−0.173	0.225	1.678	0.494	165.4
16Mn	3.466	−2.723	−0.220	0.225	1.566	0.466	159.9
16MnNb	3.367	−2.645	−0.129	0.181	1.467	0.402	167.4
20Cr	3.174	−2.494	−0.131	0.188	1.469	0.433	151.4
12CrNi4A	3.656	−2.872	−0.220	0.253	1.703	0.527	169.3
38CrMoAlA	3.934	−3.091	−0.217	0.254	1.498	0.426	183.9
25CrMoVA	3.858	−3.031	−0.065	0.127	1.510	0.441	176.3
1Cr18Ni9Ti	2.874	−2.258	−0.374	0.352	1.277	0.323	229.2

表 2-3　碳钢的加工硬化系数

含碳量/%	0.14	0.20	0.23	0.31	0.45	0.61	0.97	1.16
n	0.29	0.29	0.26	0.26	0.28	0.27	0.28	0.27
a/MPa	900	810	850	890	1 580	1 820	2 140	2 240

第二节　轧制力及其实际测定方法

轧制总压力（简称轧制力）、轧制力矩和电动机功率这三个力能参数是标志轧钢机负荷的主要参数。在设计新轧钢机时，为了计算零件强度必须知道这些参数。在合理安排工艺、安全使用设备，以及充分发挥设备能力来满足扩大品种和强化轧制过程时，也要正确确定各种具体生产条件下的轧制力、轧制力矩和电动机功率。因此，对于设计新轧钢机或在生产中充分发挥轧钢机潜力，精确确定这些参数是十分必要的。

一、轧制压力的确定方法

轧制压力是由于轧件通过轧辊时产生塑性变形而产生的作用力。确定轧制压力的方法有三种，即实测法、经验公式计算法和理论公式计算法。

1. 实测法

在轧钢机上放置专门设计的压力传感器，将轧制力的信号转换成电信号，通过放大或直接送往记录仪表，将其记录下来，获得轧制力实测数据。这样测量所得的轧制力是作用于轧辊上总压力的垂直分量。

2. 经验公式计算法

根据大量实测数据，采用统计方法，归纳成能反映一些主要影响因素的经验计算公式。

3. 理论公式计算法

根据塑性力学原理分析变形区内应力状态与变形规律，首先确定接触弧上单位压力 p_x 的分布规律及大小，求出接触弧上平均单位压力 p_m 后，按下式即可计算出轧制力

$$P=p_m F=p_m b_m l \tag{2-26}$$

式中　F——轧件与轧辊的接触面积（实际接触弧形面积的水平投影）；

b_m——轧制前后的轧件平均宽度；

l——接触弧长度（即变形区长度）。

二、接触弧上单位压力的分布及影响因素

接触弧上单位压力 p_x 的分布是不均匀的，呈山形分布，如图 2-8 所示，在入辊点 A 与出辊点 B 处的单位压力最小，越靠近中性面单位压力就越大。

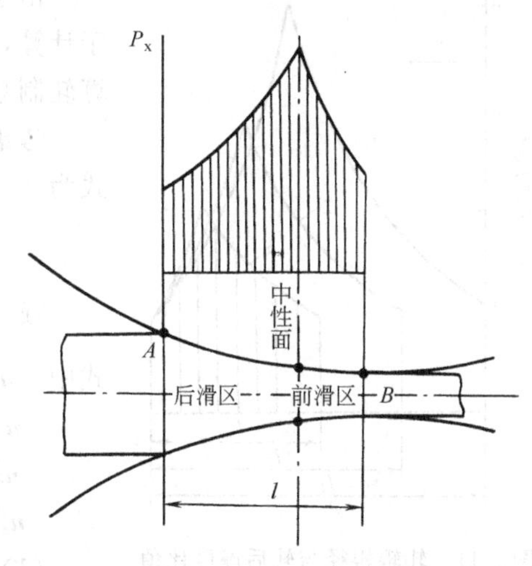

图 2-8　干摩擦、无张力条件下单位压力的分布

影响单位压力的因素很多，基本上可分为两大类：第一类为影响轧件本身金属性能的因素，即影响金属塑性变形阻力的因素。如前所述，这类因素有：金属化学成分和组织的影响、变形温度的影响、变形速度和变形程度的影响。第二类为影响应力状态的因素。

变形区内各点的应力状态分布是不均匀的，如图 2-4 所示。变形区内应力状态的形成，主要是由于接触弧上单位压力和摩擦力的影响。

应力状态对单位压力的影响，主要表现为 σ_3（σ_x）和 σ_2 的影响。由塑性方程式 $\sigma_1-\sigma_3=\beta\sigma$ 可知，中间主应力 σ_2 对单位压力 σ_1（$p_x\approx\sigma_1$）的影响范围为 1～1.15，影响是不大的，而水平应力 σ_x（$\sigma_3=\sigma_x$）则直接引起单位压力的变化。塑性方程式改写为 $p_x=\beta_\sigma+\sigma_x$，此式表明：凡使水平应力 σ_x 增大的因素，都使单位压力 p_x 增大；凡使水平应力减小的因素，都使单位压力 p_x 减小。

第二类因素即影响应力状态的因素，造成应力状态分布不均匀现象，主要决定于外部加工条件，包括接触面上的摩擦（简称外摩擦）影响、外区金属影响和张力影响等三个因素。

考虑两类因素的影响，单位压力 p_x 可写成如下形式

$$p_x=n_\sigma k=n_\sigma\beta\sigma$$

式中　n_σ——应力状态影响系数。

应力状态各影响因素对单位压力 p_x 的影响，经实测和理论分析，得出如图 2-9～图 2-12 中所示的规律。

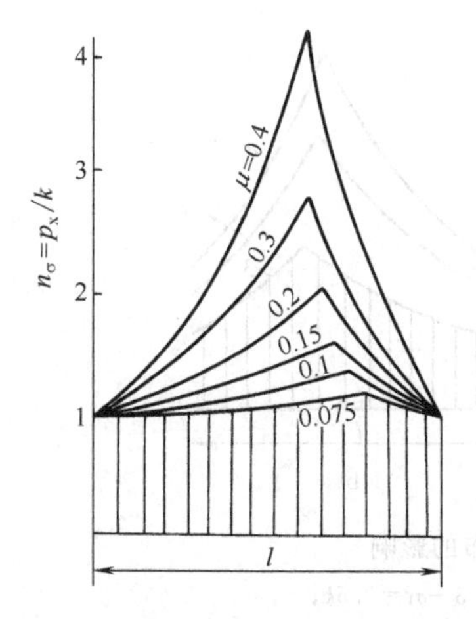

图 2-9　摩擦对单位压力分布的影响

$\varepsilon=30\%$；$\alpha=5°40'$；$h_1/D=1.16\%$

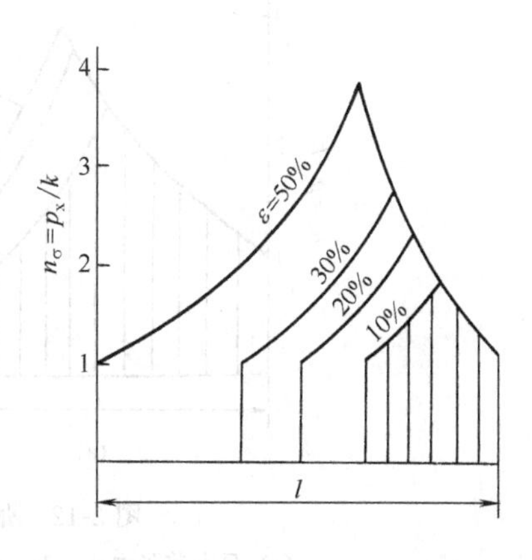

图 2-10　压下量对单位压力分布的影响

$h_1=1\text{mm}$；$D=200\text{mm}$；$\mu=0.2$

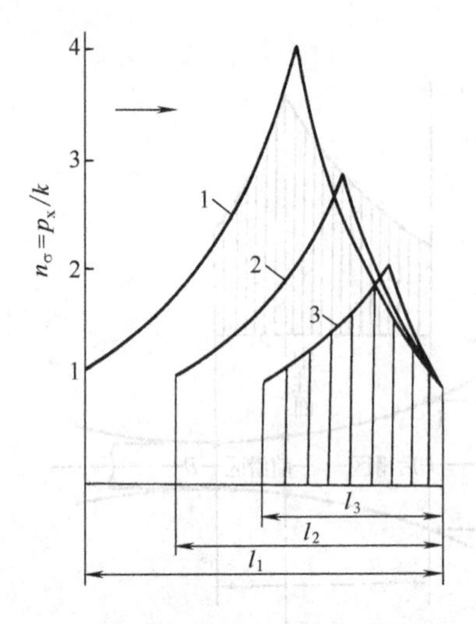

图 2-11 轧辊辊径与轧后厚度比值 D/h_1 对单位压力分布的影响

1—D=700mm（D/h_1=350）l=17.2mm；
2—D=400mm（D/h_1=200）l=13mm；
3—D=200mm（D/h_1=100）l=8.6mm

由于单位压力在接触弧上的分布是不均匀的，为了便于计算，一般均以单位压力的平均值即平均单位压力来计算轧制总压力。

考虑两类影响因素后，平均单位压力 p_m 的一般表达式为

$$p_m=n_\sigma k=n_\sigma\beta\sigma \tag{2-27}$$

或

$$p_m=n_\sigma' n_\sigma'' n_\sigma'''\beta\sigma \tag{2-28}$$

式中 n_σ——应力状态影响系数；

n_σ'——外摩擦对应力状态的影响系数；

n_σ''——外区金属对应力状态的影响系数；

n_σ'''——张力对应力状态的影响系数。

(1) 外摩擦的影响 外摩擦对单位压力的影响是综合因素的影响，它包含轧件与轧辊间的摩擦系数、轧件高度和轧辊直径等。

水平应力 σ_x 是单位压力 p_x 和单位摩擦力 t_x 在水平方向投影的代数和除以该截面轧件的厚度得到。单位摩擦力和摩擦系数越大，σ_x 就越大，单位压力 p_x 也就越大（见图 2-9），p_x 的平均值 p_m 自然也越大。

实验表明，随着轧件厚度的增加，单位压力相应降低。这是因为厚度加大后，摩擦力对水平应力 σ_x 的影响减弱了，因此，单位压力降低。

轧辊直径对单位压力的影响，一般以轧辊直径与轧件厚度的比值反映，随着 D/h_1 比值的减小，单位压力降低（见图 2-11）。因为轧辊直径减小后，摩擦力的水平分力减小，从而水平应力 σ_x 也减小，使单位压力降低，轧制力降低。另一方面，由于轧辊直径减小将使接触面积减小，也会使轧制力降低。所以在轧制薄板时，要采用小直径的轧辊。

外摩擦对单位压力的综合影响，用影响系数 n_σ'来表示。在变形区特征参数 l/h_m（变形

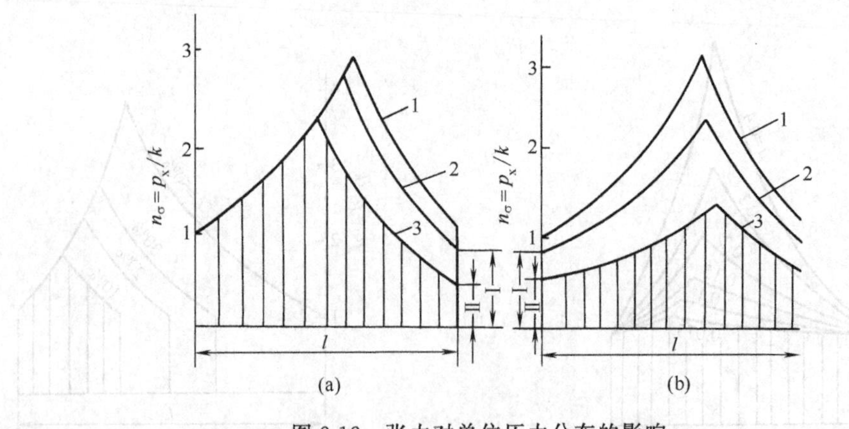

图 2-12 张力对单位压力分布的影响

(a) 只有前张力 σ_1：1—$\sigma_1=0$；2—$\sigma_1=0.2k$；3—$\sigma_1=0.5k$；

(b) 前后都有张力：1—$\sigma_1=\sigma_0=0$；2—$\sigma_1=\sigma_0=0.2k$；3—$\sigma_1=\sigma_0=0.5k$

Ⅰ—0.8k；Ⅱ—0.5k

区长度与轧件平均高度的比值）大于 1 时，n_σ'随 l/h_m 的增大而增大（图 2-13），当 $l/h_m<1$ 时，可不考虑。

在大多数情况下，外摩擦对应力状态的影响是主要的，而大部分计算平均单位压力的理论公式主要是计算的 n_σ'公式。

(2) 外区金属影响　即变形区外金属对单位压力的影响，主要是由于轧制时变形区内金属的不均匀变形，引起变形区外金属的局部变形，从而改变了变形区内金属的应力状态，使单位压力加大。

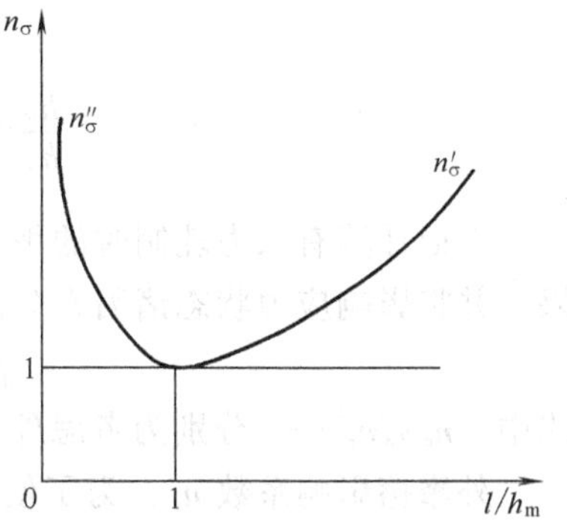

图 2-13　变形区特征参数 l/h_m 与 n_σ 单位压力影响系数的关系

当轧件在轧辊间产生塑性变形时，靠近接触面的表面层由于摩擦力的限制，其纵向流动速度比中间层低，即表面层的延伸比中间层小，产生不均匀变形，变形区入口端和出口端的断面形成向外凸出的弯曲形状。这种不均匀变形的趋势，受到变形区前后端外部金属的限制，引起变形区内 σ_x 的增加，因而使单位压力增高。

当 $l/h_m>1$ 时，不均匀变形较小，外区金属影响不明显，可不考虑；当 $l/h_m<1$ 时，不均匀变形较大，外区金属影响变得明显，随着 l/h_m 的减小，不均匀变形愈加严重，外区金属影响也就逐渐加大。外区金属影响系数 n_σ''的变化规律如图 2-13 所示。

(3) 张力的影响　张力轧制时，变形区金属在轧制方向产生附加应力，使三向压应力状态的水平方向主应力减小，这就降低了平均单位压力。实验结果表明，前后张力都使单位压力降低（图 2-12），且后张力影响更为显著，这是由于中性面偏向出口，故后张力影响大于前张力。

三、平均单位压力的计算方法

各种平均单位压力的理论计算公式基本上都是以卡尔曼或奥罗万的单位压力微分方程式为基础，经积分、简化、推导得出的。

1. 采利可夫公式

采利可夫通过解卡尔曼微分方程，得到变形区内单位压力 p_x 分布的计算式

后滑区
$$p_x=\frac{k}{\delta}\left[(\xi_0\delta-1)\left(\frac{h_0}{h_x}\right)^\delta+1\right] \tag{2-29}$$

前滑区
$$p_x=\frac{k}{\delta}\left[(\xi_1\delta+1)\left(\frac{h_x}{h_1}\right)^\delta-1\right] \tag{2-30}$$

式中　$k=1.15\sigma$，$\delta=\frac{2l\mu}{\Delta h}=2\mu\sqrt{\frac{R}{\Delta h}}$（$\mu$ 为摩擦系数）；

h_x——轧件的中性面高度；

ξ_0、ξ_1——考虑轧制时轧件前后张力的影响系数；

$$\xi_0=1-\frac{\sigma_0}{k}；\ \xi_1=1-\frac{\sigma_1}{k} \tag{2-31}$$

σ_0、σ_1——因张力作用，轧件在入口断面和出口断面的张应力。

分析以上两式，由接触弧单位压力分布方程可看出，公式中考虑了摩擦系数、轧件厚度、压下量、轧辊直径以及轧件在入口和出口所受张力的影响（见图 2-9～图 2-12）。

沿接触弧积分 p_x 再除以接触面积便得到平均单位压力

$$p_{\mathrm{m}}=\frac{2(1-\varepsilon)}{\varepsilon(\delta-1)}\left(\frac{h_\gamma}{h_1}\right)\left[\left(\frac{h_\gamma}{h_1}\right)^{\delta}-1\right]k \tag{2-32}$$

$$\frac{h_\gamma}{h_1}=\left[\frac{1+\sqrt{1+(\delta^2-1)\left(\frac{h_0}{h_1}\right)^{\delta}}}{\delta+1}\right]^{1/\delta} \tag{2-33}$$

上面计算有张力轧制时的平均单位压力的公式相当复杂，不便应用。综合多人的研究成果，并将影响应力状态诸因素分离出来，最后得一简化式

$$p_{\mathrm{m}}=n_\sigma' n_\sigma'' n_\sigma''' k=1.15 n_\sigma' n_\sigma'' n_\sigma''' \sigma \tag{2-34}$$

式中　$n_\sigma' n_\sigma'' n_\sigma'''$——分别为考虑外摩擦、外区金属影响和张力影响的系数。

外摩擦影响系数 n_σ'：为了便于应用，采利可夫给出了曲线图（图 2-14），按不同的变形程度 ε 和 $\delta\left(\delta=\mu\frac{2l}{\Delta h}\right)$，即可从图中查出 n_σ' 值。轧辊与轧件间的摩擦系数 μ，可从图 2-15 中根据轧件材质、温度查得。

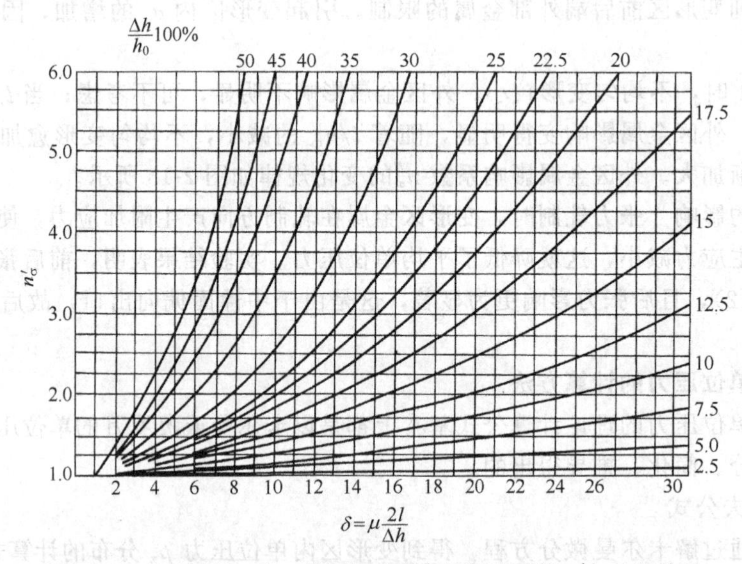

图 2-14　在不同的 ε 时，外摩擦对压力的影响系数 n_σ' 与 δ 的关系

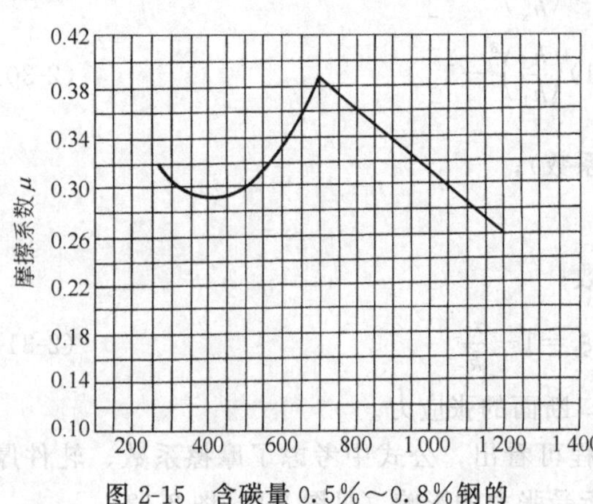

图 2-15　含碳量 0.5%～0.8%钢的摩擦系数与温度的关系

外区金属影响系数 n_σ''：当 $l/h_{\mathrm{m}}<1$ 时，可用下式计算

$$n_\sigma''=\left(\frac{l}{h_{\mathrm{m}}}\right)^{-0.4} \tag{2-35}$$

张力对应力状态的影响系数 n_σ'''：可按下式计算

$$n_\sigma'''=1-\frac{\sigma_0+\sigma_1}{2\beta\sigma} \tag{2-36}$$

式中　σ_0——后张应力；

σ_1——前张应力；

σ——轧件变形阻力。对于冷轧，由

于有加工硬化现象，可取为轧制前后轧件变形阻力的平均值。

2. 各类轧机轧制特点及其适用的平均单位压力计算式

各类轧机轧制条件的差别，主要反映在轧件高度、各道压下量和轧辊半径等参数的不同上。如前所述，变形区特征参数 l/h_m 综合反映了这三个参数对应力状态的影响。因此，根据各类轧机的轧制特点，式（2-34）所表示的计算式对各类轧机就具有不同的形式。

（1）初轧、开坯轧机　其轧制特点是轧件厚度大，l/h_m 比值较小，一般为 0.3～1.2，大多数轧制道次 $l/h_m<1$。如图 2-13 所示，$l/h_m<1$ 时，外区金属对应力状态的影响是主要的，而外摩擦对应力状态的影响不是主要的，此时可取外摩擦影响系数 $n_\sigma'=1$ 初轧开坯时无张力，故张力影响系数 $n_\sigma'''=1$。

初轧、开坯轧机轧制的另一个特点是轧件宽度较小，轧件平均宽度 b_m 与接触弧长度 l 的比值 b_m/l 一般小于 3，轧制时产生显著的宽展。由于宽展较显著，轧制时轧件不是平面变形，而是三向变形，其应力状态不同于平面变形。此时，在计算平均单位压力的公式中要考虑宽展的影响。当 $b_m/l\leqslant1$ 时，宽展对应力状态的影响系数 $n_B=0.87$；当 $1<b_m/l\leqslant5$ 时，$0.87<n_B\leqslant1$；当 $b_m/l>5$ 时，可不考虑宽展的影响。

由于初轧机的钢锭是铸造组织，比较疏松，其变形阻力与经过多道次轧制后的轧件有所不同，故在计算初轧前几道时应乘以尺寸系数 n_1，其值按表 2-4 选取。

表 2-4　系数 n_1 和钢锭（钢坯）尺寸及总延伸率的关系

总延伸系数	钢坯原始尺/mm					钢锭原始尺寸			
						方断面/mm			长方断面/mm²
	20	40	100	200	300	250	450	600	640×1 100
1	1.0	0.94	0.84	0.82	0.80	0.75	0.63	0.63	0.63
1.25	1.0	0.98	0.93	0.91	0.90	0.90	0.88	0.86	0.85
1.5	1.0	1.0	0.98	0.98	0.95	0.95	0.91	0.90	0.88
2.0	1.0		1.0	1.0	0.98	0.98	0.94	0.92	0.90
3.0	1.0				1.0	1.0	0.96	0.94	0.93

根据上述轧制特点，初轧和开坯轧机平均单位压力公式可表示为

$$p_m=1.15n_\sigma''n_B\sigma \tag{2-37}$$

对于初轧前几道，则

$$p_m=1.15n_\sigma''n_Bn_1\sigma \tag{2-38}$$

初轧和开坯轧机的平均单位压力计算，也可采用艾克隆德公式。

（2）厚板、中板轧机　从轧制特点来看，厚板、中板轧机的头几个道次与初轧、开坯轧机相近，外区对应力状态的影响是主要的。由于厚板、中板轧机轧件宽度较大，可近似认为是平面变形问题，不考虑宽展的影响，故平均单位压力公式为

$$p_m=1.15n_\sigma''\sigma \tag{2-39}$$

当厚板、中板轧机轧制时的 $l/h_m>1$ 时，则平均单位压力的计算应采用薄板轧机的公式。

（3）薄板（带钢）轧机　其产品厚度为 1.2～16mm，其变形区特征参数 $l/h_m>1$，一般为 1.5～7。此时，轧制变形较为均匀，外区对应力状态的影响不是主要的，故取 $n_\sigma''=1$，而外摩擦对应力状态的影响是主要因素，故平均单位压力公式为

$$p_m = 1.15 n_\sigma' \qquad (2\text{-}40)$$

如轧制带钢带有张力时，则

$$p_m = 1.15 n_\sigma' n_\sigma''' \sigma \qquad (2\text{-}41)$$

【例题 2-1】 已知四辊轧机轧辊直径为 $\phi 1\,200/\phi 700$，被轧钢板材料为 Q235A，轧制温度 $t = 1\,050$℃，轧辊转速 $n = 80\text{r/min}$，钢板轧制前厚度 $h_0 = 20\text{mm}$，压下量 $\Delta h = 5\text{mm}$。试用采利可夫公式求平均单位压力。

解：首先确定变形阻力 σ

轧制速度 $$v = \frac{\pi D n}{60 \times 1\,000} = \frac{3.14 \times 700 \times 80}{60 \times 1\,000} = 2.93\text{m/s}$$

接触弧长度 $$l = \sqrt{R \Delta h} = \sqrt{350 \times 5} = 41.8\text{mm}$$

变形速度 $$u = \frac{v}{l} \times \frac{\Delta h}{h_0} = \frac{2\,930}{41.8} \times \frac{5}{20} = 17.5\text{s}^{-1}$$

由图 2-7 查得 $\sigma_{30} = 100\text{MPa}$

变形程度 $$\varepsilon = \frac{\Delta h}{h_0} = \frac{5}{20} = 0.25$$

修正系数 $$K_\varepsilon = 0.98$$

变形阻力 $$\sigma = K_\varepsilon \sigma_{30} = 0.98 \times 100 = 98\text{MPa}$$

由图 2-15 可知，当 $t = 1\,050$℃时，摩擦系数 $\mu = 0.28$

系数 $$\delta = \frac{2\mu l}{\Delta h} = \frac{2 \times 0.28 \times 41.8}{5} = 4.68$$

变形区形状特征参数 $l/h_m = 41.8/12.5 = 3.34 > 1$

故外区金属影响系数可不考虑，取 $n_\sigma'' = 1$

由图 2-14 查得外摩擦影响系数 $n_\sigma' = 1.35$

无张力轧制 $n_\sigma''' = 1$

平均单位压力 $p_m = 1.15 n_\sigma' \sigma = 1.15 \times 1.35 \times 98 = 152\text{MPa}$

3. 西姆斯公式

对于热轧薄板（带钢）轧机来说，外摩擦对应力状态的影响系数 n_σ'，一般也可用西姆斯公式来计算。西姆斯公式是在奥罗万单位压力微分方程的基础上推导得出的。

$$p_m = n_\sigma' k \qquad n_\sigma' = p_m / k$$

$$n_\sigma' = \frac{\pi}{2}\sqrt{\frac{1-\varepsilon}{\varepsilon}}\arctan\sqrt{\frac{\varepsilon}{1-\varepsilon}} - \frac{\pi}{4} - \sqrt{\frac{1-\varepsilon}{\varepsilon}}\sqrt{\frac{R}{h_1}}\ln\frac{h_\gamma}{h_1} + \frac{1}{2}\sqrt{\frac{1-\varepsilon}{\varepsilon}}\sqrt{\frac{R}{h_1}}\ln\frac{1}{1-\varepsilon} \qquad (2\text{-}42)$$

式中 R——轧辊半径；

h_γ——轧件中性面高度，$\dfrac{h_\gamma}{h_1} = 1 + \dfrac{R}{h_1}\gamma^2$；

γ——中性角，$\gamma = \sqrt{\dfrac{h_1}{R}}\tan\left[\dfrac{\pi}{8}\ln(1-\varepsilon)\sqrt{\dfrac{h_1}{R}} + \dfrac{1}{2}\arctan\sqrt{\dfrac{\varepsilon}{1-\varepsilon}}\right]$。

由式（2-42）可看出，西姆斯公式的应力状态影响系数 n'_σ 仅取决于变形程度 ε 及比值 R/h_1。为了便于应用，将上式计算结果作成曲线图（见图 2-16），在实际计算时，可在图上查得应力状态系数 n'_σ。

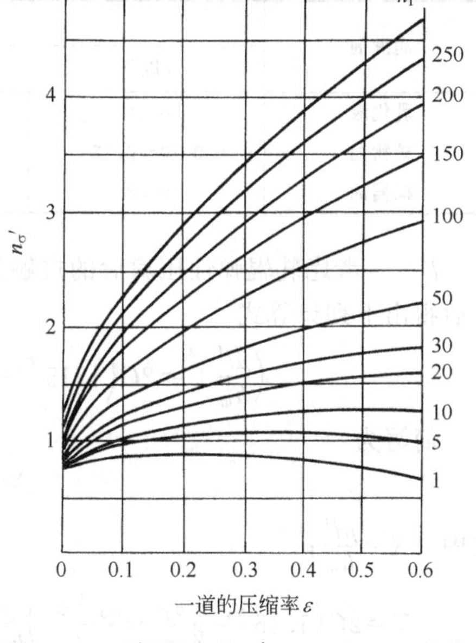

图 2-16 西姆斯公式 $n'_\sigma=f(R/h_1,\varepsilon)$ 曲线

由于西姆斯公式计算工作量较大，不便于计算机在线控制轧制生产使用，因此，很多学者提出了西姆斯公式的简化式，如

$$n'_\sigma=0.72+0.28\frac{l}{h_m} \quad (2\text{-}43)$$

及

$$n'_\sigma=0.8049-0.3393\varepsilon+(0.2488+0.0393\varepsilon+0.0732\varepsilon^2)\frac{l}{h_m} \quad (2\text{-}44)$$

式（2-43）结构型式较为简单，式（2-44）计算精度最好。

4. 斯通公式

冷轧带钢时，轧件的宽度远大于厚度，宽展可视为零。冷轧一般都采用较大的前后张力轧制，其平均张应力一般为 $(0.3\sim0.5)\sigma_s$，由于轧制压力较大（p_m 一般大于 500MPa），轧辊发生显著的弹性压扁现象。斯通将冷轧薄板视作平行平板间的压缩，推导出计算公式为

$$p_m=\frac{P}{bl'}=(k-\sigma_m^*)\frac{e^{\frac{\mu l'}{h_m}}-1}{\frac{\mu l'}{h_m}}=(k-\sigma_m^*)\frac{e^X-1}{X}=(k-\sigma_m^*)m \quad (2\text{-}45)$$

式中 $k=1.15\sigma$，考虑加工硬化时，σ 为轧制前后变形阻力的平均值，即 $\sigma=\frac{1}{2}(\sigma_{s0}+\sigma_{s1})$；

σ_m^*——轧件的入口和出口断面上平均张应力，$\sigma_m^*=\frac{1}{2}(\sigma_0+\sigma_1)$；

m——考虑轧辊弹性压扁接触弧加长对单位压力的影响系数（或称压力增加系数），

$$m=\frac{e^X-1}{X},\ X=\frac{\mu l'}{h_m} \quad (2\text{-}46)$$

式中 μ——轧件与轧辊间的摩擦系数，主要根据轧制条件确定，表 2-5、表 2-6 给出的数据可作参考。无润滑时可取 $\mu=0.12\sim0.15$；

表 2-5 在研磨的轧辊上冷轧钢板时的摩擦系数 μ

轧材品种	润滑剂	μ	轧材品种	润滑剂	μ
薄带钢	棕榈油	0.03～0.05	扁钢和钢板	乳化矿物油	0.07～0.10
	乳化棕榈油	0.05～0.065		乳化棕榈油	0.06～0.08
	橄榄油	0.055		（蓖麻油）	
	蓖麻油	0.045			
	羊毛脂	0.04			

表 2-6 冷轧时的摩擦系数 μ 与轧制速度的关系

润滑剂	轧制速度/m·s^{-1}			
	3 以下	10 以下	20 以下	大于 20
乳化液	0.14	0.10～0.12	—	—
矿物油	0.10～0.12	0.09～0.10	0.08	0.06
棕榈油	0.08	0.06	0.05	0.03

l'——考虑轧辊弹性压扁后的接触弧长度。可按赫奇可克计算压扁的公式，经推导、整理后得出下列计算式

$$\left(\frac{\mu l'}{h_m}\right)^2=2C\left(1.15\frac{\sigma_{s1}+\sigma_{s0}}{2}-\frac{\sigma_0+\sigma_1}{2}\right)\left(e^{\frac{\mu l'}{h_m}}-1\right)\frac{\mu}{h_m}+\left(\frac{\mu l}{h_m}\right)^2 \tag{2-47}$$

简写为

$$X^2=(e^X-1)Y+Z \tag{2-48}$$

式中 $X=\frac{\mu l'}{h_m}$；

$Y=2C\left(1.15\frac{\sigma_{s1}+\sigma_{s0}}{2}-\frac{\sigma_0+\sigma_1}{2}\right)\frac{\mu}{h_m}$；

$Z=\left(\frac{\mu l}{h_m}\right)^2$；

C——常数，$C=\frac{8(1-\gamma^2)}{\pi E}R$，$\gamma$ 为轧辊材料泊松比，R 为轧辊半径，对于钢轧辊，

$C=\frac{R}{95\ 000}$，mm^3/N。

式 (2-48) 是一个超越方程，直接计算比较困难，通常用查图表法（图 2-17 和表 2-7）解决，其计算步骤如下。

① 按 $l=\sqrt{R\Delta h}$计算出不考虑轧辊弹性压扁的接触弧长度。

② 按上述 Y、Z 关系式计算出 Y 和 Z 的值。

③ 根据计算所得的 Y 和 Z 值，在（图 2-17）左边和右边纵坐标上，分别找到相应的两点，连接这两点成一直线，此直线与图中曲线的交点，即得所求的 X 值。若此直线与曲线出现两个交点即得到两个 X 值时，则要进行判别，选择一个合理的 X 值。

④ 根据图 2-17 中求出的 X 值，在表 2-7 中查出压力增加系数 m 值。

⑤ 按式 (2-45)，可求出平均单位压力 p_m。

⑥ 按式 (2-46) 及 $l'=\frac{Xh_m}{\mu}$，可求出考虑轧辊弹性压扁后的接触弧长度 l'，再将此长度值代入公式 $P=p_m b_m l'$即可求出轧制总压力 P。

【例题 2-2】 已知四辊冷轧机，工作辊直径 $d=150$mm，轧件材料为电机硅钢片，轧件宽度 $b=156$mm，轧件原始厚度 $h_0=2.75$mm，中间不经退火轧制第四道，轧前厚度为 $h_3=1$mm，轧后厚度为 $h_4=0.6$mm，轧制时带前张力 $T_1=4\ 860$N，轧件与轧辊间的摩擦系数 $\mu=0.08$。求轧制第四道时的轧制力。

解： 轧前总压缩率 $\varepsilon_3=\frac{h_0-h_3}{h_0}=\frac{2.75-1}{2.75}=63.6\%$

轧后总压缩率 $\varepsilon_4=\frac{h_0-h_4}{h_0}=\frac{2.75-0.6}{2.75}=78.2\%$

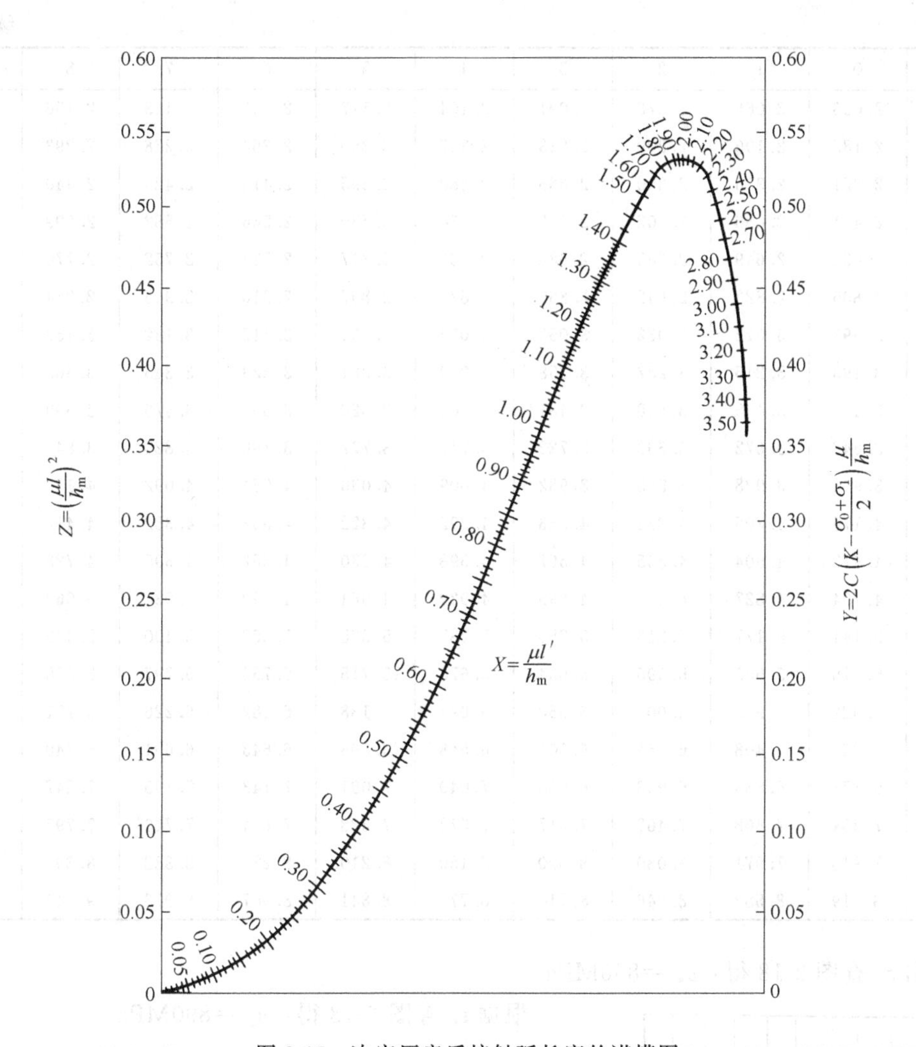

图 2-17　决定压扁后接触弧长度的诺模图

表 2-7　系数 m 与 X 的关系

X	0	1	2	3	4	5	6	7	8	9
0.0	1.000	1.005	1.010	1.015	1.020	1.025	1.031	1.036	1.041	1.046
0.1	1.052	1.057	1.062	1.068	1.073	1.079	1.084	1.090	1.096	1.101
0.2	1.107	1.113	1.119	1.124	1.130	1.136	1.142	1.148	1.154	1.160
0.3	1.166	1.172	1.179	1.185	1.191	1.197	1.204	1.210	1.217	1.223
0.4	1.230	1.236	1.243	1.249	1.256	1.263	1.270	1.277	1.283	1.290
0.5	1.297	1.304	1.312	1.319	1.326	1.333	1.340	1.348	1.355	1.363
0.6	1.370	1.378	1.385	1.393	1.401	1.409	1.416	1.424	1.432	1.440
0.7	1.448	1.456	1.464	1.473	1.481	1.489	1.498	1.506	1.515	1.523
0.8	1.532	1.541	1.549	1.558	1.567	1.576	1.585	1.594	1.603	1.613
0.9	1.622	1.631	1.641	1.650	1.660	1.669	1.679	1.689	1.698	1.708
1.0	1.718	1.728	1.738	1.749	1.759	1.769	1.780	1.790	1.801	1.811
1.1	1.822	1.833	1.844	1.855	1.866	1.877	1.888	1.899	1.190	1.922
1.2	1.933	1.945	1.957	1.968	1.980	1.992	2.004	2.016	2.029	2.041

续表

X	0	1	2	3	4	5	6	7	8	9
1.3	2.053	2.066	2.078	2.091	2.104	2.117	2.130	2.143	2.156	2.169
1.4	2.182	2.196	2.209	2.223	2.237	2.250	2.264	2.278	2.293	2.307
1.5	2.321	2.336	2.350	2.365	2.380	2.395	2.410	2.425	2.440	2.455
1.6	2.471	2.486	2.502	2.518	2.534	2.550	2.566	2.582	2.599	2.615
1.7	2.632	2.649	2.665	2.682	2.700	2.717	2.734	2.752	2.770	2.787
1.8	2.805	2.823	2.842	2.860	2.879	2.897	2.916	2.935	2.954	2.973
1.9	2.993	3.012	3.032	3.052	3.072	3.092	3.112	3.132	3.153	3.174
2.0	3.195	3.216	3.237	3.258	3.280	3.301	3.323	3.345	3.368	3.390
2.1	3.412	3.435	3.458	3.481	3.504	3.528	3.551	3.575	3.599	3.623
2.2	3.648	3.672	3.697	3.722	3.747	3.772	3.798	3.824	3.849	3.873
2.3	3.902	3.928	3.955	3.982	4.009	4.036	4.064	4.092	4.120	4.148
2.4	4.176	4.205	4.234	4.263	4.292	4.322	4.352	4.382	4.412	4.442
2.5	4.473	4.504	4.535	4.567	4.598	4.630	4.662	4.695	4.728	4.760
2.6	4.794	4.827	4.861	4.895	4.929	4.964	4.999	5.034	5.069	5.105
2.7	5.141	5.177	5.213	5.250	5.287	5.325	5.362	5.400	5.439	5.477
2.8	5.516	5.555	5.595	5.634	5.675	5.715	5.756	5.797	5.838	5.880
2.9	5.922	5.965	6.007	6.050	6.094	6.138	6.182	6.226	6.271	6.316
3.0	6.362	6.408	6.454	6.501	6.548	6.595	6.643	6.691	6.740	6.789
3.1	6.838	6.888	6.938	6.988	7.040	7.091	7.143	7.195	7.247	7.300
3.2	7.354	7.408	7.462	7.517	7.572	7.628	7.684	7.740	7.797	7.855
3.3	7.913	7.971	8.030	8.090	8.150	8.210	8.271	8.332	8.394	8.456
3.4	8.519	8.582	8.646	8.710	8.775	8.841	8.907	8.973	9.040	9.108

根据 ε_3 查图 2-18 得：$\sigma_{s0}=850\text{MPa}$

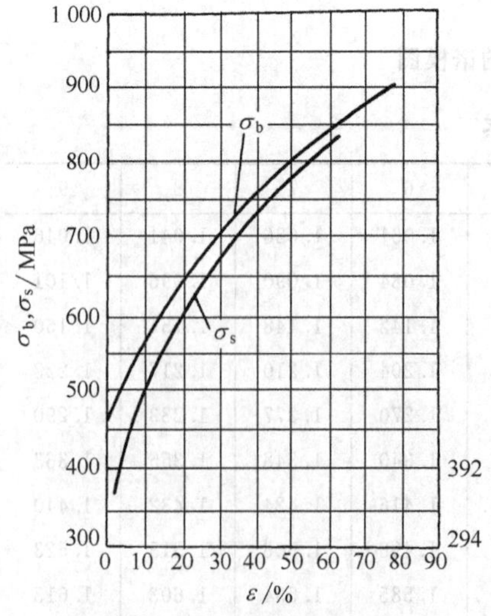

图 2-18　电机硅钢的硬化曲线

根据 ε_4 查图 2-18 得：$\sigma_{s1}=890\text{MPa}$

求 K　$K=1.15\dfrac{\sigma_{s1}+\sigma_{s0}}{2}=1.15\times\dfrac{850+890}{2}=1\,000.5\text{MPa}$

前张应力　$\sigma_1=\dfrac{T_1}{bh_4}=\dfrac{4\,860}{156\times0.6}=52\text{MPa}$

平均张应力　$\sigma_m^*=\dfrac{1}{2}(\sigma_0+\sigma_1)=\dfrac{1}{2}\times52=26\text{MPa}$

平均厚度　$h_m=\dfrac{h_3+h_4}{2}=\dfrac{1+0.6}{2}=0.8\text{mm}$

求 Y　$Y=\dfrac{2R}{95\,000}\left(1.15\dfrac{\sigma_{s0}+\sigma_{s1}}{2}-\dfrac{\sigma_0+\sigma_1}{2}\right)\dfrac{\mu}{h_m}$

$=\dfrac{2\times75}{95\,000}\times(1\,000.5-26)\times\dfrac{0.08}{0.8}=0.154$

求 Z　$Z=\left(\dfrac{\mu l}{h_m}\right)^2=\left(\dfrac{0.08\sqrt{75\times0.4}}{0.8}\right)^2=0.3$

由图 2-17 查得　$X=0.67$

由表 2-7 查得　$m=1.424$

求平均单位压力　$p_m=(k-\sigma_m^*)m=(1\,000.5-26)\times1.424=1\,388\text{MPa}$

弹性压扁后的变形区长度　$l'=\frac{Xh_m}{\mu}=\frac{0.67\times 0.8}{0.08}=6.7\text{mm}$

轧制总压力　$P=bl'p_m=156\times 6.7\times 1\,388=1\,450\,738\text{N}=1.45\text{MN}$

5. 艾克隆德公式

型钢和线材轧机一般采用艾克隆德公式计算平均单位压力，它是在一定理论基础上推导出的半经验公式

$$p_m=(1+m)(k+\eta u) \tag{2-49}$$

式中　m——考虑外摩擦对单位压力的影响系数；

k——金属在静压缩时的变形阻力，MPa；

η——金属的黏性系数，MPa·s；

u——变形速度，s^{-1}。

式中第一项（$1+m$）主要是考虑外摩擦的影响，第二项中乘积 ηu 是考虑变形速度对变形阻力的影响。m、u、η 可分别由下列公式求出

$$m=\frac{1.6\mu\sqrt{R(h_0-h_1)}-1.2(h_0-h_1)}{h_0+h_1} \tag{2-50}$$

$$u=\frac{2v_r\sqrt{\frac{h_0-h_1}{R}}}{h_0+h_1} \tag{2-51}$$

$$\eta=0.01(137-0.098t)c \tag{2-52}$$

式中　μ——摩擦系数，建议采用：对钢轧辊 $\mu=1.05-0.000\,5t$；对硬面铸铁轧辊 $\mu=0.8(1.05-0.000\,5t)$，t 轧制温度，℃；

R——轧辊半径，mm；

h_0、h_1——轧制前后轧件高度，mm；

v_r——轧辊圆周速度，mm/s；

c——考虑轧制速度对 η 的影响系数，其值如下。

轧制速度 v/m·s^{-1}	<6	6～10	10～15	15～20
系数 c	1.0	0.8	0.65	0.60

式（2-49）中的变形阻力 k，艾克隆德根据热轧方坯的实验数据，提出以下经验公式。

$$k=(137-0.098t)(1.4+\text{C}+\text{Mn}+0.3\text{Cr}) \tag{2-53}$$

式中，C、Mn、Cr 为碳、锰、铬的百分含量（%）；此式适用于轧制温度 t 大于 800℃，含锰量小于 1%的情况，含铬量适用范围一般应小于 2%～3%。

四、轧件与轧辊间接触面积 F 的确定

接触面积的一般计算式为

$$F=\frac{b_0+b_1}{2}l=b_m l \tag{2-54}$$

变形区长度　$$l=\sqrt{R\Delta h} \tag{2-55}$$

式中　b_0、b_1、b_m——轧制前后的轧件宽度和平均宽度；

R、Δh——轧辊半径与绝对压下量。

由于轧机和轧制特点的不同，轧件与轧辊间接触面积的计算方法也不同。轧制中厚板、板坯、方坯及异形断面轧件，一般不考虑轧制时轧辊产生的弹性压扁现象。

轧制中厚板、板坯、方坯时，在两个轧辊直径相同的情况，接触面积和变形区长度可用式（2-54）和式（2-55）计算。

当两个轧辊直径不相等时（如三辊劳特轧机），则变形区长度计算式应为

$$l=\sqrt{\frac{2R_1R_2}{R_1+R_2}\Delta h} \tag{2-56}$$

式中　R_1、R_2——两个轧辊的半径。

轧制异形断面轧件时，接触面积可以采用图解法计算，找出投影面积，但比较复杂。如近似计算，可根据下式算出轧辊当量半径 R_d 和平均压下量 Δh_m，代入式（2-55）中

$$l=\sqrt{R_d\Delta h_m} \tag{2-57}$$

$$R_d=\frac{2\left(R_1-\frac{h_{m1}}{2}\right)\left(R_2-\frac{h_{m1}}{2}\right)}{R_1+R_2-h_{m1}} \tag{2-58}$$

$$\Delta h_m=h_{m0}-h_{m1}=\frac{Q_0}{b_0}-\frac{Q_1}{b_1} \tag{2-59}$$

式中　R_1、R_2——两个轧辊的最大半径（即轧槽凸缘处的半径）；

h_{m0}、h_{m1}——轧制前后轧件的平均高度；

Q_0、Q_1——轧制前后轧件的断面积；

b_0、b_1——轧制前后轧件的宽度。

轧件在菱形、方形、椭圆和圆孔形中轧制时，也可按有关经验公式计算平均压下量 Δh_m：

菱形轧成菱形［图 2-19（a）］　$\Delta h_m=(0.55\sim0.6)(h_0-h_1)$

方形轧成椭圆［图 2-19（b）］　$\Delta h_m=h_0-0.7h_1$（扁椭圆）

$\Delta h_m=h_0-0.85h_1$（圆椭圆）

椭圆轧成方形［图 2-19（c）］　$\Delta h_m=(0.65\sim0.7)h_0-(0.55\sim0.6)h_1$

椭圆轧成圆形［图 2-19（d）］　$\Delta h_m=0.85h_0-0.79h_1$

五、轧制压力的实际测定

金属在轧制时，轧辊对金属作用一定的压力来克服金属的变形抗力，并迫使其产生变形。同时，金属对轧辊也产生反作用力。由于在大多数情况下，金属对轧辊的总压力是指垂直方向的，或者倾斜不大，因而可近似认为轧制压力就是金属对轧辊总压力的垂直分量，即是指装在压下螺丝下的测压仪实测的总压力。

专门设计的测力传感器直接测量轧制压力，根据所用的变换原理或传感器型式，有电阻应变式、压磁式、电容式及电感式等，而当前应用最广的主要是前两种。

1. 电阻应变式传感器

电阻应变式传感器是将电阻应变片贴在弹性元件上，当弹性元件受力变形时，电阻应变片亦发生变形，利用应变-电阻效应，再配以相应的测量仪表，就可测出试件受力后的应变

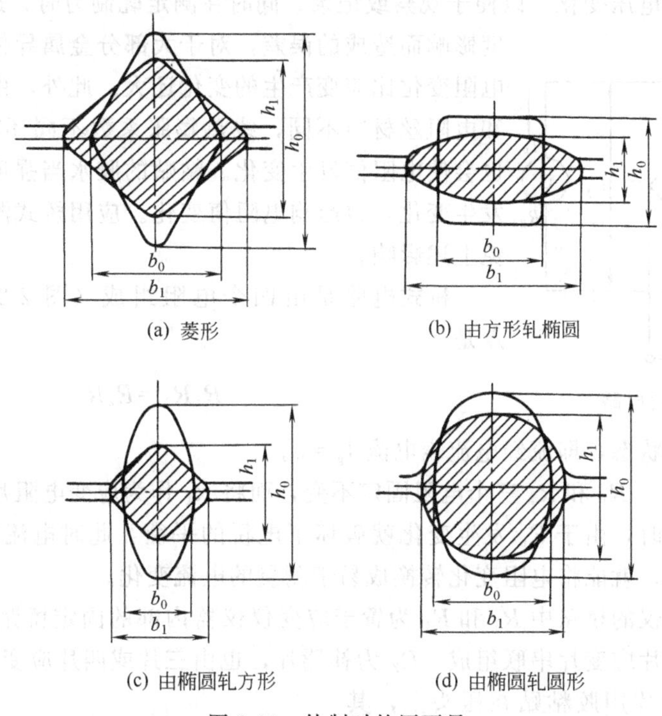

图 2-19　轧制时的压下量

或与应变有对应关系的其他非电物理量。

电阻应变片又名电阻应变计，它是非电量电测法中常用的一种传感元件。现以使用最广的电阻合金应变片为例，对其工作原理进行讨论。

由物理学知道，金属导线的电阻值 R 与其长度 L 成正比，与其横截面积 S 成反比，用公式表示为

$$R=\rho\frac{L}{S}$$

式中　ρ——金属导线的电阻率。

如果金属导线沿其轴线方向产生变形，则其电阻值也随其发生变化，这一物理现象称为金属导线的应变-电阻效应。

金属导线受力变形后，由于其几何尺寸发生变化，从而使其电阻发生变化。可以设想，如果将一根直径较细的金属丝粘贴在工程构件的表面上，利用金属丝的应变-电阻效应把构件表面的应变量直接变换成为金属丝电阻的相对变化，这样就可以用电测的方法进行应变测量。

应变电阻片是由直径极小，约 0.02～0.03mm 的金属电阻丝（一般绕成环套形）用专门胶粘于纸垫片上面组合而成。将应变电阻片用专门的胶粘贴于被测零件上（二者可视为一体）。当零件发生变形时，应变电阻片也随之变形，因而引起金属电阻丝电阻变化，从而达到使机械变形转换成电阻变化。

测定轧制力时，可在压下螺丝与轴承座之间置一压头，在压头上贴上应变片。在轧制力作用下，压头变形使应变片发生电阻变化，由此能测出轧制力。

实际应用时，被测零件由于变形引起的电阻变化 $\Delta R/R$ 不易测量，还必须转换成容易

测量的电流变化或电压变化，以便于观察或记录。同时在测定轧制力时，还必须消除由于温度影响而造成的误差，对于大部分金属导体由于温度引起的电阻变化比应变产生的变化还大。此外，由于被测零件材料和电阻丝材料不同，线热膨胀系数不同还将引起附加变形，也会使电阻值发生变化。粘贴的胶水当强度变化时，性能则发生变化，也影响电阻值变化。应用桥式测量电路，就能避免上述影响。

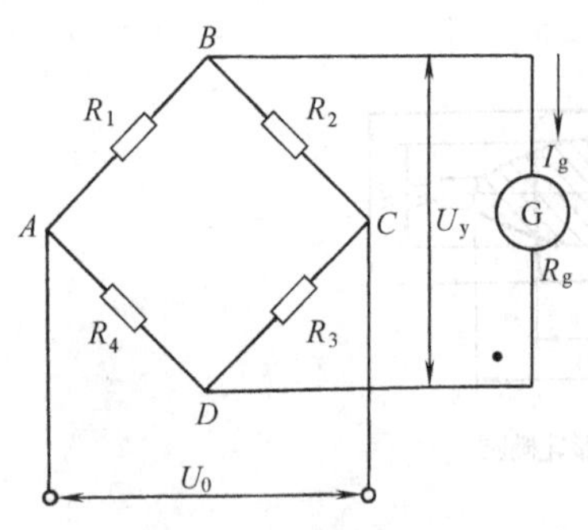

图 2-20　电桥电路

桥式电路是由四个电阻组成（图 2-20），该电桥的特点是

$$R_1R_3=R_2R_4$$

此时电桥处于平衡状态，即流经电流表电流 $I_g=0$。

如果电桥中 R_2、R_3 和 R_4 三个电阻固定不变，而将 R_1 作为应变电阻片粘贴于被测零件上，因而零件变形时，由于 R_1 发生变化就破坏了电桥的平衡，此时电流表就有电流经过，利用这一测量电路，就能将电阻变化转换成易于测量的电流变化。

实际电阻应变仪的桥路中 R_3 和 R_4 为置于应变仪仪器内部的固定桥路电阻。R_1 为工作片，是由三片或四片应变片串联组成。R_2 为补偿片，也由三片或四片应变片串联组成。

工作片与补偿片用胶粘贴在压头上，其接线如图 2-21 所示。因此当温度变化时，R_1 及 R_2 发生相同的变化，这样就补偿了温度的影响。

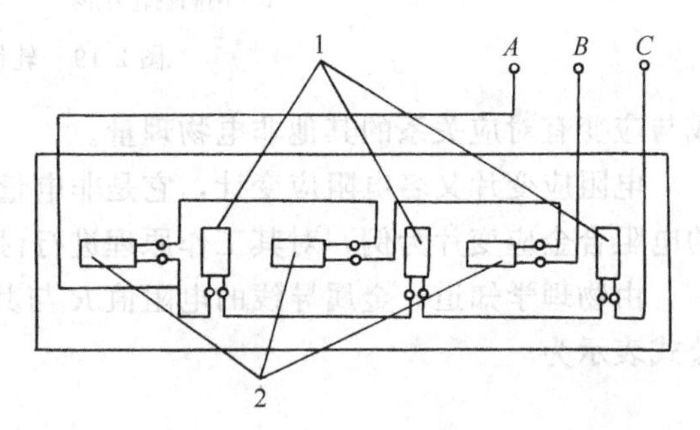

图 2-21　在压头上贴片(压头展开后)及接线示意图
1—工作电阻片；2—补偿电阻片

工作片与补偿片互相垂直粘贴于压头上，其目的是为了得到更大的信号电压。这是因为当压头受压时，R_1 电阻减小，相反 R_2 电阻值增大。信号电压经放大，最后可推动记录仪器自动记录。

2. 电容式传感器

它把力转换成电容的变化，由两个互相平行的绝缘金属板组成。由物理学可知，两个平行极板电容器的电容 C 为

$$C=\frac{\varepsilon S}{\delta} \tag{2-60}$$

式中 S——电容器的两个极板覆盖面积，cm^2；

δ——电容器的两个极板间距，cm；

ε——电容器极板间介质的介电常数，空气 $\varepsilon=1$。

由式（2-60）可知，S、δ 和 ε 三个参数中，只要有一个参数发生变化都会使电容 C 改变，这就是电容式传感器的工作原理。

图 2-22 所示为测量轧制力使用的电容式传感器原理。在矩形的特殊钢块弹性元件上，加工有若干个贯通的圆孔，每个圆孔内固定两个端面平行的丁字形电极，每个电极上贴有铜箔，构成平板电容器，几个电容器并联成测量回路。在轧制力作用下，弹性元件产生变形，因而极板间距发生变化，从而使电容发生变化，经变换后得到轧制力。

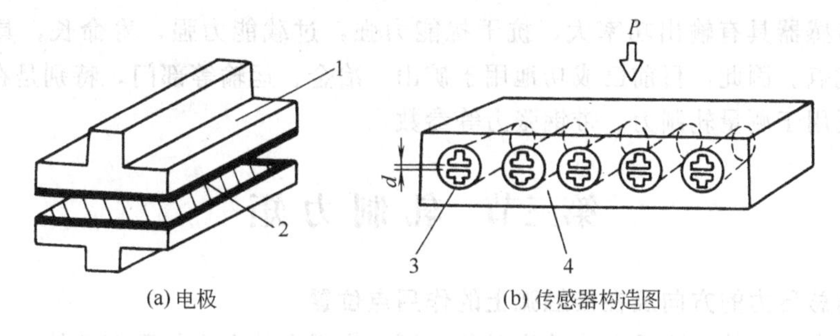

(a) 电极　　(b) 传感器构造图

图 2-22　电容式传感器原理

1—绝缘物（无机材料）；2—导体（铜材）；3—电极；4—钢件

优点：灵敏度高，结构简单，消耗能量小，误差小，国外已用于测量轧制力。

缺点：泄漏电容大，寄生电容和外电场的影响显著，测量电路复杂。

3. 压磁式传感器

其基本原理是利用“压磁效应”，即某些铁磁材料受到外力作用时，引起导磁率 μ 发生变化的物理现象。利用压磁效应制成的传感器，叫做压磁式传感器（在轧机测量中也常称为压磁式压头），有时也叫做磁弹性传感器或磁致伸缩传感器。

图 2-23 所示为变压器型压磁式传感器原理图。在两条对角线上，开有四个孔 1、2 和 3、4。在两个对角孔 1、2 中，缠绕激磁（初级）绕组 $W_{1,2}$；在另两个对角孔 3、4 中，缠绕测量（次级）绕组 $W_{3,4}$。$W_{1,2}$ 和 $W_{3,4}$ 平面互相垂直，并与外力作用方向成 45°角。当激磁绕组 $W_{1,2}$ 通入一定的交流电流时，铁心中就产生磁场。在不受外力作用［图 2-23（b）］时，由于铁心的磁各向同性，A、B、C、D 四个区域的导磁率 μ 是相同的，此时磁力线呈轴对称分布，合成磁场强度 H 平行于测量绕组 $W_{3,4}$ 平面，磁力线不与绕组 $W_{3,4}$ 交链，故 $W_{3,4}$ 不会感应出电势。

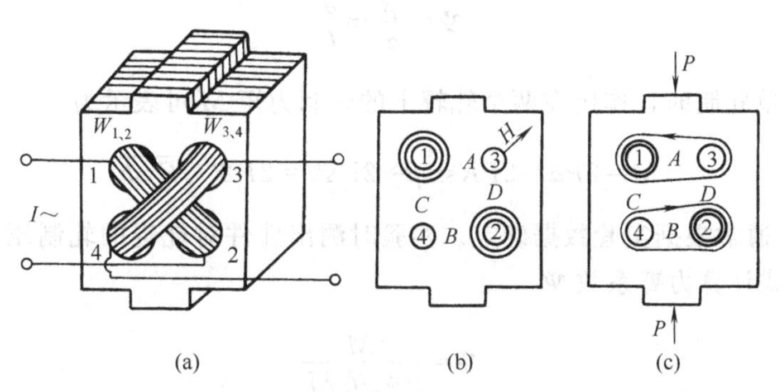

(a)　　(b)　　(c)

图 2-23　压磁式传感器原理图

在外力 P 作用［图 2-23（c）］下，A、B 区域承受很大压应力 σ，于是导磁率 μ 下降，磁阻 R_m 增大。由于传感器的结构形状缘故，C、D 区域基本上仍处于自由状态，其导磁率 μ 仍不变。由于磁力线有沿磁阻最小途径闭合的特性，此时，有一部分磁力线不再通过磁阻较大的 A、B 区域，而通过磁阻较小的 C、D 区域而闭合。于是原来呈现轴对称分布的磁力线被扭曲变形，合成磁场强度 H 不再与 $W_{3,4}$ 平面平行，磁力线与绕组 $W_{3,4}$ 交链，故在测量绕组 $W_{3,4}$ 中感应出电势 E。P 值越大，应力 σ 越大，磁通转移越多，E 值也越大。将此感应电势 E 经过一系列变换后，就可建立压力 P 与电流 I（或电压 V）的线性关系，即可由输出 I（或 V）表示出被测力 P 的大小。

压磁式传感器具有输出功率大，抗干扰能力强，过载能力强，寿命长，具有防尘、防油、防水等优点。因此，目前已成功地用于矿山、冶金、运输等部门，特别是在轧机自动化系统中，广泛用于测量轧制力、带钢张力等参数。

第三节 轧制力矩

一、轧制总压力的方向及在接触弧上的作用点位置

确定轧制力方向的方法是以轧件为对象，研究作用在其上力的平衡条件。轧机构造及轧制情况不同，轧制力方向也不同。

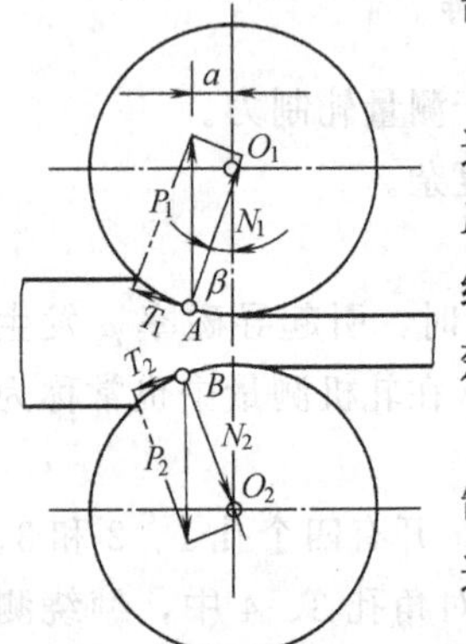

图 2-24 简单轧制时作用在轧辊上的力

在简单轧制情况下，除了轧辊给轧件的力外，没有其他外力。这样，两个轧辊对轧件的法向力 N_1、N_2 和摩擦力 T_1、T_2 的合力 P_1、P_2，必然是大小相等、方向相反，且作用在一条直线上，该直线平行于轧辊连心线，轧件才能平衡，如图 2-24 所示。为了表示清楚，图中所示各力为轧件对轧辊的反作用力。

轧制压力在接触弧上作用点的位置，可用 β 角表示，β 角是过轧制压力作用点与轧辊中心连线的夹角（见图 2-24）。在实际计算中，通常借助于力臂系数 $\Psi=\beta/\alpha$ 来确定 β 角和作用点的位置，即

$$\beta=\Psi\alpha$$

式中 α——轧件的咬入角，$\alpha=\arccos\left(1-\frac{\Delta h}{D}\right)$。

根据图 2-24，简单轧制时，力臂系数 Ψ 可表示为

$$\Psi=\frac{\beta}{\alpha}\approx\frac{a}{l} \tag{2-61}$$

因此，在简单轧制时，作用在两个轧辊上的轧制力矩 M 可表示为

$$M=2Pa=2PR\sin\beta\approx 2P\Psi l=2P\Psi\sqrt{R\Delta h}$$

力臂系数 Ψ 通常根据实验数据确定。实验时测出轧件对轧辊的轧制压力 P 和轧制力矩 M，然后根据下式计算力臂系数 Ψ

$$\Psi=\frac{M}{2P\sqrt{R\Delta h}} \tag{2-62}$$

由于实验轧机和轧制条件的不同，力臂系数随之而异，其值见表 2-8。

表 2-8 轧制压力作用位置力臂系数 Ψ

轧制条件	力臂系数 Ψ	轧制条件	力臂系数 Ψ
简单轧制条件		圆形孔形	0.6
热轧	0.5	闭口孔形	0.7
冷轧	0.35～0.45	在连续式带钢轧机上轧制	—
在孔型中轧制	—	前几个机座	0.48
方形	0.5	后几个机座	0.39

对于张力轧制时，其张力对系数 Ψ 是有影响的。一般前张力对 Ψ 是增加的，后张力是减小的。张力对轧辊转动所需的力矩数值的影响是十分复杂的，一般认为前张力使轧件对轧辊的压力减小，并将合力作用点向入口方偏移；同时前张力又使轧制力的方向倾斜，导致力臂 a 减小。

不同的合金在轧制时，其力臂系数 Ψ 是不相同的。对于低碳钢的轧制，力臂系数 Ψ 在 0.34～0.47 范围内变化；高碳钢及其他钢种的变化范围较大，如含碳 1.03％的碳钢，$\Psi=0.30\sim0.49$；高速钢（17.8％W，4.65％Cr），$\Psi=0.28\sim0.56$。

二、轧辊传动力矩

1. 简单轧制

在简单轧制情况下，驱动一个轧辊的力矩 M_k 为轧制力矩 M_z 和轧辊轴承处摩擦力矩 M_{f1} 之和

$$M_k=M_z+M_{f1}=Pa+P\rho \tag{2-63}$$

$$a=R\sin\beta=\frac{D}{2}\sin\beta,\ \rho=\frac{d}{2}\mu$$

式中　a——轧制力力臂；

ρ——轧辊轴承处摩擦圆半径；

D、R——轧辊直径与半径；

d——轧辊辊颈直径；

μ——轧辊轴承摩擦系数。

金属轴瓦热轧时 $\mu=0.07\sim0.10$　滚动轴承 $\mu=0.004$

冷轧时 $\mu=0.05\sim0.07$　液体摩擦轴承　$\mu=0.003$

胶木及塑料轴瓦 $\mu=0.01\sim0.03$

两个轧辊总驱动力矩 $M_{k\Sigma}$ 为

$$M_{k\Sigma}=2M_k=P(D\sin\beta+\mu d) \tag{2-64}$$

2. 单辊驱动

在叠轧薄板轧机或平整机上，往往采用单辊传动，一般是驱动下辊，上辊是由下辊通过轧件的接触摩擦力带动的。

当不考虑轴承摩擦损失时，则空转辊的轧制力矩应为零。这时，轧制压力将通过空转辊中心，而作用在驱动辊上的轧制力大小与之相等，方向相反，且作用在一条直线上，如图 2-25（a）所示，力臂增大。此时，驱动轧辊的力矩为

$$M_k=M_z=Pa_2 \tag{2-65}$$

$$a_2=(D+h_1)\sin\beta$$

当考虑轴承摩擦时，作用在空转辊上的轧制力应切于轴承摩擦圆，如图 2-25（b）所示，此时驱动下轧辊的力矩，应为轧制力矩 Pa_2 和下轧辊轴承的摩擦力矩之和，即

$$M_k=Pa_2+P\rho=P(a_2+\rho)=P(D+h_1)\sin(\beta+\varphi) \tag{2-66}$$

$$\varphi=\frac{\rho}{R}=\frac{\mu d}{D}$$

式中　φ——由于考虑了摩擦损失，轧制力切于摩擦圆，因而多偏转的角度。

3. 四辊轧机

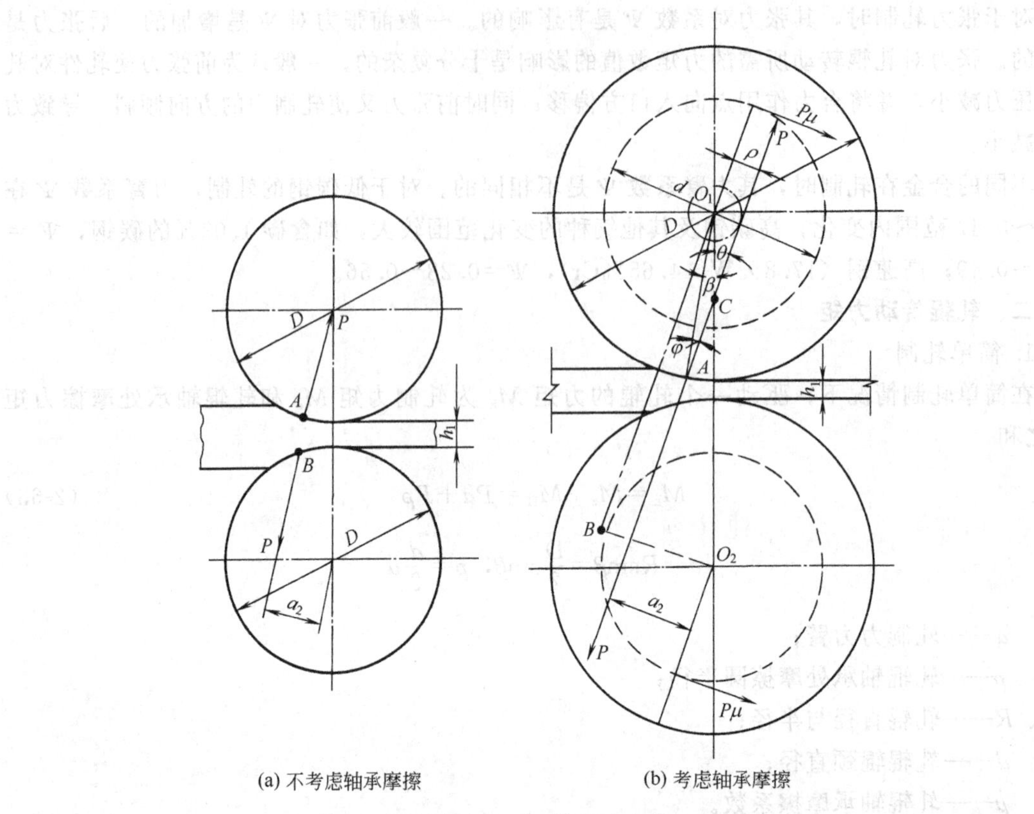

(a) 不考虑轴承摩擦　　(b) 考虑轴承摩擦

图 2-25　单辊驱动时作用在轧辊上的力

现代化连续式板带轧机皆为四辊轧机，多为工作辊驱动。随着轧制速度不断提高，为了省去后面几个机座传动系统的增速装置，有时也采用由电动机直接驱动支承辊的方案。此外，当工作辊直径很小时，轧辊辊头承受不了传动力矩，也需驱动支承辊。下面以传动工作辊为例，讨论轧辊的传动力矩计算方法。

传动工作辊时的轧辊受力情况，如图 2-26 所示。作用于工作辊上的力有三个，即轧制力 P，支承辊对工作辊的反力 R 和工作辊轴承座作用于工作辊辊颈的水平力 F，三力平衡。三力分别构成三个阻力矩 M_z、M_R 和 M_{f1}。

传动轧辊所需力矩为三个阻力矩之和，即

$$M_k = M_z + M_R + M_{f1} \tag{2-67}$$

(1) 求轧制力矩

$$M_z = Pa \tag{2-68}$$

式中　P——轧制力；

a——轧制力力臂，其大小与轧制力作用点及前后张力大小有关，

当　$T_1 = T_0$ 时　$a = R_1 \sin\beta$

$T_1 > T_0$ 时　$a = R_1 \sin(\beta - \varphi)$

$T_1 < T_0$ 时　$a = R_1 \sin(\beta + \varphi)$

R_1——工作辊半径；

β——不考虑张力时轧制力作用点对应的轧辊中心角；

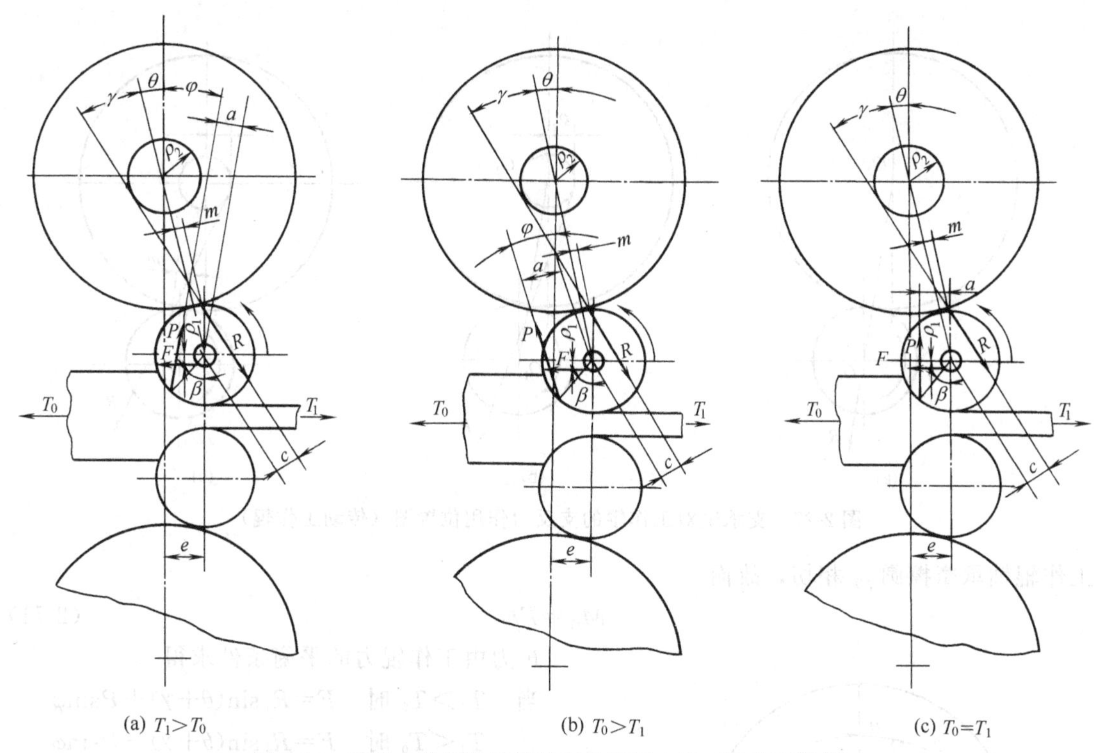

图 2-26　带张力轧制时四辊轧机轧辊受力图（传动工作辊）

φ——前后张力对轧制力方向影响的偏转角，

当　　　$T_1>T_0$ 时　　　$\varphi=\arcsin\dfrac{T_1-T_0}{2P}$

　　　　$T_1<T_0$　　　　$\varphi=\arcsin\dfrac{T_0-T_1}{2P}$

（2）求工作辊传动支承辊的力矩 M_R（图 2-27）

$$M_R=Rc \tag{2-69}$$

式中　c——反力 R 对工作辊的力臂，$c=m\cos\gamma+R_1\sin\gamma$。

当忽略支承辊轴承处的摩擦及工作辊与支承辊间的滚动摩擦时，支承辊对工作辊的反力 R 的方向应在两轧辊中心连心线 O_1O_2 上［图 2-27（a）］。如考虑上述摩擦影响，R 力则应与支承辊摩擦圆 ρ_2 相切［图 2-27（b）］，并在工作辊与支承辊接触处偏移一个滚动摩擦力臂 m 的距离［图 2-27（c）］。一般情况下，$m=0.1\sim0.3$mm。

由工作辊的力平衡条件求得

$$R=\frac{P\cos\varphi}{\cos(\theta+\gamma)} \tag{2-70}$$

式中各几何角度由图 2-28 关系求得。

θ——工作辊与支承辊连心线与铅垂线间夹角，由于四辊轧机工作辊轴线相对支承辊轴线偏置 e 距离而产生 $\theta=\arcsin\dfrac{e}{R_1+R_2}$，$R_1$、$R_2$ 分别为工作辊、支承辊半径；

γ——轧辊连心线与反力 R 的夹角，$\gamma=\arcsin\dfrac{\rho_2+m}{R_2}$。

（3）求工作辊轴承的摩擦力矩 M_{f1}，工作辊轴承座作用于工作辊颈的水平力 F，由于和

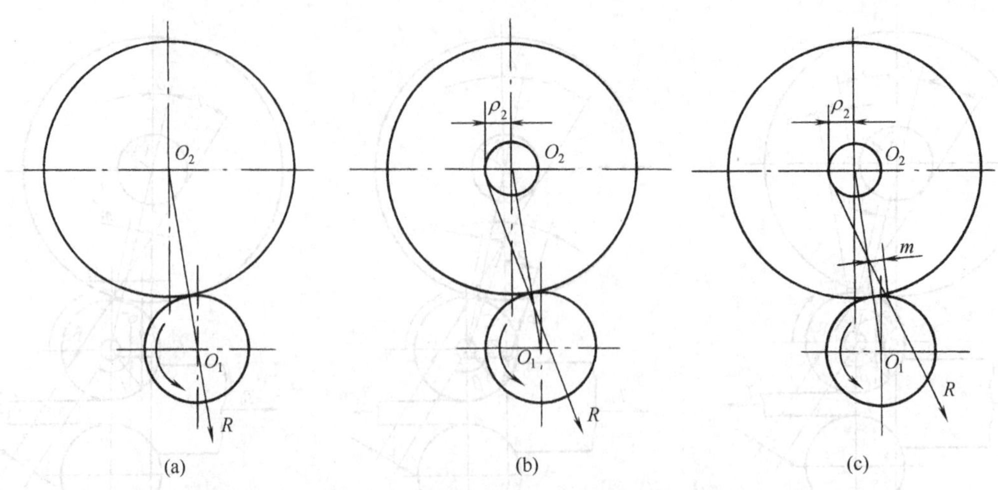

图 2-27 支承辊对工作辊的支反力作用位置图（传动工作辊）

工作辊轴承摩擦圆 ρ_1 相切，故而

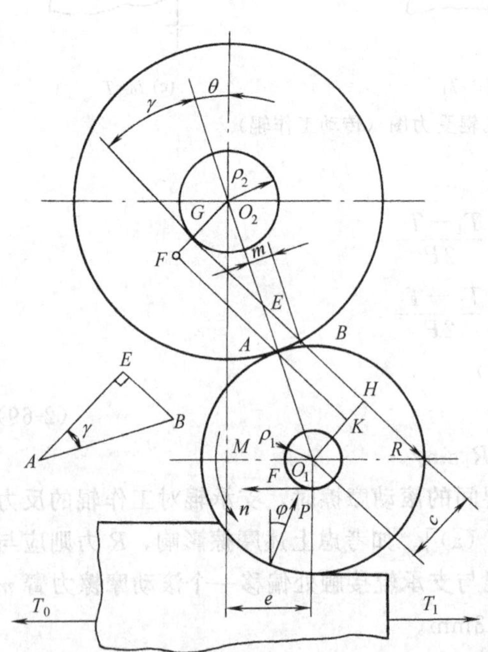

图 2-28 力系作用的几何关系（传动工作辊）

$$M_{f1}=F\rho_1 \tag{2-71}$$

F 力由工作辊力的平衡条件求得

当 $T_1>T_0$ 时 $F=R_1\sin(\theta+\gamma)+P\sin\varphi$

$T_1<T_0$ 时 $F=R_1\sin(\theta+\gamma)-P\sin\varphi$ (2-72)

$T_1=T_0$ 时 $F=R_1\sin(\theta+\gamma)$

传动两个工作辊总传动力矩

$$M_{k\Sigma}=2M_k \tag{2-73}$$

由于工作辊偏移距 e 很小，为了简化计算，可认为 $e=0$，计算误差不超过 1%。

三、工作辊传动的四辊轧机轧辊的稳定性

由于四辊轧机工作辊辊径与轴承间，以及工作辊轴承座与支承辊轴承座的门形框架间存在着间隙，在轧制过程中，如无固定的侧向力约束，工作辊将处于不稳定状态（不能保持固定的工作位置）。工作辊的这种自由状态会造成轧件厚度不均，轧辊轴承遭受冲击，工作辊和支承辊之间正常摩擦关系被破坏，以及轧辊磨损加剧等不良后果。因此，保持工作辊对于支承辊的稳定位置，对提高轧制精度和改善轧辊部件的工作条件十分重要。

保持工作辊稳定的方法是使工作辊中心相对支承辊中心向出口侧偏移一个距离 e，偏移距的大小，应使工作辊轴承反力 F 在轧制过程中恒大于零，且力的作用方向不变。

按式（2-72），使 $F=0$，可推导得出工作辊临界偏移距 e_0

$$e_0=\pm(R_1+R_2)\left(\frac{m+\rho_2}{R_2}+\frac{T_1-T_0}{2P}\right) \tag{2-74}$$

式中，括号前的“－”号用于正向轧制，“＋”号用于反向轧制。只有当选择的偏移距

$e>e_0$ 时，才能保证工作辊的稳定。一般取偏移距 $e=5\sim10\text{mm}$，并按 $e>e_0$ 条件进行校核。一般 e 较 e_0 大 3～5mm 即可。e 不宜选择过大，否则，对工作辊将产生较大的水平力。某厂 1 700 热连轧粗轧机取 $e=6.5\text{mm}$，精轧机取 $e=6.0\text{mm}$。

第四节 轧钢机的电动机容量计算

一、轧钢机主电动机轴上力矩

推算至轧机主电动机轴上的负荷力矩 M_D 由四部分组成

$$M_D=\frac{M_z+M_{f1}}{i}+M_{f2}+M_k\pm M_d$$

$$=\frac{M_z}{i}+M_f+M_k\pm M_d=M_j\pm M_d \tag{2-75}$$

式中 M_z——轧辊轴上的轧制力矩；

M_k——空转力矩，即轧机空转时由于各转动零件重量所产生的摩擦阻力矩；

M_f——附加摩擦力矩，即当轧制时由于轧制力的作用，在轧辊轴承上、传动机构及其他转动件轴承中的摩擦增大而产生的附加力矩；

i——电动机和轧辊之间的传动比；

M_j——静力矩，即前三部分之和；

M_d——动力矩，轧辊转速不均匀时，各部件由于有加速或减速所引起的惯性力所产生的力矩。

主电动机轴上力矩各组成部分可按下述方法分别计算。

1. 轧制力矩

计算方法已在上节叙述过。辊颈上的扭矩（M_z+M_{f1}）除了可按上节所述方法计算外，还可根据轧制时实际能量消耗数据——能耗曲线来进行计算。但需找到一条与轧机条件、轧件条件及轧制条件相一致的能耗曲线才行。

2. 空转力矩

空转力矩是由各转动零件的重量所产生的摩擦阻力矩，可由下式确定

$$M_k=\sum\frac{G_n\mu_n d_n}{2i_n}+M_k' \tag{2-76}$$

式中 G_n——某一转动件的重量；

μ_n——某一转动件轴承的摩擦系数；

d_n——某一转动件的轴颈直径；

i_n——某一转动件到电动机之间的传动比；

M_k'——飞轮转动的摩擦损耗。

当有飞轮时，飞轮与空气的摩擦损失可用下列经验公式计算

$$N=0.74v^{2.5}D^2(1+5b)10^{-5} \tag{2-77}$$

式中 v——飞轮轮缘的圆周速度，m/s；

D——飞轮外径，m；

b——飞轮轮缘宽度，m。

将式（2-77）算出的功率换算成摩擦力矩 M_k'（kN・m）

$$M_k'=\frac{60N}{2\pi n} \tag{2-78}$$

式中 N——功率，kW；

n——飞轮的转速，r/min。

3. 附加摩擦力矩

附加摩擦力矩 M_f 包括两部分$\left(M_f=\frac{M_{f1}}{i}+M_{f2}\right)$，其一是由于轧制压力在轧辊轴承上产生的附加摩擦力矩 M_{f1}，这部分已包括在轧辊传动力矩 M_k 之内；另一部分为传动系统各零件推算到主电机轴上的附加摩擦力矩 M_{f2}。

$$M_{f2}=\left(\frac{1}{\eta}-1\right)\frac{M_z+M_{f1}}{i}=\left(\frac{1}{\eta}-1\right)\frac{M_k}{i} \tag{2-79}$$

式中 η——主电动机到轧辊之间的总传动效率，$\eta=\eta_1\eta_2\eta_3$，其中不包括空转力 M_k 的损失。

η_1——接轴传动效率，

梅花接轴 $\eta_1=0.96\sim0.98$

万向接轴 $\eta_1=0.96\sim0.98$ ($\alpha\leqslant3°$)

$\eta_1=0.94\sim0.96$ ($\alpha>3°$)

弧形齿接轴 $\eta_1=0.98\sim0.99$

η_2——齿轮座传动效率：

当采用滑动轴承时 $\eta_2=0.93\sim0.95$

当采用滚动轴承时 $\eta_2=0.94\sim0.96$

η_3——减速机的（包括电动机联轴器和主联轴器）传动效率，可取 $\eta_3=0.93\sim0.96$。

4. 动力矩 M_d

$$M_d=J\frac{dw}{dt}=\frac{GD^2}{4}\times\frac{dw}{dt} \tag{2-80}$$

式中 GD^2——各转动件推算到电动机轴上的飞轮力矩；

$\frac{dw}{dt}$——电动机的角加速度，由电动机类型和操作情况而定。

5. 电动机静负荷图

由上述各式求得各轧制道次的电动机静力矩后，再计算各轧制道次的轧制时间和间隙时间，便可根据轧机轧制周期（主电机负荷变化周而复始的一个循环），以时间 t 作横坐标，以静力矩为纵坐标，作出 M_j-t 图形，如图 2-29 所示，静力矩随时间变化的关系称为静负荷图。

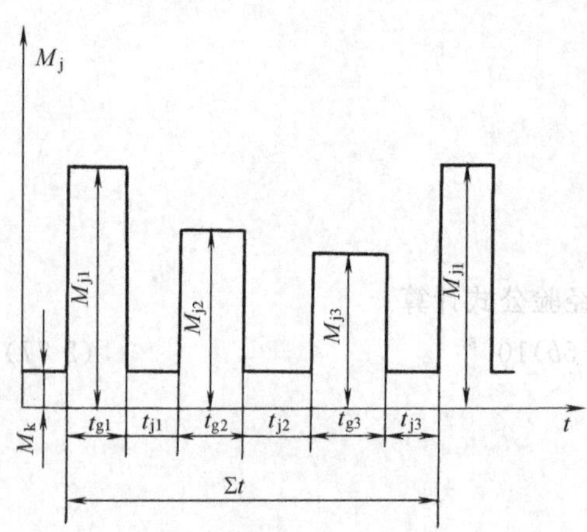

图 2-29 轧机电动机静负荷

图中 M_{j1}、M_{j2}、M_{j3}——各轧制道次的静力矩；

t_{g1}、t_{g2}、t_{g3}——各轧制道次的轧制工作时间；

t_{j1}、t_{j2}、t_{j3}——各轧制道次的间隙时间，包括轧件完成横移、翻钢、升降等动作所需时间。

二、选择电动机功率的基本方法

轧钢机的种类很多，作业方式各不相同，但从选择电动机功率的方法来看，基本可以分为三类。

① 轧制过程中轧机的负荷变化不大，或按照一定规律变化而动负荷较小。这类轧机一般情况下采用异步电动机驱动，对于大型轧机及某些线材轧机，有时也采用同步电动机。当轧机需要具有不同的轧制速度时，也采用并激电动机驱动。这类轧机电动机功率是按静负荷图来选择的。

② 轧制过程中轧机的负荷变化较大，为了使电动机的负荷趋向均匀，则采用飞轮。飞轮的作用是当轧机有负荷时，飞轮降速而放出其所贮藏的动能，帮助电动机克服尖峰负荷；当轧制间隙轧机无负荷时，飞轮升速重新贮藏动能。这样，当轧机装有飞轮后，电动机的负荷趋向均匀，峰值降低，电流波动减小，因而就可选择功率较小的电动机。但是，装置飞轮后也会引起一些损耗。由于飞轮需要加减速才能发挥作用，因此，这类轧机的电动机多半采用特性较软的异步电动机，有时也采用复激电动机。这类轧机选择电动机时，必须考虑因飞轮加减速而产生的动力矩，这就使得电动机的功率计算变得复杂。

③ 轧制过程中要求轧机经常调节速度或可逆运转，此时多采用复激电动机来驱动。这类轧机的动负荷较大，选择电动机功率时，需考虑动负荷影响。

轧机主电动机功率的选择，虽然由于上述三类作业方式不同，在具体的计算方法上有所区别，但其计算方法的实质却是共同的，即画出电动机的负荷图，根据过载计算预选电动机功率，然后进行发热验算，最后确定所选电动机功率大小。

三、按静负荷图选择电动机功率

首先按静负荷图中最大静力矩 M_{max}，根据过载条件预选电动机功率 N_D。

$$M_e=\frac{M_{max}}{K}$$

$$N_D=M_e\omega=\frac{\pi M_e n_e}{30} \tag{2-81}$$

式中　M_e——电动机的额定静力矩，kN・m；

n_e——电动机的额定转速，r/min；

K——电动机过载系数，其值可取：

可逆运转电机　$K=2.5\sim3.0$

不可逆运转电机　$K=1.5\sim2.0$

带有飞轮电机　$K=4\sim6$

根据计算所得的电动机功率 N_D，选择相应电动机。然后再决定是否需要减速机及决定减速比。

所选出的电动机 M_D 和 N_D 还需经过发热校核，即

$$M_D\geqslant M_{jF}\quad 或\quad N_D\geqslant N_F \tag{2-82}$$

上式中电动机按发热验算的等值力矩（均方根值）M_{jF} 和等值功率 N_F，可按式（2-83）由静负荷图（图 2-29）计算出来

$$M_{jF}=\sqrt{\frac{\sum M_j^2 t}{\sum t}} \tag{2-83}$$

$$N_F=\frac{\pi M_{jF}n_e}{30}$$

式中，$\sum M_j^2 t=M_{j1}^2 t_{g1}+M_{j2}^2 t_{g2}+\cdots+M_k^2(t_{j1}+t_{j2}+\cdots)$

$$\sum t=t_{g1}+t_{g2}+\cdots+t_{j1}+t_{j2}+\cdots$$

四、带有飞轮的电动机功率计算

轧钢机在下列情况下方可采用飞轮，才能发挥飞轮作用：①轧机的负荷变化较大或有尖峰负荷；②轧机为不可逆式且连续运转；③采用特性较软的异步电机。在一些轧制时间较长，间隙时间较短的轧钢机上，则不宜采用飞轮。

带有飞轮时，电动机轴上的力矩为

$$M_D=M_j+M_d=M_j+\frac{GD^2}{4}\times\frac{dw}{dt}=M_j+\frac{GD^2}{38.2}\times\frac{dn}{dt} \tag{2-84}$$

式（2-84）是电动机基本运动方程式，它表示了电动机力矩随时间的变化关系。进一步解出此式，即可作出电动机在带有飞轮时的负荷图。

要解上式，必须知道电动机转速与力矩之间的关系，即 $n=f(M_D)$。以常用的异步电动机为例，$n=f(M_D)$ 可由电动机特性曲线求得。在特性曲线上工作区段近似为直线，可得下列关系

$$M_D=\frac{M_e}{S_e}S \quad 而 \quad S=\frac{n_0-n}{n_0}$$

合并两式并整理得，$n=f(M_D)$ 关系如下

$$n=n_0-\frac{S_e}{M_e}n_0 M_D \tag{2-85}$$

式中　S——电动机转差率；

S_e——电动机额定转差率；

M_e——电动机额定力矩；

n_0——电动机空载转速。

对式（2-85）微分得

$$\frac{dn}{dt}=-\frac{S_e n_0}{M_e}\frac{dM_D}{dt}$$

代入式（2-84）并整理得

$$\frac{dM_D}{M_D-M_j}=-\frac{1}{\frac{GD^2 S_e n_0}{38.2M_e}}dt=-\frac{1}{T}dt \tag{2-86}$$

式中　T——电动机机械常数，$T=\frac{GD^2 S_e n_0}{38.2M_e}$，s。

积分式（2-86），则得

$$\ln(M_D-M_j)=\frac{-t}{T}+C$$

积分常数 C 可用边界条件求得：$t=0$ 时，$M_D=M_0$（起始力矩），得

$$C=\ln(M_0-M_j) \tag{2-87}$$

代入式（2-87）并整理，得有载时

$$M_D=M_j-(M_j-M_0)e^{\frac{-t}{T}} \tag{2-88}$$

当空转时，$M_j=M_k$，$M_0>M_k$，则式（2-88）变为

$$M_D=M_k+(M_0-M_k)e^{\frac{-t}{T}} \tag{2-89}$$

式（2-88）和式（2-89）表示了电动机负荷随时间变化的关系。分析这两个方程式，可以得出下列结论。

① 在有负载情况下，从式（2-88）可看出，$M_D<M_j$，这是由于电动机随负荷力矩增加而降低转速，飞轮放出动能帮助了电动机。

② 在空载情况下，从式（2-89）可看出 $M_D>M_k$，电动机随负载的减小而转速增高，飞轮重新贮藏动能。

③ 当 $t=\infty$ 时，$M_D=M_j$ 或 $M_D=M_k$，由此可看出方程式所表示的是一渐近线。

④ 电动机机械常数 T 愈大时，即飞轮的 GD^2 愈大或电动机转差率 S_e 愈大时，则方程式所表示的曲线变化愈缓慢，电动机力矩愈趋向均匀。

1. 负荷图的绘制

利用式（2-88）和式（2-89）即可在电动机静负荷图上画出带有飞轮时的电动机负荷图，如图 2-30 中的 *abcd* 曲线。这样就减弱了尖峰负荷，使负荷趋向均匀。

当轧制道次较多时，为了画图方便，可以将式（2-88）和式（2-89）画成曲线，制出模板，用模板即可在电动机静负荷图上画出电动机负荷图。模板也可按下式绘制

$$M_D'=M_j'(1-e^{\frac{-t}{T}}) \tag{2-90}$$

式中　M_j'——静力矩，可假设为静负荷图上的最大力矩。

用式（2-90）绘制模板时，时间从 $t=0$ 取到 $t\approx 4T$，即认为 $t\approx 4T$ 时曲线已渐近于直线，所绘制的曲线如图 2-31 所示。用式（2-90）所作模板曲线与式（2-88）和式（2-89）所绘曲线完全相同，其证明可参阅有关文献。

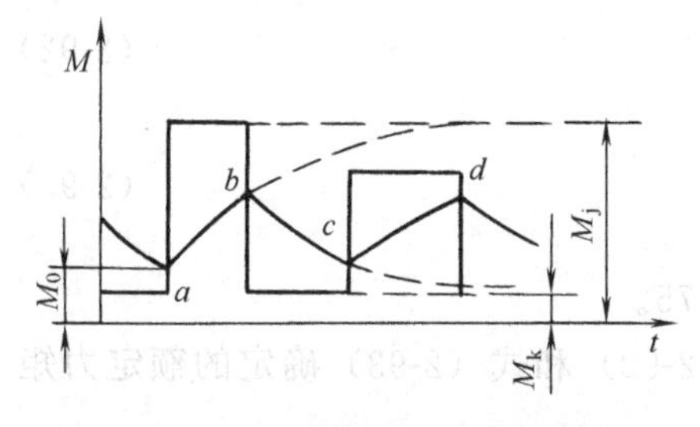

图 2-30　带有飞轮时的电动机负荷图

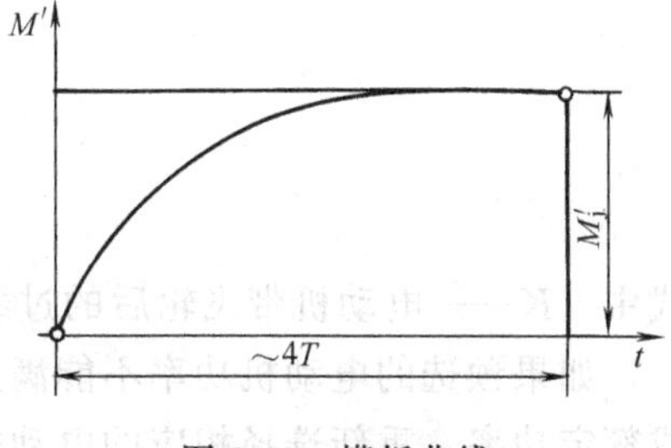

图 2-31　模板曲线

用模板在静负荷图上画出电动机负荷曲线，作图步骤如下（见图 2-32）。

① 将模板放于静负荷图上，以 M_0 为起点，使之与模板相切，并使模板的渐近线与静负荷图上第一道次的 M_{j1} 水平线相重合，沿模板画出曲线 *ab*，则得有负荷时电动机的负荷曲线。

② 将模板倒放，以新绘制的曲线与 M_{j1} 边线的相交点 *b* 作为起点，使之与模板曲线相交

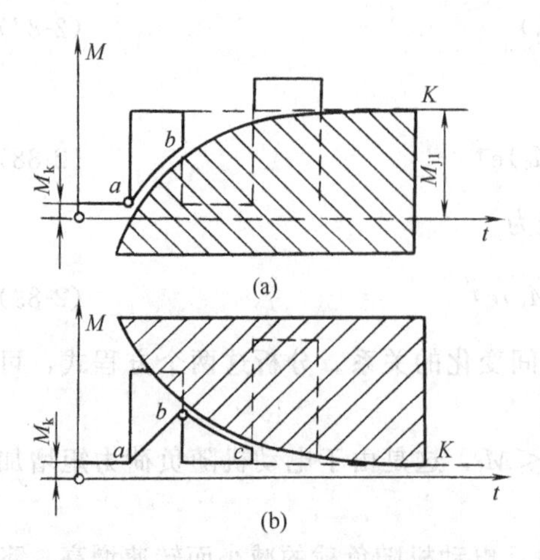

图 2-32　用模板绘制带飞轮的电动机负荷图

并使模板的渐近线与 M_k 水平线相重合，沿模板画出曲线 bc，则得空载时电动机的负荷曲线。

③ 这样反复下去，直到画完一个轧制节奏为止。

④ 第一道次的起点 M_0 事先如不知道，这时可先以 M_k 作为起点绘制。当绘完一个轧制节奏后，曲线与第二轧制节奏第一道次 M_{j1} 边线的交点，即为起点 M_0，根据此 M_0 重新绘制一个轧制节奏，即可得电动机带有飞轮时的负荷图。

计算带有飞轮的电动机功率时，中心问题是绘制电动机负荷图。为此，首先需要绘出静负荷图，然后根据电动机负荷曲线方程式绘制模板，再在静负荷图上利用模板画出电动机负荷图，根据负荷图即可按过载和发热进行电动机验算。

绘制电动机负荷图模板时，需要计算电动机机械常数 $T=\dfrac{GD^2S_en_0}{38.2M_e}$，这就需要预先选择电动机，大致确定 M_e、S_e、n_0 以及传动系统的飞轮力矩 GD^2（包括电机转子的飞轮力矩 GD_1^2，各转动零件的飞轮力矩 GD_2^2 和飞轮的飞轮力矩 GD_3^2）。

电动机可根据静负荷图按下式来预选

$$M_e=(1.2\sim1.3)M_{jm} \tag{2-91}$$

式中　M_{jm}——平均静力矩，$M_{jm}=\dfrac{\sum M_{jn}t_n}{\sum t_n}$。

预选好电动机后，可近似地计算出系统所需飞轮力矩大小。必须指出，由于系统飞轮力矩大小与电动机有直接关系，因而精确的数值在验算电动机后才能确定。

2. 预选电动机功率的验算

(1) 过载验算　根据负荷曲线找出最大值 M'_{max}，按过载验算电动机

$$M_e{}'=\frac{M'_{max}}{K} \tag{2-92}$$

$$N_e{}'=\frac{\pi M_e{}'n_e}{30\times10^3} \tag{2-93}$$

式中　K——电动机带飞轮后的过载系数，$K=1.6\sim1.75$。

如果预选的电动机功率不能满足要求，则根据式（2-92）和式（2-93）确定的额定力矩或额定功率，重新选择相应的电动机。

(2) 发热验算　经过载验算合适的电动机还需按下式进行发热验算

$$M'_e\geqslant M'_{jF}$$

式中　M'_{jF}——根据电动机负荷曲线（见图 2-33）计算的等值力矩：

$$M'_{jF}=\sqrt{M_{jF}^2-\frac{T}{\sum t}\sum(M_{ji}-M_k)(M_{zi}-M_{ai})} \tag{2-94}$$

M_{jF}——根据静负荷图计算的等值力矩；

M_{ji}——各道次静力矩；

M_{ai}、M_{zi}——各道次初值力矩和终值力矩；

T——电机机械常数；

$\sum t$——轧制节奏时间。

【例题 2-3】 在自动轧管机上轧制钢管，每根轧件轧制两道，推算至电动机轴上的静负荷图，如图 2-34 所示，第一道次 $M_{j1}=98.6\text{kN}\cdot\text{m}$，第二道次 $M_{j2}=74.8\text{kN}\cdot\text{m}$，空转力矩 $M_k=10.7\text{kN}\cdot\text{m}$，各道次的工作和间隙时间如图 2-33 所示，采用异步电机。已知电动机额定力矩 $M_e=47.5\text{kN}\cdot\text{m}$，空载转速 $n_0=375\text{r/min}$，额定转差率 $S_e=0.12$，电动机过载系数 $K=1.75$，飞轮、电动机转子及其他转动零件推算至电动机轴上的总飞轮力矩 $GD^2=191\text{t}\cdot\text{m}^2$，试验算电动机容量。

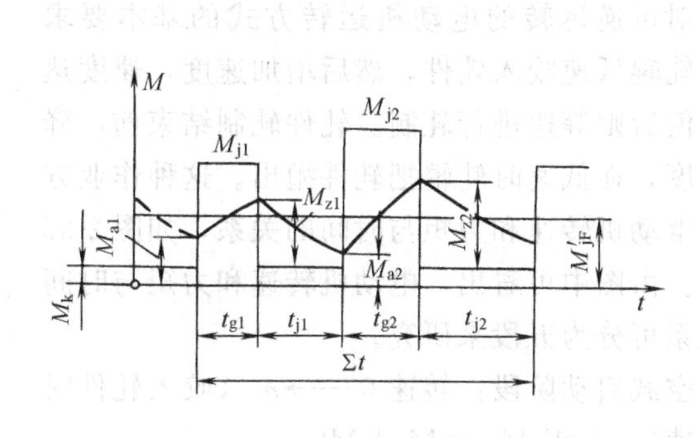

图 2-33　稳定状态时某一轧制节奏的电动机负荷图

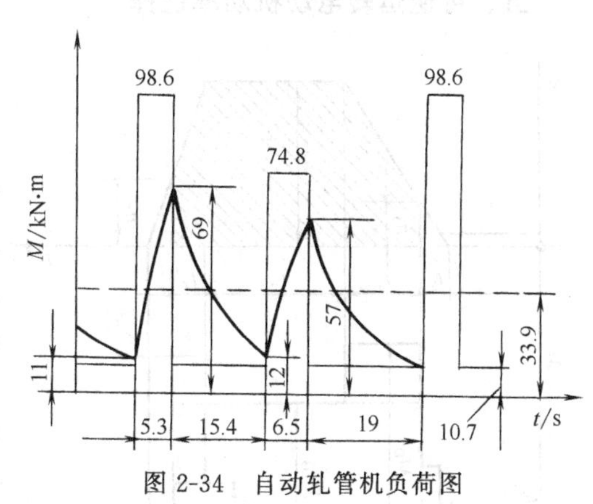

图 2-34　自动轧管机负荷图

解：(1) 不考虑动力矩时电动机容量核算

过载验算：$\dfrac{M_{j\max}}{K}=\dfrac{98.6}{1.75}=56.3>47.5\text{kN}\cdot\text{m}$

发热验算：$M_{jF}=\sqrt{\dfrac{M_{j1}^2t_{g1}+M_{j2}^2t_{g2}+M_k^2(t_{j1}+t_{j2})}{\sum t}}$

$$=\sqrt{\frac{98.6^2\times5.3+74.8^2\times6.5+10.7^2\times(15.4+19)}{5.3+6.5+(15.4+19)}}=44.6<47.5\text{kN}\cdot\text{m}$$

由计算结果可见，如果传动装置不采用飞轮，过载不符合要求，电动机不能克服尖峰负荷。

(2) 考虑动力矩时电动机容量验算

绘制电动机负荷图、模板曲线。

$$M_D'=M_j'(1-e^{-\frac{t}{T}})$$

$$M_j'=M_{j1}=98.6\text{kN}\cdot\text{m}$$

$$T=\frac{GD^2S_en_0}{38.2M_e}=\frac{191\times375\times0.12}{38.2\times47.5}=4.77\text{s}$$

以 $t=0$、2s、4s、…、20s 代入 M_D' 计算式，按计算结果绘出模板曲线，制出模板，以此在静负荷图上画出动负荷曲线（图 2-35），根据负荷曲线验算电动机容量。

过载验算 $$M'_{max}=M_{z1}=69\text{kN}\cdot\text{m}$$

$$\frac{M'_{max}}{K}=\frac{69}{1.75}=39.4<47.5\text{kN}\cdot\text{m}$$

发热验算

$$M'_{jF}=\sqrt{44.6^2-\frac{4.77}{46.2}[(98.6-10.7)\times(69-11)+(74.8-10.7)\times(57-12)]}=33.9<47.5\text{kN}\cdot\text{m}$$

计算结果表明，采用飞轮后，电动机容量符合过载、发热要求。

五、可逆运转电动机功率选择

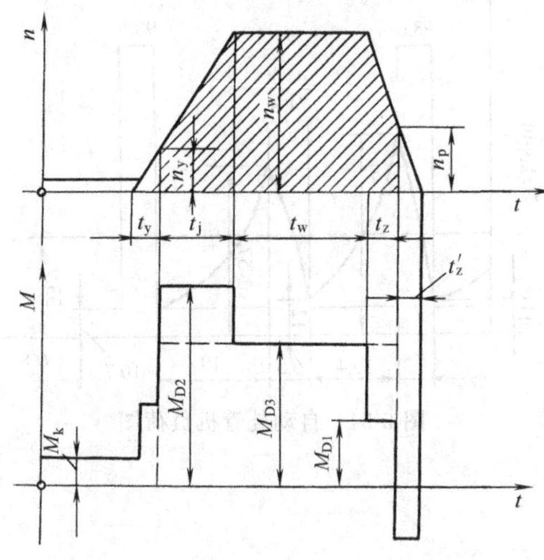

图 2-35 可逆运转电动机一道轧制中的 $M=f_1(t)$ 和 $n=f_2(t)$ 的关系

对可逆运转的电动机运转方式的基本要求为：轧辊低速咬入轧件，然后增加速度，速度达到定值后则等速进行轧制。轧件轧制结束前，降低速度，在低速时轧辊把轧件抛出。这种作业方式的电动机转速和力矩与时间的关系，如图 2-35 所示。由图中可看出，电动机转速和力矩与时间的关系可分为五段来研究。

空载启动阶段：转速 $0\longrightarrow n_y$（咬入轧件时的转速），力矩 $M_{D1}=M_k+M_d$。

咬入轧件后的加速阶段：转速 $n_y\longrightarrow n_w$（稳定运转的转速），力矩 $M_{D2}=M_j+M_d$。

稳定速度轧制阶段：转速 n_w 不变，力矩 $M_{D3}=M_j$。

带有轧件的减速阶段：转速 $n_w\longrightarrow n_p$（抛出轧件时的转速），力矩 $M_{D4}=M_j-M_d$。

制动阶段：转速 $n_p\longrightarrow 0$，力矩 $M_{D5}=M_k-M_d$。

上述各式中的动力矩 M_d 以下式表示之

$$M_d=\frac{GD^2}{38.2}\times\frac{dn}{dt}=\frac{GD^2}{38.2}a$$

式中 GD^2——传动系统推算到电动机轴上的飞轮力矩。如果带有轧件加速时，应考虑到轧件运动推算到电动机轴上的飞轮力矩；

a——加速度或减速度，对于一般初轧机可选用下列数值，启动加速度 $a_j=30\sim80\text{r/min}\cdot\text{s}$，现代化初轧机达 $100\text{r/min}\cdot\text{s}$，制动减速度 $a_z=(60\sim120)\text{r/min}\cdot\text{s}$，现代化初轧机达 $160\text{r/min}\cdot\text{s}$。

上述五个阶段中，每阶段所需时间可由下列公式求得

空载启动阶段 $$t_y=\frac{n_y}{a_j}$$

咬入后的加速阶段 $$t_j=\frac{n_w-n_y}{a_j}$$

带有轧件的减速阶段　　$t_z=\frac{n_w-n_p}{a_z}$

制动阶段　　$t_z'=\frac{n_p}{a_z}$

稳定速度轧制阶段　　$t_w=\frac{60L_1}{\pi D n_w}-\frac{1}{n_w}\left(\frac{n_y+n_w}{2}t_j+\frac{n_w+n_p}{2}t_z\right)$

式中　L_1——轧制后的轧件长度；

D——轧辊直径。

当转速超过电动机的基本转速时，此时由于调节电动机的激磁电流而会使电动机力矩降低，但轧机所要求的力矩并未减小，因而必须增大电枢电流才能使电动机力矩与负载力矩平衡。由于电枢电流的增大而使电动机发热增高。所以当计算电动机的等值力矩时，电动机力矩在超过基本转速的情况下并未加大，此时必须考虑到由于电流增加对发热的影响，一般均引用假想力矩来考虑上述影响。由于并激电动机的力矩、转速和电流之间关系近似为直线，因而假想力矩可用下式表示

$$M_D'=M_D\frac{n}{n_0} \tag{2-95}$$

式中　M_D'——假想力矩；

M_D——电动机实际力矩；

n_0——电动机基本转速；

n——电动机转速，$n>n_0$。

在这种情况下，电动机转速和力矩与时间的关系如图 2-36 所示，图中虚线表示假想力矩。

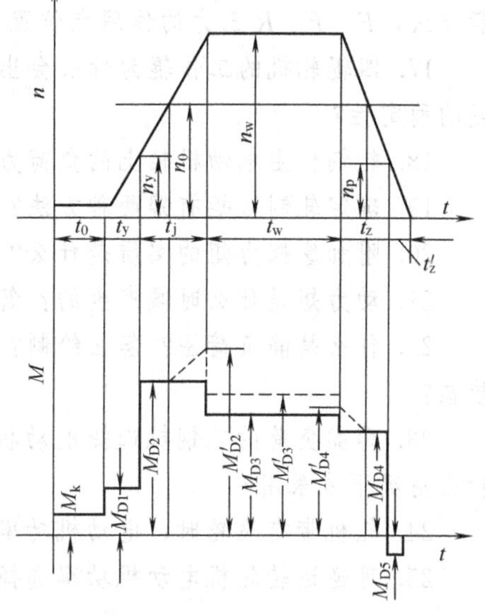

图 2-36　当速度超过电动机基本转速时 $M_D=f_1(t)$ 和 $n=f_2(t)$ 的关系

根据过载选择电动机功率后，进行发热验算时，其等值力矩可分成多段，用下式计算

$$M_{jun}=\sqrt{\frac{\sum M_{Di}^2 t_i}{\sum t}} \tag{2-96}$$

其中包括斜直线段（图中有两处），按斜直线变化的力矩其当量值为

$$M_{jun}'=\sqrt{\frac{M_D^2+M_D'^2+M_D'M_D}{3}} \tag{2-97}$$

思考题

1. 叙述轧制过程轧件的变形有哪些参数？其意义各是什么？
2. 在连轧机中，保证正常连轧关系的条件是什么？写出其表达式。
3. 轧件的咬入条件是什么？怎样才能保证咬入？
4. 金属产生塑性变形的条件是什么？金属塑性变形阻力的意义。
5. 金属塑性变形阻力的大小取决于哪些因素？如何确定？
6. 轧制总压力如何确定？

7. 接触弧上单位压力的分布规律如何？影响单位压力的因素有哪两大类？影响应力状态的因素是哪些？应力状态各影响因素对单位压力 p_x 起什么影响？

8. 为什么要计算平均单位压力？平均单位压力 p_m 的一般表达式是什么？式中各符号的意义及其取值是什么？

9. 各类轧机由于轧制特点的不同，其平均单位压力计算式有什么不同？

10. 试述西姆斯公式的用途、公式和简化式中各参数的意义、曲线图的应用。

11. 试述斯通公式的用途、特点，公式中各参数符号的意义，诺谟图的应用。试求轧制总压力的计算步骤。

12. 艾克隆德公式的用途、公式中各符号的意义、计算方法。

13. 轧件与轧辊间的接触面积，在不同情况下的计算方法。

14. 简单轧制情况下，轧制总压力的方向与作用点位置。

15. 二辊轧机轧辊的传动力矩包括哪几项？怎样计算？单辊驱动时，传动力矩算法有何不同？

16. 带张力的四辊轧机当传动工作辊时，轧辊的传动力矩包括哪几项？（要注意力的分析方法，P、F、R 三力的作用点位置与方向，M_k 的计算式与计算方法）。

17. 四辊轧机的工作辊为什么会出现自由状态？工作辊不稳定的后果，怎样可保持工作辊的稳定性？

18. 轧钢机主电动机轴上的负荷力矩，由哪几部分组成？

19. 确定轧制力矩有哪两种方法？

20. 附加摩擦力矩的实质是什么？怎样计算？空转力矩的实质是什么？怎样计算？

21. 动力矩是什么时候产生的？怎样计算？

22. 什么是静负荷图？怎么绘制？哪类轧机的电动机功率是按静负荷图来选择的？怎样校核？

23. 哪类负荷的轧钢机选择电动机功率时，必须考虑飞轮的动力矩？飞轮起什么作用？什么情况下才采用？

24. 轧机带有飞轮时，电动机功率选择的方法与步骤。

25. 可逆运转轧机电动机功率选择的方法与步骤。

第三章 初 轧 机

第一节 初轧机概况

各类轧钢车间所需的坯料，采用两种方法生产。第一种是连铸（板）坯的方法；第二种是用开坯机将钢锭轧成大钢坯。近十几年，连续铸钢发展很快。有些国家连铸比已达100％，日本高达95％以上。1998年中国连铸比为67％。目前，虽然轧制普通钢材用的原料多数是连铸坯，但连铸还不能完全取代初轧生产。如小批量钢、超过连铸机结晶器尺寸的大钢坯，以及某些优质钢和合金钢种，仍需依靠模铸。而且模铸以绝热板代替保温帽技术使镇静钢收得率提高，钢锭采用“液芯加热”技术使热能消耗大大降低，初轧采用双锭轧制的新工艺，又在一定程度上弥补了初轧生产的弱点。因此，20世纪70年代以后，世界上新建初轧机近70台，总的趋势向大型化、专业化、自动化方向发展。如轧辊直径1 400～1 500mm，主电机功率2×6 700kW，处理单锭重达60t，双锭轧制一般为22～35t，最大达50t，设计年产量500万～600万吨。计算机的应用已使初轧生产从均热炉到轧制、精整、冷却的在线控制和信息处理再到车间生产调度及管理系统，均由电子计算机控制。

将钢锭轧成大钢坯的开坯机有初轧机、板坯轧机和轧制小钢锭的开坯机。

初轧机用来将大钢锭轧成125mm×125mm～450mm×450mm的方坯或生产厚75～250mm、宽400～1 600mm的板坯。初轧机一般可分为大、中、小三种型式。轧辊直径ϕ1 000mm以上的为大型，目前最大的初轧机轧辊直径已大于1 300mm；中型初轧机其轧辊直径范围为ϕ850～1 000mm；直径ϕ750～850mm的为小型初轧机。在ϕ650mm以下的小开坯轧机，其轧机的型式和三辊型钢轧机相同。

从初轧车间的布置看，大型初轧车间一般为单机座可逆二辊式，在它的后面布置钢坯连轧机；中、小初轧车间，初轧工段一般为ϕ750～1 000mm的二辊可逆式初轧机，在后面布置横列式三辊钢坯轧机。

二辊可逆式初轧机的传动装置，一般有两种型式。大型初轧机都是由两个低速直流电动机分别通过万向接轴驱动两个轧辊；中、小型初轧机都是由一个低速直流电动机通过齿轮座、万向接轴传动两个轧辊。

第二节 初轧机工作机座的结构及传动装置

国产1150初轧机的主传动形式为两个低速直流电动机（功率4 560kW，转速0-70-120r/min）通过万向接轴分别传递两个轧辊。上轧辊的主联轴器放在下轧辊主电机的上面。工作辊名义直径为ϕ1 150mm，重车后最小直径为ϕ1 080mm，辊身长度为2 800mm。1150初轧机的工作机座如图3-1所示。它是由轧辊部件、机架部件、压下平衡装置等组成，但是每个部件都有其自己的特点，与板带轧机和型钢轧机不同。

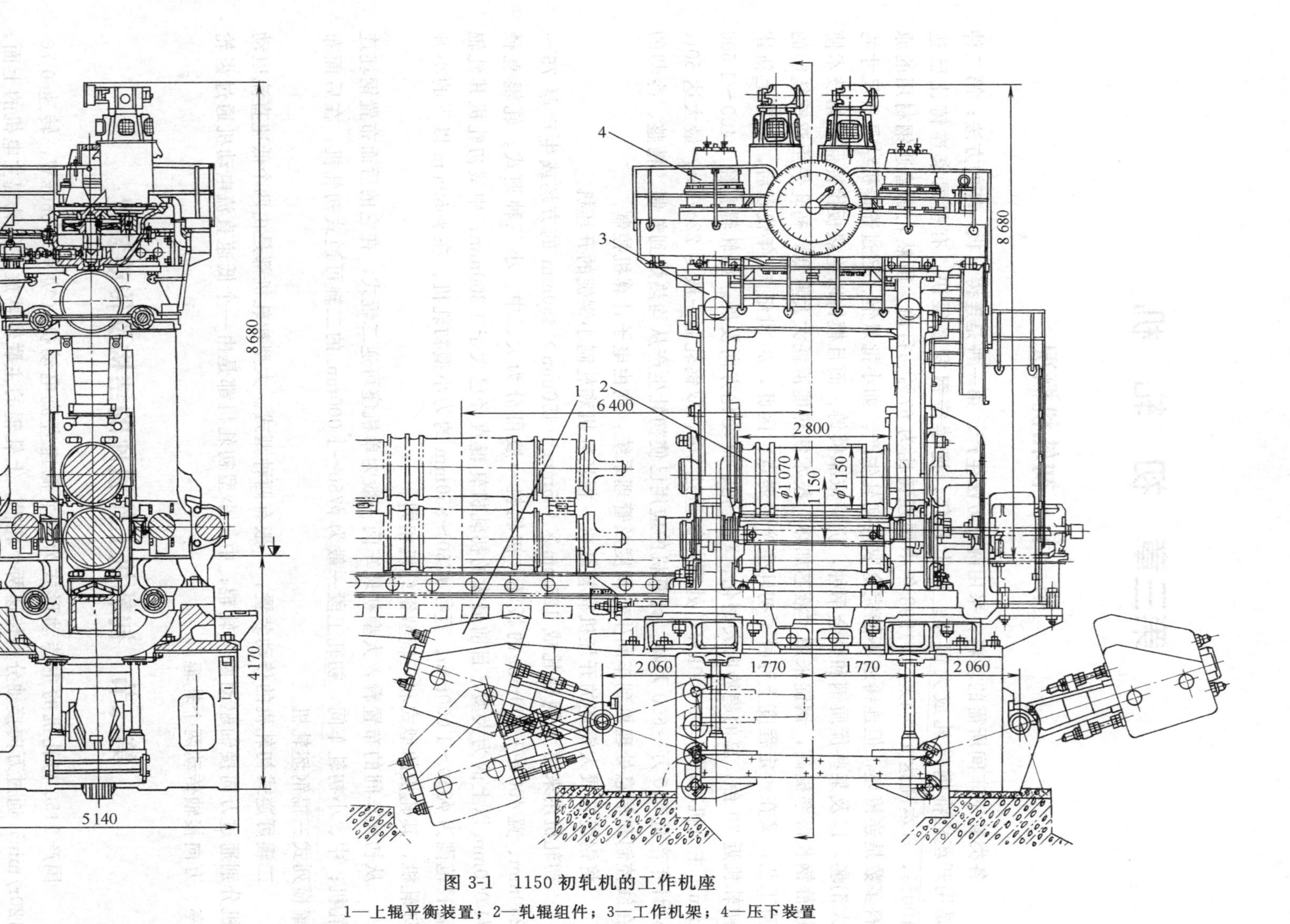

图 3-1　1150 初轧机的工作机座

1—上辊平衡装置；2—轧辊组件；3—工作机架；4—压下装置

一、轧辊部件

1150初轧机轧辊部件的结构图及立体示意图如图3-2及图3-3所示。上轧辊放置在上轴承盒9及托瓦座15之间。瓦衬都是夹布胶木瓦，上轴承盒中有径向瓦衬11及肩瓦5，托瓦座中同样也有径向瓦衬14及肩瓦。径向瓦衬是用压板12定位。上轴承盒的腿插入托瓦座，并用螺栓25紧固连接。初轧机与型钢轧机不同点在于：在上轴承盒及机架间尚有一个上轴承座7，上轴承座通过球面铜垫4与压下螺丝1相接触。轧制时，轧制压力通过上轴承盒、上轴承座、球垫、压下螺丝最终传递给机架上横梁。在上轴承盒的上部有两个突耳，突耳通过固定在上轴承座的螺栓8使轧辊进行轴向调整。这种轴向调整的形式对于上轧辊移动量极大且次数频繁的初轧机是较理想的，这也是轧辊部件中多设置一个上轴承座的原因所在。上轴承座法兰内侧镶有耐磨滑板28。

下轧辊放置在下轴承盒20与轴承盖16之间。下轴承盒承受轧制力，所以有较大的径向

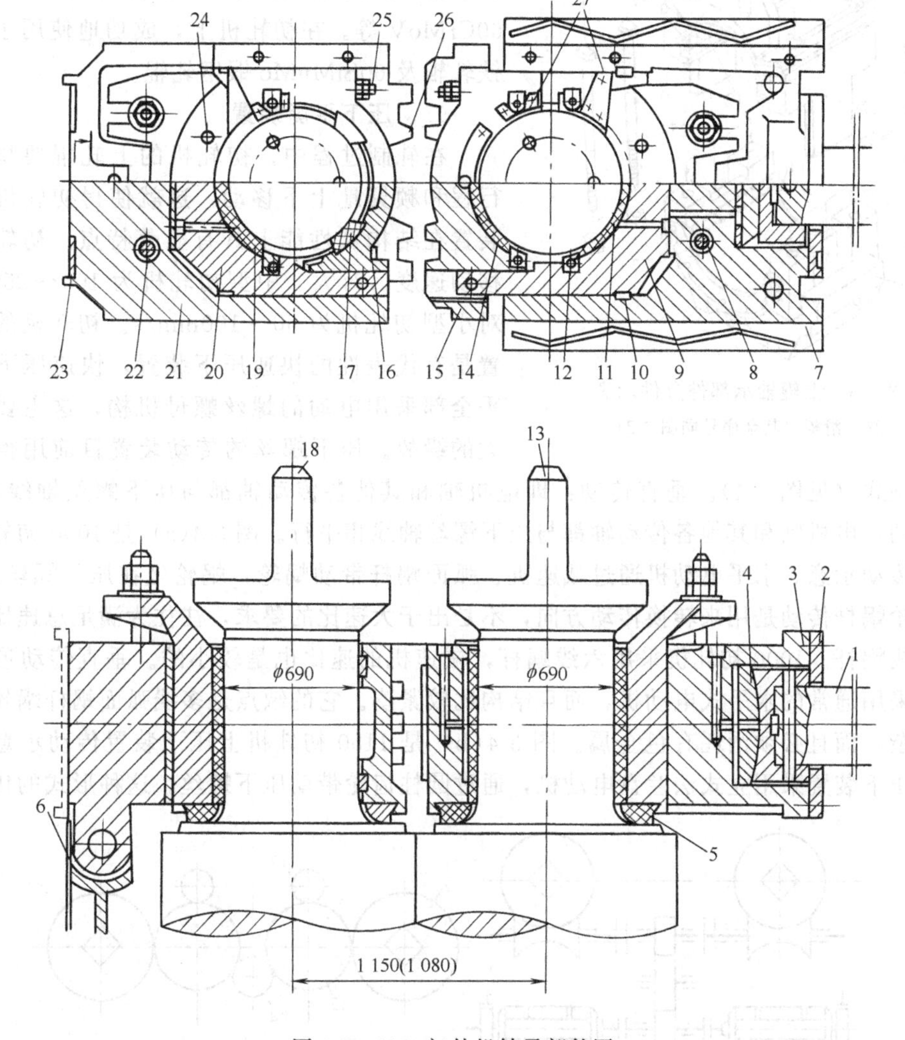

图3-2　1150初轧机轴承部件图

1—压下螺丝；2—盖；3—螺丝；4—球面铜垫；5—肩瓦；6—拉杆；7—上轴承座；8，22，25—螺栓；9—上轴承盒；10—楔；11，14，17，19—瓦衬；12，27—压板；13，18—轧辊；15—托瓦座；16—轴承盖；20—下轴承盒；21—下轴承座；23—垫板；24—水管；26—板凳

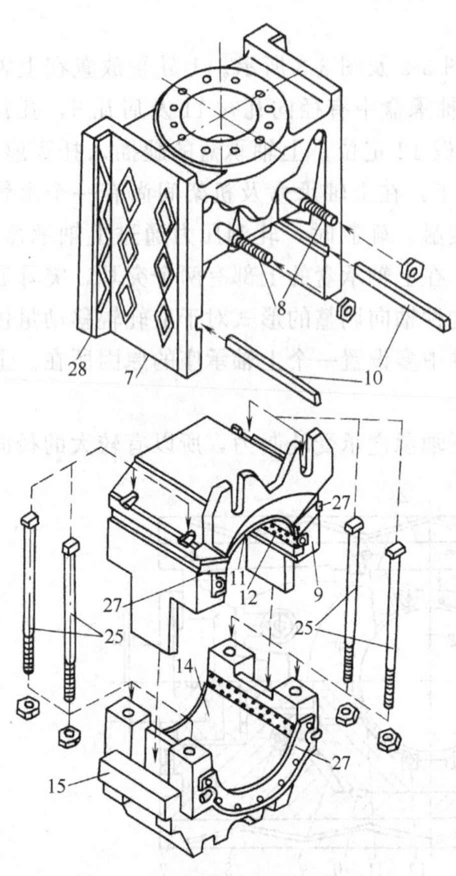

图 3-3　上辊轴承部件分件示意
28—滑板（其余序号同图 3-2）

瓦衬 19，轴承盖 16 不受力，只起防尘防铁鳞的作用，所以仅有两条很小的瓦衬 17。轴承盖与下轴承盒用螺栓 25 相连接。下轴承盒上同样有两个下突耳，通过螺栓 22 进行轴向调整。下轴承座 21 在轧辊侧设有法兰，换辊时与轧辊、轴承盒等一起抽出。在轧制过程中下轴承座用固定在机架上的螺栓及压板进行轴向固定。

初轧机的轧辊经常在很大的压力和扭矩下工作，而且在可逆运转中，惯性力及冲击力都较大。因此，对初轧机的轧辊主要要求是有足够的强度。轧辊一般用高强度铸钢或锻钢，以及高强度铸铁制成。常用材料有 40Cr、50CrNi、60CrNi、60CrMoV 等。在初轧机上，成功地使用了球墨铸铁轧辊及 60SiMnMo 锻钢轧辊。

二、压下平衡装置

在轧制过程中，初轧机的上轧辊要快速、大行程和频繁地上下移动，这就使得初轧机的压下装置在结构和性能上具有显著特点。初轧机上辊移动速度，对大、中型初轧机为 100～250mm/s；对小型初轧机为 50～100mm/s。初轧机的压下装置是有代表性的快速压下装置，快速压下装置几乎全部采用电动的螺丝螺母机构，这主要是行程大的缘故。压下螺丝的传动装置目前用得较多的有两种型式（见图 3-4）。垂直传动：即电机轴和其他各传动轴都与压下螺丝轴线相垂直。平行传动：电机轴和其他各传动轴都与压下螺丝轴线相平行。图 3-4(a) 是 1000 初轧机的压下装置传动示意。水平电动机通过减速机、弧面蜗杆带动蜗轮，蜗轮坐在压下螺丝端头上。此处蜗轮蜗杆传动是用来转换传动方向，不是出于大速比的要求，往往为满足总速比的要求采用多线蜗杆。1000 初轧机采用六线蜗杆，减速机的速比也是较小的。垂直传动形式的优点是可采用通常的水平式电动机，而且结构比较紧凑。它的缺点是多线弧面蜗杆蜗轮箱加工比较复杂，而且必须消耗有色金属。图 3-4(b) 是 1150 初轧机上压下装置传动示意。平行传动的压下装置采用立式法兰盘电动机，通过圆柱齿轮带动压下螺丝。这种形式的优点是效

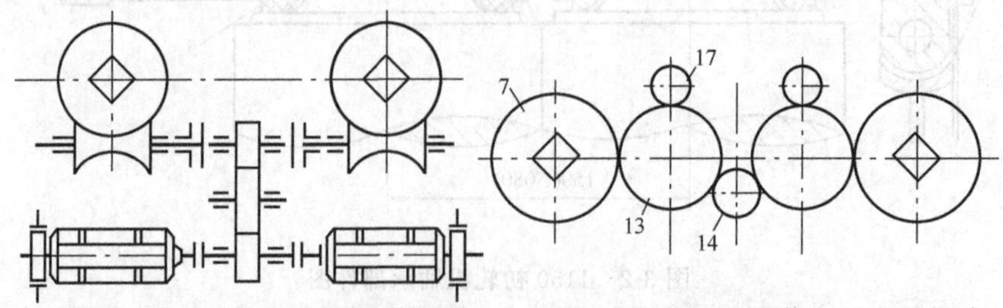

(a) 1000 初轧机压下装置传动示意(垂直传动)　(b) 1150 初轧机压下装置传动示意(平行传动)

图 3-4　压下螺丝传动装置的布置型式
17—小齿轮（其余序号同图 3-5）

率高、节省有色金属、磨损小、寿命长。近年来，平行传动方式已逐步取代了垂直传动。

国产1150初轧机的压下装置，如图3-5所示，其结构特点如下。

① 两个压下螺丝2由两个立式法兰盘直流电动机9联合驱动，其优点是在电机功率相等的情况下，比用一个电动机的飞轮力矩小，有利于启动制动过程。此外，当一个电机发生故障时，另一个电机可暂时维持工作；立式电机为采用平行传动创造了条件。每个直流电动机的功率是200～300kW，转速为（500～750）/1 000r/min，压下螺丝的移动速度为90～180mm/s。其中较高的速度用于大行程移动（如翻钢道次及换辊操作等）。

② 采用圆柱齿轮平行传动方案。立式电动机上的小齿轮17［图3-4(b)］分别通过中间大惰轮13带动固定在方孔套筒6上的大齿轮7，而使压下螺丝在螺母3中旋转并实现上下移动。

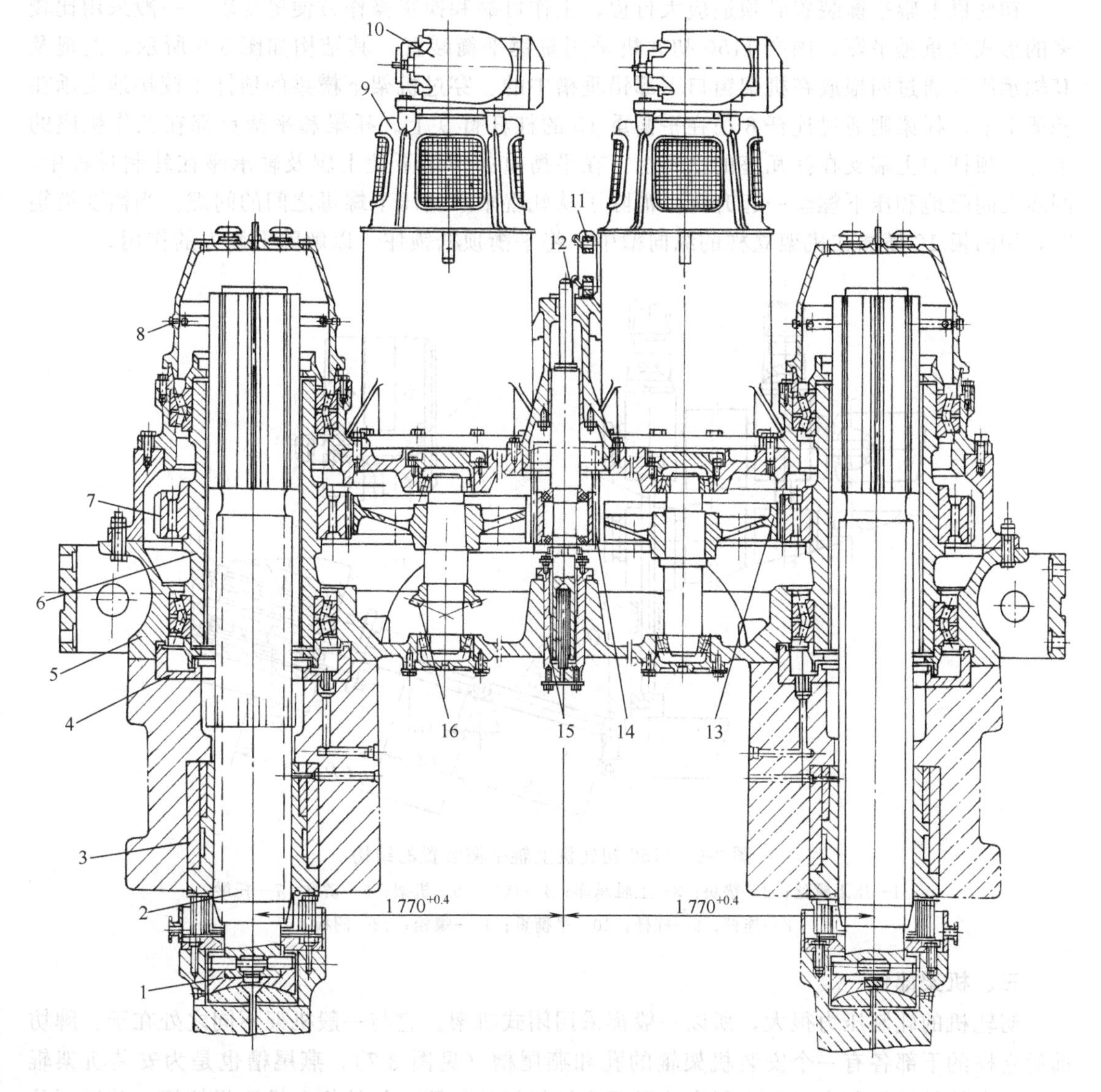

图3-5 1150初轧机的压下装置

1—压下螺丝枢轴头；2—压下螺丝；3—螺母；4—圆盘；5—机壳；6—方孔套筒；7—大齿轮；8—喷油环；9—电动机；10—制动器；11—行程开关；12—柱塞杆；13—惰轮；14—离合齿轮；15—液压缸；16—圆锥齿轮

为实现两个压下螺丝同步移动，以保持上辊的平行升降，两个大惰轮 13 之间用一个离合齿轮 14 相连。离合齿轮通过两个滚动轴承装在液压缸 15 的柱塞杆 12 上，在液压推动下，当柱塞升起时切断与两中间惰轮之间的联系，即可实现两个压下螺丝的单独调整。传动齿轮总速比为 4.5，压下螺丝的直径和螺距为 440×48mm。压下螺丝的移动量是用指针盘反映给操作台，指针通过单独的齿轮传动与中间惰轮轴上的圆锥齿轮 16 相连。

压下装置的传动齿轮都是斜齿，各齿轮轴和压下螺丝的套筒由于受径向和轴向载荷，都通过锥柱滚动轴承装在压下装置的机壳 5 内，整个机壳通过两个圆盘 4 定位，用螺栓固定在机架顶部。

压下装置的齿轮和轴承以及压下螺丝、螺母和套筒都用稀油循环润滑。润滑油从压下螺丝顶部的喷油环 8 喷出。

初轧机上辊平衡装置必须适应大行程、工作可靠和换辊操作方便等要求。一般采用比较多的形式是重锤平衡。国产 1150 初轧机采用重锤平衡装置，其结构如图 3-6 所示。上辊及其轴承座 3 通过四根放在机架窗口下部铅垂槽中的、穿过机架下横梁的顶杆 4 铰接地支承在托梁 7 上，托梁则通过连杆 8 吊在平衡重 10 的杠杆臂 9 上。托梁和平衡重都在工作机座的下部。顶杆的上端支在托瓦座的凸耳上。在平衡重的作用下使上辊及轴承座在轧制过程中，同步无间隙地和压下螺丝一起升降，消除了从轧辊轴承到压下螺母之间的间隙。当需要换辊时，用闩板 12 横插在机架立柱的纵向槽中，将平衡顶杆锁住，以解除平衡力的作用。

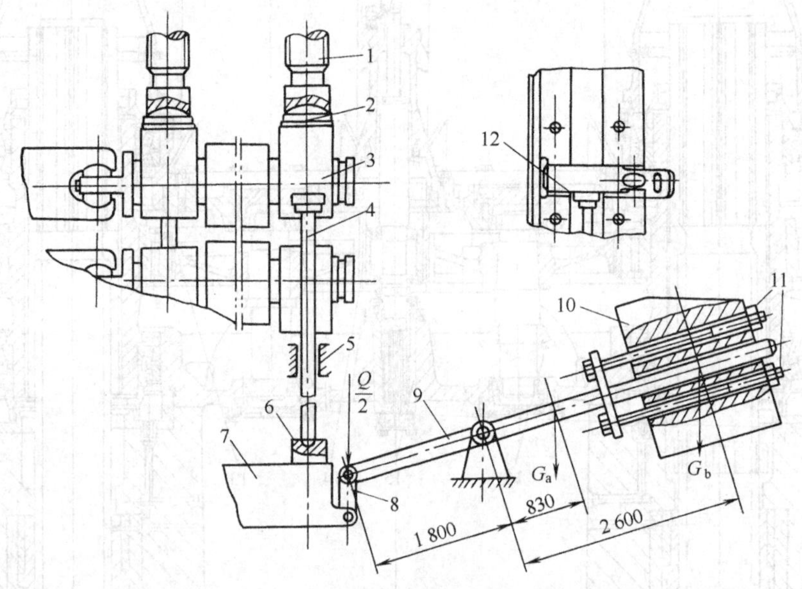

图 3-6　1150 初轧机上辊平衡装置的结构

1—压下螺丝；2—垫块；3—上轴承座；4—顶杆；5—机架；6—横梁；7—托梁；8—连杆；9—杠杆；10—平衡重；11—螺栓；12—闩板

三、机架部件

初轧机的轧制压力很大，所以一般都采用闭式机架。它与一般机架不同之处在于：牌坊前后立柱的下部各有一个安装机架辊的孔和燕尾槽（见图 3-7），燕尾槽也是为安装机架辊用的，也就是机架每个立柱上留有放置两个机架辊的位置。初轧机上设置机架辊，其原因是在头几道轧制时，轧件很短，为了便于喂钢，必须配置有驱动装置的机架辊。为了适应重锤平衡，在机架立柱上、窗口内侧每边都有容纳平衡顶杆的槽，此两槽反映在机架下横梁上为

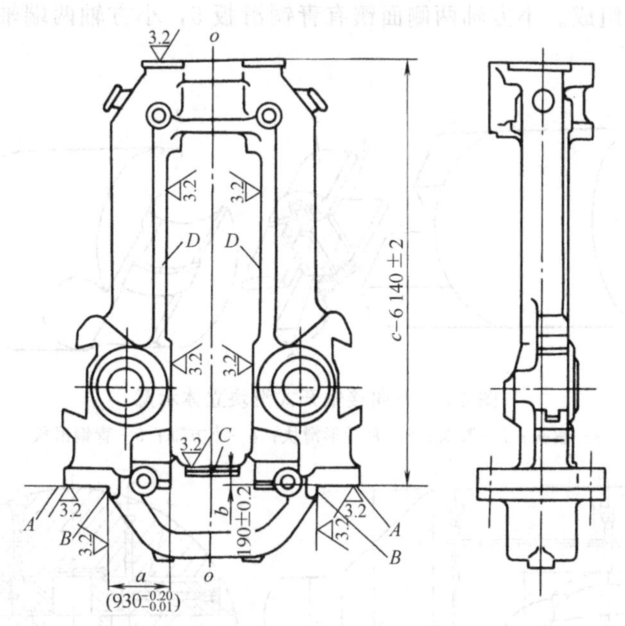

图 3-7　1150 初轧机机架的主要加工面

相应的两个通孔。

机架是轧钢机的主要零件，为了保证正常轧制，为了保证必要的轧制精度及安装调整的方便，对机架的机械加工有严格的要求。下面以 1150 初轧机机架为例，简单地介绍机架加工方面的技术要求（见图 3-7）。

① 两个机架支脚平面 A 应在一个水平面内，不重合偏差不大于 0.1mm，支脚侧面 B 应互相平行，且垂直于 A 面，不垂直度每米不大于 0.5mm，否则将使加工和总装时发生很大困难。

② 窗口两侧 D 平面应互相平行，并严格与主平面 A 垂直（不垂直度每米不大于 0.15mm），并与 B 面平行（不平行度每米不大于 0.20mm），严格控制距离 a 的公差，以保证两个牌坊的窗口侧面在同一平面内。

③ 窗口底面 C 应与 A 面平行，不平行度每米不大于 0.1mm，并严格控制距离 b 的公差，以保证两个牌坊窗口底面在同一水平面内。

④ 机架顶面 E 应与 A 面平行，不平行度每米不大于 0.1mm，保证尺寸 c 的公差，以保证两个牌坊的顶面基本上在同一平面内。

⑤ 压下螺母镗孔的中心线（窗口中心线）o-o 应严格与 B 面平行（不平行度每米不大于 0.2mm），并与 A 面垂直，以保证压下螺丝中心与 A 面垂直。

四、万向接轴

初轧机在轧钢时需要通过压下装置使轧辊间距离（即辊缝）在较大范围内调整，就需要用万向接轴把齿轮座的运动和转矩传给轧辊。

由于万向接轴允许倾角为 8°～10°，所以调整距离较大时，万向接轴长度上就相当大，重量也就很大。因此，在其中部有一个或两个支承轴颈与平衡装置的轴承一起随万向接轴上下移动，起平衡作用。

常见的万向接轴是开式滑块式万向接轴，其一端的立体示意如图 3-8 所示，其结构图如图 3-9 所示。它由中间带缺口的扁头 1、带径向镗孔的叉头 2、两块青铜月牙形滑板（衬瓦）

3 和一根小方轴 4 所组成。小方轴两侧面镶有青铜滑板 5，小方轴两端轴头装在月牙形滑板的孔内。

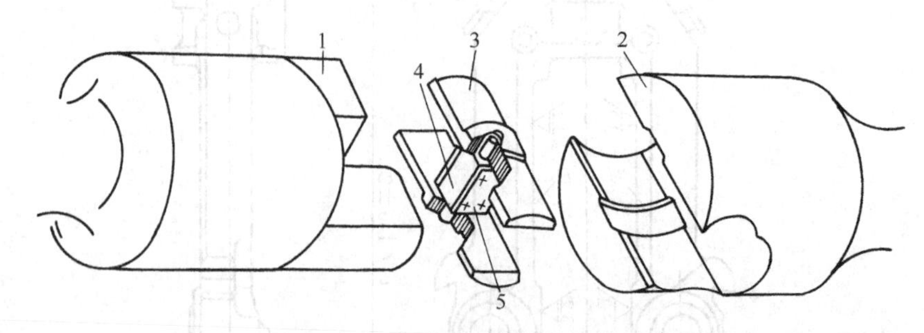

图 3-8 万向接轴开式滑块立体示意

1—扁头；2—叉头；3—月牙形滑块；4—小方轴；5—青铜滑板

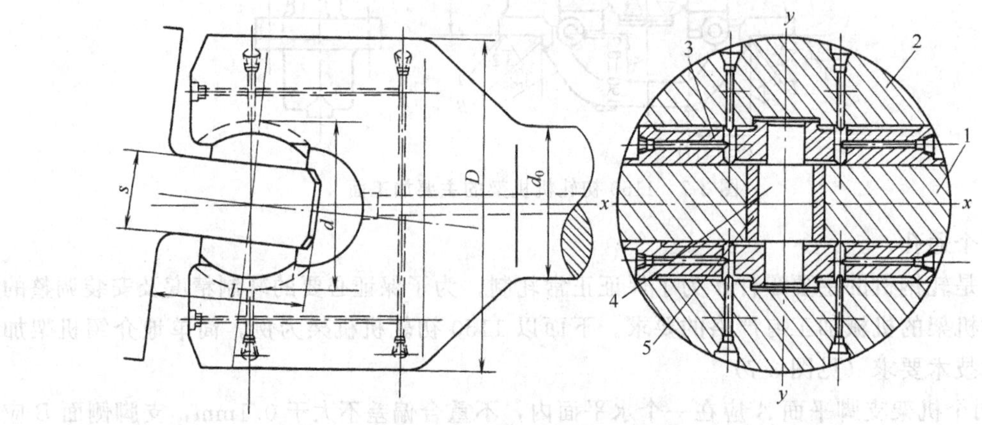

图 3-9 初轧机万向接轴开式滑块结构图

1—扁头；2—叉头；3—月牙滑块；4—小方轴；5—青铜滑板

1. 万向接轴的装配

万向接轴叉头和扁头的装配是先将两月牙形滑块和小方轴装入叉头，叉头开口尺寸稍大于月牙形滑块宽，其装配顺序如图 3-10 所示。

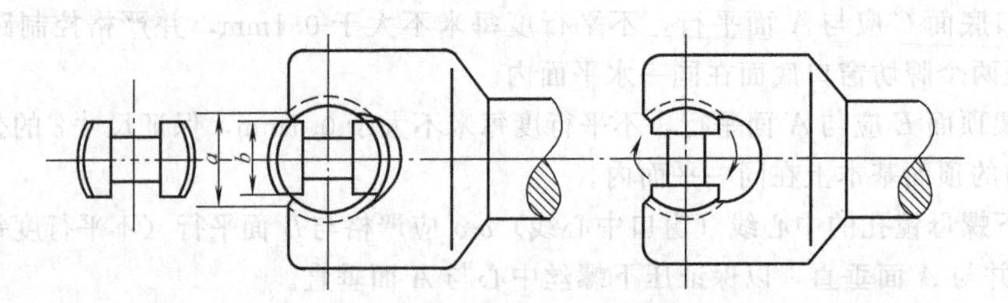

图 3-10 月牙形滑块和小方轴安装顺序

青铜衬板与叉头、扁头与青铜滑板间一般采用 H9/f9 的间隙配合。而小方轴与扁头缺口、小方轴与青铜衬板的配合一般也是采用 H9/f9 的间隙配合。因此，装配时是比较松的。装配时的主要技术要求是接触面积和总间隙适宜。

月牙形滑块与叉头的径向镗孔的接触、上月牙形滑块的平面与扁头平面的接触均应均匀，可用涂色法检查。接触面积不应小于 60%，在月牙形滑块与扁头之间所测得总间隙 δ 宜在各配合间隙积累值范围内，用塞尺检查。

2. 万向接轴平衡装置

前面说过，万向接轴一般都比较长，重量也比较大，为了不使万向接轴的重量全部压在两端的叉头上，一般都设置了联接轴的平衡装置。其平衡力一般比联接轴重量重10%～30%。常用的平衡装置有弹簧平衡、重锤平衡和液压平衡三种形式。弹簧平衡一般只用于下联接轴的平衡，如图3-11所示。因为下联接轴所连接的轧辊在轧制过程中是不需要调整其位置的。上联接轴因为在轧辊过程中辊提升量较大，老的轧机用重锤平衡，较新的轧机都使用液压平衡。

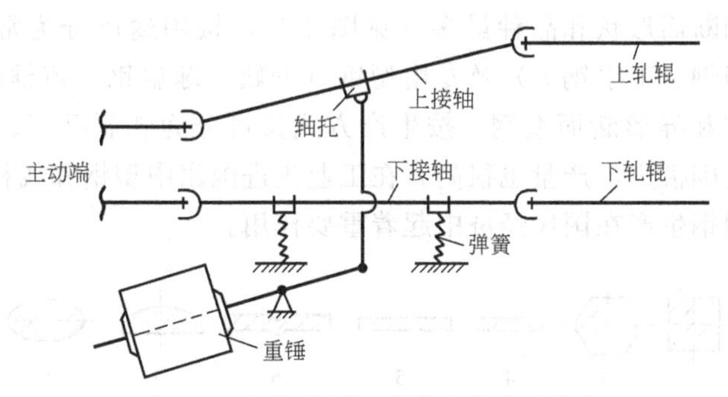

图3-11 初轧机万向接轴平衡装置简图

现代化轧机的万向接轴的平衡都采用液压平衡，其优点是换辊时万向接轴的调整十分方便。其原理与后面叙述的上轧辊平衡原理基本相同。

近年来为了克服万向接轴的润滑不良、磨损严重的缺点，广泛应用了十字轴式万向接轴，并有逐步取代开式滑块万向接轴的趋势。

除万向接轴外，其他类型联接轴的平衡方法，其原理和调整也与上述相似。

3. 万向接轴的维护保养与修理

(1) 万向接轴的维护保养　其工作主要是润滑工作，但万向接轴的润滑工作比较困难，因其各摩擦表面皆与外界相通，润滑剂不易保存在摩擦面上。目前，常用的润滑方式是人工定期加油方式。常用润滑剂为干油或稀油。由于干油黏附能力强，不易流失，所以应用较多。此外，应经常检查调节弹簧不得有压实、折断和松动现象，平衡锤下不得有异物，以免影响平衡锤转动。还应经常检查托瓦温度、上接轴轴向窜动情况。这些工作除平时检查外，还可在换辊时进行检查。

(2) 万向接轴的修理　主要是更换月牙形滑块和小方轴的青铜滑板。因为万向接轴一般无法得到良好的润滑，磨损很快。其中月牙形滑块最易磨损，而且是不均匀的，主要集中在与叉头和扁头接触的边缘处。当总间隙δ达到或超过检修规程规定的极限磨损量时就得更换。在更换时，拆掉这些零件后，应测量叉头径向镗孔尺寸及检查镗孔表面是否有拉毛、变形等现象。如不需修理，对镗孔表面要进行适当的处理。如损坏现象较严重，就需要重新镗孔，当然尺寸要放大一些，月牙形滑块尺寸也要相应改变。对接轴上托瓦轴颈，也要进行同样的检查和修理，托瓦的尺寸也要作相应的改变。但叉头重镗后的尺寸和轴颈重车后的尺寸都不得超过规定的极限值，以保证其强度。

思考题

1. 初轧机的用途有哪些？初轧机的工作机座由哪几部分组成？
2. 初轧机的发展概况如何？

第四章 型钢轧机

型钢主要是靠热轧方式生产，用于热轧型钢的轧机有很多种形式。按轧辊直径和产品规格分为：轨梁、大型、中型、小型和线材轧机；按轧机布置形式分为：横列式、纵列式、布棋式和连续式；型钢断面形状和品种最多（见图 4-1），按用途可分为常用型钢（方钢、圆钢、扁钢、角钢、槽钢、工字钢等）及专用型钢（钢轨、球扁钢、窗框钢等）；按产品断面可分为简单断面型钢和异形断面型钢；按生产方式又可分为轧制型钢、弯曲型钢和焊接型钢。型钢产品规格范围极广，产量也很高，在工业先进国家中型钢和线材的产量占总钢材的 30%～35%，因而型钢生产在国民经济中起着重要作用。

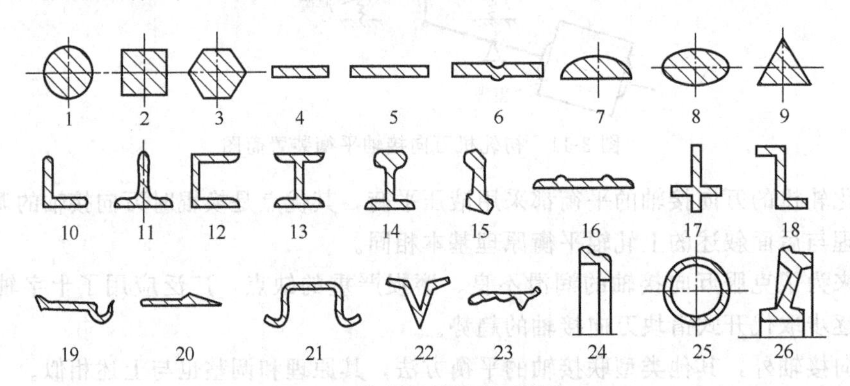

图 4-1 某些钢材的断面形状

1—圆钢；2—方钢；3—六边钢；4—扁钢；5—钢板；6—槽型弹簧钢；7—弓型钢；8—椭圆钢；9—三角钢；10—角钢；11—T 形钢；12—槽钢；13—工字钢；14—钢轨；15—鱼尾板；16—钢轨垫板；17—钢窗；18—Z 字钢；19—汽车轮缘；20—犁头；21—板桩；22—拖拉机爪板；23—拖拉机履带板；24—轮箍；25—钢管；26—车轮

型钢轧机近年来得到较大的发展，初、中轧采用万能轧机，减少翻钢次数，缩短间隔时间；精轧采用短应力轧机，缩短应力回线长度，采用闭式滚动轴承及油膜轴承，以提高轧机刚性，获得高精度产品；采用预应力轧机，以增加轧机刚性，保证产品有较小的公差范围；改进导卫装置及其装拆方法，以延长导卫装置的使用寿命及减少更换时的停车时间；采用自动压下设定机构，以保证轧件的精确尺寸，缩短调整及试轧时间；采用辊系的组合换辊法，以缩短换辊的时间等。

随着工业的发展和轧钢技术的进步，轧钢工艺的装备水平和自动控制水平不断提高，老式轧机也不断被各种新型轧机所取代，因而节约能源，提高产品精度，提高产品表面质量，提高经济效益，将成为发展的主要目标。

第一节 型钢轧机工作机座的结构与设计

图 4-2 所示为 650 型钢轧机主机座，主机座中上、中、下三个轧辊旋转方向固定不变，在中下辊之间和中上辊之间交替过钢，实现多道次往复轧制。中辊位置固定，上下辊分别通过压下装置和压上装置进行径向调整，以保证孔型的要求。压上、压下均采用手动装置，轧

辊在轧制过程中是不调整的，只有在换辊之后和轴瓦磨损时才进行调整。上辊的调整量小，一般采用简单的弹簧平衡。

由于型钢生产具有批量小，多品种，换辊次数比较少，通常采用开式机架。机架盖与机架用斜楔固定，左右机架盖铸成一个整体。在下部的左、右机架用横楔连接，机架坐在轨座上，为了调整轧辊的轴向位置，上、中、下轧辊都设有轴向压板。上、中、下辊的轴承都是开式的，通常采用胶木轴瓦。

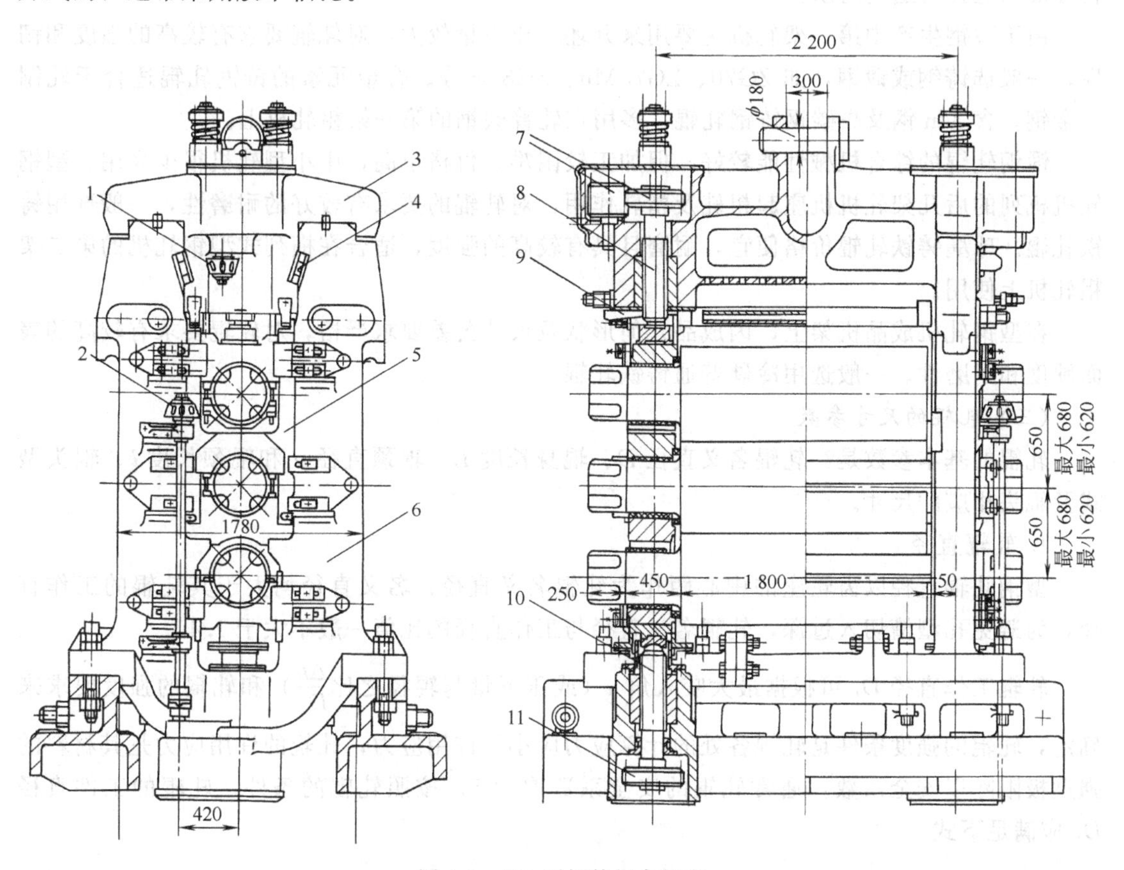

图 4-2　650 型钢轧机主机座

1—压下手轮；2—压上手轮；3—机架盖；4—斜楔；5—“H”架；6—机架；7—压下传动齿轮；8—压下螺丝；9—调整“H”架的斜楔；10—压上螺丝；11—压上传动齿轮

一、轧辊

（一）轧辊结构与特点

650 型钢轧辊的结构如图 4-3 所示，型钢轧辊的辊身上有轧槽，轧槽又称为孔型。孔型

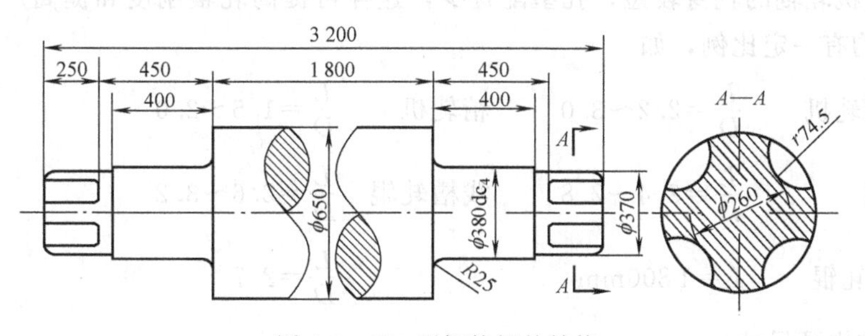

图 4-3　650 型钢轧辊的结构

在辊身上的安排及尺寸取决于型钢轧制工艺要求，辊颈两端有梅花形断面的辊头，以传递扭矩。辊颈安装在轴承中，并通过轴承座和压下装置把轧制力传给机架。

（二）轧辊材料及选用

经过多年的生产实践，对各种轧机的轧辊均已确定了较合适的材料，在选择轧辊材料时，除考虑轧辊的工作要求与特点外，还要根据轧辊常见的破坏形式和破坏原因，按轧辊材料标准来选择合适的材质。

由于型钢生产中第一架轧机主要用来开坯，压下量较大，对轧辊要求有较高的强度和韧性，一般选铸钢或锻钢，如 ZG70、ZG70Mn、ZG8Cr 等。合金元素的铸钢轧辊适合于轧制合金钢；含 Mn 钢及高碳钢铸钢轧辊，多用在轧普碳钢的第一架粗轧机上。

锻钢轧辊的综合机械性能较好，但加工较困难，价格也高，中小型轧机很少采用。型钢轧机机列的后几架轧机机座起粗轧及精轧作用，对轧辊的要求有较好的耐磨性，一般选用铸铁轧辊。球墨铸铁轧辊价格便宜，耐磨且具有较高的强度，适合在横列式型钢轧机的第二架粗轧机上使用。

在型钢轧机成品机架上，因成品几何形状及尺寸公差要求严格，对轧辊要求有较高的表面硬度和耐磨性。一般选用冷硬普通铸铁轧辊。

（三）轧辊的尺寸参数

轧辊的基本参数是：轧辊名义直径 D、辊身长度 L、辊颈直径 d 和辊颈长度 l、辊头型式及辊头相应的尺寸。

1. 轧辊直径

型钢轧辊直径以齿轮座的中心距作为轧辊名义直径，名义直径均大于其轧辊的工作直径，为避免孔型槽切入过深，轧辊名义直径与工作直径的比值一般不大于 1.4。

轧辊工作直径 D_1 可根据最大咬入角 α（或压下量与辊径之比 $\frac{\Delta h}{D_1}$）和轧辊的强度要求来确定，轧辊的强度条件是轧辊各处的计算应力应小于许用应力，轧辊的许用应力是其材料的强度极限除以安全系数，通常轧辊的安全系数取为 5。按照轧辊的条件，轧辊的工件直径 D_1 应满足下式

$$D_1 \geqslant \frac{\Delta h}{1-\cos\alpha} \tag{4-1}$$

公式中的 α 是最大咬入角，这和轧辊与轧件间的摩擦系数有关。在考虑咬入及强度时，应估计到轧辊的重车率，型钢轧机上一般重车率为 8%～10%。型钢轧机辊身长度取决于孔型配置和轧辊的抗弯强度和刚度。粗轧机的辊身较长，以便配置足够数量的孔型；而精轧机尤其是成品轧机轧辊的辊身较短，孔型配置少，这样可提高轧辊刚度和提高产品尺寸精度。通常 L 与 D 均有一定比例，如

开坯和粗轧机 $\frac{L}{D}=2.2\sim3.0$　　精轧机 $\frac{L}{D}=1.5\sim2.0$

深槽轧辊 $\frac{L}{D}=2.4\sim2.8$　　浅槽轧辊 $\frac{L}{D}=2.6\sim3.2$

650 型钢轧辊 $L=1800\text{mm}$　　$\frac{L}{D}=2.7$

2. 轧辊的辊颈尺寸

辊颈直径 d 和长度 l 与轧辊轴承型式及工作载荷有关，由于受轧辊轴承径向尺寸的限制，一般按经验数据选取

三辊式轧机　$d=(0.55\sim0.63)D$　$l=(0.92\sim1.2)d$

四辊式轧机　$d=(0.6\sim0.7)D$　$l=1.2d$

小型及线材轧机　$d=(0.53\sim0.55)$　$l=d+(20\sim50)\text{mm}$

650 型钢轧辊辊颈 $d=380\text{mm}$　$l=400\text{mm}$

3. 梅花辊头尺寸

650 型钢轧辊的梅花头尺寸相应为 $d_1=370\text{mm}$；$r_1=74.5\text{mm}$；$l_2=250\text{mm}$；$l_3=300\text{mm}$。

4. 轧辊强度核算

由于型钢轧辊沿辊身长度上布置有许多孔型轧槽。此时有槽轧辊受的外力（轧制压力）可近似地看成集中力（图 4-4）。轧件在不同的轧槽中轧制时，外力的作用点是变动的，所以要分别对不同轧槽过钢时轧槽各断面应力进行比较，找出危险断面。通常对辊身只计算弯曲，对辊颈则计算弯曲和扭转，传动端辊头只计算扭转。

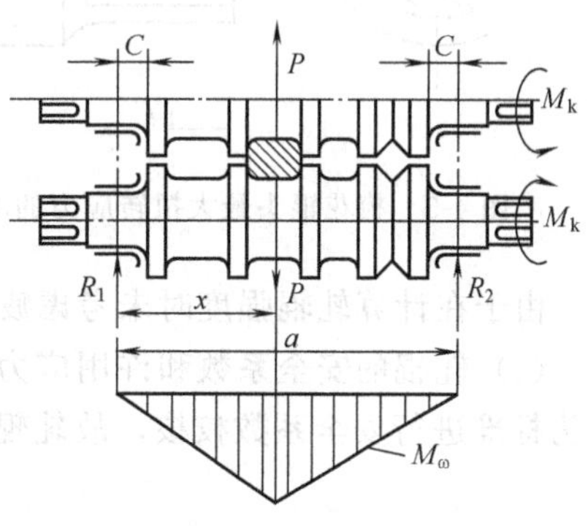

图 4-4　有槽轧辊受力图

(1) 辊身弯曲应力计算　由图 4-4 知轧制力 P 所在断面上的弯矩为

$$M_\omega=R_1x=x\left(1-\frac{x}{a}\right)P \tag{4-2}$$

弯曲应力为

$$\sigma_\omega=\frac{M_\omega}{0.1D^3} \tag{4-3}$$

式中　D——计算断面处的轧辊工作直径；

a——压下螺丝中心距。

(2) 辊颈弯曲和扭转应力计算　辊颈上的弯矩，由最大支反力决定

$$M_n=RC \tag{4-4}$$

式中　R——最大支反力；

C——压下螺丝中心线至辊身边缘的距离，取为辊颈长度之半 $C=\frac{l}{2}$。

辊颈危险断面的弯曲应力 σ 和扭转应力 τ 分别为

$$\sigma=\frac{M_n}{0.1d^3} \tag{4-5}$$

$$\tau=\frac{M_k}{0.2d^3} \tag{4-6}$$

式中，M_n 和 M_k 分别为辊颈危险断面处的弯矩和扭矩；d 是辊颈直径；辊颈强度按弯扭合成应力计算。对钢轧辊合成应力，应按第四强度理论计算。

$$\sigma_p=\sqrt{\sigma^2+3\tau^2} \tag{4-7}$$

对铸铁轧辊，则按莫尔理论计算

$$\sigma_p = 0.375\sigma + 0.625\sqrt{\sigma^2 + 4\tau^2} \tag{4-8}$$

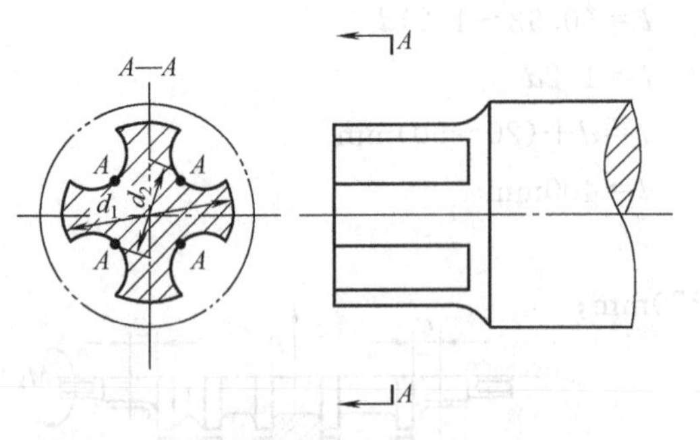

图 4-5　梅花辊头最大扭转应力的部位

(3) 梅花轴头的扭转应力计算　由于最大扭转应力发生在其槽底部位，如图 4-5 所示。

当 $d_2 = 0.66d$ 时，其最大扭转应力为

$$\tau = \frac{M_k}{0.07d_1^3} \tag{4-9}$$

式中　d_1 ——梅花轴头外径；

d_2 ——梅花轴头槽底内接圆直径；

M_k ——作用在轧辊上的扭转力矩。

由于在计算轧辊强度时未考虑疲劳因素，故轧辊安全系数一般取 $n=5$。

(4) 轧辊的安全系数和许用应力　通常轧辊的安全系数取 $n=5$。轧辊材料的强度极限 σ_b 为标准进行安全系数校核，故轧辊的许用应力

$$R_b = \frac{\sigma_b}{5} \tag{4-10}$$

各种轧辊材料的许用应力值见表 4-1。

表 4-1　各种轧辊材料的许用应力值（$n=5$）

强度极限与许用应力	合金锻钢	碳素锻钢	铸　钢	铸　铁	球墨铸铁
强度极限 σ_b/MPa	700～750	600～650	500～600	350～400	400～600
许用应力 R_b/MPa	140～150	120～130	100～120	70～80	80～120

二、轧辊轴承

型钢轧机的轧辊大部分采用开式的胶木瓦轴承，胶木瓦具有较小的摩擦系数和较高的耐磨性，并且用水润滑时具有足够的承载能力，但弹性变形大，对产品精度要求较高的大、中、小型及线材，已采用滚动轴承或油膜轴承。

650 型钢轧机采用开式胶木瓦。轴瓦配置如图 4-6 所示，中辊由于上、下过钢，轴颈的上、下都有主瓦，上辊仅上部有主瓦，主瓦承受轧制力，其下部为尺寸较小的辅瓦，辅瓦仅承受上轧辊的重量，又称为托瓦。

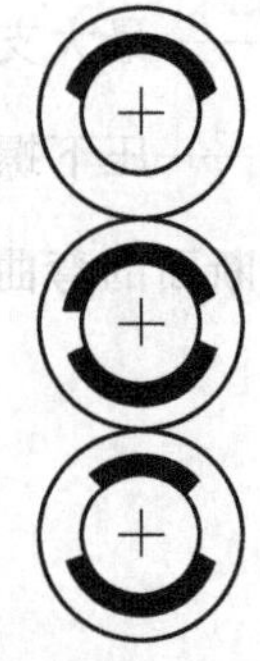
图 4-6　型钢轧机胶木瓦配置

650 型钢轧机的轧辊轴承如图 4-7 所示，五块整体压制径向和轴向胶木瓦分别装在相应的五个瓦座中，除中辊上瓦座 5 的材料为 ZG40Cr 外，其余瓦座为 ZG35，上辊上瓦座 4 通过垫块与压下螺丝端部接触，下瓦座 7 通过拉杆 6（每边一根）挂在平衡弹簧上。为便于换辊，中辊上瓦座 5 是“H”形瓦座（简称 H 架），它向下的两条腿的内侧有凹槽，用于容纳并轴向固定中辊下瓦座 8；它向上的两条腿通过嵌于机架上盖燕尾槽中的斜楔 3 支撑在机架上，当中辊衬瓦磨损时，可通过斜楔 3 进行调整，使“H”形瓦架始终压在中辊辊颈上，中辊的下瓦座 8 直接支靠在机架立柱的凸肩上，下轧辊只有下瓦座 9，它通过垫块 11 直接支在压上螺丝上。

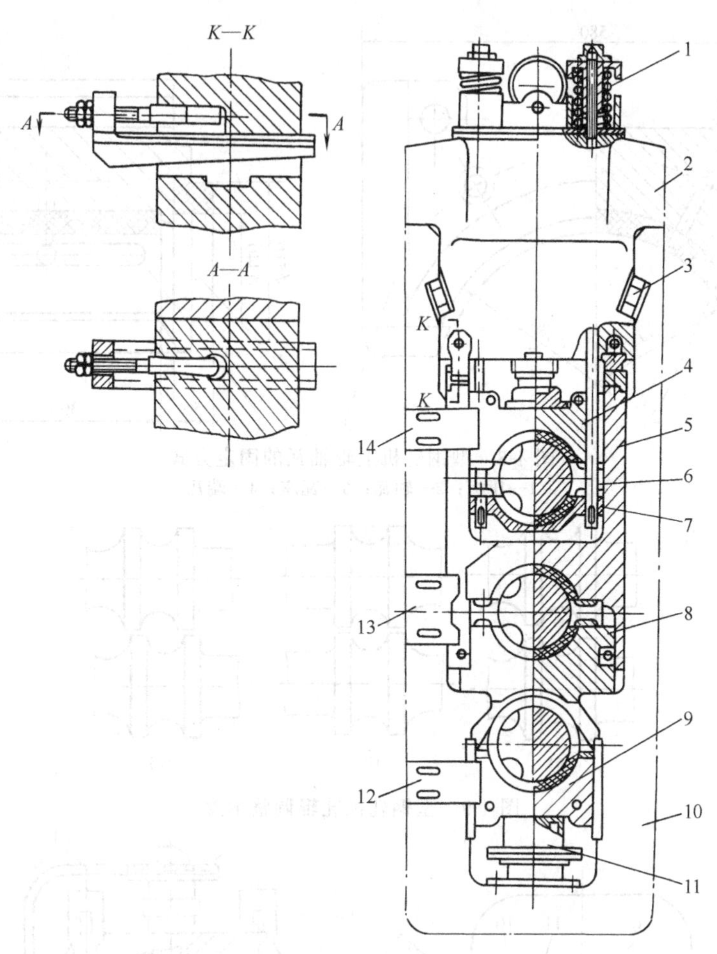

图 4-7　650 型钢轧机的轧辊轴承

1—上辊平衡弹簧；2—机架上盖；3—斜楔；4—上辊上瓦座；5—中辊上瓦座；6—拉杆；7—上辊下瓦座；8—中辊下瓦座；9—下辊下瓦座；10—机架立柱；11—压下装置垫块；12，13，14—轧辊轴调整压板

中辊轴承采用 H 形瓦座的主要优点是取消了老式结构中机架立柱的中辊上瓦座凸台，这不仅简化了机架的加工，而且换辊方便，换辊时上辊部件随同机架上盖一起吊走，H 形瓦座和中辊及其下瓦即可一起吊出，因而缩短了换辊时间。H 形瓦座在使用中由于承受弯矩较大，容易发生变形，造成拆装困难。由于 H 形瓦座的支腿厚度受机架窗口尺寸的限制，为了提高其强度和刚度，多采用合金材料，且采用较大腿厚尺寸。为了换辊方便及防止由于变形引起的卡住观象，H 形瓦座与机架窗口间每边留有 0.5～0.75mm 的侧间隙。

型钢轧机上辊轴瓦的固定方式如图 4-8 所示。径向轴瓦 2 通过压板 1 牢固地固定在瓦座中，端瓦 4 嵌在瓦座端面燕尾槽中，其径向由压板 1 固定。

三、轧辊的调整装置

轧辊的调整装置是轧机上一个重要部件，主要用来调整轧辊在机架中的相对位置，用以保证获得所要求的压下量，精确的轧件尺寸、形状以及正常的轧制条件。型钢轧机的轧辊调整分径向及轴向调整两部分，调整的目的是为了得到正确的孔型位置。

图 4-9(b) 所示为正确孔型位置；图 (a) 辊缝过大，必须进行上、下径向调整，它由压下装置或压上装置来完成；图 (c) 为上、下轧槽左右没有对中，必须进行左右轴向调整。

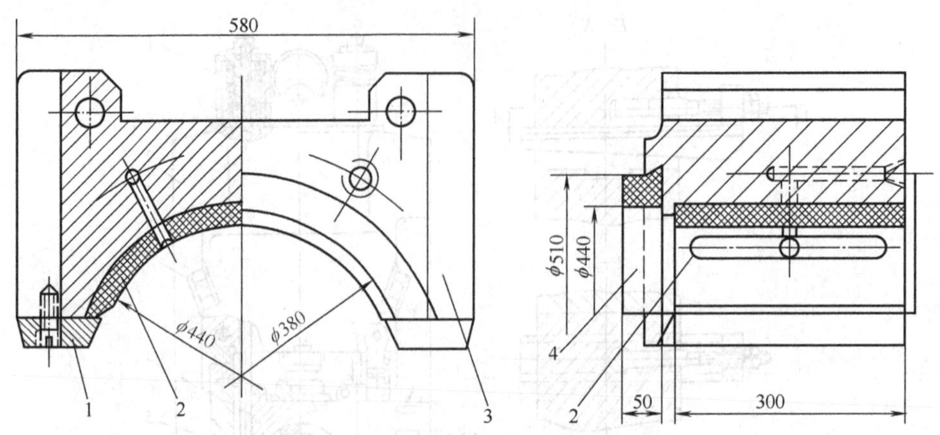

图 4-8 型钢轧机上辊轴瓦的固定方式

1—压板；2—轴瓦；3—瓦座；4—端瓦

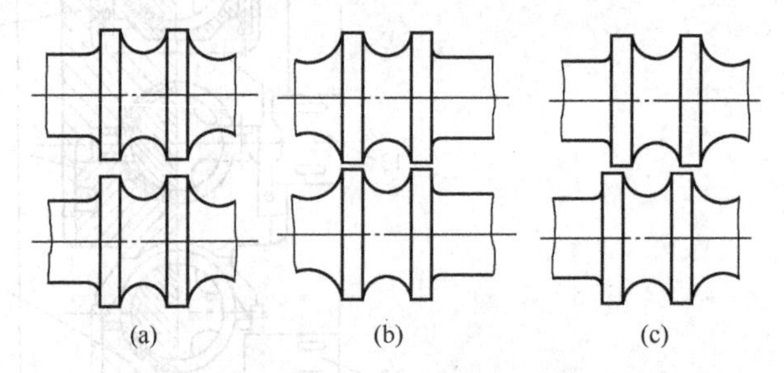

图 4-9 型钢轧机轧辊调整示意

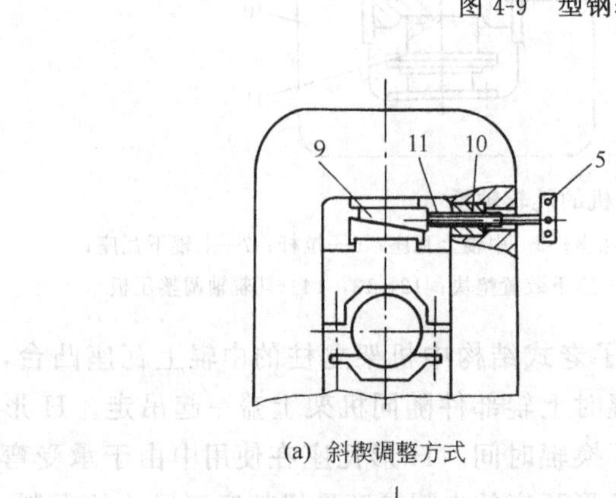

(a) 斜楔调整方式

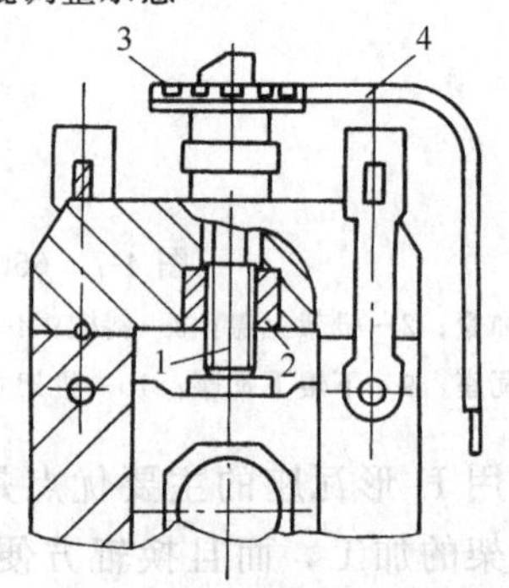

(b) 直接转动压下螺丝的调整方式

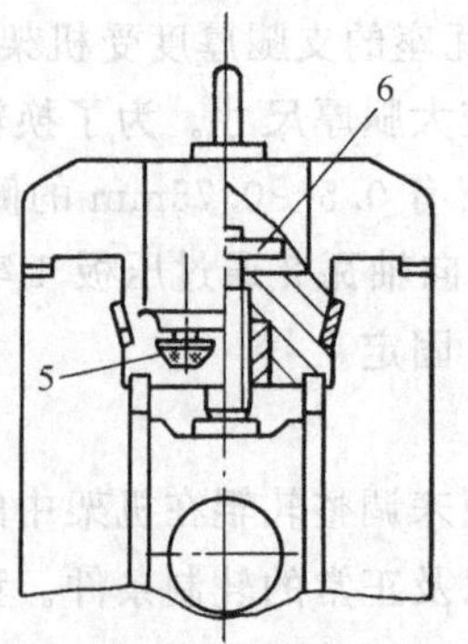

(c) 圆柱齿轮传动压下螺丝的调整方式

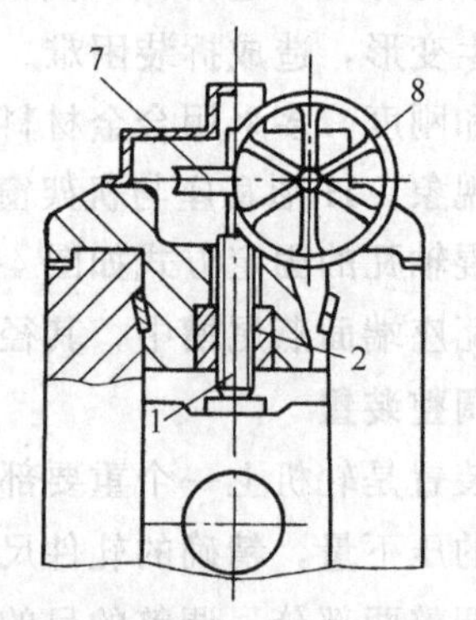

(d) 蜗轮蜗杆传动压下螺丝的调整方式

图 4-10 手动压下装置

1—压下螺丝；2—压下螺母；3—齿盘；4—调整杆；5—调整帽；6—大齿轮；7—蜗轮；8—手轮；9—斜楔；10—螺母；11—丝杠

由于型钢轧机的轧辊不经常调整，其调整工作通常是在换辊、变换产品规格或更换磨损轴承时进行，轧辊移动量小，对调速无要求，通常型钢轧机压下装置几乎全部都是手动慢速调整装置，但在型钢连轧机上，为了保证连轧常数，在轧制过程中也需要进行压下调整，或者在自动化程度较高的轧机上具有自动压下装置时，则必须采用电动压下装置。上轧辊平衡装置采用简单的弹簧平衡。

（一）轧辊径向调整装置

1. 上辊手动调整装置

常见的手动压下装置有以下四种形式，如图 4-10 所示。

目前主要采用图（c）与图（d）所示方式。

2. 中辊手动调整装置

三辊型钢轧机的中辊是固定的，中辊调整只是按轴承的磨损程度调轴承的上瓦座，保证

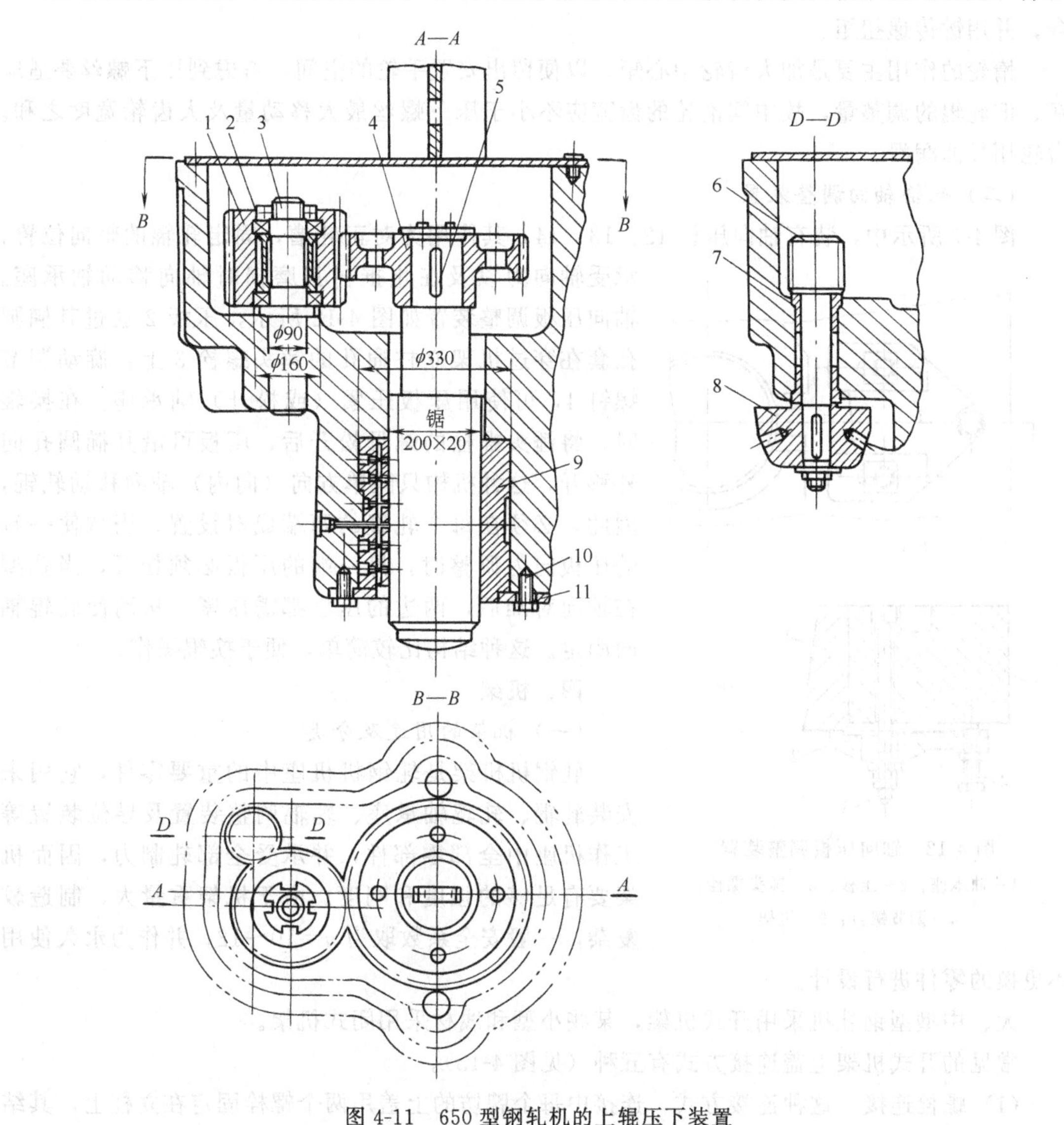

图 4-11　650 型钢轧机的上辊压下装置

1—中间惰轮；2—滚动轴承；3—惰轮轴；4—大齿轮；5—压下螺丝；6—小齿轮；7—滑动齿轮；8—手轮；9—压下螺母；10—螺丝；11—压板

辊颈与轴承、轴承衬之间的合适间隙。由于这一调整量较小，常用斜楔机构。典型结构用斜楔压紧“H”形瓦座的方式，这种结构换辊方便，使用较广。

3. 下辊手动调整装置

在中辊固定的三辊型钢轧机上，下辊调整的作用与上辊调整装置的作用相同，都是调整辊缝。常见的结构有压上螺丝式和斜楔式。压上螺丝大多采用圆柱齿轮传动，压上螺丝式调整机构的优点是调整量大，但因处于轧机底部，易受水和氧化铁皮的侵蚀，需有较好的密封防护措施。斜楔式调整量小，但结构简单，并且不怕水和氧化铁皮侵蚀，故经常采用。

650 型钢轧机的上辊压下装置如图 4-11 所示，压下螺丝由与手轮 8 同轴的小齿轮 6 通过中间惰轮 1 及大齿轮 4 来驱动，整个压下装置都装在机架上盖之中，为了简化结构及机架的加工，小齿轮采用滑动轴承 7，中间惰轮 3 是不转动的，它与机架上盖采用静配合，为了使转动轻便，惰轮与心轴之间装有滚动轴承 2，大齿轮 4 与压下螺丝 5 的圆柱形尾端为静配合，并用键传递扭矩。

惰轮的作用主要是加大齿轮中心矩，以便留出安置手轮的空间。考虑到压下螺丝要适应新、旧轧辊的调整量，故中间惰轮的齿宽应不小于压下螺丝最大移动量及大齿轮宽度之和。齿轮用甘油润滑。

（二）轧辊轴向调整装置

图 4-7 所示中，装有轴向压板 12、13、14，其作用为对正轧槽，固定轧辊的轴向位置，承受轴向力以及在止推衬瓦磨损时轴向移动轴承座。轴向压板调整装置如图 4-12 所示，压板 2 通过其椭圆孔套在穿过机架立柱通孔的锤头螺栓 3 上，旋动调节螺钉 4，可使用压板压紧（或松开）轴承座。在换辊时，将锤头螺栓的螺母松开后，压板可沿其椭圆孔向外移开，这种机构只能单方向（向内）轴向移动轧辊，因此，必须在每个轧辊的两端成对设置。当欲使一端的压板向内调整时，另一端的压板必须松开，当孔型在轴向对准后，两边的压板都需压紧，从而使轧辊轴向固定。这种结构比较简单，便于换辊操作。

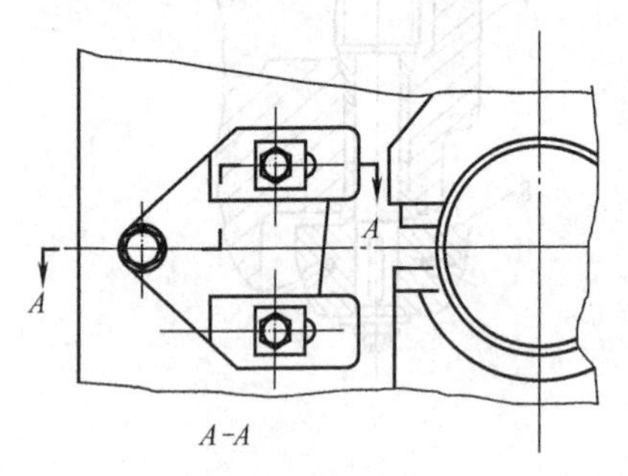

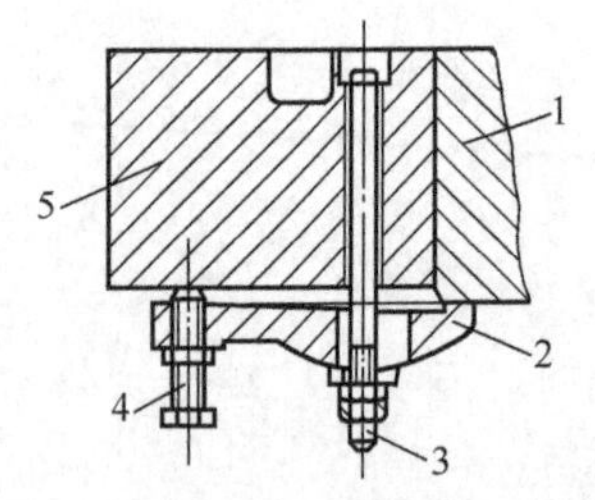

图 4-12　轴向压板调整装置

1—轴承座；2—压板；3—锤头螺栓；4—调节螺钉；5—机架

四、机架

（一）机架的用途及分类

轧钢机机架是轧钢机机座中的重要零件，它用来安装轧辊、轧辊轴承座、轧辊调整装置及导位装置等工作机座中全部零部件，并承受全部轧制力，因而机架要有足够的强度和刚度。由于机架重量大，制造较复杂，一般安全系数取为 $n=10\sim12$，并作为永久使用不更换的零件进行设计。

大、中型型钢轧机采用开式机架，某些小型和线材采用闭式机架。

常见的开式机架上盖连接方式有五种（见图 4-13）。

（1）螺栓连接　这种连接方式，连接中每个牌坊的上盖用两个螺栓固定在立柱上，其结构简单，但因螺栓较长，变形较大，机架刚度差，并且换辊时，拆装螺丝劳动强度大。

（2）立销和斜楔连接　这种连接方式由于用楔连接代替了螺栓连接，故装拆时相对

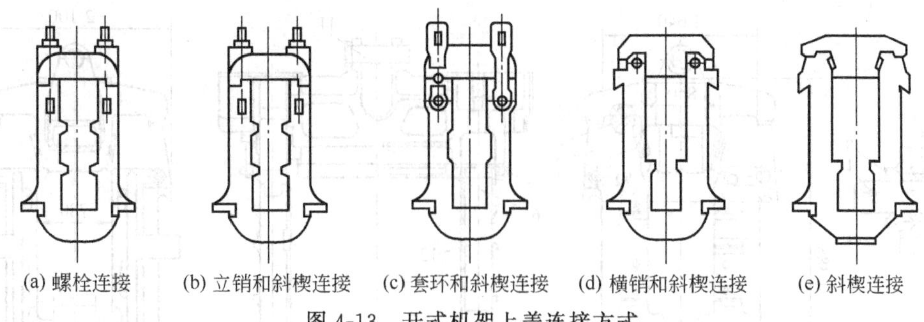

图 4-13 开式机架上盖连接方式

方便。

(3) 套环和斜楔连接　这种连接方式用套环代替螺栓或柱销。套环的下端用横销铰接在立柱上，上端用斜楔将上盖和立柱紧固，换辊时，拆去斜楔，将套环转下即可进行换辊，立柱与上盖间有定位销，防止错位。由于套环的断面可大于螺栓或圆柱销的断面，轧机的刚性比图 (a)、图 (b) 两种形式高，但由于套环拉伸变形，加上销轴铰接处存在较大的间隙，因而这种连接形式刚性也差。

(4) 横销和斜楔连接　这种连接方式是将机架上盖的下部插在立柱上端的凹槽内，并用穿透的横向圆销连接，再用斜楔楔紧，此种连接结构简单、连接牢固、连接件变形小、刚性较好、换辊方便，但由于楔紧力和轧制冲击力的影响，横销易发生变形，影响拆卸和换辊。

(5) 斜楔连接　这种连接方式结构简单、连接紧固、连接件数量少、变形小，用在开式机架刚性最高，换辊方便，使用效果也较好，有取代其他开式机架的趋势。

(二) 型钢轧机机架结构

图 4-14 所示为 650 型钢轧机机架结构。机架结构主要由上盖 1 和两个 U 形架 3、12 组成，上盖与 U 形架之间用斜度为 1∶50 的斜楔 4 连接，为了简化机架楔孔的加工和防止斜楔磨损机架，楔孔做成不带斜度的长方孔，其上下两个承压面带有鞍形垫板 8 和 9，下鞍形垫板 9 也带有 1∶50 的斜度，上盖与 U 形立柱用销钉 2 轴向定位，上盖中部实际上也是冷却轧辊的水箱，箱体下部有喷水小孔，上盖和 U 形架上都有安装压下和压上装置传动齿轮壳体，由于中辊上轴承座采用 H 形瓦架，上盖下部开有燕尾槽，以便安装调整 H 形瓦架的斜楔，在 U 形架立柱上有支承中辊下轴承座的凸台，为了加强 H 形瓦架的强度，往往要增加 H 形瓦架的腿厚而又要不使 U 形架窗口尺寸增大，就取消了该处机架立柱上的耐磨滑板，这对保护机架立柱免于磨损不太有利，所以下轴承座接触的机架立柱上则镶有耐磨滑板 7。为了增加机架的稳定性，除了上盖与 U 形架之间需要牢固连接外，两片 U 形架下部和上部也要牢固地连接。U 形架下部通过中间梁 10 用螺栓连接，其上部通过两根铸造横梁 6 和拉紧螺栓 5 连接，当机架按技术要求装在地脚板上，而两片 U 形架位置彼此找正后，将拉紧螺栓 5 加热，同时装好横梁 6，再紧固拉紧螺栓 5 两端的螺母。为换辊方便，上盖是整体铸造的，销轴 11 是按可以吊起整个工作机座来设计的，整个机架用八个 M72 的螺栓固定在轨座上。

(三) 开式机架强度计算

开式机架的形式很多，计算方法也不完全相同，但其共同特点都是根据机架具体受力情况，将机架简化为一个静不定的平面 U 形框架，去求解静不定力。由于机架盖和立柱的连

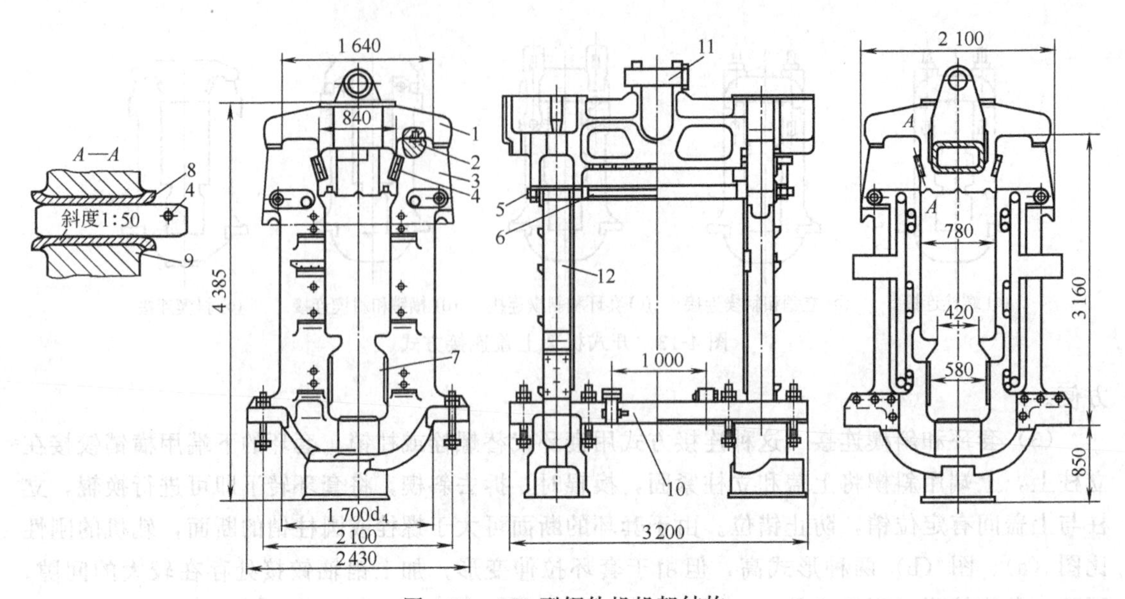

图 4-14　650 型钢轧机机架结构

1—机架盖；2—圆柱销；3，12—左、右机架；4—斜楔；5—拉紧螺栓；6—铸造空心梁；7—衬板；8，9—垫板；10—连接横梁；11—圆柱销轴；12—机架

接方式、机架的结构及受力情况不同，求解静不定力的具体条件有所差异。对于开式机架强度计算，请参阅有关书籍。

第二节　型钢轧机主传动装置的结构与设计

型钢轧机主传动装置的作用是将电动机的运动和扭矩传给轧辊。它一般由减速机、齿轮座、联接轴和联轴节（器）等部件组成。

图 4-15 所示为 650 型钢轧机主机列图，电动机 1 的运动和力矩通过电动机联轴节 2、减速机 4、主联轴节 5、齿轮座 6 和联接轴 7 传递给轧辊 9，在此传动中设置了飞轮 3 及联轴节平衡装置 8。

一、主传动装置的组成及作用

（一）减速机

减速机的作用是将电动机较高的转速变成轧辊所需的转速，当轧辊转速小于 200～250r/min 时，在主传动中设置减速机。

（二）齿轮座

当工作机座的轧辊由一个电机带动时，采用齿轮座将电动机或减速机传来的运动和力矩分配给三个轧辊，在型钢轧机上采用中间齿轮为主动。

（三）联接轴

轧钢机齿轮座、减速机、电动机的运动和力矩，都是通过联接轴传递给轧辊。型钢轧机一般采用梅花接轴和联合式接轴。对速度较高的小型轧机和线材轧机，虽然轧辊调整量不大，但考虑到能在高速下平稳地运转，一般采用齿式接轴或弧面齿式接轴。

（四）联轴节（器）

联轴节包括电机联轴节和主联轴节。电机联轴节用来连接电动机与减速机的传动轴，而

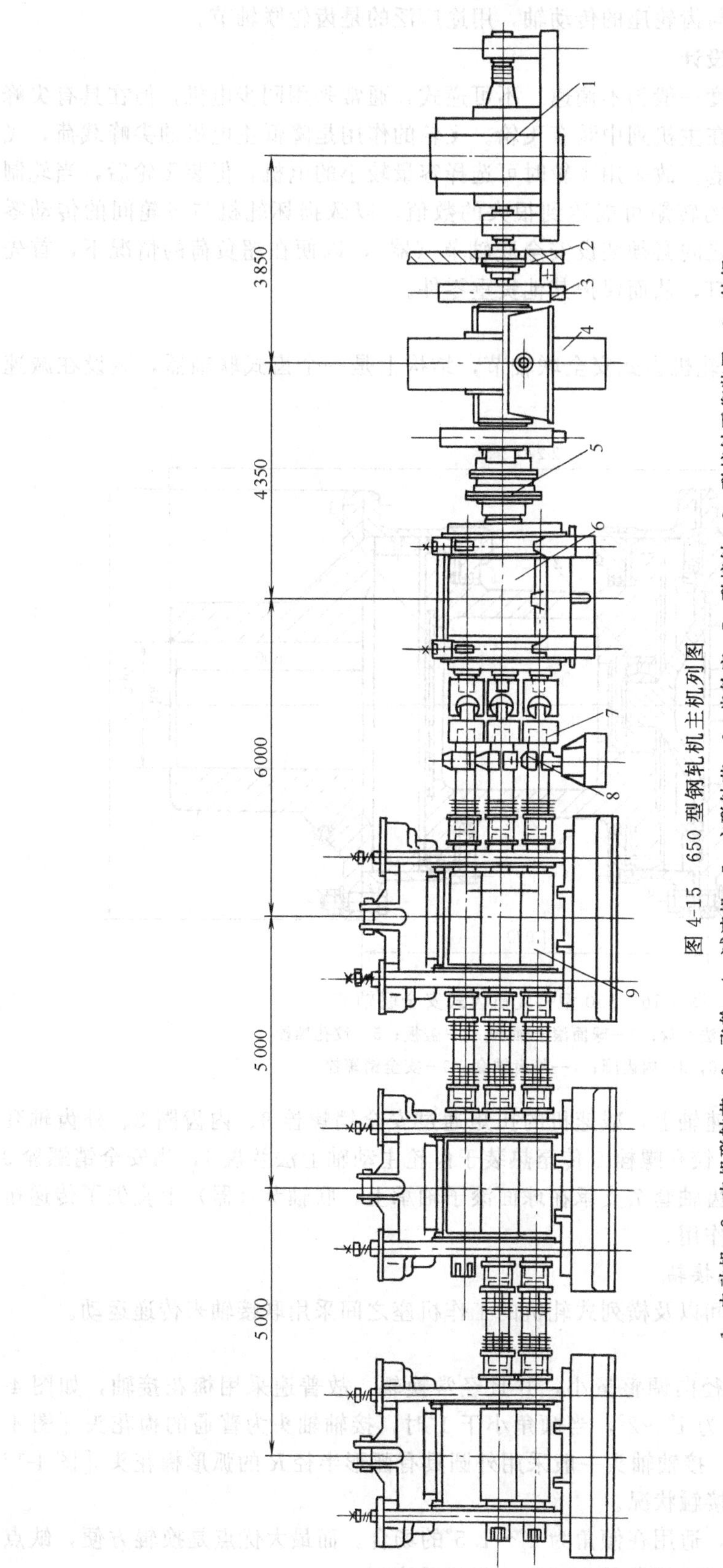

图 4-15　650 型钢轧机主机列图

1—电动机；2—电机联轴节；3—飞轮；4—减速机；5—主联轴节；6—齿轮座；7—联接轴；8—联接轴平衡装置；9—轧辊

主联轴节则用来连接减速机与齿轮座的传动轴，用途广泛的是齿轮联轴节。

二、主要部件的结构与设计

由于型钢轧机的工作制度一般为不调速、不可逆式，通常采用同步电机，但在具有尖峰载荷时，采用异步电机，并在主机列中装有飞轮。飞轮的作用是降低主电机的尖峰载荷，飞轮在加速时储能，减速时放能。故采用飞轮时可选择容量较小的电机，但装飞轮后，当轧制情况不正常时，由飞轮产生的转矩可能达到很大的数值，以致损坏轧机与飞轮间的传动零件，所以在飞轮与工作机座之间必须装设安全联轴节（器），以便在超负荷的情况下，首先剪断安全联轴节（器）的销钉，从而保护其他贵重零件。

（一）安全联轴节（器）

图 4-16 所示为 650 型钢轧机齿式安全联轴节，结构上是一个齿式联轴器，装设在减速机与齿轮座之间。

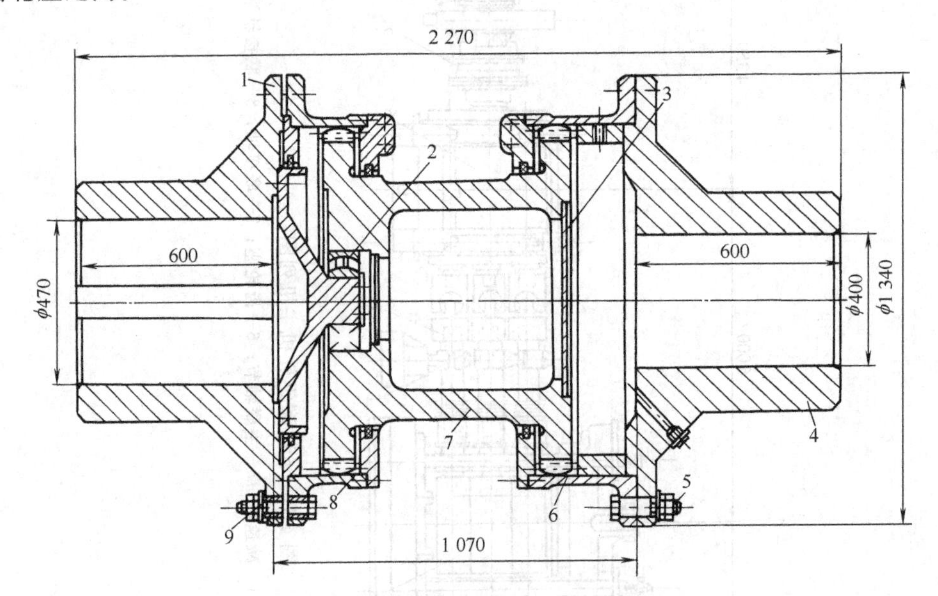

图 4-16　650 型钢轧机齿式安全联轴节

1，4—法兰盘；2—球面滚子轴承；3—盖板；5—铰孔螺栓；
6，8—内齿圈；7—外齿轴套；9—安全销螺栓

法兰盘 1 装在减速机低速轴上，减速机的扭矩通过安全销螺栓 9、内齿圈 8、外齿轴套 7 传至另一个内齿圈 6，再由铰孔螺栓 5 传至热装于齿轮主动轴上法兰盘 4，当安全销螺栓 9 过载切断时，内齿圈 8 和外齿轴套 7 支承在球面滚子轴承上，联轴节（器）上丧失了传递扭矩的能力，起到安全保护的作用。

（二）梅花接轴和联合式接轴

在齿轮座和工作机座之间以及横列式轧机的工作机座之间采用联接轴来传递运动。

1. 梅花接轴

由于型钢轧机轧辊间的径向调整量小，并且经常换辊，故普遍采用梅花接轴，如图 4-17 所示，这种接轴允许倾角为 1°～2°，当倾角小于 1°时，接轴轴头为普通的梅花头［图 4-17(c)］，当倾角为 1°～2°时，接轴轴头一般采用外圆具有弧形半径 R 的弧形梅花头［图 4-17(a)］，以改善接轴与套筒的接触状况。

由于梅花接轴制造简单，适用在倾角为 1°～1.5°的场合。而最大优点是换辊方便，缺点是运转中有冲击和噪声，在干摩擦条件下工作，很容易磨损。

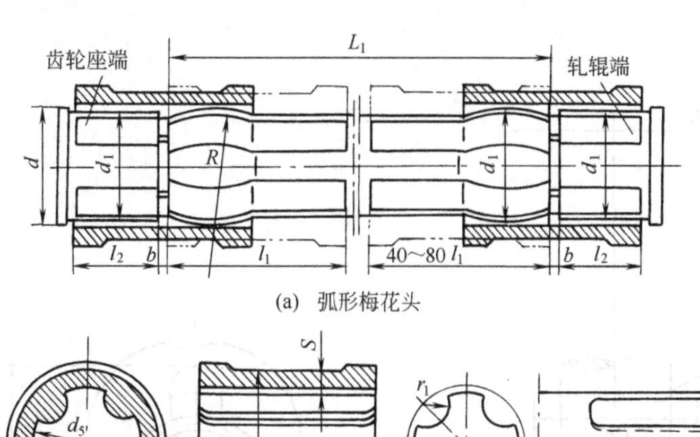

(a) 弧形梅花头

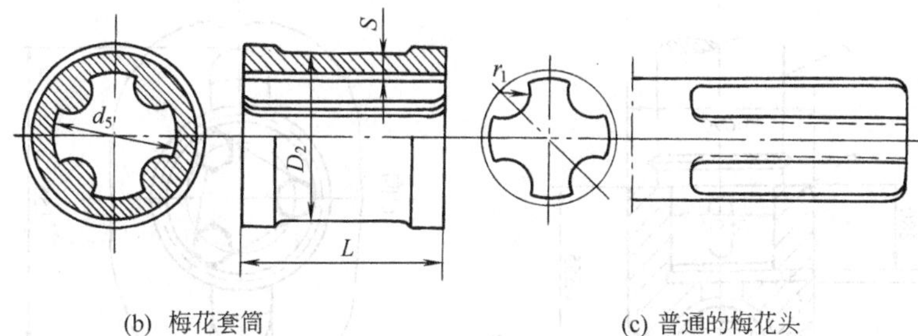

(b) 梅花套筒　　(c) 普通的梅花头

图 4-17　梅花式接轴

(1) 梅花接轴和套筒的主要参数

① 接轴梅花头直径 d_1　(4-11)

$$d_1=(0.9\sim0.98)d$$

或 $d_1=d-(10\sim15)\text{mm}$，$d$ 为轧辊或齿轮座出轴直径。

② 接轴梅花头圆弧半径 r_1

$$r_1=0.2d_1 \quad (4\text{-}12)$$

③ 弧形梅花头弧形半径 R

$$R=(2.8\sim3)d_1 \quad (4\text{-}13)$$

④ 接轴最小长度 L_1

$$L_1\geqslant 2L+(40\sim80)\ \text{mm} \quad (4\text{-}14)$$

式中　L——套筒的长度。

⑤ 套筒的长度 L

$$L=(1.2\sim1.5)d_1 \quad (4\text{-}15)$$

⑥ 套筒中部壁厚 S

$$S=(0.18\sim0.2)d_1 \quad (4\text{-}16)$$

⑦ 套筒中部的外径 D_2 为

$$D_2=d_5+2S \quad (4\text{-}17)$$

式中 d_5 套筒梅花孔的直径。

⑧ 套筒梅花孔的直径 d_5

$$d_5=d_1+(3\sim5) \quad (4\text{-}18)$$

⑨ 轧辊与梅花接轴端面间的间隙 b，按表 4-2 查取。

表 4-2　轧辊与梅花接轴端面间的间隙 b

梅花头直径 d_1/mm	140～150	160～200	220～320	340～450
间隙 b/mm	30	35	40	45

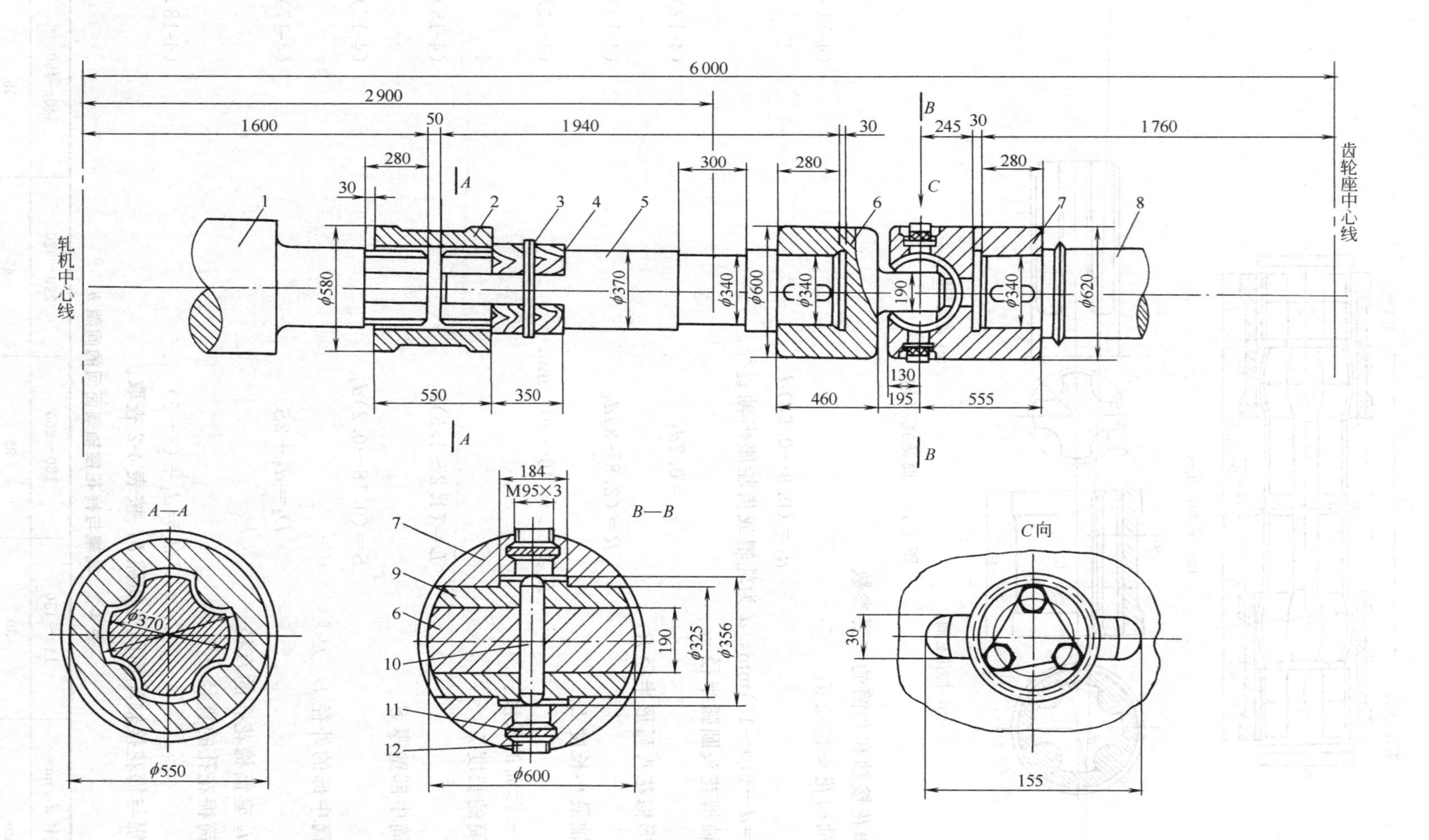

图 4-18 650 型钢轧机联合式接轴

1—轧辊；2—梅花轴套；3—铁丝；4—木块；5—梅花接轴；6—扁头；7—叉头；8—齿轮辊出轴；9—滑块；10—销轴；11—垫块；12—螺丝

为了适应梅花接轴工作时可能产生的偏斜，梅花接轴与轴套之间的径向间隙约为梅花头直径的3%。梅花接轴梅花头和套筒的系列尺寸可查有关尺寸系列标准。

（2）梅花接轴材料 梅花接轴通常采用铸钢或锻钢，其材料性能为$\sigma_b=5\ 000\sim6\ 000kg/cm^2$，$\delta_5=16\%$。梅花轴套一般用灰口铁铸成，当应力较大时，个别采用铸钢。

2. 联合式接轴

在某些型钢轧机上，为了有利于齿轮座的维护，齿轮座与工作机座间的连接采用联合接轴，即与轧辊连接的一端为梅花接轴型，与齿轮座连接的一端为万向接轴型。

图4-18所示为650型钢轧机联合式接轴，因在传动端采用万向接轴型式，避免了梅花接轴的间隙大、冲击载荷大的缺点，从而改善了齿轮辊的工作条件。在轧辊端采用梅花接轴，则保持了换辊方便的优点。

（三）飞轮

由于装有飞轮的主传动装置，当电动机转速发生变化时，飞轮才能储存或放出能量，因此，具有飞轮的轧钢机一般采用异步电机，其最大转差率为12%～15%。飞轮在降速不多时，能够最有效地放出能量，随着速度的降低，放出能量的强度减小，如果尖峰负荷持续时间超过2～4s，采用飞轮是不利的。电动机尖峰负荷的降低程度与飞轮的飞轮力矩有关。飞轮力矩的计算，请参阅有关文献。

第三节 型钢连轧机组

型钢生产在钢材生产中占据着较重要的地位。型钢轧机的种类很多，本节着重介绍650型钢连轧机组。650连轧机组由两架650立辊轧机和两架650水平辊轧机组成，目前是国内较先进的型钢轧机，采用先进的计算机自动控制。

一、650型钢连轧车间工艺过程

650型钢连轧车间的工艺过程是：均热炉→运锭车→800可逆式初轧机→9 000kN剪切机→45°角翻钢机→650立辊轧机→650水平辊轧机→650立辊轧机→650水平辊轧机→ϕ1 800热锯机→冷床→型钢矫正机→成品库。

二、650立辊轧机

650立辊型钢轧机如图4-19所示，主要由机架、立辊主传动装置、压下装置、内机架、内机架平衡升降装置及换辊装置等组成。

（一）立辊主传动装置

650立辊轧机主传动装置原理简图如图4-20所示，主要由电动机1、联轴节2、传动轴3、圆锥齿轮减速器4、立轴5、齿轮箱6、立辊平衡液压缸7、十字轴式万向联轴节8、传动轴9、偏头联轴节11及立辊12等组成。

主传动电动机安装在地面上，齿轮箱安装在机架上面，电动机通过水平轴、圆锥齿轮减速器及立轴将运动和动力传递到机架上部的齿轮箱。齿轮箱由两级圆柱斜齿轮减速器及齿轮座组成，齿轮座的作用是将运动和动力传给两个立轴。与两立辊相对应齿轮的上面分别安装有两个液压缸，用以平衡联接轴的重量。联接轴中部为花键结构，其伸缩量为1 005mm，允许轧辊升降，以便实现不同孔型的轧制。

本溪钢铁公司特钢公司650立辊轧机主传动装置的主要参数为：电机功率1 120kW；转

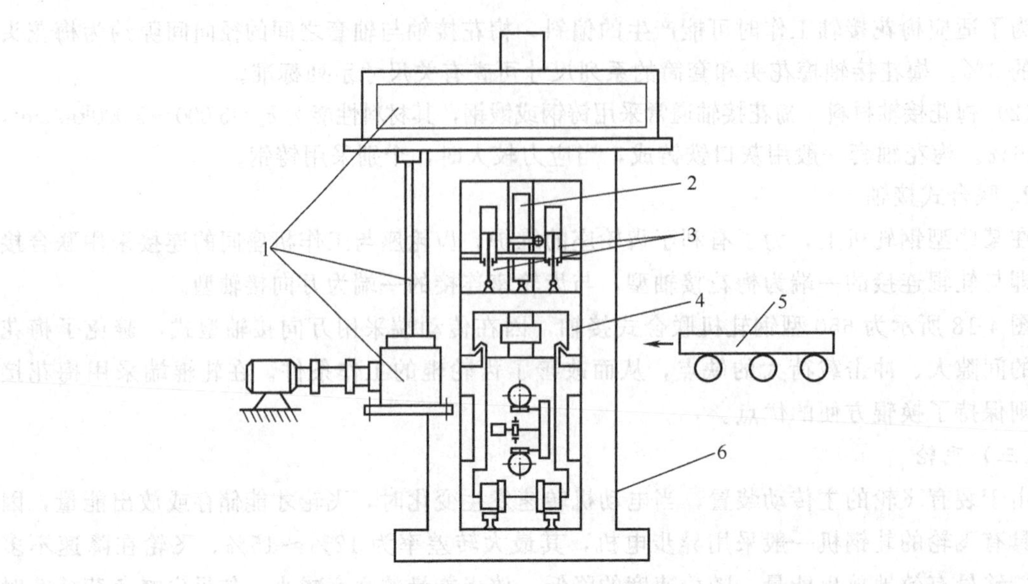

图 4-19　650 立辊型钢轧机

1—立辊主传动装置；2—压下装置；3—内机架平衡升降装置；4—内机架；5—钢坯；6—机架

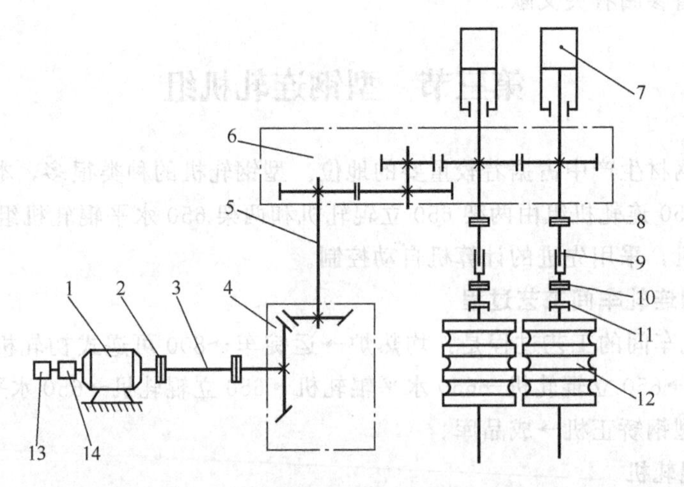

图 4-20　650 立辊轧机主传动装置原理简图

1—电动机；2—联轴节；3—传动轴；4—圆锥齿轮减速器；5—立轴；6—齿轮箱；7—立辊平衡液压缸；8—联轴节；9—联接轴（花键伸缩）；10—联轴节；11—立轴联轴器；12—立辊；13—转速自整角发动机；14—转速继电器

速 450～750r/min；下部弧形圆锥齿轮传动；$Z_2/Z_1=37/26$，$i=1.423$；上部两级圆柱斜齿传动，总速比 $i=14.397$；齿轮座中心距 1 000mm；平衡液压缸 2 个，工作压力 $p=7\mathrm{MPa}$。

（二）立辊压下装置

立辊压下装置原理简图如图 4-21 所示。主要由电动机 1、联轴节 2、两级蜗轮蜗杆减速 3 和 4、压下螺母 7、压下丝杠 8 及手动离合器 6 等部件组成。压下装置工作原理与其他轧机压下装置基本相同，有两套压下装置，分别驱动 2 个立辊。

本钢特钢公司 650 立辊轧机压下装置的主要参数为：电动机功率 9.5kW；转速 1 350 r/min；两蜗轮蜗杆减速器速比为 12.531。

（三）内机架平衡及升降装置

内机架平衡及升降装置原理简图如图 4-22 所示。主要由电动机 1、联轴节 2、蜗轮蜗杆减速器 3、圆柱齿轮减速器 4、平衡液压缸 5、丝杆 6、内机架 7 等部件组成。

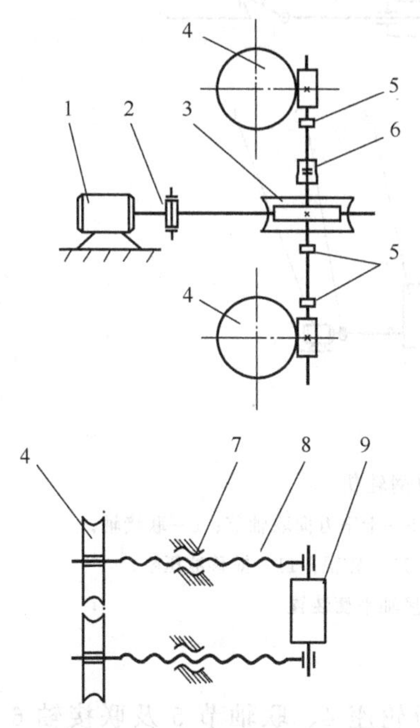

图 4-21　立辊压下装置原理简图

1—电动机；2—联轴节；3—蜗轮蜗杆减速器；4—中间有花键的蜗轮；5—联轴节；6—手动离合器；7—压下螺母；8—压下丝杠；9—立辊

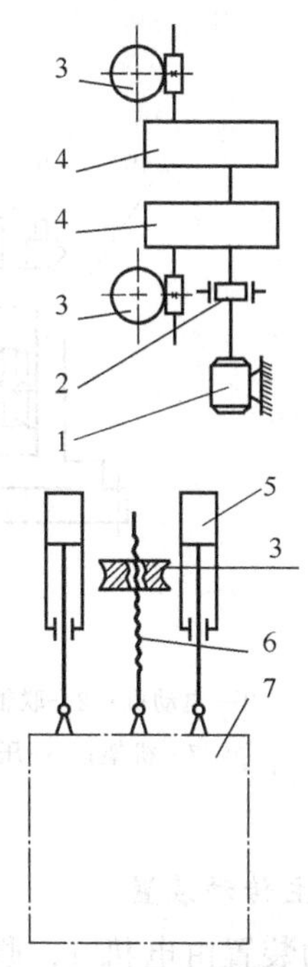

图 4-22　内机架平衡及升降装置原理简图

1—电动机；2—联轴节；3—中间有螺母的蜗轮；4—减速器；5—平衡液压缸；6—压下丝杠；7—内机架

平衡液压缸共有四个，每侧各两个，用以平衡内机架的重量，液压缸工作压力 10MPa。

内机架中安装有两个立轧辊导卫装置，导卫装置的作用是引导轧件进入两立辊的孔型中。轧辊轴向调整装置的作用是使两轧辊的孔型对正。

在两个立辊上有三组孔型，要实现不同孔型轧制，必须使内机架沿铅垂方向移动，本钢特钢公司 650 立辊轧机内机架移动量±500mm，内机架升降装置实现了内机架的升降。内机架升降装置的另一个作用是使内机架下移，将内机架下部四个行走轮移至地面轨道上，用以实现换辊。

内机架升降的工作过程为：电动机 1 带动两台斜齿圆柱齿轮减速器 4，又分别带动两台蜗轮蜗杆减速器 3，蜗轮的内孔为螺母，蜗轮转动使丝杆 6 上下移动，从而实现了内机架 7 的上下移动。

本钢特钢公司 650 立辊轧机内机架平衡及升降装置的主要参数为：电机功率 6kW，转速 575～1 150r/min，总速比 $i=20$，丝杆为 220×20。

（四）换辊装置

换辊装置简图如图 4-23 所示，主要由液压缸 1、锁钩 2、内机架 3 及轨道 4 组成。

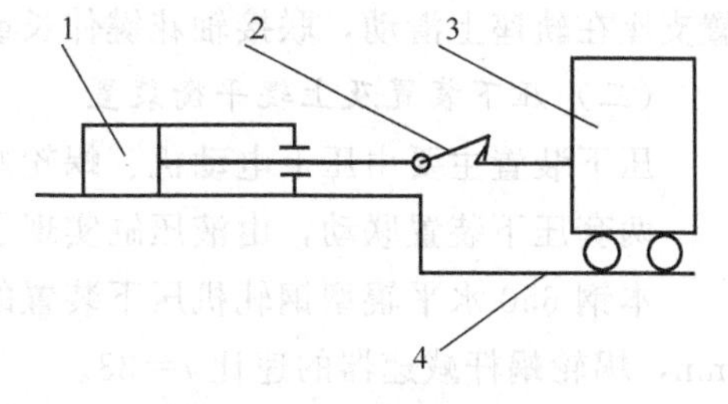

图 4-23　换辊装置简图

1—液压缸；2—锁钩；3—内机架；4—轨道

三、650 水平辊轧机

650 水平辊型钢轧机如图 4-24 所示。主要由主传动装置、机架、机架换移装置、压下装置、轧辊平衡装置、轨座等组成。

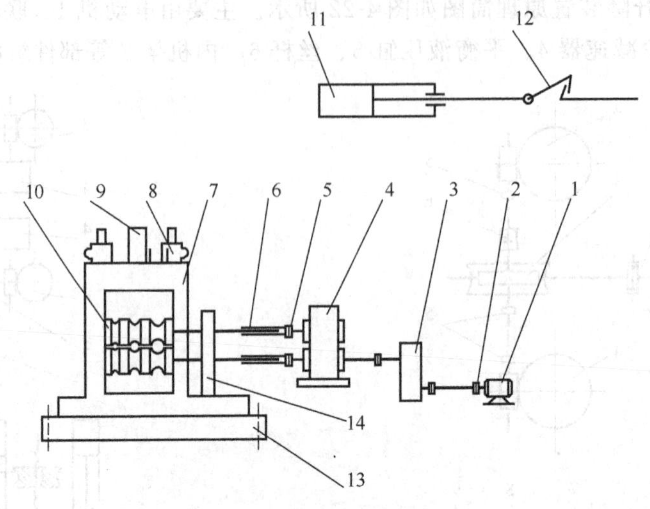

图 4-24　650 水平辊型钢轧机

1—电动机；2—联轴节；3—减速器；4—齿轮座；5—十字万向联轴节；6—联接轴；7—机架；8—压下装置；9—轧辊平衡液压缸；10—轧辊；11—横移液压缸；12—锁钩；13—轨座；14—联接轴平衡装置

(一) 主传动装置

主传动装置由电机 1、联轴节 2、减速器 3、齿轮座 4、联轴节 5 及联接轴 6 等部件组成。

联接轴 6 的中部为花键结构，可使机架整体横移。

联接轴的平衡装置采用液压平衡装置。

本钢特钢公司 650 水平辊型钢轧机主传动装置的主要参数为：最大轧制力 4 500kN，最大轧制力矩 500kN·m，轧辊转速 20～40r/min，电机功率 1 120kW，转速 450/750r/min，总速比 $i=17.3$，联接轴花键伸缩量 1 000mm。

(二) 机架横移装置

机架横移装置主要由：横移液压缸 11、锁钩 12、机架 7 及轨座 13 等部件组成。

在轧辊上有三组孔型，轧制线固定，要实现不同孔型的轧制，需横移机架。四架连轧机(两台立辊轧机，两台水平辊轧机)中，每架轧机的轧辊都有三组孔型，可轧制三种规格的型钢，如需轧制其他规格的型钢，四架连轧机均需更换轧辊。

机架横移装置的工作过程是：用锁钩将机架锁住，液压缸工作，使机架及联接轴平衡装置支座在轨座上滑动，联接轴花键伸长或缩短，从而实现了不同孔型的轧制。

(三) 压下装置及上辊平衡装置

压下装置主要由压下电动机、蜗轮蜗杆减速器、压下螺丝及压下螺母等组成。

两套压下装置联动，由液压缸实现了两套压下装置的离合。

本钢 650 水平辊型钢轧机压下装置的主要参数为：压下电机功率 7.5kW，转速 1 350r/min，蜗轮蜗杆减速器的速比 $i=33$。

上工作辊平衡用 1 个液压缸，其结构和工作原理与 1700 热连轧机 5 缸式平衡装置中上支撑辊平衡基本相同。

思考题

1. 型钢如何生产？型钢轧机有哪些分类方法？
2. 确定型钢轧机轧辊的辊身工作直径时要考虑哪些因素？
3. 型钢轧机中轧辊材料有何要求？根据什么条件选择合适的轧辊材料？
4. 试分析轧辊强度计算思路。
5. 型钢轧辊中采用胶木轴瓦结构有哪些特点？使用中应注意哪些问题？
6. 轧辊需要哪些调整？轧辊调整达到什么目的？
7. 上辊调整机构类型及其特点与适用场合。
8. 上轧辊设平衡装置有哪些作用？
9. 型钢轧机传动装置中采用联合式接轴其有何特点及优缺点？
10. 梅花接轴在使用中有哪些优缺点？
11. 型钢轧机传动装置中何种情况下设置飞轮？飞轮在什么条件下发挥作用？
12. 试述650型钢连轧机组的主要工艺过程。
13. 650立辊轧机是如何实现不同孔型轧制的？
14. 简述650水平辊轧机机架横移的工作过程。

第五章 万能轧机

万能轧机是一种既有水平辊又有立辊的可逆式轧机。

万能轧机发明之初，只是用来轧制工字钢，随着现代钢铁工业的发展，它的用途越来越广泛，结构也趋于多样化。万能轧机的种类从用途上分，有万能板坯轧机、H 型钢万能轧机、轨梁万能轧机和异型断面型钢万能轧机。从结构上分，有普通型万能轧机，带有预应力的高刚度万能轧机及紧凑式万能轧机。目前的万能轧机向着一机多用的方向发展，即轧机既可生产 H 型钢，又可以生产轨梁及异型断面钢材。下面就几种典型的万能轧机作一些介绍。

第一节 万能板坯轧机

一、万能板坯轧机

万能轧机是由水平配置的二辊（或四辊）和一对立辊共同构成的轧机。用于板坯初轧机或热轧板带开坯机。普通型 2800 万能板坯轧机设备性能见表 5-1，可轧出厚度为 19～30mm，宽度为 600～1 500mm 的带钢半成品。该万能轧机轧辊布置简图如图 5-1 所示。

表 5-1 2800 万能板坯轧机性能参数

<table>
<tr><th>类 别</th><th>名 称</th><th>水平机架</th><th>立辊机架</th></tr>
<tr><td rowspan="7">轧辊辊</td><td>工作辊直径/mm</td><td>800</td><td>700</td></tr>
<tr><td>支承辊直径/mm</td><td>1 400</td><td>—</td></tr>
<tr><td>辊身长度/mm</td><td>2 800</td><td>175</td></tr>
<tr><td>最大工作开度/mm</td><td>150</td><td>1 000～2 800</td></tr>
<tr><td>最大开度/mm</td><td>265</td><td>—</td></tr>
<tr><td>最大允许压力/t</td><td>2 000</td><td>100</td></tr>
<tr><td>最大扭矩/t·m</td><td>200</td><td></td></tr>
<tr><td rowspan="3">压下螺丝</td><td>压下螺丝直径/mm</td><td>480×16</td><td>180×16×2</td></tr>
<tr><td>电机到压下螺丝之速比</td><td>11.52</td><td>5.16</td></tr>
<tr><td>最大移动速度/mm·s^{-1}</td><td>17</td><td>54</td></tr>
<tr><td rowspan="2">电机</td><td>主传动电机/kW</td><td></td><td>885</td></tr>
<tr><td>压下装置电机/kW</td><td></td><td>200～300</td></tr>
</table>

<table>
<tr><td rowspan="7">液压缸</td><th colspan="2">使用部位</th><th>柱 塞</th><th>柱塞行程</th><th>工作压力</th><th>工作介质</th></tr>
<tr><td rowspan="2">上辊平衡</td><td>工作辊</td><td>190(mm)</td><td>200(mm)</td><td rowspan="4">8MPa</td><td rowspan="4">乳化液</td></tr>
<tr><td>支承辊</td><td>150(mm)</td><td>350(mm)</td></tr>
<tr><td rowspan="3">回松装置</td><td>接受提升</td><td>60(mm)</td><td>35(mm)</td></tr>
<tr><td>回松(常压)</td><td>60(mm)</td><td>370(mm)</td></tr>
<tr><td>转(工作)</td><td>230(mm)</td><td>370(mm)</td><td rowspan="2">20MPa</td><td rowspan="2">高压油</td></tr>
<tr><td></td><td>换辊</td><td>320(mm)</td><td></td></tr>
</table>

（一）水平轧辊

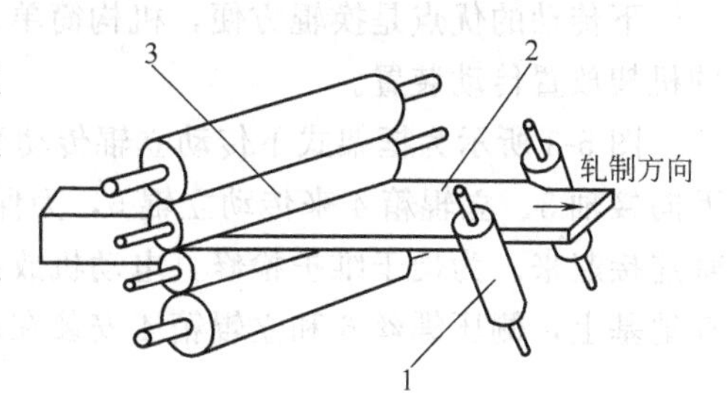

图 5-1　四辊万能轧机轧辊布置简图
1—立辊；2—轧件；3—水平辊

该万能轧机的水平辊多采用四辊轧机。其工作机座包括：压下装置、平衡装置、轧辊轴承及轴承座、轧辊、机架和主传动装置。

水平轧辊的装置与一般的二辊式、四辊式轧机基本相同。

（二）立辊

立辊是用来挤压钢坯表面氧化铁皮，控制板坯宽度，以保证轧件宽度准确，轧制齐边钢板。同时减少了轧件翻钢次数，节省了轧制时间。

立辊特点：轧辊的辊身较短，当轧件厚度小于 150mm 时，轧辊通常做成悬臂式，但当坯料厚度较大，或采用钢锭作为原料时，考虑到轧制力很大的情况下才做成非悬臂式。在热带钢连轧车间内，立辊机座是用来从侧面压缩板坯，保证带钢侧边质量和调节带钢宽度规格，在初始道次，还起破鳞作用。

根据不同的使用要求，立辊可安设在独立的工作机架上，也可以和水平辊合并在一个机座上。把立辊和水平辊机座合拼为一个机座称为万能机座。该万能机座的立辊一般都安设在水平辊的前面。

二、立辊型式

按立辊的传动型式，可分为下传动的立辊和上传动的立辊。按结构可分悬臂式和框架式立辊。

（一）下传动立辊

下传动立辊是指轧辊的传动装置放在轧辊的下面，通过圆锥齿轮传动立辊。下传动的立辊可分为悬臂式和框架式（双支承）两种。

悬臂式下传动立辊结构简单，换辊方便，一般在板坯厚度小于 100～150mm 时采用。图 5-2 所示为悬臂式下传动立辊传动简图。悬臂固定在轴 4 上的立辊 5，是由电动机 1 通过减速机 2 和圆锥齿轮 3 传动。调节轧辊开口度时，在侧压螺丝 6 的作用下，轧辊的平衡是用平衡缸 7 来实现的。

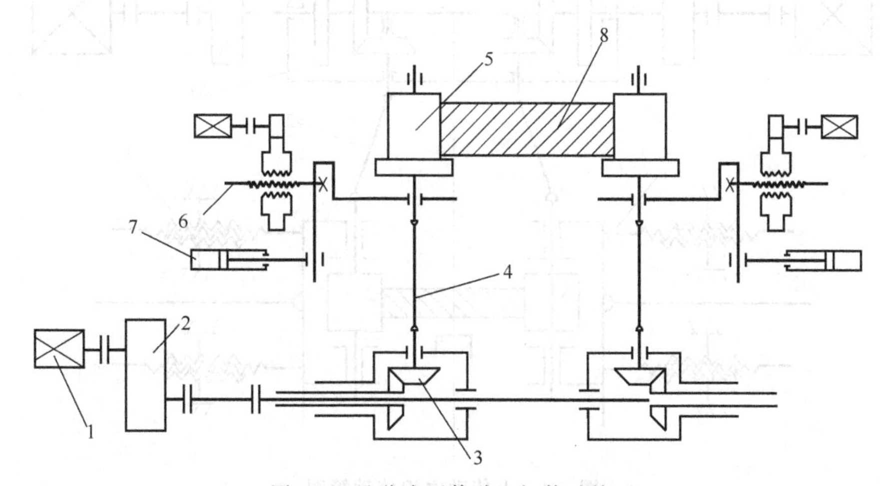

图 5-2　悬臂式下传动立辊传动简图
1—电动机；2—减速机；3—圆锥齿轮；4—轴；5—立辊；6—侧压螺丝；7—平衡缸；8—轧件

下传动的优点是换辊方便，机构简单，传动装置放在地基上，无需用较高的地基或高大的机架放置传动装置。

图 5-3 所示为框架式下传动立辊传动简图。它是由一台电动机 1，通过主传动减速机 2、万向接轴 3、立辊箱 4 来传动立辊 5，为保证左、右压下螺丝的同步，减速机 2 之间用一根轴连接起来。为便于维护检修，电动机放在轧机组的主传动侧。立辊机座的主传动装置安装在地基上，侧压螺丝 6 和立辊箱 4 安装在水平机座的机架上。

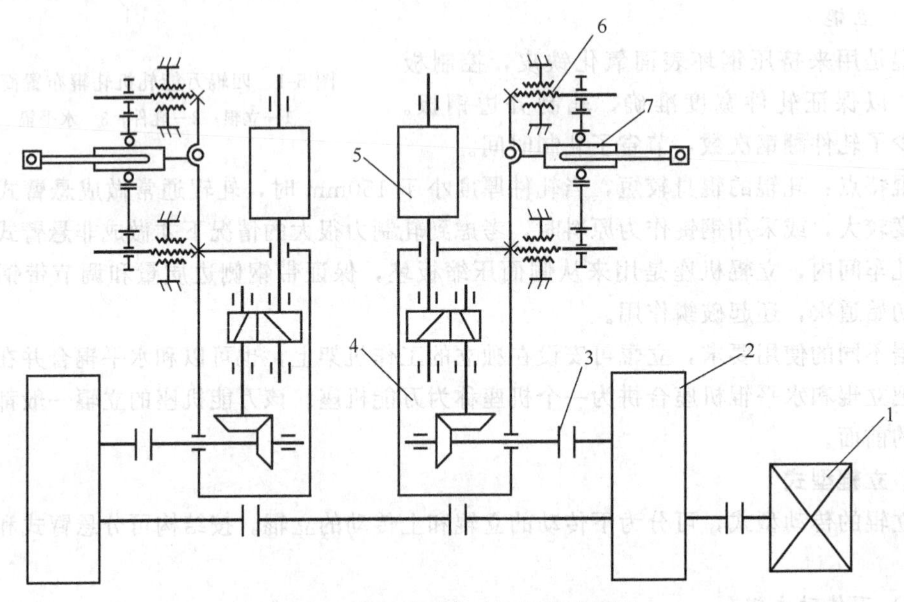

图 5-3　框架式下传动立辊传动简图

1—电动机；2—减速机；3—万向接轴；4—立辊箱；5—立辊；6—侧压螺丝；7—平衡缸

（二）上传动立辊

上传动的立辊是指主传动装置放在上面，用万向接轴传动立辊。采用上传动可改善传动装置的工作条件。图 5-4 所示为上传动立辊传动简图。

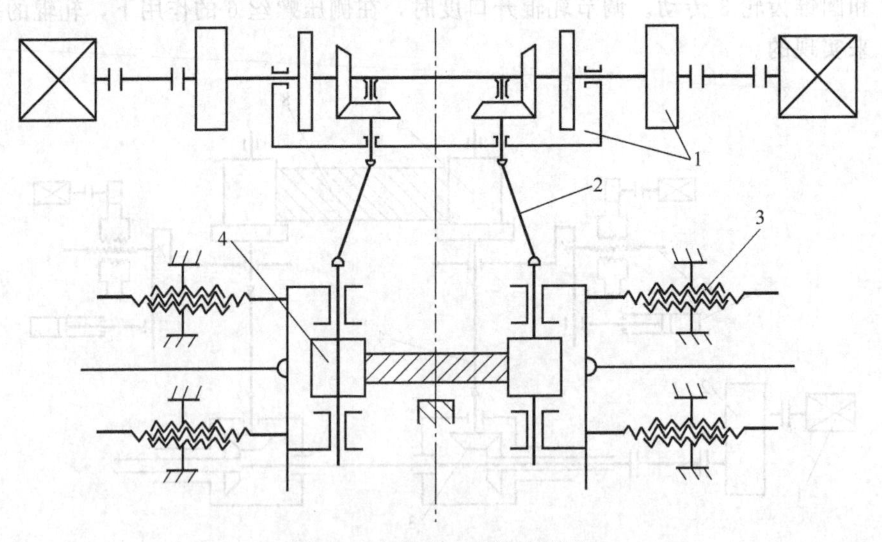

图 5-4 上传动立辊传动简图

1—传动减速箱；2—万向接轴；3—侧压装置；4—立辊

第二节　型钢万能轧机

型钢万能轧机的水平辊和垂直辊在同一垂直平面内，可实现轧件在高度和宽度方向同时轧制，如生产大型工字钢的专用轧机，其典型辊系布置如图 5-5 所示。

一、普通型钢万能轧机

普通型钢万能轧机是在普通二辊轧机的基础上发展起来的。图 5-6 所示为一台中国设计的型钢万能轧机的传动简图，用于轧制轨梁和大型 H 型钢的万能轧机，此轧机有主动的水平轧辊，还有非传动的立辊。立辊和水平辊在同一垂直平面内，为能在水平辊轴承座间放置立辊及其轴承座，水平辊的辊颈很小，立辊的开口度由蜗轮蜗杆机构调整，其蜗轮装在侧压螺丝的方头上，其水平辊直径为 ϕ800～900mm，开口度为 140～900mm。最大轧制力水平辊为10 000kN，立辊为 6 000kN，轧制速度为 0.4～9m/s。机架为闭式机架。上下水平辊的压下装置为电动，而且上、下辊的两套压下装置间用机械联锁同步；立辊侧压进装置也为电动。上水平辊及立辊均采用液压平衡装置。

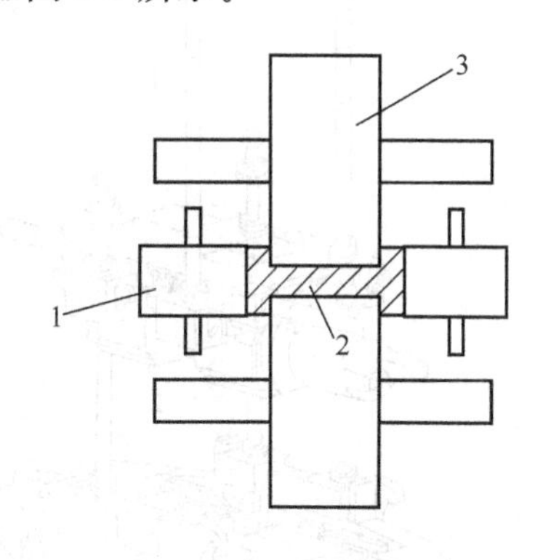

图 5-5　型钢万能轧机典型辊系布置
1—立辊；2—轧件；3—水平辊

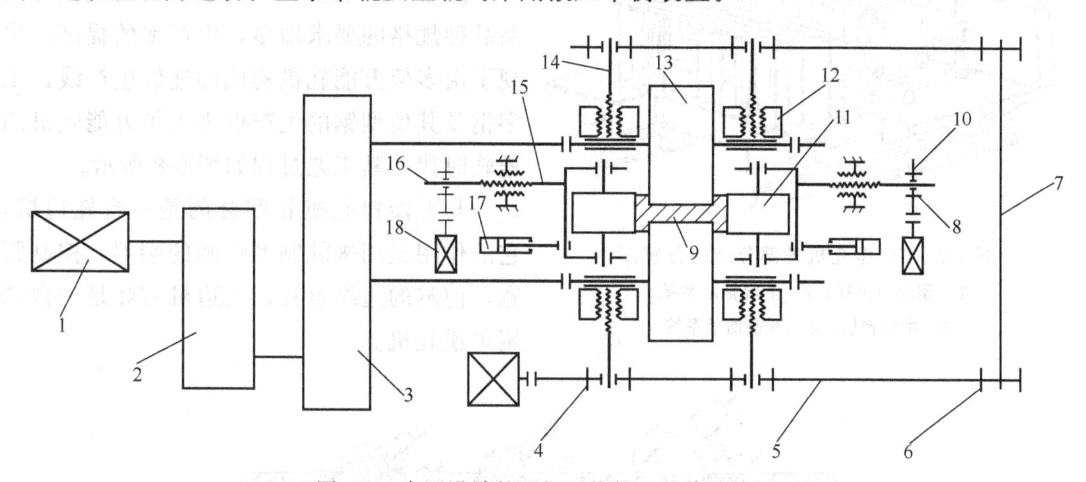

图 5-6　中国设计的型钢万能轧机的传动简图
1，18—电动机；2—减速器；3—齿轮座；4，6，8—蜗轮；5，10—蜗杆；7—轴；9—轧件；11—立辊；12—压下螺母；13—水平辊；14，15—压下丝杆；16—方轴；17—液压缸

二、CU 型万能轧机

CU 型轧机是一种无机架紧凑式万能轧机，是近年来发展起来的新型机种。图 5-7 所示为 CU 型轧机各部分结构分解图。

此轧机的最大特点是没有机架，并且采用预应力的拉杆。它由上水平轧辊及轴承系统、中间牌坊装置、下水平轧辊及轴承系统和预应力拉杆组成。

上、下水平辊及轴承系统是由轴承座、四列短圆柱滚子轴承、偏心套、双列圆锥滚子轴承及水平轧辊组成，其四列短圆柱滚子轴承承受轧制力，双列圆锥滚子轴承则承受由于轧辊

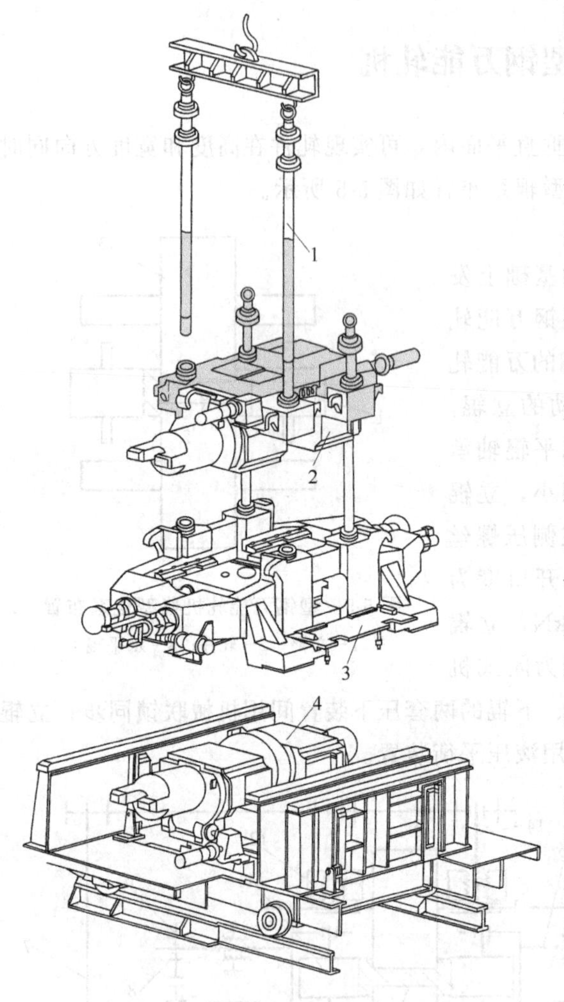

图 5-7 CU 型轧机各部分结构分解图

1—预应力拉杆；2—上辊轴承系统；3—中间牌坊；4—下辊轴承系统

窜动引起的轴向力。偏心套用来调节辊缝。中间牌坊装置是一个中间装有两垂直轧辊的水平放置的牌坊，用以轧制型钢的上下端面。这三个部件系统由四根拉杆采用预应力方式连接。拉杆通过上水平辊系统的轴承座、中间牌坊的水平机架和下水平辊系统的轴承座，施以一个大于轧制力的预应力使三部连接起来，借此防止任何轧机结构的松动，同时减小了由于轧制力而产生的机械变形。CU 型轧机的辊缝控制是用偏心套完成的，这样就省去压下的螺丝和螺母，使水平辊辊缝的调节更加方便。超过偏心套调节范围调整采用垫块完成。一个大直径的螺丝螺母装置可以精确地对轧辊进行轴向调整，使上、下水平辊的孔型位置精确对正。中间牌坊是一个独立装置，因而，CU 轧机可以抽掉中间牌坊，成为普通的预应力二辊轧机。

随着新的轻型工字钢系列的出现，对产品品种规格的要求增多，生产率的提高，出现了由多架万能轧机构成的连轧生产线，工字钢及其他型钢的生产也进入了万能轧机的连轧时代。其工艺过程如图 5-8 所示。

与万能粗轧机相配合的是一台轧边机，它的作用是用来轧制型钢腿的端部，控制腿宽，使腿的边缘整齐。轧边机实际是一台二辊可逆轧机。

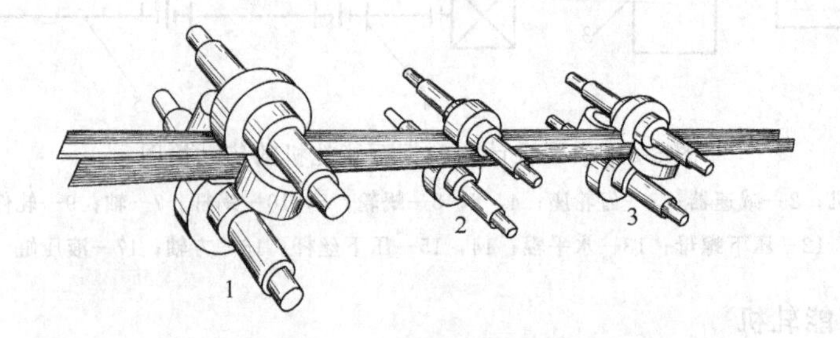

图 5-8 万能型钢生产工艺过程示意图

1—粗轧万能轧机；2—轧边机；3—精轧万能轧机

思考题

1. 万能轧机与普通轧机相比有何不同？
2. 万能轧机立辊的传动形式有哪些？

第六章 板带轧机

第一节 板带轧机的概况

板带轧机自 18 世纪初正式诞生至今，已有 210 年的发展历史。由于板带钢是应用最广泛的钢材，所以提高板带钢在钢材生产中的比例是世界各国发展的普遍趋势。

板与带的区别主要是，成张的为板，成卷的为带。

板带钢按生产方法可分为热轧板带和冷轧板带；按用途可分为锅炉板、桥梁板、造船板、汽车板、镀锡板、电工钢板等；按产品厚度一般可分为特厚板、厚板、中板、薄板和极薄带五大类。中国将厚度大于 60mm 的钢板称为特厚板，厚度为 20～60mm 的钢板称为厚板，厚度为 4.5～20mm 的钢板称为中板，厚度为 0.2～4mm 的钢板称为薄板，厚度小于 0.2mm 的钢板称为极薄带，也叫箔材。

热轧薄板有单张生产和成卷生产两种生产方式，图 6-1 所示为热轧薄板轧机的主要型式。单张热轧薄板主要是在单辊驱动的二辊不可逆式轧机上用叠轧的方法进行生产，国内1200叠轧薄板机属于这一类，其成品厚度为 0.2～3.7mm。这类轧机工艺简单，设备少，故投资少，建厂快。但其劳动强度大，生产率低，金属消耗大，板材表面质量不高，目前处于淘汰地位。

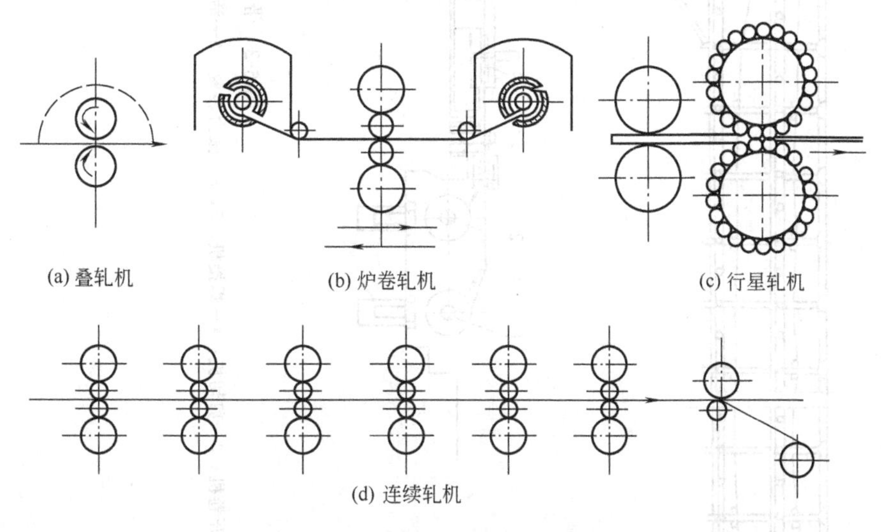

(a) 叠轧机　(b) 炉卷轧机　(c) 行星轧机

(d) 连续轧机

图 6-1　热轧薄板轧机的主要型式

炉卷轧机主要适用于轧制温度范围较窄、难变形的钢带，成品厚度为 1.5～6.0mm。这种轧机的工作机座分前后两部分，设有带保温炉的卷取机，因此，可以在热状态下实现成卷带钢的可逆轧制，其生产能力比叠轧机大，比连轧机小，投资比连轧机小，但也存在成品表面质量和轧制精度不高、金属损耗大、带材成本较高、温度不易控制、操作复杂等不足，所以使用上受到限制。

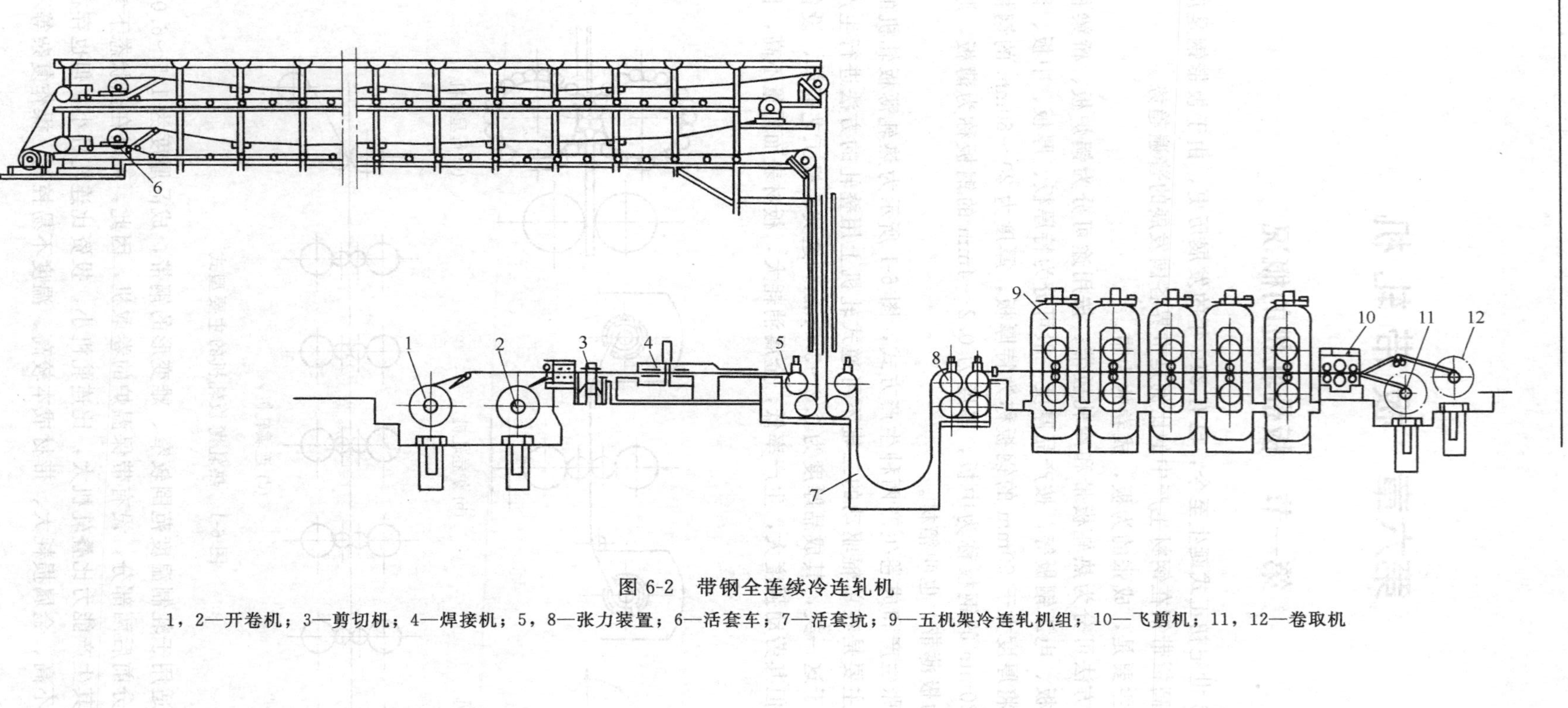

图6-2　带钢全连续冷连轧机

1，2—开卷机；3—剪切机；4—焊接机；5，8—张力装置；6—活套车；7—活套坑；9—五机架冷连轧机组；10—飞剪机；11，12—卷取机

行星轧机适用于轧制温度较窄的特殊合金钢。其特点就是压缩率大，可达90%～95%，因此，轧机总重量较轻，投资较省，其成品为（0.8～6）×(400～1 000)mm的合金带材。这种轧机的主要优点是：轧制压力很小；道次总变形量很大；由于变形量大，所以轧件在轧制过程中不但没有温降，反而可升高50～100℃，这不仅可使带钢始终保持一定的轧制温度，有利于加工温度范围窄及难变形的特殊钢和高合金钢的生产，同时，也有利于提高带钢厚度的精确度和产品质量；可以大大简化薄板、带钢的生产过程，适合于小批量、多品种的中小型企业生产的需要。缺点是生产能力不高，轧机结构复杂，工作时振动大，设备磨损快，调整和维修较难，轧机作业率低，所以目前应用亦不广泛。

连续式轧机生产带材，具有产品质量高，产量高，成本低，金属消耗小，机械化、自动化水平高的优点，故连续式轧机是发展钢板生产的主要形式。其成品为1.2～16mm厚度钢带卷。为了增加产品的种类及减少投资费用，也可以采用具有连轧机特点的半连续式轧机和3/4连续式轧机。

自1924年第一台带钢热轧机投产以来，连轧带钢生产技术得到很快的发展。这类轧机具有轧制速度高、产量高、自动化程度高的特点，轧制速度20世纪50年代为10～12m/s，70年代已达18～30m/s，目前轧制速度更高。产品规格也由生产厚度为2～8mm、宽度小于2 000mm的成卷带钢，扩大到生产厚度1.2～20mm、宽度2 500mm的带钢。带卷质量的加大和作业率的提高，使现有的带钢热连轧机年产量达350万～600万吨，最大卷重也由15t增加到70t。坯料尺寸及质量加大，要求设置更多的工作机座，过去的粗轧机组和精轧机组的工作机座分别为2～4架和5～6架，现已分别增加到4～6架和7～9架，轧机尺寸也相应增加。现代的带钢热连轧机除了采用厚度自动控制外，还实现了电子计算机控制，从而大大提高了自动化水平，改善了产品质量，带钢厚度公差不超过±0.5mm，宽度公差不超过0.5～1.0mm，并具有良好的板形。

自1979年开始，出现了全连续冷连轧机，如图6-2所示。这种轧机只要第一次引料穿带后，就可实现连续轧制。后续带卷的头部通过焊接机与前一带卷尾部焊接在一起，轧成后用飞剪机分卷，并由两台卷取机交替卷取带钢。全连续冷连轧机即使在换辊时，带钢依然停留在轧机内，换辊后可立即进行轧制。采用全连续冷连轧机，可以提高生产率30%～50%，产品质量和收得率也都得到提高。

冷轧钢板及带钢近年来得到较大的发展。冷连轧机末架出口速度可达25～41.7m/s。为了提高产量，冷卷卷重已达60t。一套冷连轧机年产量可达250万吨。在带钢冷连轧机上，广泛地采用液压弯辊装置或抽动工作辊装置来改善板形。由于冷轧带钢厚度公差要求高，为增加轧机压下装置的响应速度，在冷轧机上采用了全液压压下装置及厚度自动控制装置。对于高速、高产量的带钢冷连轧机，实现了计算机控制。

此外，已先后出现了数十种采用板形控制新技术的新型板带轧机，本章重点介绍具有代表性的HC轧机、CVC轧机、PC轧机和VC轧机四种类型。

第二节　2300四辊热轧钢板轧机

某轧钢厂ϕ700/ϕ1 200×2 300四辊热轧钢板轧机，将热状态下的碳钢及低合金钢板坯轧制成一定规格的板材。工作机座包括辊系、机架部件、压下平衡装置、轧辊的轴向固定装置等。主要传动装置为两个ZD250/83型，功率为2 050kW，转速为60～120r/min的直流电动机，通过万向接轴直接带动工作辊。

一、轧辊

2300 四辊热轧钢板轧机的轧辊分为工作辊与支承辊，工作辊是用来直接完成轧制过程的，其直径较小；大直径的为支承辊（见图 6-3），其作用是改善工作辊的强度及刚度条件。每个轧辊都由辊身、辊颈及轧辊轴头三部分组成。

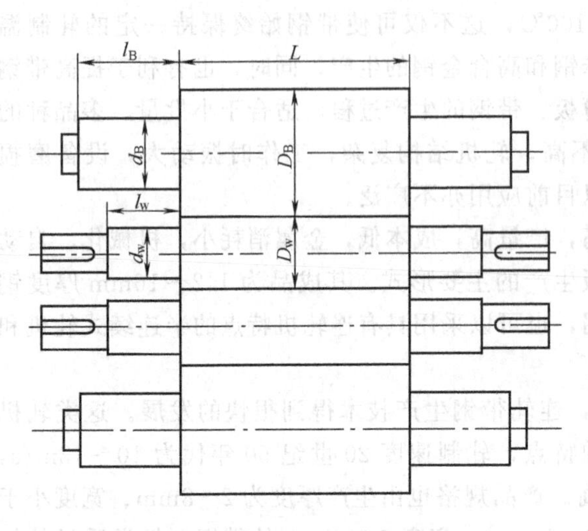

图 6-3 四辊轧机工作辊及支承辊

一般说来，工作辊径较小时，轧辊的扭转角度会影响钢板的质量。为了保证轧辊的扭转刚度，在选择轧辊直径时应该同时考虑辊身长度的影响。轧辊辊身长度与轧辊直径之比通常取为：工作辊 $L/D_w=2.5\sim4.0$；支承辊 $L/D_B=1.3\sim2.5$。2300 钢板轧机工作辊直径 $D_w=700$mm，支承辊直径 $D_B=1\,200$mm，辊身长度 $L=2\,350$mm。其 $L/D_w=2\,350/700=3.35$；$L/D_B=2\,350/1\,200=1.95$。

支承辊辊径主要决定于辊系的刚度。刚度过小，上下工作辊将产生啃边现象而破坏轧制过程，常用支承辊辊径值为 $D_w/D_B=1/2.5\sim1/1.6=0.4\sim0.62$。2300 钢板轧机为 $D_w/D_B=700/1\,200=0.58$。

轧辊辊颈装滚动轴承，其尺寸一般取为：$d=(0.5\sim0.6)D$

式中 d——辊颈直径；

D——轧辊直径。

轧辊轴头用万向接轴传动时，轧辊传动端做成扁头（见图 6-4）。扁头的尺寸应该与万向接轴的叉头尺寸相配合。

$$D_1=D_{w\min}-(5\sim15)\text{mm}$$

式中 $D_{w\min}$——重车后的最小工作辊直径，重车率为 5%～7%；

$D_{w\min}\geqslant\Delta h/(1-\cos\alpha)$

Δh 绝对压下量；

α—允许咬入角，对热轧钢板为

$\alpha=18°\sim22°$。

$S=(0.25\sim0.28)D_1$

$b=(0.15\sim0.20)D_1$

$a=(0.50\sim0.60)D_1$

$c\approx(0.5\sim1.00)b$

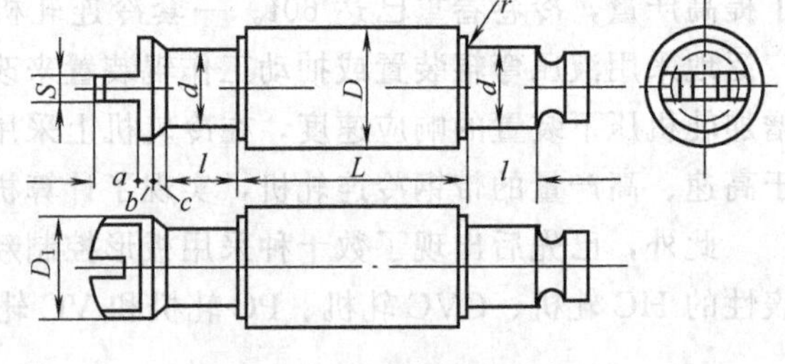

图 6-4 具有扁头的轧辊

四辊热轧钢板工作辊的材料通常采用冷硬铸铁或合金铸铁，支承辊采用合金铸钢，都须进行热处理。2300 钢板轧机的工作辊与支承辊的材料均为 60CrMo。

二、轧辊的轴承及轴承座

2300 四辊热轧钢板轧机的轧辊轴承具有重载、高温的特点，所以要求采用的轴承能够

承受很大的载荷，有良好的润滑和冷却作用，摩擦系数小、刚性好。因此，工作辊及支承辊都采用滚动轴承。

目前，四辊轧机上常用的滚动轴承型式是四列圆锥滚柱轴承及球面圆锥滚柱轴承，因为这类轴承不仅能承受很大的径向载荷，同时可承受一定的轴向载荷。在 2300 四辊热轧钢板轧机上的工作辊及支承辊都采用四列圆锥滚柱轴承。

图 6-5 所示为 2300 四辊轧机的轴承座总图。四辊轧机支承辊轴承座为与一门型架（图 6-5 中的 1、2），考虑到调整轧件厚度的需要，轴承座在机架窗口内应能上下移动，故其配合一般取 D_4/dc_4；2300 钢板轧机取 D_6/dc_6。工作辊轴承座装置在门型架中。为保证轧辊磨损后，工作辊仍能与支承辊相压紧，工作辊轴承座在门型架中应能上下移动，其配合也取 D_4/dc_4。

为了防止轧辊的轴向窜动，考虑到换辊方便，换辊端的轴承座装有轴向固定压板（图 6-6 中的 2、29）。传动端的轴承座做成游动的，这样轧辊可以自由地热膨胀，而且当轧辊断裂时，轴承座可在窗口中自由滑动，以避免轴承座零件被破坏。另外，考虑换辊方便，也应把轴向固定装置设在换辊端。

上支承辊轴承座顶端有两个耳朵（见图 6-5），其作用是将轴承座挂在平衡杠杆上。整个上支承辊轴承座、压下螺丝及平衡杠杆的重量通过平衡杠杆系统由位于机架顶端的一个大液压缸来平衡。在下工作辊轴承座内，有平衡上工作辊、轴承、轴承座和上支承辊用的液压缸（图 6-5 中 *A*—*A* 剖视）。

上支承辊轴承座、压下螺丝及平衡杠杆的重量用一个大液压缸平衡，上工作辊系和上支承辊本身的重量用四个小液压缸平衡，这种型式称为五缸式平衡。如果上支承辊系也采用与工作辊相似的、由四个在下支承辊轴承座内的小液压缸来平衡，则称为八缸液压平衡。

轴承座材料的选择，工作辊轴承座常用 ZG40Mn 或 ZG45，支承辊轴承座为 ZG35。上、下支承辊轴承座都应有自动调位的性能，以免轴承倾斜地工作。对于上支承辊轴承座，通过压下螺丝的球面垫保证其自动调位，下支承辊轴承座为了自动调位应该支承在修圆了的或较短的支座上（图 6-5 中的 11）。

2300 四辊热轧钢板轧机的工作辊与支承辊均采用四列圆锥滚柱轴承（见图 6-6）。轴颈与滚动轴承内圈配合为基孔制，为了拆装方便一般取动配合。为了防止相对运动，必须采用轴向压紧装配，它是通过锁紧螺母 12，将止推轴套 13 压紧在轴承内圈的侧面。这样在结构上可使轧辊转动时，轴颈与轴承内圈一起转动。轴承的外圈与轴承座孔之间的配合为基轴制，同样为了便于拆装，一般孔取为动配合。

图 6-6 中的 6、7 为调整环，其作用是保证一定的轴向间隙，以避免发生轴承滚动体卡住现象，并使四列锥柱受力均匀。外调整环 6 两个，内调整环 7 一个。

用轴承端盖 9 把轴承的外圈沿轴向固定，而轴承的内圈是用锁紧螺母 12 通过止推轴承 13 压紧。螺母 12 拧在带螺纹的半环 33 上，半环 33 则以销钉 34 固定在轴颈上的环形槽中。当拧紧螺母 12 时，止推轴套 13 压紧轴承内圈。止推轴套 13 与辊颈用键 14 连接。

轴承的润滑是通过轴承座上的钻孔和调整环上的孔进行的。为了防止轴颈生锈并考虑到轴承内圈可能稍微转动，故对辊颈也进行润滑。

为了保证轴承的密封性，在辊身一端用保护套 18、胶质密封圈 17、防尘环 19 等零件密封之。在辊头一端也有密封圈。密封圈是用耐油橡胶制成的。

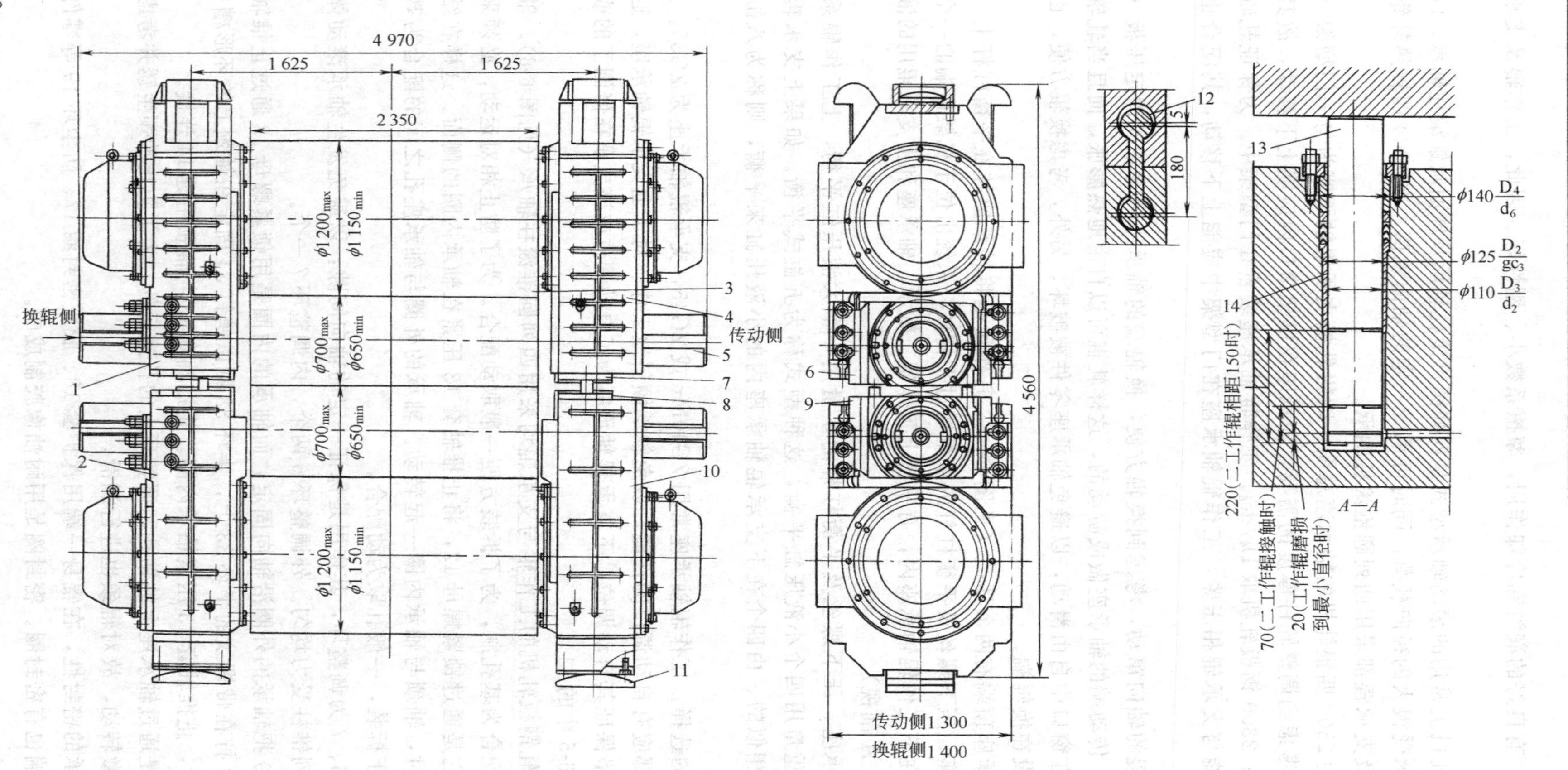

图 6-5　2300 四辊轧机的轴承座总图

1，4—上支承辊轴承座；2，10—下支承辊轴承座；3—支承辊；5—工作辊；6，7—上工作辊轴承座；8，9—下工作辊轴承座；11—轴承座支座；12—联接板；13—柱塞；14—工作辊液压缸

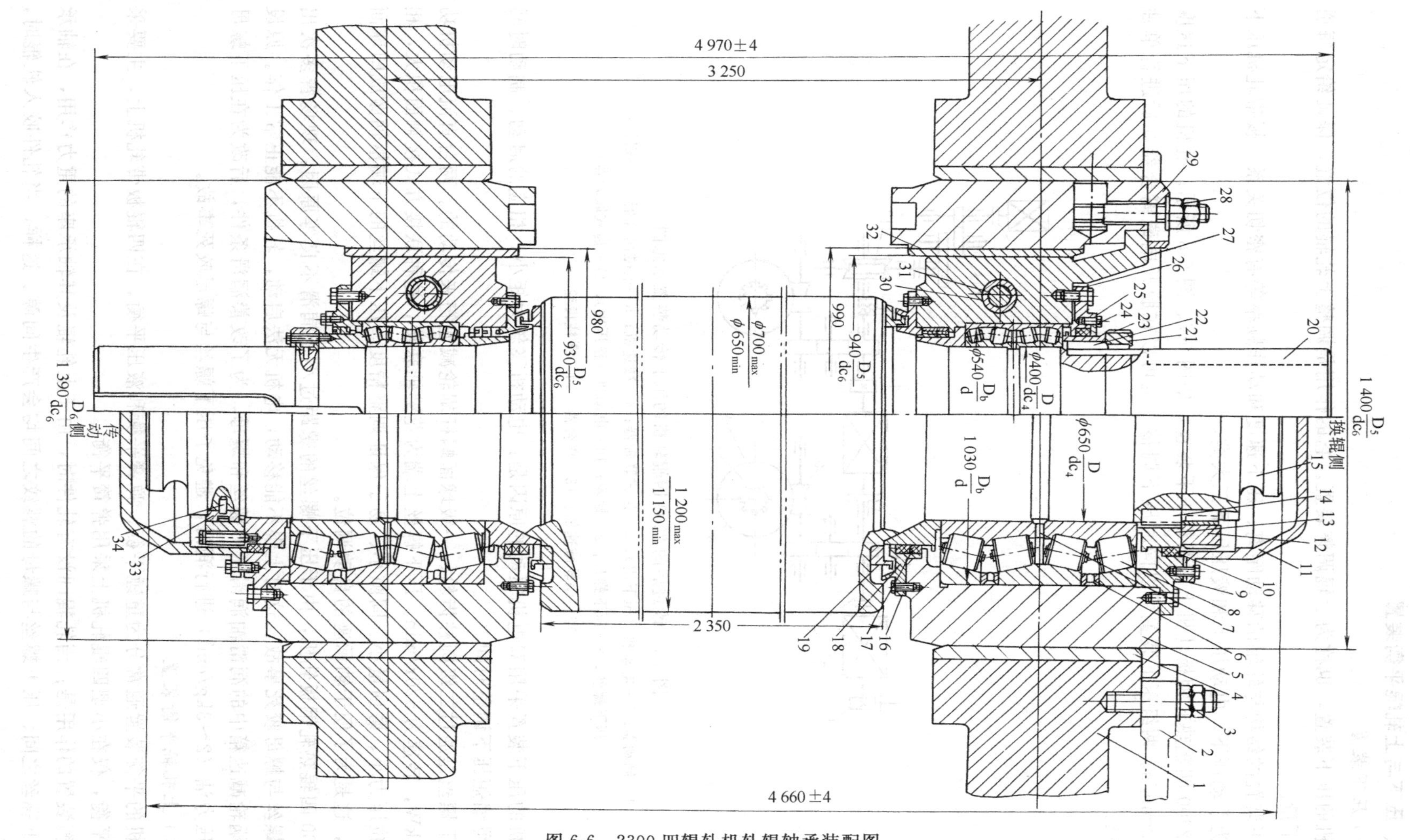

图 6-6 2300 四辊轧机轧辊轴承装配图

1—机架立柱；2—轴向固定压板；3—调整螺母；4—保护板；5—支承辊轴承座；6—外调整环；7—内调整环；8—四列圆锥滚柱轴承；9，11—轴承端盖；10—胶质密封环；12—锁紧螺母；13—止推轴套；14—键；15—支承辊；16—密封圈压板；17—胶质密封圈；18—保护套；19—防尘环；20—工作辊；21—锁紧螺母；22—键；23—轴承挡圈；24—胶质密封环；25—压板；26—轴承压板；27—工作辊轴承座；28—调整螺母；29—轴向固定压板；30—液压缸套；31—柱塞；32—保护板；33—带螺纹半环；34—销钉

三、压下与上轧辊平衡装置

(一) 压下装置

轧机的压下装置，也称为上辊调整装置。它的作用是调整上轧辊的位置，保证给定每道次的压下量。

压下装置的结构与轧辊的移动距离、压下速度和动作频率等有密切关系。板带轧机压下装置分为手动压下、电动压下和液压压下三大类。

在 2300 四辊热轧钢板轧机上有两组压下装置，如图 6-7、图 6-8 所示。轧机的压下速度为 2～12mm/s。两组压下装置可以同时压下调整，也可以在脱开电磁离合器 5 后进行单独压下调整。

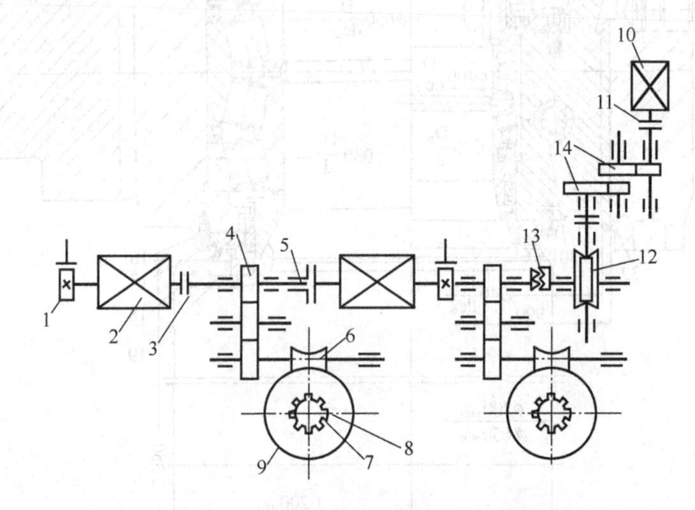

图 6-7　改进后的 2300 四辊轧机的压下传动装置示意图

1—制动器；2—电动机（压下用）；3—齿式联轴器；4—减速机；5—电磁离合器；6—蜗杆；7—压下螺丝；8—压下螺母；9—蜗轮；10—电动机（松压用）；11—齿式联轴器；12—蜗轮减速机；13—离合器；14—圆柱齿轮

轧机的压下装置采用双电机驱动的原因是：电动机飞轮力矩小，相应的启动、制动时间短，故可缩短压下调整时间。

压下螺丝是通过二级圆柱齿轮、一级球面蜗杆蜗轮减速箱来传动的。两台直流电动机功率为 72kW，转速为 520r/min。压下螺丝上端为花键轴联接，这种联接方式接触面积大，相应的单位压力小、磨损量小、间隙小、易于保证调整精度。压下螺丝的下端枢轴做成凹球面形状的，这是为了便于轴承座的自动调位。

2300 四辊热轧钢板轧机，由于压下螺丝的螺距过小及润滑不良等原因，现场曾多次出现压下螺丝与螺母咬死事故。这时上辊不能移动，电机无法启动，轧机不能正常工作。原设计是用蜗轮减速箱中的润滑油润滑压下螺丝和螺母，为了改善润滑条件，后改为在压下螺母底部通压力油（2～3kg/cm^2）进行润滑，避免了压下螺丝与螺母咬死事故。

(二) 上轧辊平衡装置

轧机的平衡装置通常分为重锤平衡、弹簧平衡和液压平衡。在四辊板带轧机上，主要采用液压平衡，仅在小型四辊轧机上采用弹簧平衡。

平衡装置的作用是：当轧辊间没有轧件时，由于上轧辊及其轴承座的重力作用，在轴承座与压下螺丝之间、压下螺丝与螺母的螺纹之间均会产生间隙。这样，当轧件咬入轧辊时，

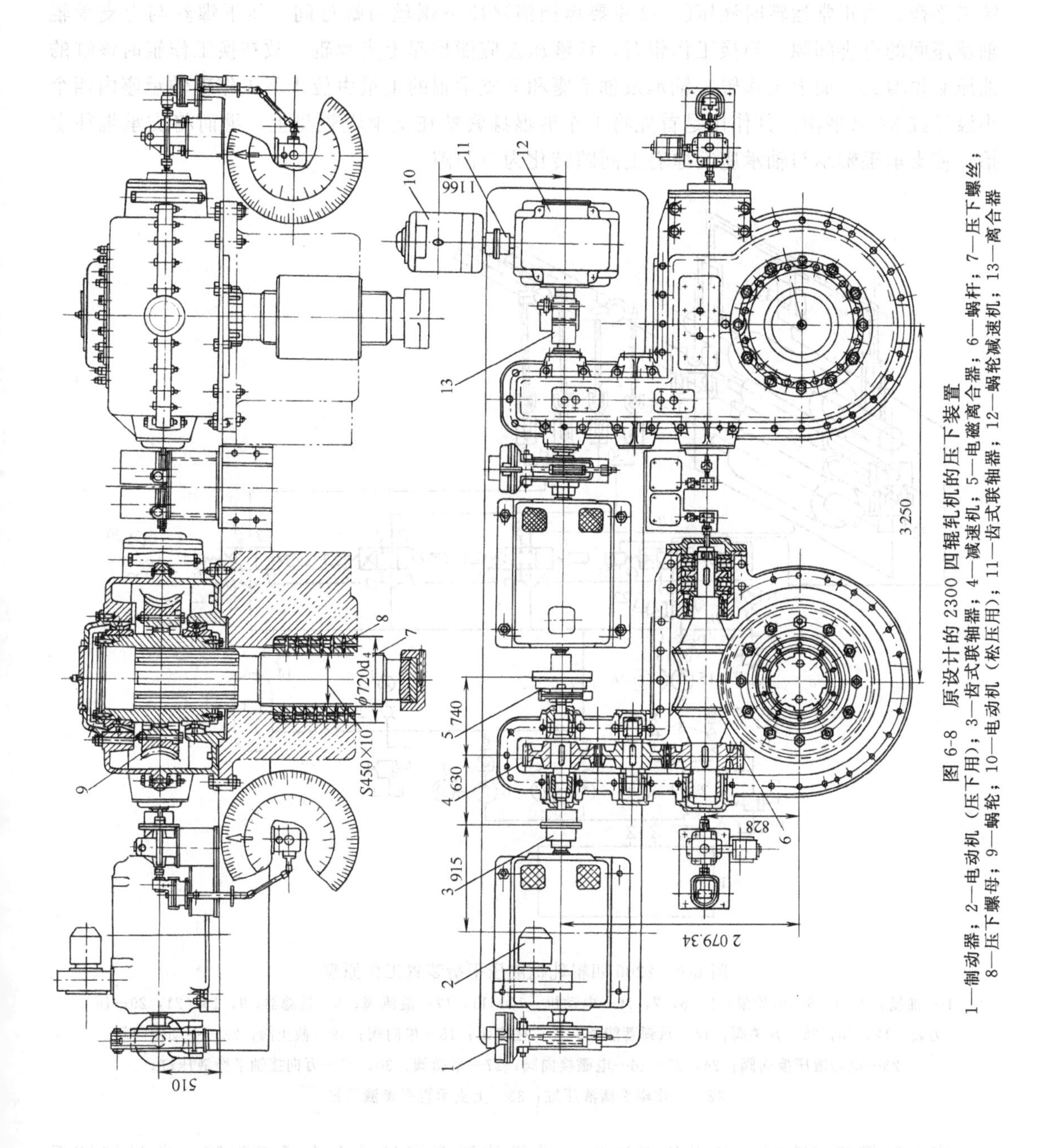

图 6-8　原设计的 2300 四辊轧机的压下装置

1—制动器；2—电动机（压下用）；3—齿式联轴器；4—减速机；5—电磁离合器；6—蜗杆；7—压下螺丝；8—压下螺母；9—蜗轮；10—电动机（松压用）；11—齿式联轴器；12—蜗轮减速机；13—离合器

会产生冲击。为防止出现这种情况，在轧机上设置上轧辊平衡装置，使上轴承座紧贴压下螺丝端部并消除螺纹之间的间隙。大多数轧机的平衡装置还兼有抬升上辊的作用。

2300 四辊热轧钢板轧机液压平衡装置如图 6-9、图 6-10 所示。上支承辊轴承座、压下螺丝及平衡装置本身杠杆的重量由位于机架平台连接横梁处的一个大液压缸 33 通过杠杆系统来平衡。当正常运转时液压缸 33 主要承担消除压下螺丝与螺母间、压下螺丝与上支承辊轴承座间的有害间隙。当换工作辊时，该液压缸应能抬起上支承辊，故在换工作辊时该缸的油压必须增大。而上工作辊、轴承及轴承座和上支承辊的重量由位于下工作辊轴承座内四个小液压缸 32 来平衡。其作用是首先将工作辊辊身紧贴在支承辊辊身上，继而将支承辊往上抬，使支承辊轴承与轴承座间原有上间隙转化为下间隙。

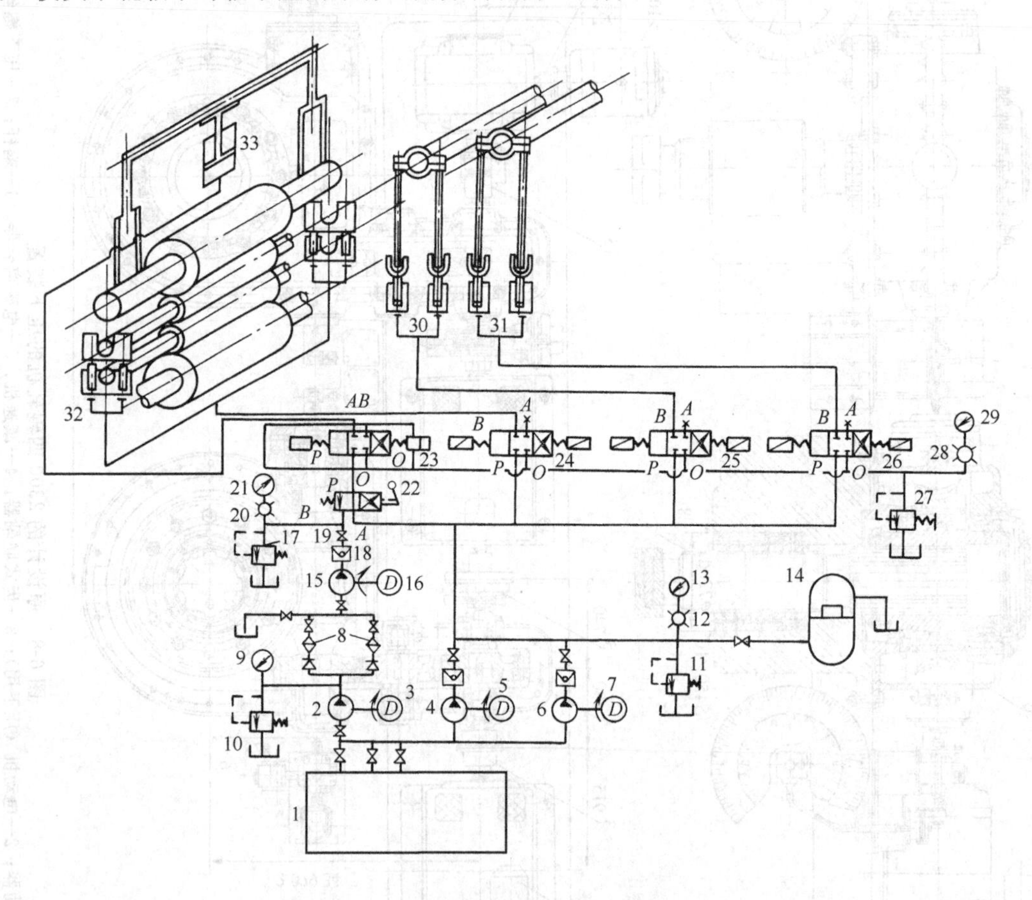

图 6-9　2300 四辊轧机液压平衡装置工作原理

1— 油箱；2，4，6—齿轮泵；3，5，7，16—电动机；10，11，17—溢流阀；8—过滤器；9，13，21，29—压力表；12，20，28—开关阀；14—重锤蓄能器；15—柱塞泵；18—单向阀；19—截止阀；22—手动换向阀；23—电磁液压换向阀；24，25，26—电磁换向阀；27—平衡阀；30，31—万向接轴平衡液压缸；32—工作辊平衡液压缸；33—上支承辊平衡液压缸

当轧辊需要下降时，开动压下装置电动机使压下螺丝及上支承辊下降，通过杠杆系统使大液压缸柱塞随着下降，此时电磁液动换向阀 23 的 PA 接通，手动换向阀 22 的 AO 接通，油液流向蓄能器抬起重锤。轧辊提升时，开动压下装置电机使压下螺丝提升，此时蓄能器的重锤下降，油液流向相反，使大液压缸柱塞提升，上支承辊轴承座也随之提升。同时液压缸 30、32 的柱塞也提升，则上工作辊系及上支承辊本身和上辊接轴也随之

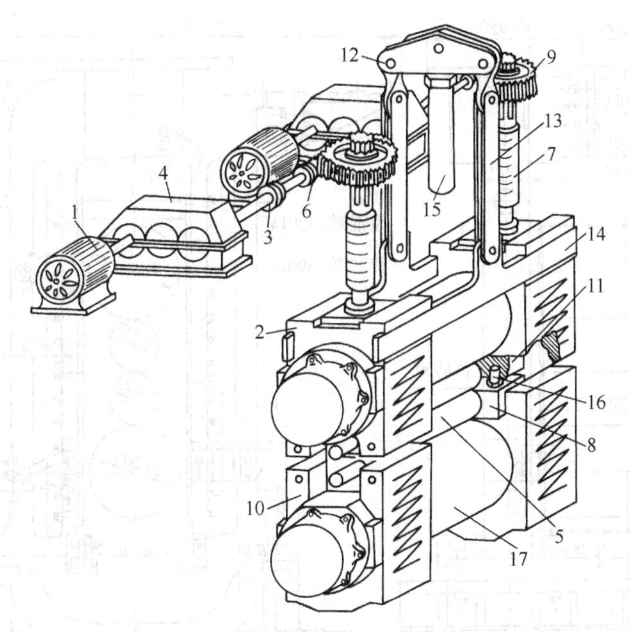

图 6-10　2300 四辊轧机压下与平衡装置立体示意

1—电动机；2，10—上、下支承辊轴承座；3—联轴器；4—减速机；5—工作辊；6—蜗杆；7—压下螺丝；8，11—上、下工作辊轴承座；9—蜗轮；12，13—平衡系统杠杆；14—连接横梁；15—大液压缸柱塞；16—小液压缸柱塞；17—支承辊

提升。

四、机架

轧钢机机架是工作机座的重要部件，轧辊轴承座及轧辊调整装置等都安装在机架上。机架要承受轧制力，必须有足够的强度和刚度。

机架的主要型式有开口式和闭口式两种，如图 6-11 所示。闭口式机架包括左、右立柱及上、下横梁的一整体铸件，其优点是具有较好的强度与刚度。常用于轧制压力较大或对轧件尺寸要求较严格的轧机上，如初轧机、钢板轧机和冷轧机。这种型式的机架，换辊不方便，换辊时，轧辊是沿其轴线方向从机架窗口中抽出或装入，这种轧机一般都设有专用的换辊装置。开口式机架由机架底座与可装拆的上横梁组成。开口式机架与闭口式机架相比，其强度和刚度相对来说要差些，但换辊较方便，打开上横梁，即可用起重机将轧辊吊走，故一般用于换辊次数较频繁的横列式型钢轧机上。

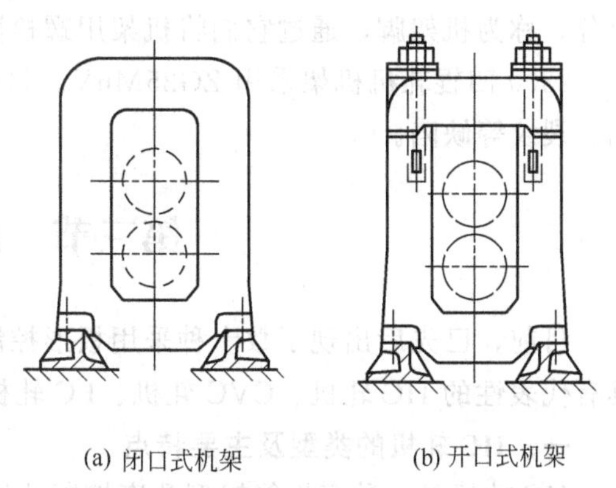

(a) 闭口式机架　　(b) 开口式机架

图 6-11　轧钢机工作机架

机架的材料通常采用 ZG35。浇铸后必须进行时效处理，消除铸造内应力，同时还必须进行探伤，保证没有缩孔、裂纹等缺陷。

图 6-12 所示为 2300 四辊热轧钢板轧机工作机架的装配图。它是由左右两闭口式机架 3、6，一个具有上支承辊平衡液压缸孔的上连接横梁 1，两个下连接横梁 4，两个放压下传动装置的托架 5 及两个轨座 13 等主要零件所组成。

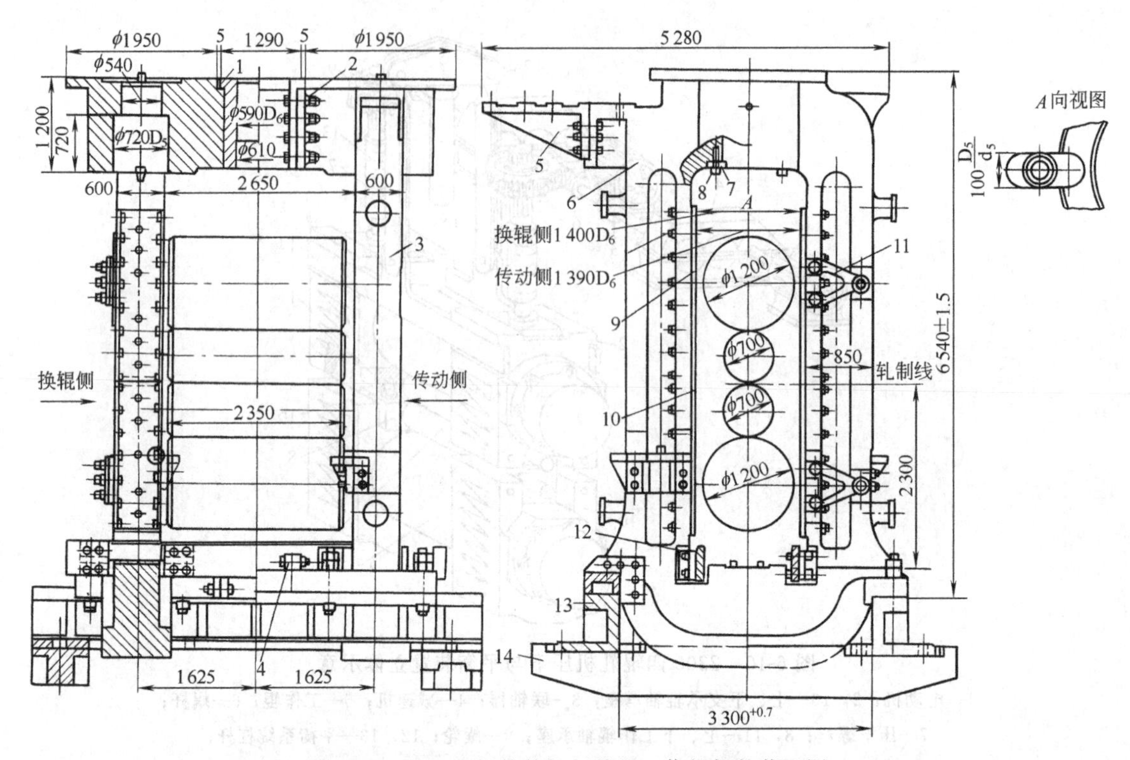

图 6-12　2300 四辊热轧钢板轧机工作机架的装配图

1—上连接横梁；2—螺栓；3—传动侧机架；4—下连接横梁；5—托架；6—换辊侧机架；7—压板（固定压下螺母用）；8—螺栓；9，10—机架衬板；11—轴向固定压板；12—导轨（换辊用）；13—轨座；14—底横梁

为了防止机架立柱内表面磨损，在其上镶有耐磨衬板 9、10。在机架下部侧面做有凸出部分，称为机架脚，通过它们将机架用螺栓固定在轨座 13 上。

2300 四辊轧机机架采用 ZG25MnV。机架铸件必须经过时效及探伤处理，保证没有缩孔、裂纹等缺陷。

第三节　HC　轧　机

目前，已先后出现了数十种采用板形控制新技术的新型板带轧机，从本节开始重点介绍具有代表性的 HC 轧机、CVC 轧机、PC 轧机和 VC 轧机四种类型。

一、HC 轧机的类型及主要特点

HC 轧机是一种高性能辊型凸度控制轧机，这是具有轧辊轴向移动装置的轧机。这种轧机的辊缝是刚性辊缝型。其基本出发点是通过改善或消除四辊轧机中工作辊与支承辊之间有害的接触部分，来提高辊缝刚度的，如图 6-13 所示。

第一台问世的 HC 轧机是日本日立公司与新日铁公司于 1972 年发明的，它是将原来的 $\phi130/\phi300\times300$ 三机架冷连轧机的最后一架改装成六辊 HC 轧机（图 6-14）。该轧机辊系由上下对称的三对辊组成，即工作辊、中间辊和支承辊，其中中间辊可轴向移动，并配置液压弯辊装置，因此，具有很强的板形控制能力。该轧机试验成功后，日本新日铁公司在 1974 年改装了一台生产用单机可逆式 HC 轧机，确认了该轧机的板形控制能力。同时在生产率、

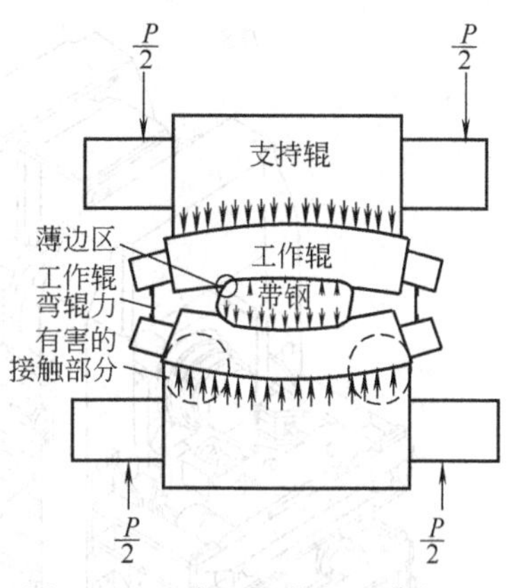

图 6-13　一般四辊轧机工作辊和支承辊辊间接触情况

成本、消耗等生产指标方面也有显著效果。因此，HC 轧机已广泛用于冷轧、热轧及平整生产中，轧制品种也由黑色金属扩大到有色金属。

中国于 1982 年开始研制 HC 轧机，由原冶金部钢铁研究总院、陕西延伸设备厂和东北重型机械学院共同研制的中国第一台 HC 六辊轧机于 1985 年试车成功，并投入试生产。

（一）HC 轧机的类型

目前，HC 轧机已发展了多种机型（见图 6-14 ）。分为中间辊移动的 HCM 六辊轧机，工作辊移动的 HCW 四辊轧机以及工作辊和中间辊都移动的 HCWM 六辊轧机三种类型。

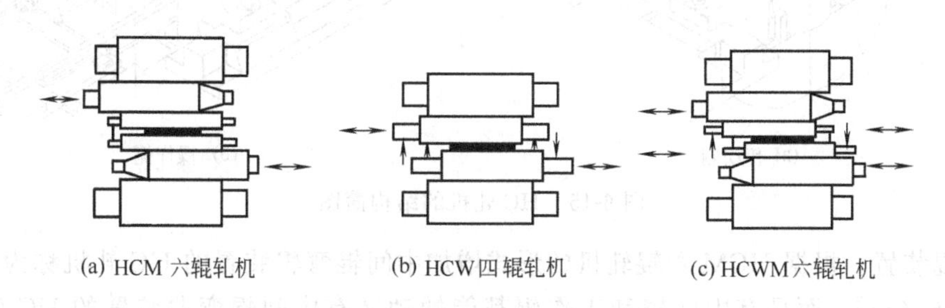
(a) HCM 六辊轧机　(b) HCW四辊轧机　(c) HCWM六辊轧机

图 6-14　HC 轧机类型

（二）HC 轧机的主要特点

① 通过轧辊的轴向移动，消除了板宽以外辊身间的有害接触部分，提高了辊缝刚度。

② 由于工作辊一端是悬臂的，在弯辊力作用下，工作辊边部变形明显增加。如果对弯辊控制板形能力的要求不变时，则在 HC 轧机上可选用较小的弯辊力，这就提高了工作辊轴承的使用寿命，并降低了轧机的作用载荷。

③ 由于可通过弯辊力和轧辊轴向移动量两种手段进行调整，使轧机具有良好的板形控制能力。

④ 能采用较小的工作辊直径，实现大压下轧制。

⑤ 工作辊和支承辊都可采用圆柱形辊子，减少了磨辊工序，节约了能耗。

二、HC 轧机的结构及原理

（一）HC 轧机的结构

HC 轧机的结构与四辊轧机无多大区别，其关键的不同处在于 HC 轧机有一套轴向移动装置，如图 6-15 所示，中间辊的轴向移动可用液压缸的推、拉来实现。将中间辊轴承座与液压缸连接装置安装在操作侧，便于操作和换辊，油压回路采用同步系统保证上、下、中间辊对称移动，中间辊移动油缸在机架左右立柱右侧上，易于加工维护。

HC 轧机的六个轧辊成一列布置，工作辊有液压正弯或正、负弯，它的弯辊力效果比一般四辊轧机的弯辊力效果增大约三倍以上，因此，弯辊力可选择较小而效果大。通过弯辊力变化进行在线板形微调补偿，实现板形的闭环控制。

在 HC 轧机的基础上，还发展了一种万能凸度轧机——UC 轧机，其主要特点是增加了

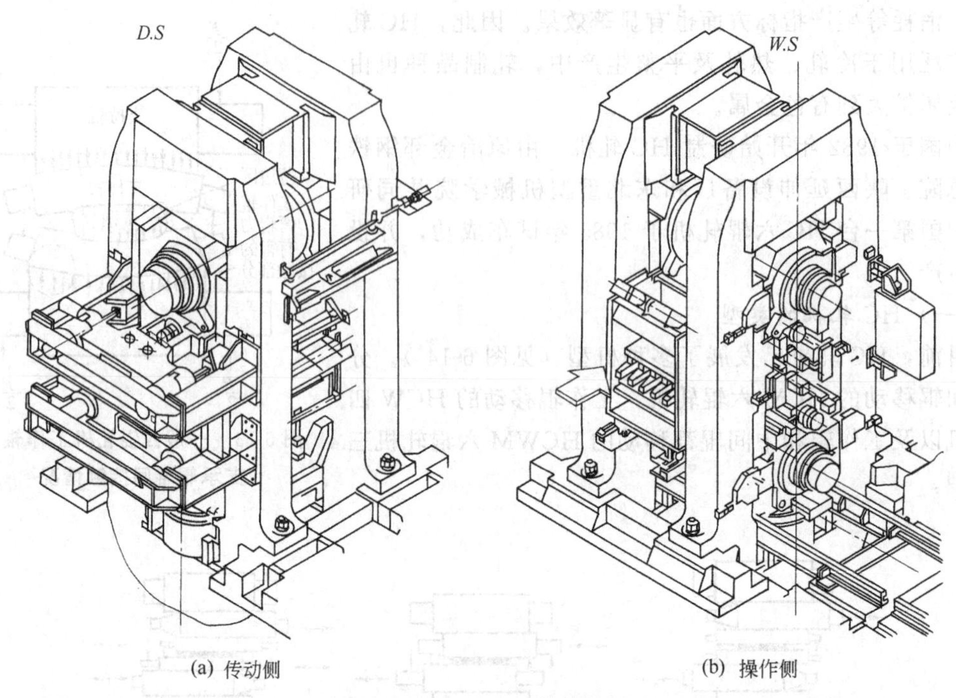

(a) 传动侧　　(b) 操作侧

图 6-15　HC 轧机的结构简图

中间辊弯辊装置。根据 HCM 六辊轧机的形式增加中间辊弯辊装置的 UC 轧机称为 UCM 轧机［图 6-16（a)]，而具有中间辊和工作辊都能抽动又有中间辊弯曲装置的 UC 轧机称为 UCMW 轧机［图 6-16（b)]。UC 轧机比 HC 轧机具有更大的压下量和更强的板形控制能力，可以轧制更薄、更宽、更硬的板带，并能较好地控制复合浪形和边部减薄量，适合于轧制薄而宽且具有一些特殊要求的板材。

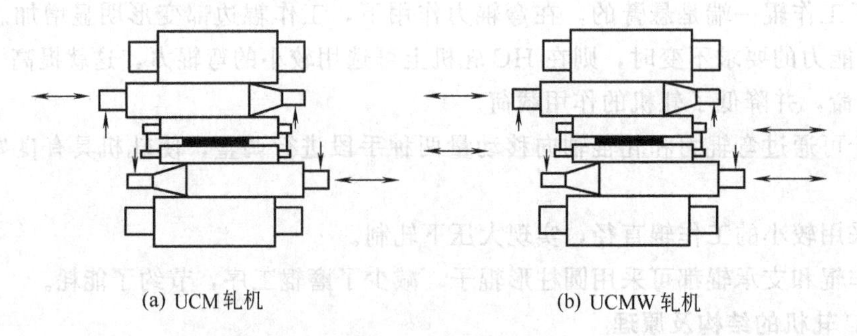

(a) UCM 轧机　　(b) UCMW 轧机

图 6-16　UC 轧机类型

（二）HC 轧机的原理及板形控制

1. HC 轧机的原理

目前广泛使用的四辊板带轧机通常是采用具有原始凸度的工作辊和工作辊液压弯辊技术来控制板形的。但由于原始磨削凸度不能适应轧制规程的变化，弯辊装置受辊颈强度和轴承寿命等限制，板形控制的效果不十分理想，需研究新的板形控制方法。

四辊轧机工作辊的挠度如图 6-17 所示。由于在工作辊与支承辊的接触压扁上存在着有害的 A 区，即大于轧制带材宽度的工作辊与支承辊的接触区，因此，在 A 接触区的接触应力形成一个使轧辊挠度加大的有害弯矩。这样工作辊的挠度不仅取决于轧制力，而且也取决于轧制带钢的宽度，即接触区 A 的宽度。当轧制带材宽度在较大范围内变化时，工作辊上由于弹性压扁不均引起的挠度变化就很大，且反弯作用要被有害弯矩抵消一部分。

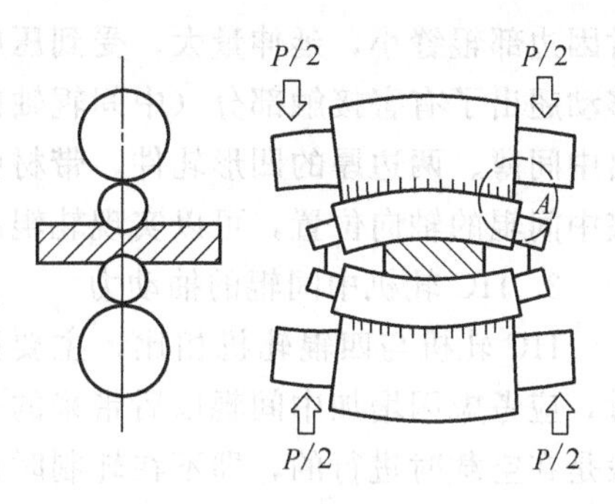

图 6-17　四辊轧机示意图

为了消除 A 区的有害作用，最简单的方法是将支承辊制成双阶梯形，使工作辊与支承辊在 A 区脱离接触，如图 6-18 所示。但轧制不同宽度的板带时，需要频繁换辊来改变辊间接触宽度 L_B，或者把支承辊做成可轴向移动的，但支承辊较大，移动装置也需要大型设备，在一般条件下不易实现。为此发明了中间辊可轴向移动的六辊轧机，即 HC 轧机，其辊系示意图如图 6-19 所示。由于采用了中间辊轴向移动机构，可根据原料尺寸、规格不同而选择不同的中间辊移动量。

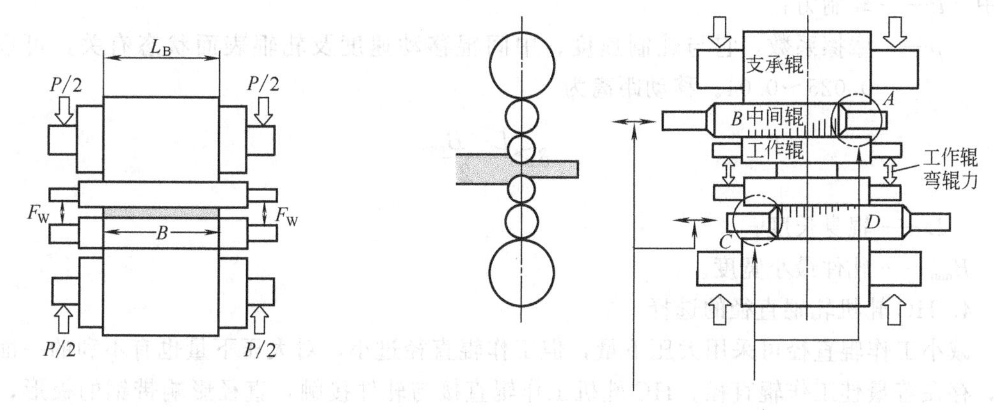

图 6-18　支承辊双阶梯形的四辊轧机　　图 6-19　HC 轧机辊系示意图

2. HC 轧机的板形控制

图 6-20 表示了中间辊处于三种不同位置时与板形之间的关系。图 6-20（b）所示为理想状态（中间辊轴向移动量 $\delta=0$），这时工作辊与支承辊的有害接触部分完全被消除，因而板形最平直。图 6-20（a）所示为中间辊未移动到全部消除有害部分（中间辊轴向移动量 δ 为“+”）。这时支承辊通过中间辊与工作辊的剩余接触部分给工作辊附加弯曲，使工作辊产生负弯曲，即工作辊中间辊缝增大、两边辊缝减少。结果轧出中间厚、两边薄的凸形轧件。同

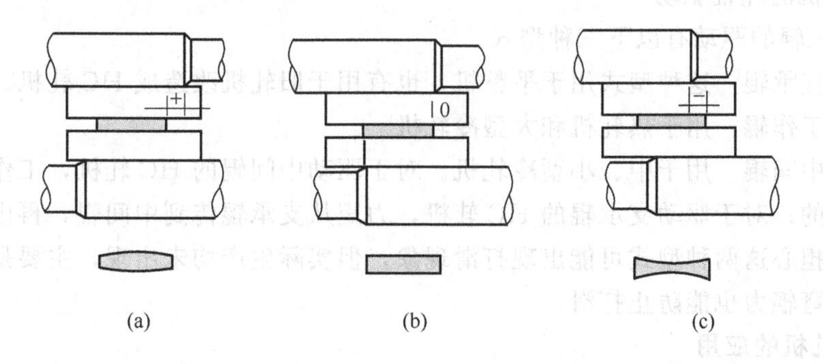

图 6-20　HC 轧机的板形控制

时因边部辊缝小，延伸量大，受到压应力作用而产生边部浪形。图 6-20（c）所示为中间辊移动超出了有害接触部分（中间辊轴向移动量δ为“－”）。这时工作辊出现正弯曲现象，轧出中间薄、两边厚的凹形轧件，带材中部延伸大于边部延伸，形成中部瓢曲。可见，依靠调整中间辊的轴向位置，可以实现轧辊凸度调节，获得板形修正的能力。

3. HC 轧机中间辊的抽动力

HC 轧机与四辊轧机相比，主要区别在于增加了一对中间辊，因此，在设计 HC 轧机时，应考虑因增加中间辊以后带来的一些问题及有关参数的选取。HC 轧机中间辊的移动一般是在空载时进行的，即不在轧制时进行。中间辊的位置根据带钢宽度而设定，然后根据轧制中出现的板形调整弯辊力。

只有在采用板形仪控制的 HC 轧机上，才有可能在轧制过程中移动中间辊进行板形调整。此时，中间辊的移动力Q应克服工作辊与中间辊、中间辊与支承辊之间的摩擦力，即

$$Q=2\mu P \tag{6-1}$$

式中 P——轧制力；

μ——摩擦系数，它与轧制速度、中间辊移动速度及轧辊表面状态有关，可取$\mu=0.025\sim0.04$。移动距离为

$$\delta\geqslant\frac{L-B_{min}}{2} \tag{6-2}$$

L——辊身长度；

B_{min}——轧件最小宽度。

4. HC 轧机轧辊直径的选择

减小工作辊直径可采用大压下量，但工作辊直径过小，对大压下量也有不利的一面，因此，存在着最佳工作辊直径。HC 轧机工作辊直接与轧件接触，直径影响带钢的板形，通常工作辊直径为

$$D_w=(0.2\sim0.3)B \tag{6-3}$$

式中 D_w——工作辊直径，mm；

B——带钢宽度，mm。

中间辊直径对带钢板形影响较小，故其选择范围较宽。在选择中间辊直径时应考虑使用后再当工作辊用，故应比工作辊直径大些。支承辊是承受轧制负荷，一般按轧制负荷的要求选择，也可参考四辊轧机支承辊的直径选择。

5. HC 轧机的轧辊驱动

HC 轧机轧辊的驱动有以下三种型式。

（1）驱动支承辊　这种型式用于平整机，也有用于旧轧机改造成 HC 轧机。

（2）驱动工作辊　用于热轧机和大型冷轧机。

（3）驱动中间辊　用于中、小型冷轧机。对于驱动中间辊的 HC 轧机，工作辊是通过中间辊摩擦带动的；对于驱动支承辊的 HC 轧机，力矩从支承辊传到中间辊，再由中间辊传到工作辊。有人担心这两种型式可能出现打滑现象，但实际生产均未出现，主要是控制压下量的大小，同时弯辊力也能防止打滑。

三、HC 轧机的应用

HC 轧机主要用于冷轧机、热轧机及旧的四辊轧机的改造，包括单机架可逆式轧机和平

整机及冷连轧机三种。

由于HC轧机具有较多的优点，且能适用于原有四辊轧机的改造，得到了较大的发展，现在主要介绍四辊轧机改造为HC轧机常用的两种方法：一种是经一定的加工修改后，在工作辊和支承辊间加入中间辊，使其成为六辊HC轧机，这种方法多用于冷轧机改造；另一种是在原来的四辊轧机基础上，加上一套工作辊轴向移动装置，使其成为HCW轧机，这种方式多用于热带轧机上。下面介绍四辊轧机改造为HC六辊轧机的方法。

1. 修改辊系和机架

当利用原四辊轧机支承辊时，通常采用新机架，如仍用旧机架，则要考虑窗口高度问题。当利用原有支承辊轴承时，可利用原机架，但需作再加工，且轧辊直径受一些限制，采用新机架则不受限制。当利用原有支承辊轴承座和利用旧机架时，需要对其进行加工。当利用旧机架，其窗口高度又放不下六个轧辊时，可采用较小直径的支承辊。当利用原有液压压下装置时，通常采用新机架或用较小直径的支承辊，并加工机架底部。

2. 安装轴向移动装置

安装轴向移动装置时，需重新加工原机架的窗口或传动侧表面，利用原有的支承辊换辊装置并加以改造，如需要时，增加工作辊负弯装置。

3. 修改轧制线调整装置

因改造后的轧机由四辊变为六辊，轧制线通常会发生变化，因此，需要对轧制线调整装置作一必要的修改。

4. 修改传动轴

如不增加工作辊轴向移动或不采用中间辊传动方式时，可利用原有的传动轴。但当工作辊直径减少很多时，也需要更换传动轴和联轴器。

5. 轧辊轴向挡板

在工作辊和支承辊轴承座换新或加工后，一般需要更换其轴向止推挡板。

6. 减速箱和齿轮箱

当工作辊直径减少较多时，通常需要更换齿轮箱以适应轧辊中心的变化，有时为了保持轧制速度不变，也需要更换减速箱。

7. 新增加的部件

新增加的部件包括：换辊装置；中间辊轴向移动装置；重新配管；有关的阀和阀架；上下中间辊轴向移动的液压系统、位置检测和控制系统、同步控制系统。

第四节　CVC　轧　机

CVC轧机是一种轧辊凸度连续可变轧机，它的基本特征如下。

① 轧辊（工作辊）的原始辊型为S形曲线，呈瓶状（图6-21），上下轧辊互相错位180°布置。

② 带S形曲线的轧辊具有轧辊轴向抽动装置。

一、CVC轧机的类型和主要特点

（一）CVC轧机的类型

CVC轧机分为CVC二辊轧机、CVC四辊轧机和CVC六辊轧机三种，辊系示意图如图6-21所示。CVC四辊轧机的工作辊为S形曲线轧辊，而CVC六辊轧机的S形曲线轧辊可以

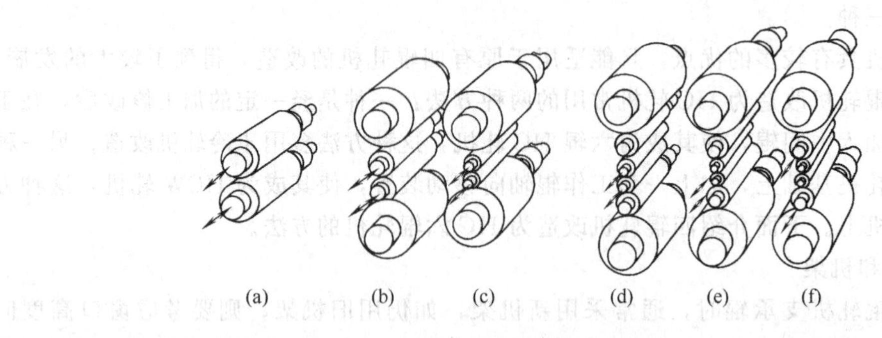

图 6-21 CVC 轧机类型

(a) CVC 二辊轧机；(b) 工作辊传动的 CVC 四辊轧机；(c) 支承辊传动的 CVC 四辊轧机；
(d) 工作辊为 S 形曲线轧辊、由工作辊传动的 CVC 六辊轧机；
(e) 工作辊为 S 形曲线轧辊、由支承辊传动的 CVC 六辊轧机；
(f) 中间辊为 S 形曲线轧辊、由支承辊传动的 CVC 六辊轧机

是工作辊，也可以是中间辊。CVC 四辊轧机可以是工作辊驱动，也可以是支承辊驱动。CVC 六辊轧机则可分为中间辊传动和支承辊传动两种。

（二）CVC 轧机的主要特点

CVC 轧机的关键之处是轧辊具有连续变化凸度的功能，能准确有效地使工作辊间空隙曲线与轧件板形曲线相匹配，增大了轧机的适用范围，可获得良好的板形。其主要特点如下。

① 通过一组 S 形曲线轧辊可代替多组原始辊型不同的轧辊，减少了轧辊备品量。

② 可以进行无级辊缝调整来适应不同产品规格的变化，以获得良好的板带平直度和表面质量。

③ 辊缝调节范围大，与弯辊装置配合使用时，如 1 700mm 板带轧机的辊缝调整量可达 600μm。

④ 板形控制能力强。

二、CVC 轧机的结构和基本原理

（一）CVC 轧机的结构

对 CVC 轧机的基本要求是：CVC 辊包括上下辊，能相对轴向移动一段距离；要设计一套与 CVC 配套使用，并能动态控制轧辊凸度的液压弯辊系统。

1. 平衡与弯辊装置

热轧板带轧机精轧机组大都采用四辊轧机，它将液压弯辊缸与工作辊平衡缸组合成一个统一元件，并置于轧机牌坊凸块之中。而 CVC 系统要求工作辊及其轴承座能在机架中沿轧辊轴线轴向移动±100mm（以宝钢热轧厂精轧机组为例）。考虑到轧辊轴向移动时会对缸体产生较大的倾翻力矩，因此，在设计中将原来四辊轧机经常采用的分置式的上工作辊平衡缸兼正弯及下工作辊压紧缸兼正弯缸合并在一起组成一个共同的套装缸体，作为平衡缸与弯辊缸。图 6-22 所示为宝钢热轧厂精轧机组的平衡与弯辊装置。缸体 5 套装在牌坊凸块 2 内孔之中，上部用上隔离套筒 4 将缸体与凸块内孔隔离开来，缸体 5 与上隔离套筒 4 间可以相对滑动。缸体下部外圆与下部缸套 7 相配合，缸体下端外圆用内隔离套 16 与下部缸套 7 接触可相对滑动。内隔离套 16 用法兰及螺栓固定在缸体下端。下部缸套 7 与牌坊凸块 2 内孔用中间隔离套 6 及下隔离套 8 隔离开来，并可相对滑动。缸体内装有活塞杆 15，活塞两侧即

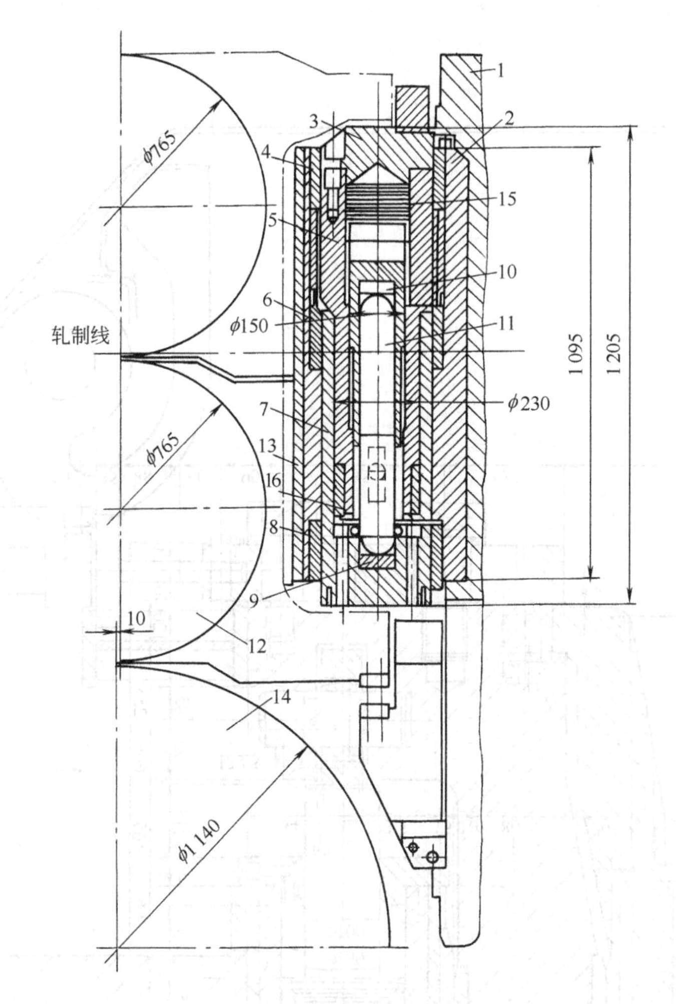

图 6-22　宝钢热轧厂 CVC 轧机平衡与弯辊装置

1—牌坊；2—凸块；3—缸盖；4—上隔离套；5—液压缸体；6—中间隔离套；
7—下部缸套；8—下隔离套；9，10—球面座；11—挺杆；12—工作辊；
13—耐磨板；14—下支承辊；15—活塞；16—内隔离套

液压油腔。当活塞上腔（无杆腔）进油时，下腔（有杆腔）回油，这时上部缸体上升，同时不锈钢活塞杆 15 通过挺杆 11 带动下部缸套 7 下降，可以完成平衡上工作辊、压紧下工作辊或者使上、下工作辊同时受到正弯的作用。活塞杆下部为一根两端皆为球面的挺杆 11，球面分别与球面轴承座 10 相接触，使压力均匀传递。这种将上下弯辊缸连接在一起成为一个整体的设计，稳定性好，上、下弯辊力一致，对板带断面凸度控制及平直度控制有利，其结构更加合理。每座机架各设平衡与弯辊缸四台，用于平衡时液压压力为 18MPa，用于弯辊时最大为 26MPa，活塞直径为 $\phi170$mm。

图 6-23 所示为宝钢冷轧机厂 2030 轧机精轧机的辊系轴承装配图。图 6-24 所示为宝钢冷轧厂 2030 轧机精轧机组的平衡与弯辊装置。

2．CVC 轧机轧辊移动液压缸和锁紧装置

CVC 轧机轧辊轴向移动液压缸结构如图 6-25 和图 6-26 所示。CVC 移动液压缸缸体设置于操作侧牌坊凸块上，与凸块制作成一个整体元件。活塞与缸体之间、活塞杆与液压缸盖之

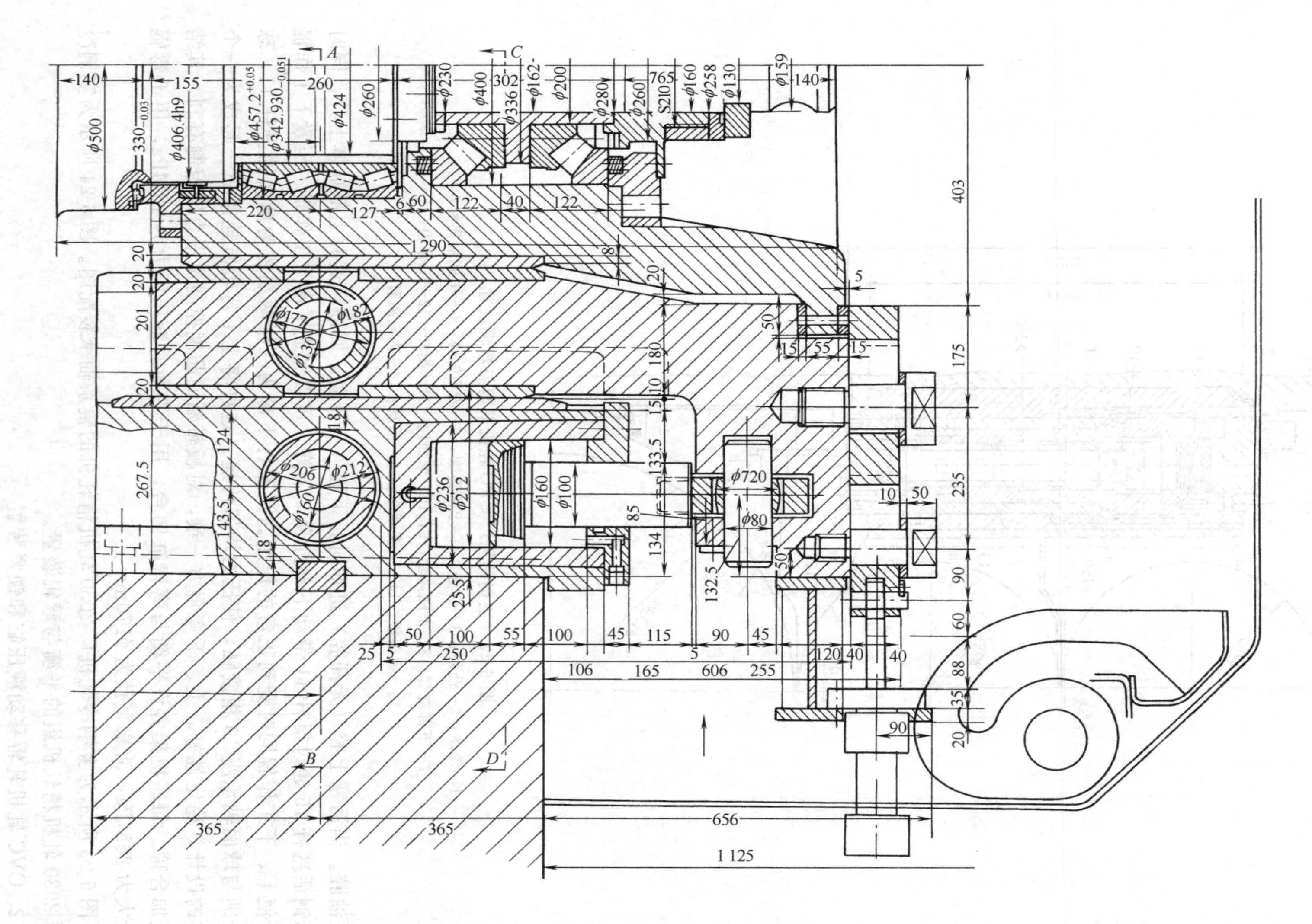

图 6-23　宝钢 2030 轧机 CVC 辊的轴承装配

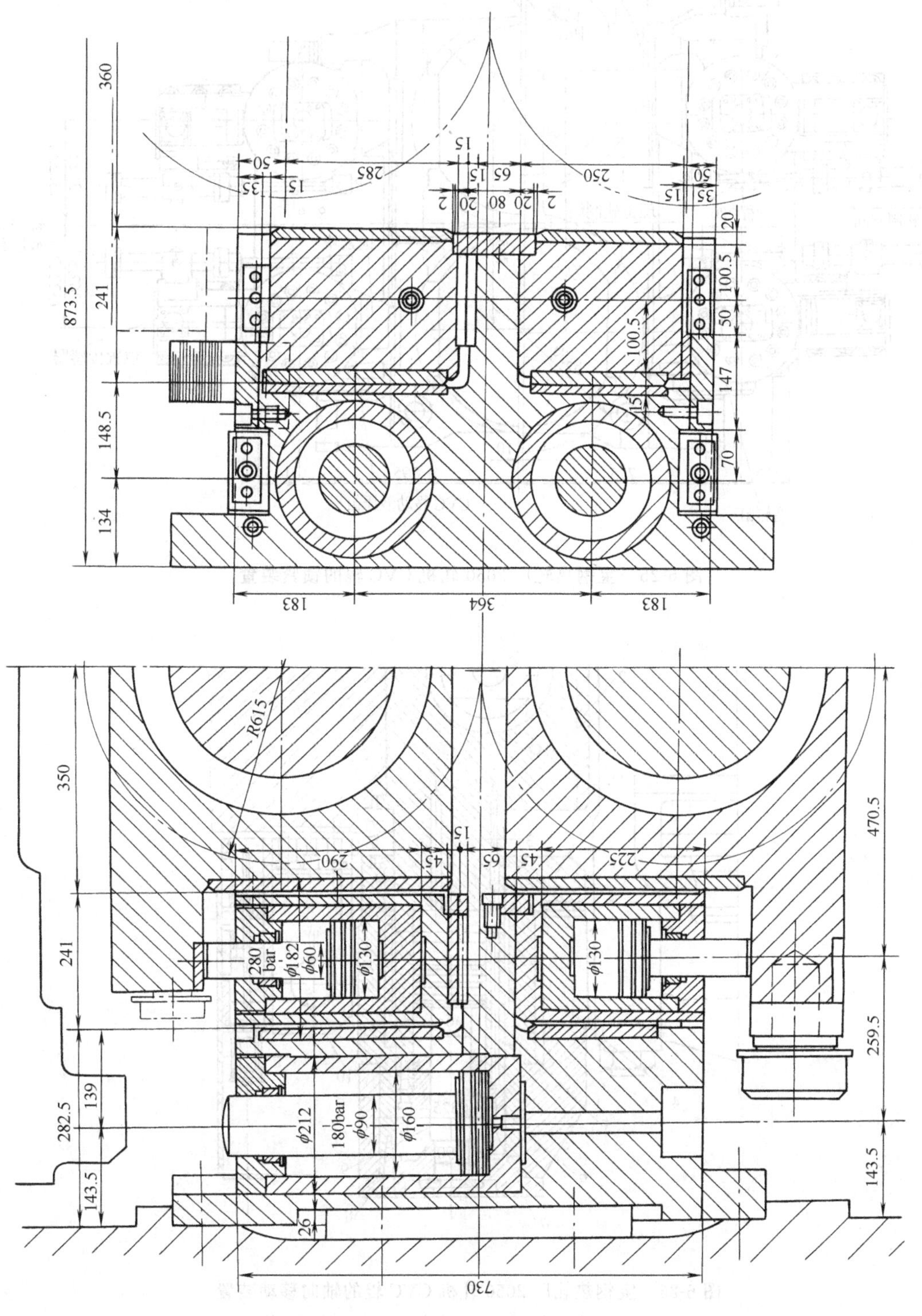

图 6-24　宝钢 2030 轧机精轧机的平衡与弯辊装置

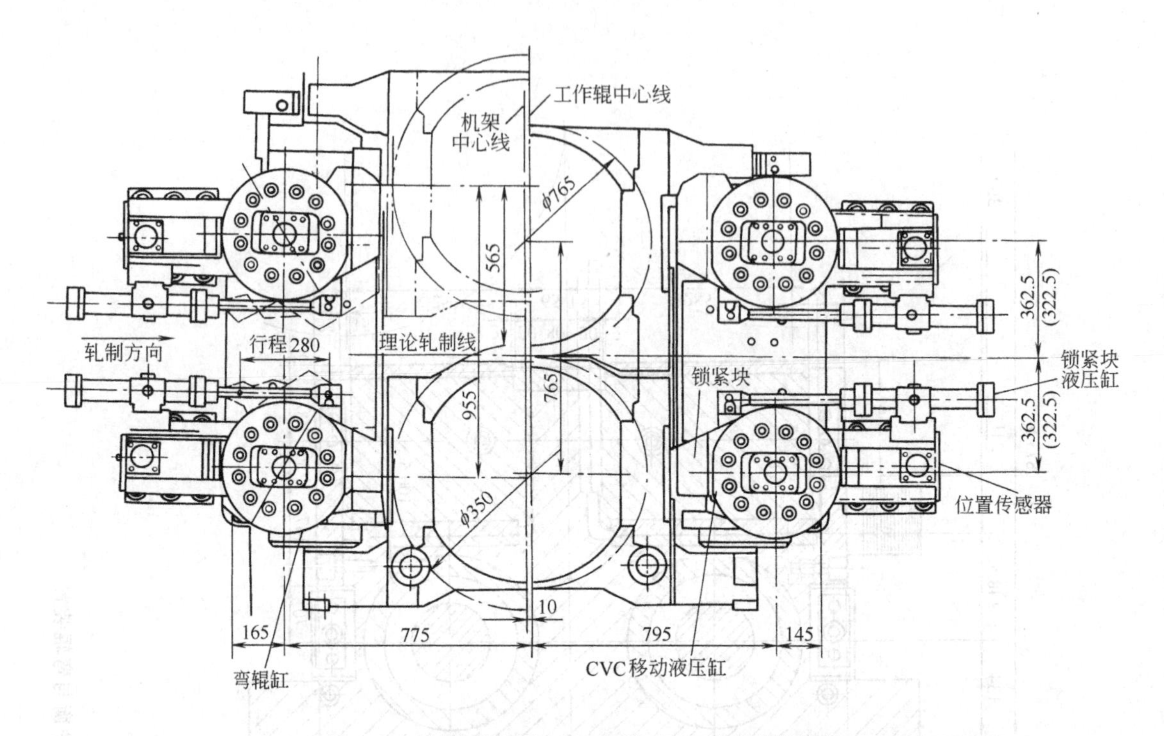

图 6-25 宝钢热轧厂 2050 轧机 CVC 辊的锁紧装置

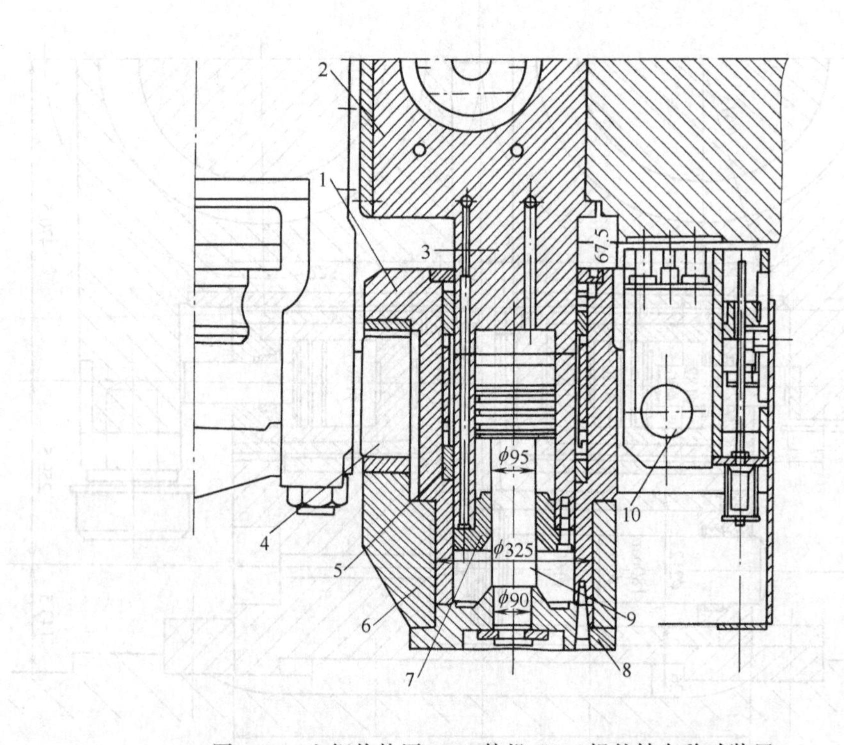

图 6-26 宝钢热轧厂 2050 轧机 CVC 辊的轴向移动装置

1— CVC 移动缸外衬套；2—牌坊凸块；3—液压缸体；

4—圆柱销；5—隔离套；6—锁紧块；7—液压缸盖；

8—外衬套盖；9—活塞杆；10—定位销

间有密封装置。活塞杆的端部通过法兰盘和螺栓与外衬套盖和外衬套固接。外衬套内壁设有两个隔离套和一个中间套，并固定在外衬套内圈上。当外衬套沿缸体作轴向移动时，隔离套的内孔与缸体外圆作相对滑动。当 CVC 移动液压缸活塞两侧有压力差，使活塞沿缸体轴向移动时，可通过活塞杆端带动外衬套盖、外衬套以及工作辊一齐作轴向移动。外衬套与工作辊之间的离合是靠一套锁紧装置实现的。外衬套端部安装一个能作旋转运动的锁紧块，通过一套专用的液压缸驱动。它可以将工作辊操作侧轴承座外端附设的圆柱销连锁在外衬套上。带钢轧制前按预设定位置，将上下工作辊移动到位，轧制过程中不再移动。当轧制一般板带或不需要 CVC 机构作用时，可将轧辊定于中位插上定位销，关闭 CVC 移动液压缸，则工作辊将成为普通轧辊。

图 6-27 和图 6-28 所示为宝钢冷轧厂精轧机组的移动液压缸和锁紧装置。

3. 传动轴

图 6-29 所示为宝钢冷轧厂 2 030mm 轧机 CVC 轧辊的传动轴。传动轴是一种可轴向移动的齿轮轴，CVC 系统要移动的 200mm 距离是在人字齿轮侧通过轴 1 和联轴节外齿 2 之间的啮合来进行的。主接轴的轴向支承是通过一个装在轴内的弹簧组 3 支承在齿轮轴 4 上，并处于轧辊工作位置。换辊时轴向移动距离要受一块内挡板 5 的限制。轧辊侧的齿轮连接轴头设有一个弹簧 6，其主要任务是在换辊时便于齿轮连接轴头迅速地与主轴中心线对中。

4. 换辊

图 6-30 所示为宝钢热轧厂 2 050mm 的 CVC 轧机换辊原理。工作辊 1 在轴承座 2 和 3 内，轴承 4 为四列圆柱滚动轴承，轴承固定在轧辊和轴承座之间。每一工作辊能轴向移动的最大距离为±100mm，传动轴 1（见图 6-29 ）也随同一起移动。工作辊通过两个液压缸 5 来实现轴向移动，液压缸安装在精轧机机架的操作侧，这些液压缸被装入固定于机架 6 的导向块 7 上，液压缸的活塞杆与可移动的液压缸座 8 连接，在这些缸座中，装有可摆动的连杆板 9，当轴向移动时，连接板便拴住操作侧的轴承座 2，从而移动轧辊。传动侧的轴承座 3 和弯辊液压缸 10 都通过两个连接板 11 连接，因轧辊 1 传动侧的轴承座 3 是通过轴承轴向固定的，在移动轧辊时，轴承座 3 也随之移动。借助于连接板 11 也可使液压缸座 10 移动，通过轴承座 2 和 3 及液压缸座 8 和 10 同时作水平移动，这就使弯辊力总是作用于滚柱轴承的中心。轧辊轴向移动的液压缸装配有位移传感器，并通过一套位置调节装置使轧辊在 CVC 工作范围内移动，同时保持在理想的位置上。

换辊时用液压缸 5 使两个轧辊到达确定的轴向换辊位置，在这个位置上，传动侧固定液压缸座 10 的固定销 12 通过液压缸移动松开，因为在轧辊推出或装入时，缸座 10 也随之移动。由于液压缸驱动的升降轨道（图中未画出）提升，与下工作辊轴承座下面的轮子相接触。传动轴由液压缸支承，下辊的连接板 9 和 11 用液压缸打开（图中未画出），下弯辊液压缸进入之后，下辊被抽出 300mm。紧接着上辊下降，轴承座就支承在下轴承座的支柱上（图中未画出）。在上辊的连接板 9 和 11 打开后，全套轧辊即可抽出来。新的一套轧辊的装入及其后的步骤按上述相反的顺序进行。

（二）CVC 轧机的基本原理

CVC 轧机是在 HC 轧机的基础上发展起来的一种轧机，它虽然与 HC 轧机一样有轧辊轴向抽动装置，但其目的和板形控制的基本原理是不同的。HC 轧机是为了消除辊间的有害接触部分来提高辊缝刚度，以实现板形调整的，是刚性辊缝型。CVC 轧机则是通过轧辊轴向抽动装置来改变 S 形曲线形成的原始辊缝形状来实现板形控制的，是柔性辊缝型。原西德

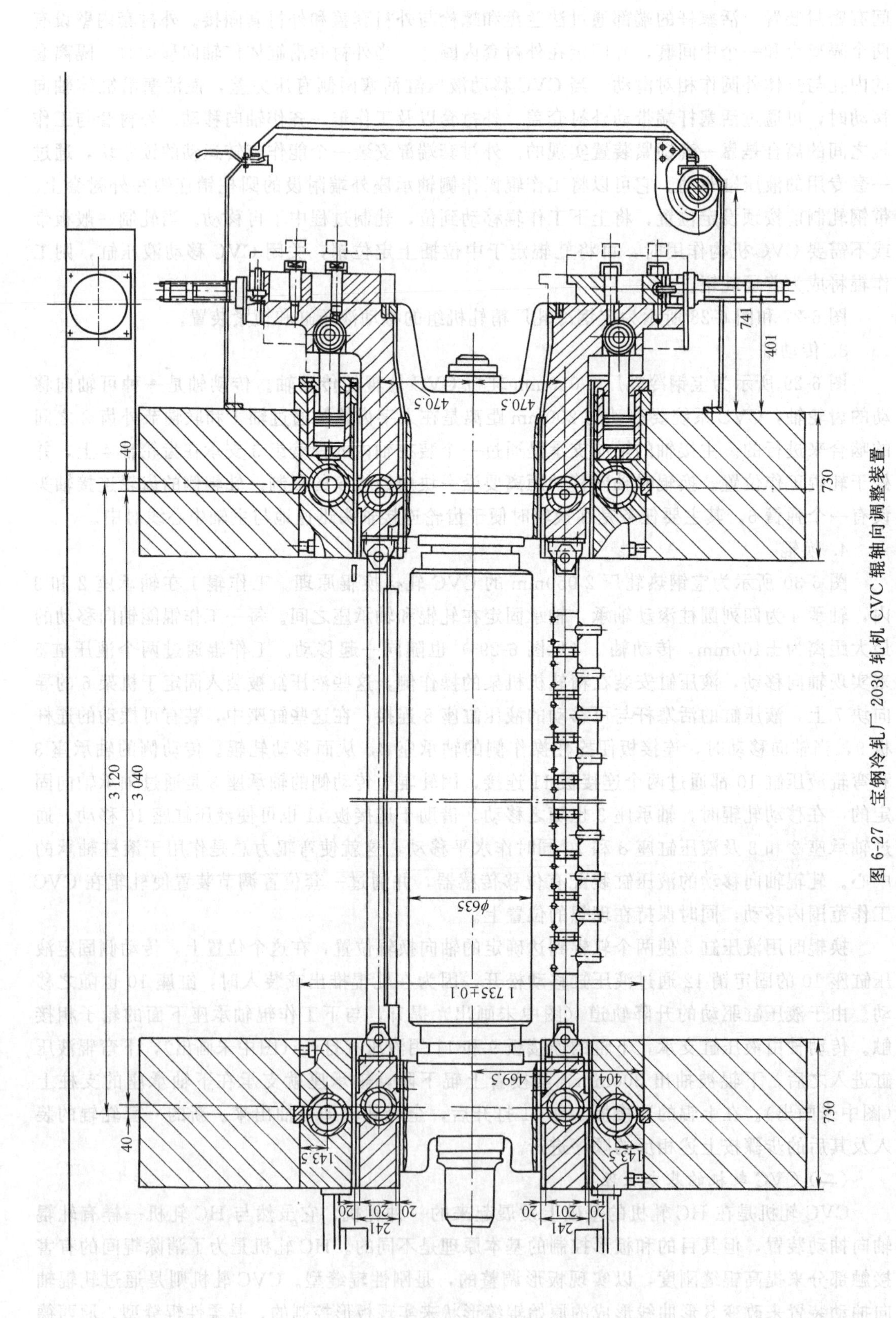

图 6-27 宝钢冷轧厂 2030 轧机 CVC 辊轴向调整装置

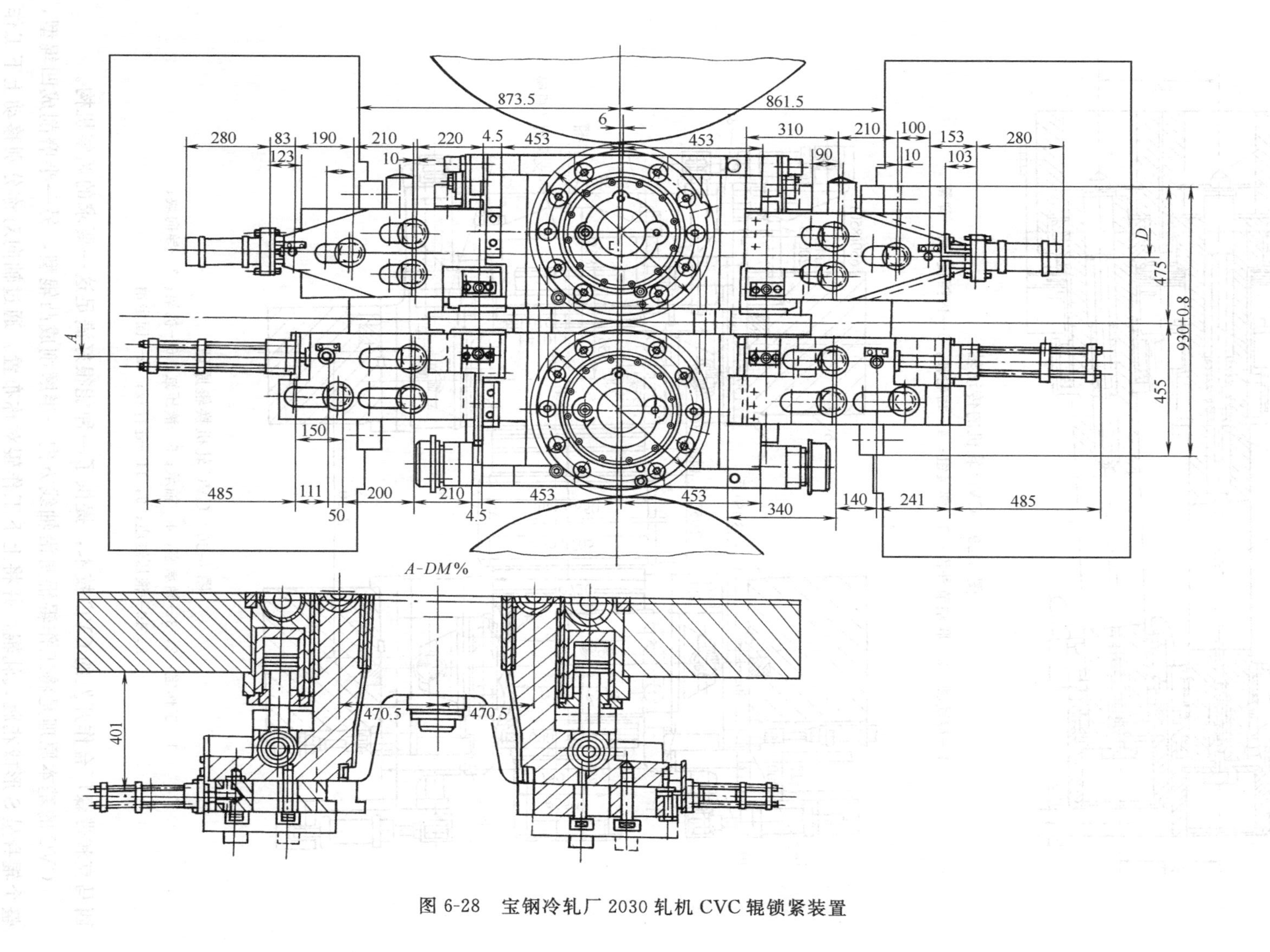

图 6-28　宝钢冷轧厂 2030 轧机 CVC 辊锁紧装置

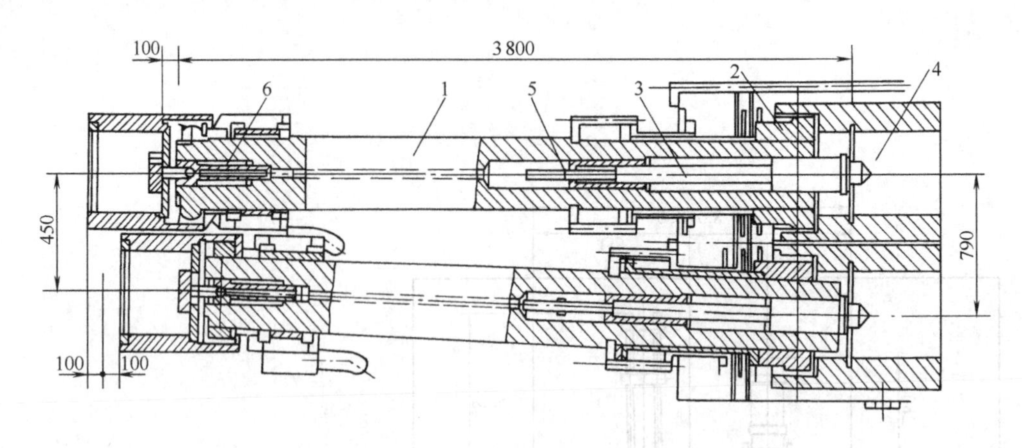

图 6-29　CVC 轧机的传动轴

1—传动轴；2—联轴节外齿；3—弹簧组；4—齿轮轴；5—内挡板；6—弹簧

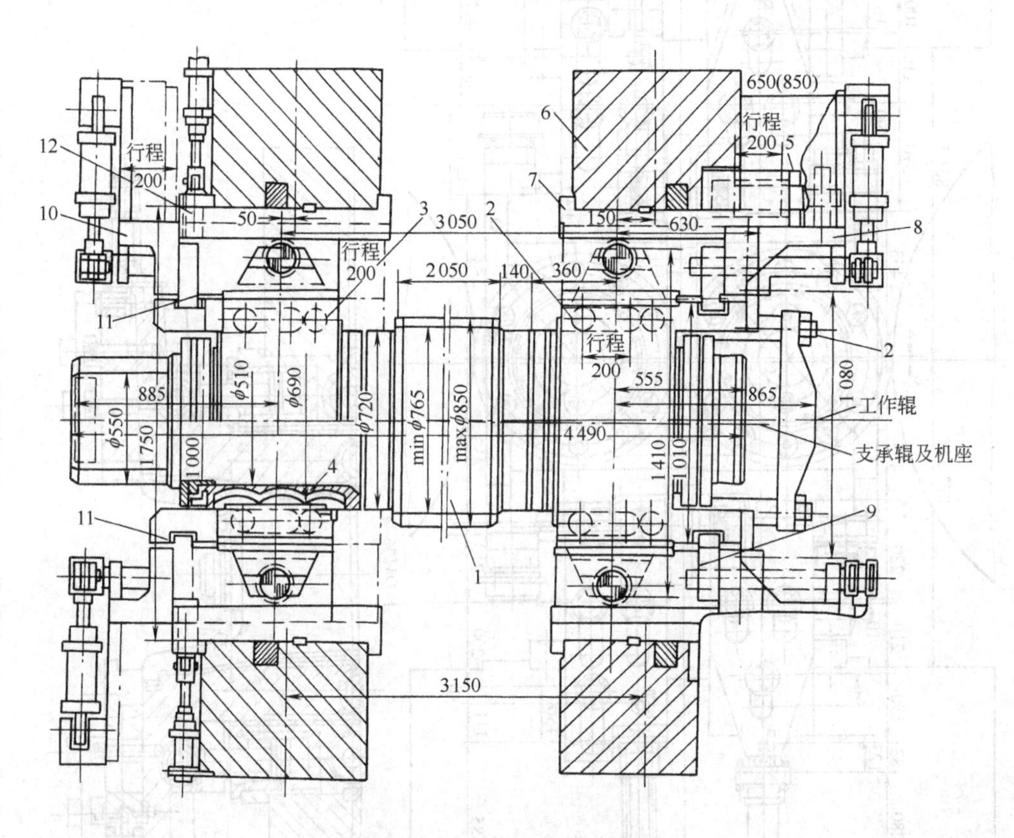

图 6-30　CVC 轧机换辊原理

1—工作辊；2，3—轴承座；4—轴承；5—液压缸；6—机架；7—导向块；8，10—液压缸座；9，11—连杆板；12—固定销

西马克和带森厂合作开发的 CVC 技术，提供了一种能很好满足这一要求的调整机构。

CVC 的基本原理是将工作辊辊身沿轴线方向一半磨削成凸辊型，另一半磨削成凹辊型，整个辊身呈 S 形或花瓶式轧辊，并将上下工作辊对称布置，通过轴向对称分别移动上下工作辊，以改变所组成的孔型，从而控制带钢的横断面形状而达到所要求的板形。归纳起来有如下几点。

① 轧辊整个辊身外廓被磨成S形（或瓶形）曲线，上下辊磨削程度相同，互相错位180°布置，使上下辊形状互相补充，形成一个对称的辊缝轮廓。

② 上下轧辊是通过其轴向可移动的轴颈安装在支座上，或是其支座本身可以同轧辊一起作轴向移动。上下辊轴向移动方向是相反的，根据辊缝要求，移动距离可以是相同的，也可以不同。

③ S形曲线加上轴向移动，使整个轧辊表面间距发生不同的变化，如图6-31所示，从而改变了带钢横断面的凸度，改善了板形质量。

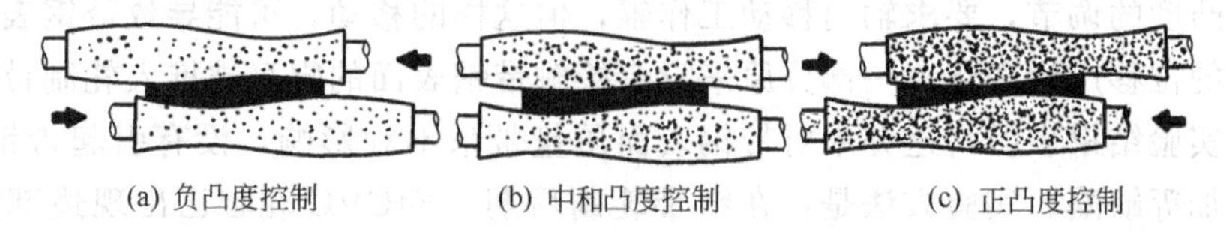

图6-31　CVC轧机的工作原理

④ CVC轧机的作用与一般带凸度轧辊相同，但是凸度可通过轴向移动轧辊在最小和最大凸度值之间进行无级调节，再加上弯辊装置，可扩大板形调节范围。当轴向移动距离为±50～±150mm时，其辊缝变化可达400～500μm，再加上弯辊作用，调节量可达600μm左右，这是其他轧机无法达到的。

图6-31（b）所示是根据预算的辊缝要求，将轧辊稍加轴向移动并抬起上辊，构成具有高度相同的辊缝。在这个位置上，轧辊的作用与液压凸度系统相似，其有效凸度等于零。

图6-31（c）所示，上辊向右移动，下辊向左移动，且移动量相同。这时轧件中间处的辊廓线间距变窄，从而加大中部压下量，此时的有效凸度大于零。

图6-31（a）所示，上辊向左移动，下辊向右移动，且移动量相同。这时轧件中心处辊缝曲线凸度变大，从而减小了中部压下量，此时的有效凸度小于零。

三、CVC轧机的技术问题

1. 轴向力

CVC轧辊轴向锁紧装置所承受的轴向力为0～20t，轴向力与轧制力无明显关系。在轧辊辊缝打开（无预应力），轧辊旋转状态下移动轧辊的轴向力通常也是为0～20t，个别情况下略高一些。在轧辊圆周速度与轧辊移动速度之比恒定的情况下，轧辊轴向移动速度的提高，并不增加轴向移动的推力。当轧机内有带钢时，轴向移动CVC轧辊所需的轴向力明显上升，在1 500t轧制力下轴向移动推力达45t。在轧辊承受预压紧力的情况下，移动CVC轧辊的轴向力约为轧钢状态下的两倍。在1 500t预压力下，当轧辊轴向移动速度与轧辊圆周速度之比为1∶2 000时，轴向力约为85t；当轧辊轴向移动速度与轧辊圆周速度之比为1∶1 000时，轴向力约为110t。根据上述实验结果，在轧辊承受预压力的情况下，移动轧辊的轴向推力超出了轴承的承受能力，故不允许在预压状态下轴向移动轧辊，只能在辊缝打开或轧机内有带钢时才可以轴向移动CVC轧辊。

2. CVC辊型对支承辊硬化及磨损的影响

就支承辊的磨损和硬化问题，对0.4mm辊型的普通轧辊与相应的CVC标准辊型作比较，实测记录表明：采用CVC辊型并未加剧支承辊的磨损或硬化情况。轧制75 000～105 000t带钢后，支承辊的磨损量约为0.1～0.2mm，低于一般轧机轧辊的磨损量。

3. CVC辊型对工作辊磨损的影响

CVC辊型工作辊的磨损情况和一般轧辊没有什么区别，磨损曲线基本相同，中间磨损基本是均匀的，两边的局部磨损较严重，这是因同一宽度的带钢边缘部分温度低、形状粗糙以及横向位移变形造成的。CVC轧辊的直径差导致线速度差，速度差与带钢的前滑值、后滑值相比是微不足道的。在变形区内，仅黏着区部分轧件与轧辊速度相同，入口处的后滑速度差达40%～50%，前滑值如F4（宝钢热轧厂）也达1%，因此，CVC轧辊直径差所引起的速度差不会导致轧辊的不均匀磨损。

4. 轧辊磨损对板形及带钢边部表面粗糙度的影响

对带钢凸度的调节，要求轴向移动工作辊，但这样的移动，可能导致带钢表面与轧辊表面接触区域的位移产生变化。一部分原来没有接触带钢表面的辊身被推入轧制带与带钢边部表面接触。实验结果表明，这并未对带钢表面质量带来不利影响，没有引起带钢边缘粗糙、氧化铁皮增加等缺陷。实验方法是：在窄带轧制后期，F4CVC轧辊已出现边部磨损的情况下，只更换F5～F7工作辊，再轧制宽带钢。

5. 热凸度及磨损对CVC辊型的影响

轧辊的热凸度取决于辊身中心与边缘的温度梯度，该温度梯度与工作辊的冷却、水量分布、轧制计划、轧制节奏、轧件与轧辊的接触时间和轧制温度等因素有关。在实际生产中累积接触长度达到150m以后，轧辊的温度分布即基本稳定（指热轧）。轧辊的磨损与轧件的接触长度、接触面的热负荷及变形区的几何形状有关。由实验得知，热凸度对辊型的影响比磨损要大，但轧制后，CVC轧辊依然保留其基本形状。

6. CVC轧辊串动对带钢凸度的影响

带钢的横断面凸度不仅与本架轧机的轧辊孔型有关，与进入本架前带钢本身的凸度调节也有关系。因此，对板形不仅可通过本架轧机进行凸度调节，而且可以对来坯进行预控。

7. CVC轧机的设备结构问题

原设计CVC轧辊的轴向移动机构是在每个工作辊的工作侧机架上设一个液压缸，可移动工作辊平衡缸的缸体。两端轴承箱的两侧各有一个液压缸，各自转动一个连接销轴，使平衡缸体与轴承箱相互连接锁定。这样工作辊轴向移动时，通过轧辊本身将两端轴承箱及四个液压平衡缸连接成一个整体，同步移动，相对位置保持不变。轧辊作轴向移动时，轧机与人字齿轮座之间的连接有主接轴，主接轴靠人字齿轮座一端设有弹簧，使主接轴推向轧机侧，保证与轧辊连接良好，齿轮座侧留有200mm给主接轴作轴向移动的余地。但该设计机构在F4（宝钢热轧厂）轧机上使用时发现如下问题：①因轴承与轧辊的装配间隙影响，难以保证传动侧锁定连接销的对准，使换辊操作产生困难；②液压平衡缸与机架间相对滑动有一定间隙，这些间隙在轧钢时渗入带有铁皮的冷却水，易产生局部磨损，造成工作辊与机架牌坊间侧向间隙过大，影响轧制稳定性；③轧机故障时，特别是断辊时，由于轧辊两端都有锁定连接，极易损坏其中一端的连接机构。

为此，改进后的设计为：工作辊液压平衡缸位置固定不移动，轴向移动液压缸仅仅拖动工作辊及轴承箱，且传动侧轴承箱为自由端无锁定连接。但由于平衡液压缸与工作辊轴承不同步移动，当工作辊轴向移动时，对工作辊的平衡缸缸体产生偏心力，形成力偶。为克服这种倾翻力偶，设计了两端带齿轮的轴，当平衡缸受力矩作用而偏转时，对该轴形成扭矩，此扭矩由该轴本身的弹性变形来承受。

四、CVC轧机的应用

1. 在冷轧中的应用

为使冷轧薄板有较高的厚度精度和平直度，其方法就是调节辊缝形状，使其与入口钢板的断面形状保持一致，以减少横断面的不均匀延伸。在CVC冷轧轧制中，借助于高效率的调整机构可使轧辊间隙曲线与轧件的设定板形准确匹配。

2. 在四辊轧机改造上的应用

自1982年在联邦德国首次应用以来，到1987年为止，先后在中国内地、台湾和美国、韩国、澳大利亚、卢森堡、日本、法国、比利时、巴西和瑞典等国和地区建造了31套CVC轧机。轧制速度最大的为中国上海宝钢冷轧厂2030的F5轧机，达到1 900m/min。其次为韩国浦项钢铁公司的F5轧机（CVC6-HS），达到1 850m/min。

第五节　PC 轧机

PC轧机是轧辊成对交叉轧机，其主要特点是轧辊“成对交叉”，如图6-32所示。所谓成对交叉，指的是轧辊线相互平行的上工作辊和上支承辊为“一对”，而下工作辊和下支承辊为“另一对”，这两对轧辊的轴线交叉布置成一个角度。这种轧机是为了能够轧制出各种规定形状和尺寸的带钢，研制出的一种新型的板形凸度可控轧机。

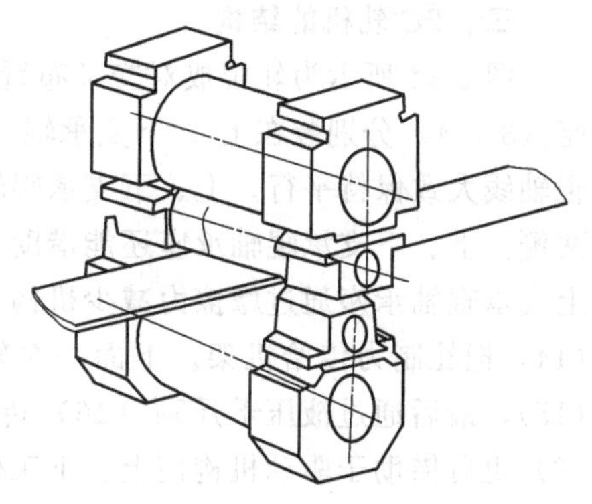

图6-32　PC轧机简图

由于PC轧机板形控制能力较好，获得的板带板凸度及厚度精度较高，所以得到了较快的发展。

一、PC轧机的工作原理

PC轧机基本上是一种四辊轧机，与一般四辊轧机主要不同之处是将平行布置的轧辊改变成交叉布置。在轧制过程中，当离开中心的距离增大时，辊缝也增大，以此来控制凸度，这与使工作辊凸度变化等效，就是说，PC轧机是利用调节轧辊轴线的交叉角度来控制凸度，使辊缝可调，而工作辊又不至于产生挠度。因此，凸度控制不会影响工作辊的强度和刚度。轧辊轴线交叉布置可以有三种形式（见图6-33）：支承辊轴线交叉布置；工作辊轴线交叉布置和成对轧辊轴线交叉布置等。只要改变交叉角，就能改变轧辊凸度。工作辊轴线交叉布置时，轧辊凸度变化范围最大，但是这种布置形式的轧机未能得到实际应用。因为这种形式布置的轧机，在工作辊和支承辊之间产生较大的相对滑动，使轧辊磨损和能量消耗大为增加。当支承辊轴线交叉布置时，其效果同工作辊轴线交叉布置时一样，在

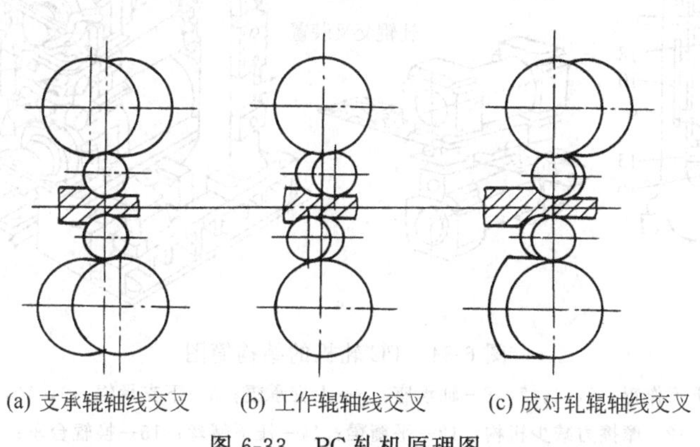

图6-33　PC轧机原理图

工作辊和支承辊之间同样产生相对滑动，使轧辊磨损和能量消耗大为增加。当轧辊轴线成对交叉布置时，工作辊和支承辊之间就不会产生相对滑动，这就消除了上述弊端，因此得到实际应用的PC轧机即是采用“成对交叉”布置的轧机。

二、PC轧机的特点

优点：

① 有较大的轧辊凸度控制能力，轧辊轴线交叉角可在0°～1.5°范围内调整，最大的轧辊凸度可达1 000μm，如配以强力弯辊装置也能获得良好的平直度板带；

② 能有效地控制板带边部减薄；

③ 轧辊辊形简单，节省了轧辊备件量并便于轧辊管理。

缺点：

结构较为复杂，除了要有轧辊轴线交叉调整装置外，由于存在较大轴向力，需要设计较好的轴向力支承装置，而且维修工作量也较大。

三、PC轧机的结构

图6-34所示为轧辊成对交叉布置的PC轧机结构简图，上、下工作辊（1、2）的轴承座（3、4）分别装在上、下支承辊（5、6）的轴承座（7、8）中，上工作辊轴线与上支承辊轴线大致保持平行。上、下支承辊轴承座的位置设定机构（9、10）固定在机架（11）的两侧。上、下支承辊轴承座还能借助于驱动机构沿轧制方向移动，或保持在所定的位置上。上支承辊轴承座通过摩擦力减少机构（12）由平衡梁（13）来支承，而平衡梁通过压下螺丝（14）把轧制力传给机架。下面一对轧辊承受的轧制力通过摩擦力减小机构传给换辊台车（15），最后通过液压千斤顶（16）传给机架。上、下工作辊轴承座的位置设定机构（17、18）也可借助于驱动机构使上、下工作辊轴承座沿轧制方向移动，或固定在所定位置上。

交叉辊轧机和普通四辊轧机的主要区别是前者需要配备一套交叉机构以及设置承受工作

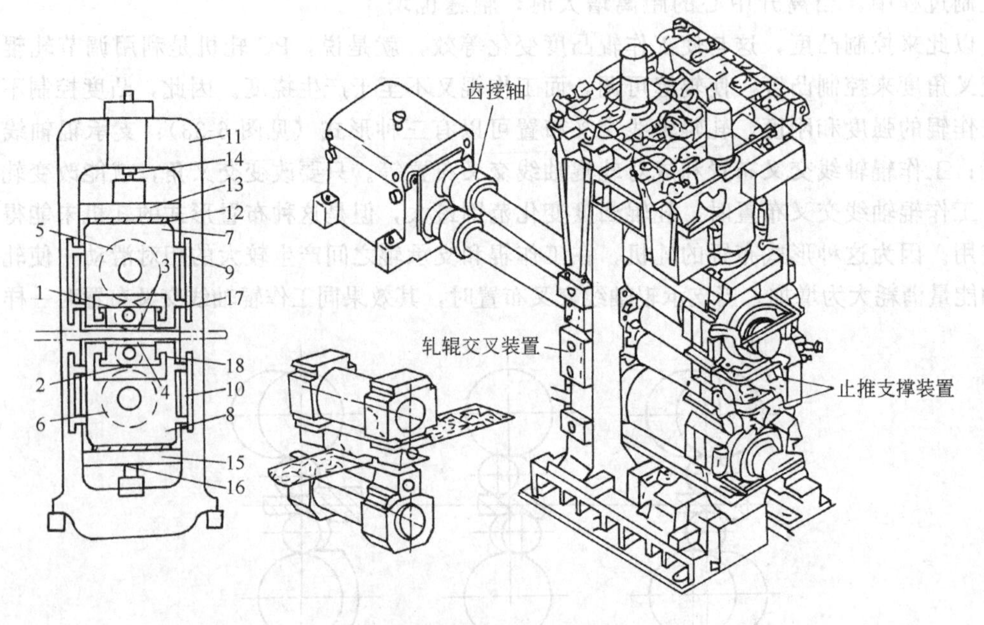

图6-34 PC轧机的结构简图

1—上工作辊；2—下工作辊；3，4，7，8—轴承座；5—上支承辊；6—下支承辊；9，10，17，18—设定机构；11—机架；12—摩擦力减少机构；13—平衡梁；14—压下螺丝；15—换辊台车；16—千斤顶

辊侧向力和减小 AGC 滞后的止推支承机构。此外。为了防止传动轴摆角的增大和保证轧辊交叉滑动面。交叉辊轧机还需要一合适的测量装置。然而交叉辊轧机的设计是以普通四辊轧机为基础，增加了轧辊交叉装置和轴向力承受装置。其轧辊交叉装置如图 6-35 所示。

上、下交叉辊的传动装置用电机驱动，调整工作辊和支承辊轴承座的交叉头是由电动机通过蜗轮减速机同时驱动的。当轧辊轴承座间隙过大时，交叉头之间的扩大和缩小的微调是通过四台电动机和八个离合器来完成的。

工作辊的止推轴向力支承装置机构如图 6-36 所示。该装置装在工作辊工作侧的轴头上，与工作辊轴承座一起组成能承受大负荷的紧凑止推轴承。工作辊产生的对机架的推力用一套四连杆机构和轮子来传递，并使引起 AGC 滞后的垂直滑动阻力得到减小。该四连杆机构通过两侧轮子相等地传递工作辊的推力，以避免止推轴承产生的偏心负荷，齿轮联轴节的齿面经氮化处理以适应齿轮联轴节偏角的增大。辊子交叉的滑动面是一块为操作侧和传动侧共用的平板，因此，支承辊产生的作用于压下螺丝的偏心力将由工作侧和传动侧的平衡力所抵消。板形控制系统是以装在最后一架轧机出口侧的辊形仪和板形仪的反馈信号为基准。

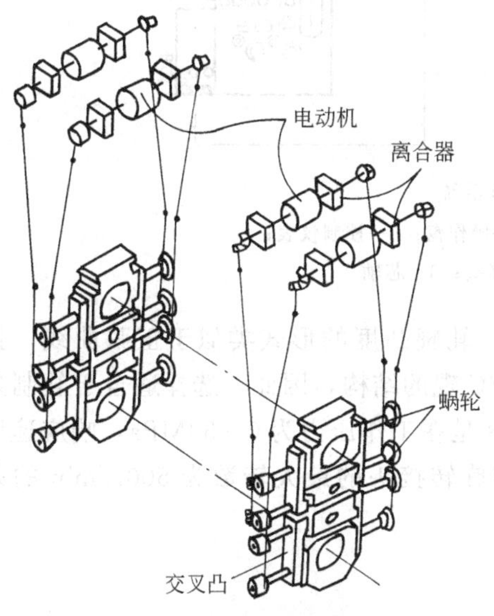

图 6-35 轧辊交叉装置

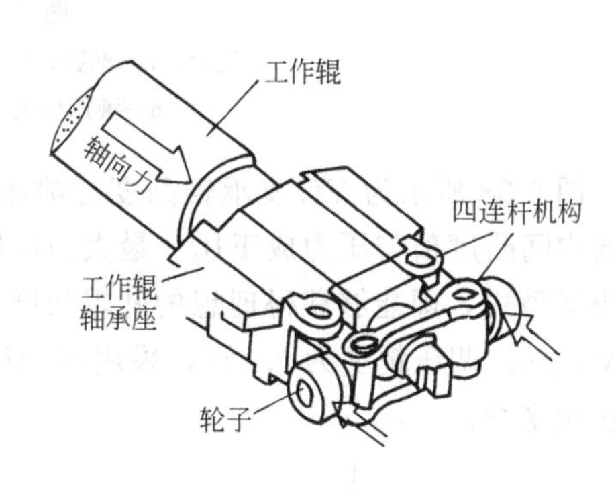

图 6-36 轴向力支承装置机构

与一般四辊轧机相比，PC 轧机仅增加了轧辊角度调整和侧推力支承两套机构，所以除了在新轧机设计时采用外，也可用于现有四辊轧机的技术改造。

第六节 VC 轧 机

VC 轧机是轧辊凸度可变轧机。这种轧机是通过改变支承辊凸度来调节轧辊辊缝形状的，也是属于柔性辊缝型。

控制带材平直度和控制带材在整个宽度上的厚度均匀性，关键在于必须补偿轧制时产生的轧辊挠度。通常借助于原始辊身凸度和弯辊系统来补偿轧辊挠度，但这些方法的效果是极有限的，而且难于处理带材尺寸和材质的变化所引起的轧辊挠度变化。日本发展了一种轧辊凸度可变系统，简称 VC 辊系统，这样的轧机称为 VC 轧机。实践证明，它可有效地控制带材板形和辊型，这种系统已广泛应用于冷连轧机和热连轧机的精轧机组及铝箔、不锈钢冷轧和平整机冷轧等方面。

一、VC辊系统

VC辊系统（图6-37）由VC辊、液压动力装置、控制装置和操作盘等组成。VC辊包括辊套、芯轴、油腔、油路和旋转接头等。在辊套和芯轴之间是油腔，轴套两端紧密地热装在芯轴上，以便使其在承受轧制力的同时能耐高压密封。液压动力装置的高压油经旋转接头向辊子供油，通过控制高压油使辊套膨胀，以补偿轧辊挠度。油压为0～50MPa，轧辊凸度在最大压力下，沿半径方向最大凸度轧钢时可达0.27mm，轧铝时可达0.33mm。

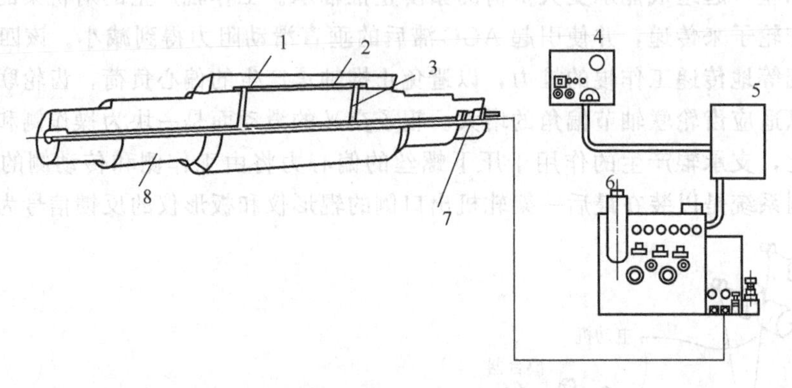

图6-37　VC辊系统

1—辊套；2—油腔；3—油路；4—操作盘；5—控制仪表；6—液压仪表；7—旋转接头；8—芯轴

图6-38所示为VC支承辊凸度与油压的关系，轧辊凸度的形式类似于正弦曲线，且轧辊的中间凸度值与压力成正比。最大凸度取决于VC辊的结构，因此，选择适合于轧制条件的辊套型式，即能够获得理想的轧辊凸度。图6-38是在工作压力为0～50MPa，响应速度为10MPa/s，调压精度为0.5%，采用多元醇脂油和旋转接头的最大转数为500r/min的条件下做出来的。

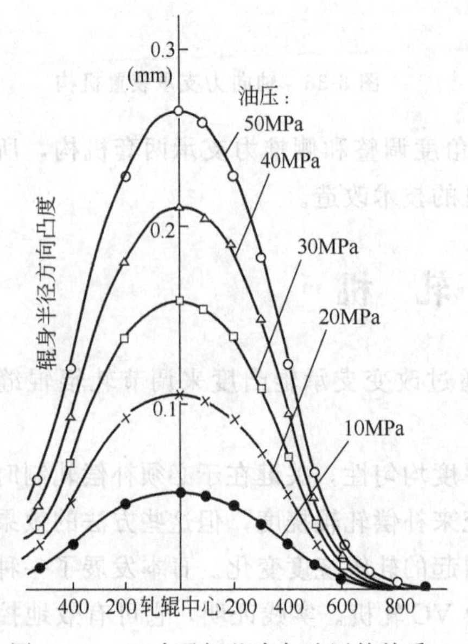

图6-38　VC支承辊凸度与油压的关系

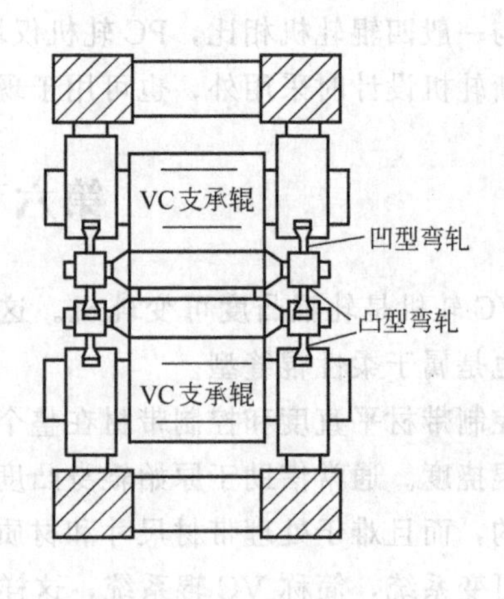

图6-39　VC辊的控制方法

二、VC 辊的控制原理

由于四辊轧机轧制负荷大，且工作辊直径较小，因此，在一般四辊轧机上，都将支承辊用作 VC 辊。其控制方法如图 6-39 所示，控制原理如图 6-40 所示。油压过小将使带材产生边浪，油压过大将使带材产生中间浪，只有油压适中，才能获得平直的带材。

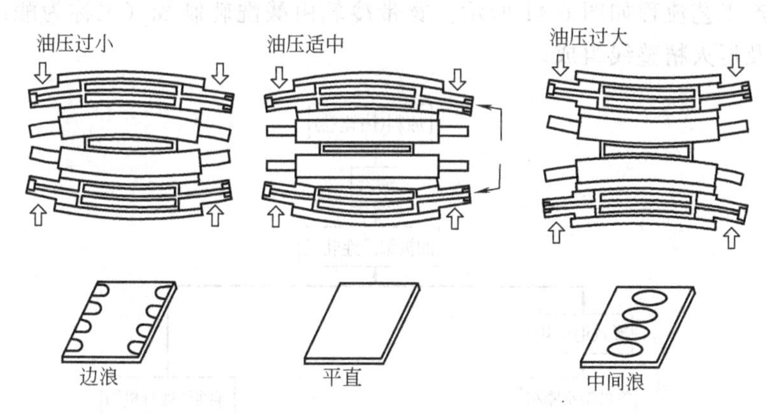

图 6-40　VC 辊的控制原理

三、VC 辊的特点

VC 辊系统具有以下特性：高效率带钢板形控制；结构简单；容易操作和维修保养；设计安全，独创新颖；有可能构成代替传感器的自动闭环控制系统；在轧辊设计和制造方面技术完备；不需要重新更换及改造现有轧机；投资花费少；不需要长期停产以及在结构和操作的工艺方面设计合理等。

第七节　宽带冷轧设备

冷轧是冶金生产中一个重要环节。冷轧板在国民经济建设中起着重要的作用，广泛应用在汽车制造、拖拉机制造、电气产品、机车车辆、造船、航空、精密仪表、民用建筑、家电及食品罐头等行业中。随着产品精度的提高，对冷轧板质量要求越来越高，产量的要求越来越大。

一、冷轧生产特点

冷轧原料为热连轧 4～5mm 的带钢卷，冷轧产品为冷轧板和热镀锌板。

冷轧与热轧相比较，有以下特点。

1. 产品精度高

目前设计热连轧机组可能轧制最小厚度为 1.2mm，但实际生产都在 1.8mm 以上，而现代冷轧宽带机可生产 0.2～0.3mm 的冷轧薄板。从厚度精度上看，现代热连轧板的厚度精度为±50μm，现代冷轧板的厚度精度可高达±5μm。热连轧板的表面粗糙度为 25μm，而冷轧板的表面粗糙度可高达 0.2μm。

2. 性能好、用途广泛

冷轧板塑性好，一般是热轧板的两倍。适于制造深度冲压成形产品。

3. 设备精度高

由于冷轧板的精度高，从而要求设备的制造精度和维护精度高。

4. 生产自动化程度高、自动控制先进

冷轧生产已实现全部自动化。主要生产线采用计算机控制，并设有板形控制系统及设备监测与故障诊断等系统。

5. 冷轧生产连续性高

二、冷轧生产工艺及设备

冷轧厂生产工艺流程如图 6-41 所示。宽带冷轧由酸洗轧制线（也称为酸洗轧制机组）、连续热镀锌线及退火精整线组成。

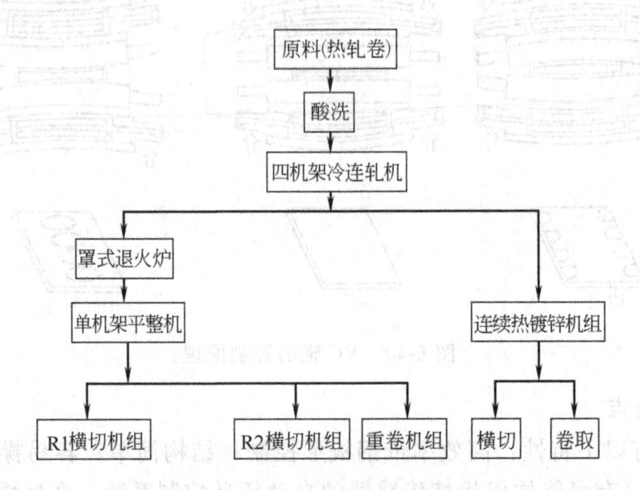

图 6-41　冷轧厂生产工艺流程

酸洗轧制线是将热轧钢板经→步进梁→开卷机→横切机→焊机→活套→拉伸矫直机→切边、碎边机→轧机轧制成带钢卷。主要设备有：开卷机、矫直机、剪切机、焊机、活套、拉伸矫直机、切边碎边机、连轧机组及卷取机等设备组成。

连续镀锌线是将冷轧带钢卷经→开卷→焊接→退火→镀锌→拉伸弯曲矫直→成品。主要设备有：开卷机、剪切机、焊机、活套、光整机、拉伸矫直机、高速飞剪等设备。

退火精整线是将冷轧带钢卷经→罩式退火炉→开卷→平整→切边→成品。主要设备有：罩式退火炉、开卷机、平整机、剪切机及矫直机等设备。

本节讲述了酸洗轧制机组的主要设备。

（一）步进梁运输机

步进梁运输机位于酸洗-轧机联合机组的入口，将吊车吊来的热轧带钢卷沿着机组一步一步地运向钢卷准备站及开卷机。图 6-42 所示为步进梁运输机工作原理简图。步进梁运输机由步进梁体、压轮、支承轮、升降液压缸、连杆、走行液压缸、鞍座及鞍座轴向移动液压缸等部件组成（其中：鞍座、鞍座轴向移动液压缸在图中未画）。步进梁体 2 上共有 5 个带钢卷为对中卷位，它是一个可轴向移动的鞍座，用一液压缸实现鞍座轴向移动。

步进梁体 1 起到支撑和输送带钢卷的作用。走行液压缸 6 实现步进梁的左右移动。升降液压缸 4 起到步进梁体的升降作用。支承轮 3 起到支承步进梁部件及带钢卷重的作用，并与压轮 2 限定步进梁件仅能左右移动。

步进梁运输机的工作过程：开始时步进梁体处于右极限且低位，走行液压缸及升降液压缸的活塞处于缩回的状态，升降液压缸无杆腔进油，活塞杆伸出，步进梁体上升，托起带钢卷，走行液压缸无杆腔进油，运送带钢卷前进，当步进梁体运动到左极限位置时，停止进油，升降液压缸有杆腔进油，步进梁体下降，且与带钢卷脱离，走行液压缸有杆腔进油，步

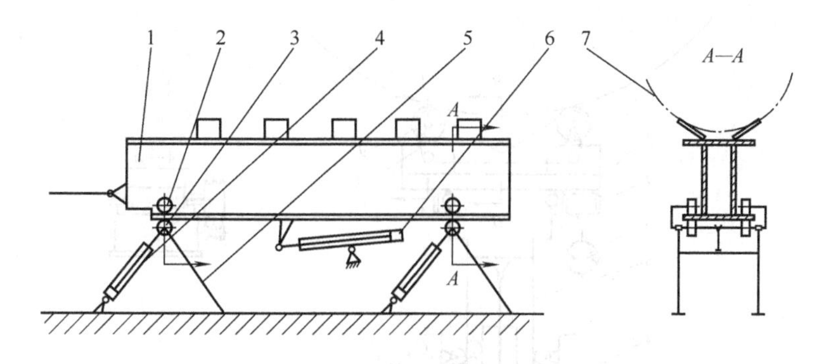

图 6-42 步进梁运输机工作原理简图

1—步进梁体；2—压轮；3—支承轮；4—升降液压缸；5—连杆；6—走行液压缸；7—钢卷

进梁体右移，进而进入下一工作过程。

步进梁运输机与链式带钢卷输送机相比较，具有工位准确、操作简单（易实现自动化操作）、维护方便、故障率低等优点。

（二）钢卷小车

钢卷小车、磁性喂料机与开卷机位于同一处，钢卷小车在下方，磁性喂料机在上方，两台开卷机位在中间且分别置于钢卷的两侧。图 6-43 所示为钢卷小车、磁性喂料机与开卷机布置图。

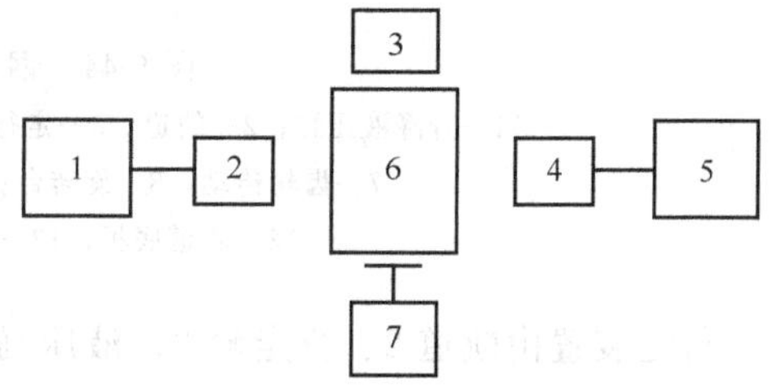

图 6-43 钢卷小车、磁性喂料机与开卷机布置

1，5—开卷机；2—卷筒；3—磁性喂料机；4—卷筒；6—带钢卷；7—钢卷小车

钢卷小车用来承接由步进梁送来的轴心线与机组中心线一致的带钢卷，钢卷小车的回转台需将带钢卷旋转 90°，使钢卷轴线垂直于机组中心线，以便开卷与轧制。再通过钢卷直径检测装置测量钢卷直径位置，确保钢卷小车升降装置把钢卷内孔中心对准开卷机锥头中心。钢卷小车的支撑辊转动展开带颈（带钢头），磁力喂料机将带颈吸住，且与钢卷小车配合，一起将带颈送入六辊矫直机。小车升降台在两台开卷机卷筒分别由两侧伸入钢卷内径并胀紧后下降，小车返回原位。

钢卷小车由行走装置、升降装置、回转装置及使钢卷转动的滚动装置组成。图 6-44 所示为钢卷小车工作原理简图。

回转装置的作用是使带钢卷旋转 90°以便开卷。滚动装置与磁性喂料机配合使带颈伸入六辊矫直机。升降装置在检测的监控下确保钢卷内孔中心与开卷机卷筒中心一致。行走装置的作用是保证带钢卷对中。

回转装置由液压马达 6、小齿轮和大齿圈 7 及旋转台 8 等组成，液压马达带动小齿轮转动，小齿轮带动大齿圈，从而实现了回转台的转动。

升降装置由液压缸 1、升降架 5 及滚轮 11、车体滑道等组成，液压缸实现了升降架的升降，滚轮起到减小摩擦作用。

滚动装置由液压马达 14、托辊 9、链条 10 和链轮等部件组成。液压马达通过链传动实现了托轮的转动。

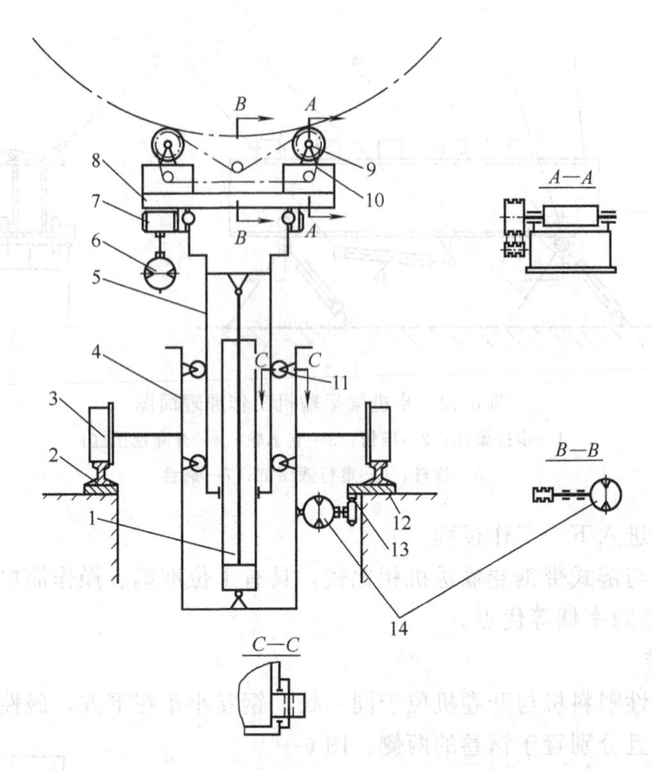

图 6-44　钢卷小车工作原理简图

1—升降液压缸；2—轨道；3—走行轮；4—车体；5—升降机架；6—液压马达；
7—齿轮传动；8—旋转台；9—托辊；10—链传动；11—滚轮；
12—轨道底板；13—齿轮齿条传动；14—液压马达

行走装置由轨道 2、行走轮 3、液压马达 14、齿轮齿条 13 等部件组成。液压马达通过齿轮齿条传动实现了小车行走。

（三）磁性喂料机

磁性喂料机由小车行走装置、小车横移装置及磁性喂料装置组成。图 6-45 所示为磁性喂料机原理简图。

横移装置的作用是将吸起的带钢颈对中六辊矫直机。横移装置由横移液压缸 12、小车体 2 及连杆组成。如图 6-45B 向视图所示，液压缸工作，小车相对于升降杆作横向移动。

行走装置由链传动 1、行走轮 8、走行液压马达 9 及轨道 10 等部件组成。液压马达通过链传动牵引小车在轨道上行走，实现了在机组线方向的移动。

磁性喂料装置由液压缸 3、升降杆 7、摆动液压缸 6、链传动 5、电磁辊 4 等部件组成。

磁性喂料机工作过程如下。

① 小车、升降缸及摆动缸相配合使电磁辊下移；

② 通电使电磁铁产生磁力，吸住钢卷卷颈；

③ 小车、升降缸及摆动缸相配合将卷颈伸入六辊矫直机；

④ 复位。

（四）开卷机

两台开卷机同时工作，分别位于带钢卷两侧，开卷机的主要功能是当运卷小车将钢卷送至开卷位置后，两台开卷机由等待位置同时将两个卷筒移进钢卷内孔，到位时，迅速胀开，

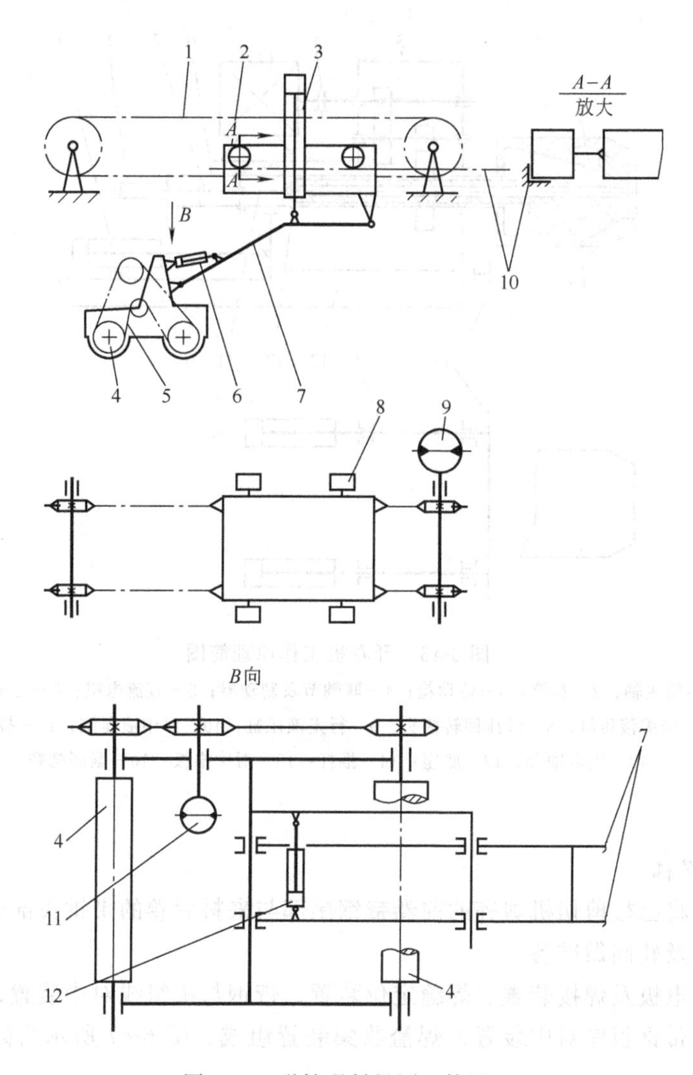

图 6-45　磁性喂料机原理简图

1—走行链传动；2—小车体；3—升降液压缸；4—电磁辊；5—电磁辊链传动；
6—摆动液压缸；7—升降杆；8—小车车轮；9—走行液压马达；10—轨道；
11—电磁辊传动液压马达；12—电磁辊架横移液压缸

将钢卷固定，然后卷筒旋转，进行开卷。

开卷机由卷筒旋转的主传动装置、卷筒胀缩装置、行走装置及对中装置组成。图 6-46 所示为开卷机工作原理简图。

主传动装置由直流电动机 5、联轴节及制动器 4、减速器 3、卷筒主轴 1、卷筒 2 等部件组成。电动机通过减速器带动卷筒主轴上大齿轮转动，从而使卷筒主轴转动。

卷筒胀缩装置由液压回转接头 8、胀缩液压缸 7、拉杆 11 等部件组成。液压缸转动，回转接头壳体不转动，在其外壳上接进、回油管，回转接头起集流作用。液压缸工作，通过拉杆使卷筒主轴左右移动，从而实现了卷筒扇形板的胀缩。

行走装置由行走液压马达 9、底座 13 及底座上面的行走小车组成。液压缸工作实现了行走小车移动，使卷筒伸入钢卷内孔或退回。

对中装置由对中液压缸 10、推杆 14 及对中推板 15 组成。对中装置的作用是使带钢卷

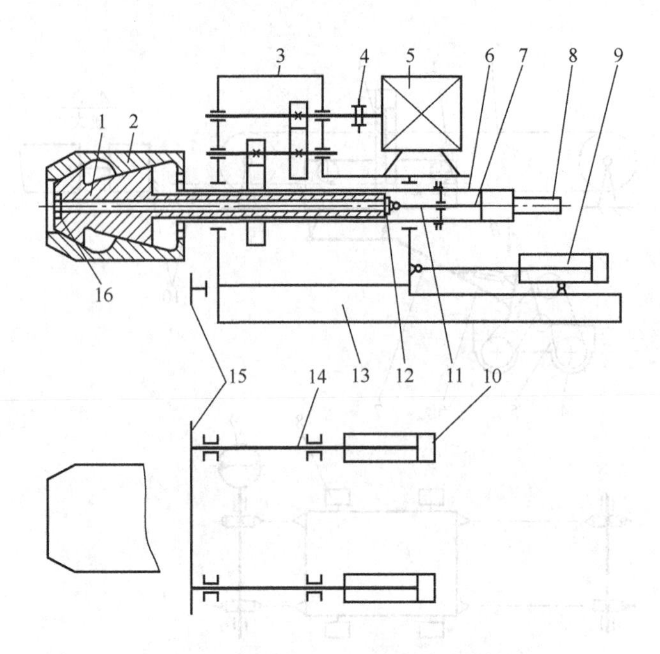

图 6-46　开卷机工作原理简图

1—卷筒主轴；2—卷筒；3—传动箱；4—联轴节及制动器；5—直流电机；6—主轴套筒；7—胀缩液压缸；8—液压回转接头；9—行走液压缸；10—对中液压缸；11—拉杆；12—固定轴套；13—底座；14—推杆；15—对中推板；16—紧固螺帽

对中于机组线。

（五）闪光焊机

闪光焊机是将已被剪切机剪齐的前卷带钢尾部与来料后卷的带钢头部进行闪光焊接。为带钢的连续酸洗及轧制做准备。

闪光焊机由电极及焊接装置、焊缝定位装置、带钢与机组线对中装置、冲孔装置、光整装置、月牙剪、带钢板厚对中装置及焊渣收集装置组成。图 6-47 所示为闪光焊机工作原理简图。

电极及焊接装置用以完成带钢尾部与来料带钢头部的焊接，该装置由顶锻液压缸 2、水平活动机架 5、上下电极 4 和 7、上电极升降液压缸 6、定缝刀 8、定缝刀水平移动液压缸 9、定缝刀升降液压缸 10、牵引小车升降液压缸 19、牵引小车 20 及牵引小车行走液压缸 21 等部件组成。定缝刀、定缝刀水平移动液压缸和升降液压缸用以保证焊缝的位置和焊缝宽度。上下电极及上电极液压缸用以压紧带钢尾部和来料带钢头部，两电极通电在焊缝处产生闪光电弧，熔化带钢尾部和来料带钢头部，将带钢尾部与来料带钢头部顶锻焊接。顶锻液压缸及水平活动机架用以使来料带钢头部靠紧定缝刀及顶锻焊接。牵引小车用以压紧带钢尾部，并使其向后移动靠紧定缝刀。电极及焊接装置工作过程：定缝水平和升降液压缸工作；定缝刀下移；活动机架上的上电极液压缸工作；上电极下移压紧来料带钢头部；顶锻液压缸工作；活动机架随同来料带钢一起前移，使其头部靠紧定缝刀；牵引小车压头升降液压缸工作；压紧带钢尾部；牵引小车行走液压缸工作；牵引小车随同带钢尾部后移，使其靠紧定缝刀；带钢尾部处上电极液压缸工作；压紧带钢尾部；定缝刀抬起；电极通电，焊缝处钢板温度升高；顶锻液压缸左移，顶锻焊接；复位；带钢前移至光整刀处。

冲孔装置由冲孔机和冲孔升降液压缸 12 组成。冲孔液压缸工作，冲头下移，在焊缝附

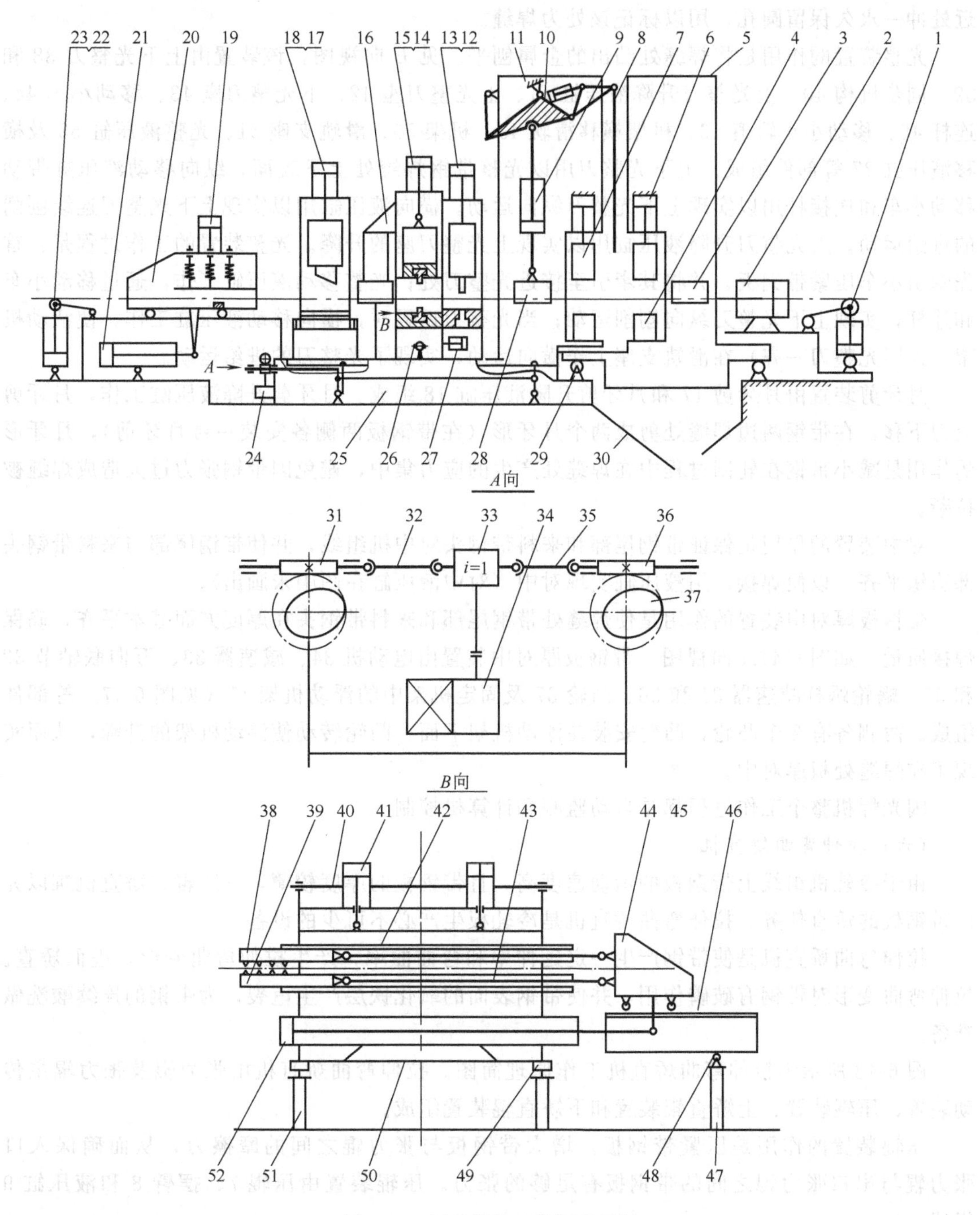

图 6-47　闪光焊机工作原理简图

1—入口活套辊及气缸；2—顶锻液压缸；3，16，28—对中装置；4，7—上下电极；5—水平活动支架；6—上电极升降液压缸；8，9，10—定缝刀及其水平移动和升降液压缸；11—固定机架中浮动架；12，13—冲孔机及升降液压缸；14，15，26，27—光整机及其纵横向移动液压缸；17，18—月牙剪及升降液压缸；19，20，21—牵引小车及压头升降和车体移动液压缸；22，23—出口活塞及气缸；24—带厚对中传动装置；25—焊机底座；29—支承轮；30—焊渣收集装置；31—左蜗轮减速器；32—左万向接轴；33—传动箱；34—齿轮马达；35—右万向接轴；36—右蜗轮减速器；37—凸轮；38—上光整刀；39—下光整刀；40—同步连杆机构；41—上光整刀升降液压缸；42—上光整刀座；43—下光整刀座；44—移动小车；45—连接杆；46—移动小车轨道；47—轨道支座；48—横移轨道支承轮；49—机架横移滑轨；50—机架；51—滑轨支座；52—光整液压缸

近处冲一永久保留圆孔，用以标记该处为焊缝。

光整装置的作用是将焊缝处凸出的金属刨平。见 B 向视图，该装置由上下光整刀 38 和 39、同步机构 40、上光整刀升降液压缸 41、上光整刀座 42、下光整刀座 43、移动小车 44、连杆 45、移动小车轨道 46、机架横移滑轨 49、机架 50、滑轨支座 51、光整液压缸 53 及横移液压缸 27 等部件组成。上下光整刀用以光整带钢焊缝处上下表面，纵向移动液压缸带动移动小车和连接杆用以实现上下光整刀纵向运动。横向液压缸用以实现上下光整刀连续刨削的进给运动。上光整刀升降液压缸用以实现上光整刀座的升降。光整装置的工作过程是：首先牵引小车压紧带钢板，并将其牵引至接近光整刀处；光整移动液压缸工作，通过移动小车和连杆，实现上下光整刀纵向刨削运动；当光整刀返程时，横向移动液压缸工作，使活动机架（连同光整刀一齐）在滑轨支座上作横向运动，实现了光整刀的进给运动。

月牙剪装置由月牙剪 17 和月牙剪升降液压缸 18 组成。月牙剪升降液压缸工作，月牙剪上刀下移，在带钢两边焊缝处剪成两个月牙形（在带钢板两侧各安装一台月牙剪），月牙形的作用是减小带钢在轧制过程中在焊缝处产生的应力集中，避免因带钢张力过大造成焊缝被拉断。

对中装置的作用是保证带钢尾部和来料带钢头对中机组线，并使带钢尾部与来料带钢头部边缘平齐，以便焊接。用液压缸实现对中（对中液压缸在图中未画出）。

带钢板厚对中装置的作用是使焊缝处带钢尾部和来料带钢头在厚度方面基本平齐，确保焊接质量。如图 6-47A 向视图，带钢板厚对中装置由电动机 34、减速器 33、万向联轴节 32 和 35、蜗轮蜗杆减速器 31 和 36、凸轮 37 及固定机架中的浮动机架 11（见图 6-47）等部件组成。两侧各有 2 个凸轮，凸轮安装在浮动机架下面，凸轮转动使浮动机架的升降，从而实现了在焊缝处板厚对中。

闪光焊机整个工作过程都是自动监测和计算机控制。

（六）拉伸弯曲矫直机

由于冷轧机组线上带钢板的运动速度高，且带钢板的厚度较薄，一般辊式矫直机难以完成带钢板的矫直任务。拉伸弯曲矫直机是冷轧板生产必不可少的设备。

拉伸弯曲矫直机是使带钢产生一定延伸率和弯曲曲率，产生拉伸弯曲变形，进而矫直。拉伸弯曲变形对带钢有破磷作用，并使带钢表面的氧化铁层产生龟裂，为带钢的连续酸洗做准备。

图 6-48 所示为拉伸弯曲矫直机工作原理简图。拉伸弯曲矫直机由张力辊及张力辊主传动装置、压辊装置、上矫直辊装置和下矫直辊装置组成。

压辊装置的作用是压紧带钢板，增大带钢板与张力辊之间的摩擦力，从而确保入口张力辊与出口张力辊之间的带钢板有足够的张力。压辊装置由压辊 7、摆臂 8 和液压缸 9 组成。

上矫直辊装置由压下油缸 11、后支撑 10、上辊部件 13 及上矫直辊等部件组成。压下油缸用以实现上矫直辊压下，为保证矫直效果，选用直径较小的工作辊，并在每根工作辊的背面放置了两个直径较大的支撑辊，用以保证工作辊有足够的刚度。

下矫直辊装置与上矫直辊装置基本相同，主要区别是下辊高度调整装置采用了蜗轮蜗杆传动。

张力辊及其主传动装置的作用是使带钢板产生足够的张力，确保其拉伸变形。图 6-49 所示为张力辊主传动装置简图。

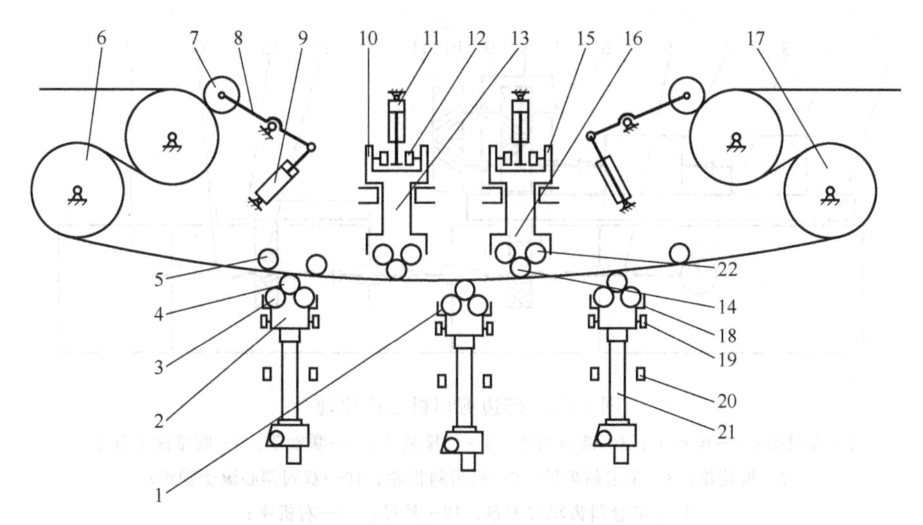

图 6-48 拉伸弯曲矫直机工作原理简图

1—矫直系统下辊部件；2—反向弯曲辊系统部件；3—下支承辊；4—下工作辊；5—导辊；6—出口张力辊；7—压辊；8—摆臂；9—液压缸；10—后支撑；11—压下液压缸；12—拆卸轮；13—矫直系统上辊部件；14—上工作辊；15—前支撑；16—矫直系统上辊部件；17—入口张力辊；18—矫直系统下辊部件；19—拆卸轮；20—拆卸轨道；21—下辊部件高度调整装置；22—上支撑辊

张力辊装置由电动机、制动器、联轴节、蜗轮蜗杆减速器、齿轮箱、万向接轴和张力辊等部件组成。两边电动机分别驱动入口和出口张力辊，中间大电机使入口和出口张力辊产生转速差，从而使带钢板有足够的张力，中间小电机用于检测。

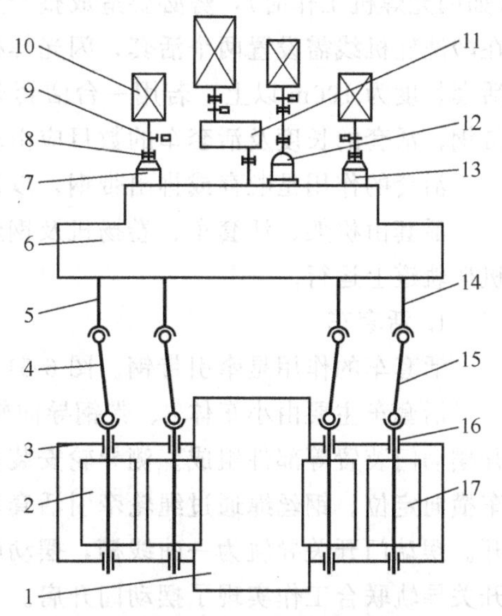

图 6-49 张力辊主传动装置简图

1—拉矫机机座；2—出口张力辊；3—轴承；4—万向接轴；5—齿轮箱输出轴；6—齿轮箱；7—行星减速机；8—齿接手；9—摩擦制动器；10—电动机；11—减速机；12，13—行星减速；14—输出轴；15—万向接轴；16—轴承；17—入口张力辊

（七）碎边剪切机

碎边剪切机用于薄板剪切，它与圆盘剪切机配合，用以将带钢板边缘剪齐，碎边剪安装在圆盘后面，将圆盘剪剪成的带钢条剪碎，以便收集和运输。

由于带钢板两边都需剪齐，在带钢边缘两侧各安装一台碎边剪，每台碎边剪各有 2 个刀头，每个刀头上有 6～8 把刀，如同齿轮啮合一样，靠上下刀的啮合过程把圆盘剪切下来的废边剪成一段一段的碎片。图 6-50 所示为碎边剪切机工作原理。

碎边剪切机由刀头及刀头主传动装置和活动机架移动装置组成。

主传动装置的作用是用以实现刀头的啮合运动，完成废边切碎。该装置由电动机 2、行星减速器 4、齿轮箱 7 及刀头 11 等部件组成。电动机通过联轴节、减速器及齿轮箱实现刀头转动。

机架移动装置的作用是按着与圆盘剪相对应的横向尺寸调整两台碎边剪刀头之间的距

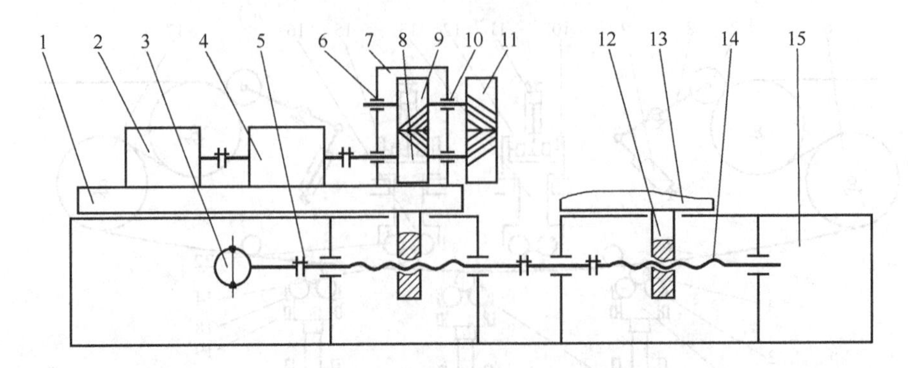

图 6-50 碎边剪切机工作原理

1—左机架；2—电动机；3—液压马达；4—行星减速；5—联轴节；6—圆锥滚子轴承；
7—齿轮箱；8—主齿斜齿轮；9—副齿斜齿轮；10—双列调心滚子轴承；
11—啮合斜齿轮式刀盘；12—丝母；13—右机座；
14—丝杆；15—导轨座

离。该装置由液压马达 3、联轴节 5、丝杆 14、丝母 12 及活动机架等部件组成。液压马达带动丝杆转动，实现了活动机架随同丝母一起作横向移动。两台碎边机丝母螺纹旋向相反，从而实现了两台碎边机相对或相反运动。

（八）活套

冷轧板生产是连续生产线，若在生产线上出现小故障或因工艺原因使带钢运动短暂停止(如闪光焊机工作时)，势必要造成整个生产线停车，因此，在生产线上必须设置活套，一般在酸洗轧机线需设置两个活套，闪光焊机与酸洗之间设置一个活套。为贮备足够的带钢板，活套长度为 100m 以上，若用一台活套车，可贮备两层带钢，若用两台活套车，可贮备四层带钢，活套的长度及活套车的数目应由轧制速度和暂停时间确定。

活套的作用是贮存或排出带钢，以保证酸洗和轧机连续运行。

活套由机架、活套车、卷扬机及钢丝绳导卫装置组成。卷扬机钢丝绳牵引活套车在活套机架轨道上运行。

1. 活套车

活套车的作用是牵引带钢。图 6-51 所示为活套车的结构。

活套车主要由小车体 8、带钢导向轮 7、钢丝绳导轮 13、车轮 9、横向定位侧导轮 10 及开摆动门装置等部件组成。侧导轮安装在轨道的两面，起一般车轮的轮缘作用，实现了活套车横向定位。钢丝绳通过绳轮牵引活套车运行。撞尺用于拨动摆动门的撞轮，使撞轮向外分开。摆动门开关导轨为一曲线槽，摆动门的导轮沿着该槽运动，使摆门打开。撞尺和摆动门开关导轨联合工作实现了摆动门开启。

2. 摆动门

摆动门上的摆动托辊用以托住带钢板，起到托辊作用。该轮位于活套车运动的水平线上，当活套车运行到该辊处时，托辊必须打开，两个摆动托辊向两侧分开，故称为摆动门。当活套车返回，并且过了该辊后，摆动门自动关闭，继续托着活套车后面的带钢板。图 6-52 所示为摆动门的结构。

摆动门由摆动门托辊 2、导辊 3、导卫辊 5、摆臂 7、撞轮 10、扇形板 12、复位弹簧 13(拉力弹簧)、锁销 14、摆臂转向轴 8 及联锁连杆 15 等部件组成。导卫辊用以防止带钢板跑

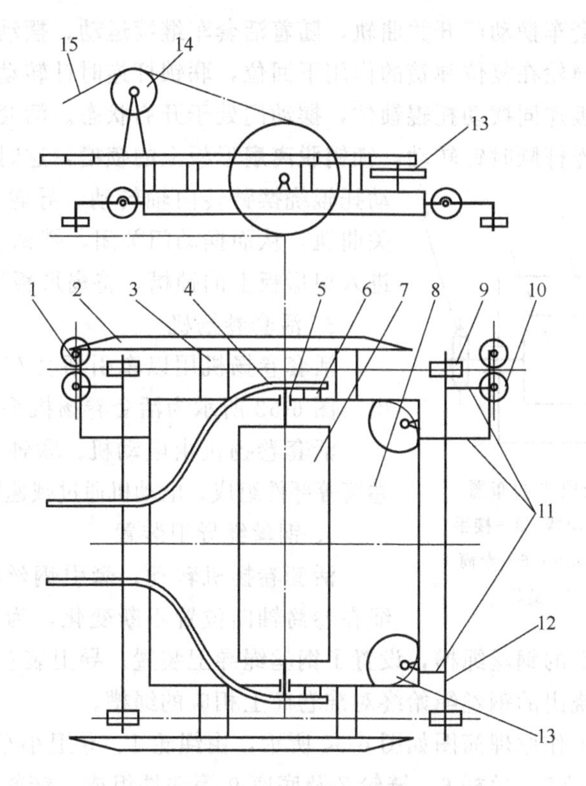

图 6-51　活套车的结构

1—侧导轮架；2—摆动门机机械联锁开关撞尺；3—撞尺支撑架；4—摆动门开关导轨；5—调心双列球面滚子轴承；6—导轨与小车体固定连接；7—带钢导向轮；8—小车车体；9—车轮；10—侧导轮；11—车轮通轴支承架；12—车轮通轴；13—钢丝绳导轮；14—托辊；15—带钢板

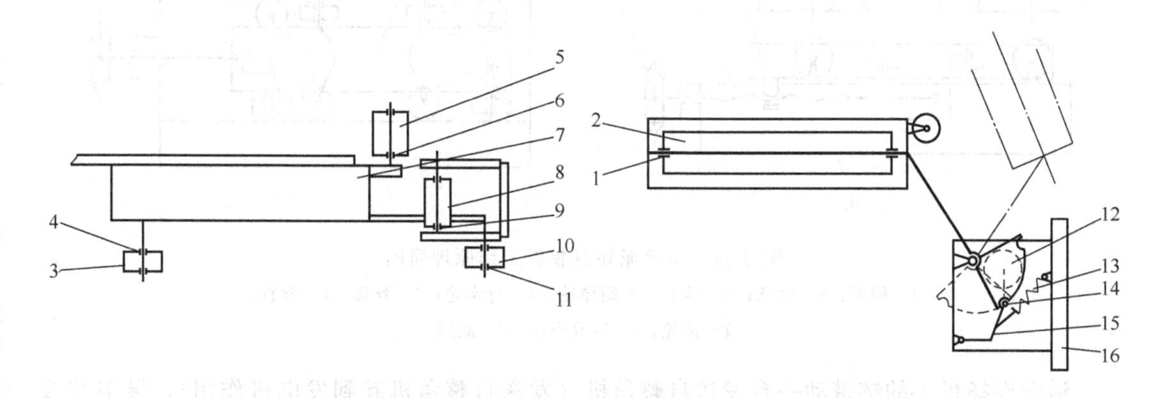

图 6-52　摆动门的结构

1—摆动托辊轴承；2—摆动门托辊；3—导辊；4—导辊轴承；5—导卫辊；6—导卫辊轴承；7—摆臂；8—摆臂转向轴；9—辊套轴承；10—撞轮；11—撞轮轴承；12—扇形板；13—复位弹簧；14—锁销；15—联锁连杆；16—机架

偏。摆动托辊、摆臂及扇形板刚性联接，可绕扇形板上的铰链转动。当撞尺撞击撞轮后，撞轮向外分开，撞轮和锁销都安装在联锁连杆上，撞轮向外分开的同时，锁销也向外分开，联锁连杆顺时针转动，锁销脱离扇形板上的锁槽，这时可允许扇形板连同摆动托辊绕摆臂转向轴转动。

这时导轮进入活套车摆动门开关曲轨，随着活套车继续运动，摆动门逐渐打开，当撞轮脱离活套车撞尺后，撞轮在复位弹簧的作用下回位，联锁杆逆时针转动，锁销进入扇形板的下一个锁槽，将扇形板连同摆动托辊锁住，摆动门处于开启状态。活套小车返回时，撞尺使撞轮向外分开，联锁连杆顺时针转动，锁销脱离扇形板上的锁槽，这时可允许扇形板连同摆动托辊绕摆臂转向轴转动。导轮进入活套车摆动门开关曲轨，从而摆动门关闭，锁销在复位弹簧的作用下，进入扇形板上的锁槽，将扇形板连同摆动托辊锁位。

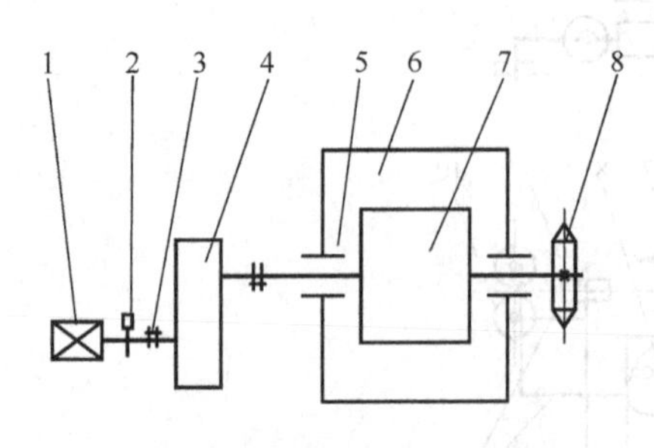

图 6-53　活套卷扬机平面布置

1—电动机；2—摩擦制动器；3—接手；4—减速机；5—卷筒轴承；6—卷筒机座；7—卷筒；8—链轮

3. 活套卷扬机

活套卷扬机用以牵引活套车，实现带钢存储和排出。图 6-53 所示为活套卷扬机平面布置。

活套卷扬机由电动机、联轴节、制动器、减速器、卷筒等部件组成。电动机通过减速器实现了卷筒的转动。

4. 钢丝绳导卫装置

活套卷扬机转动，牵引钢丝绳绕入或绕出，钢丝绳在卷筒轴向位置不断变化，为避免钢丝绳在绕入或绕出过程中脱离卷筒上的钢丝绳槽，设置了钢丝绳导卫装置。导卫装置上的绳轮随卷筒的转动而移动，使绕入或绕出的钢丝绳始终对准卷筒上相应的绳槽。

钢丝绳导卫装置工作原理简图如图 6-54 所示，由绳轮 1、导卫小车 8、导卫小车侧导轮 3、小车行走轮 4、丝母 5、丝杆 6、链轮 7 及底座 9 等部件组成。链轮通过丝杆传动，带动导卫小车移动。侧导轮起导卫小车侧向定位作用。

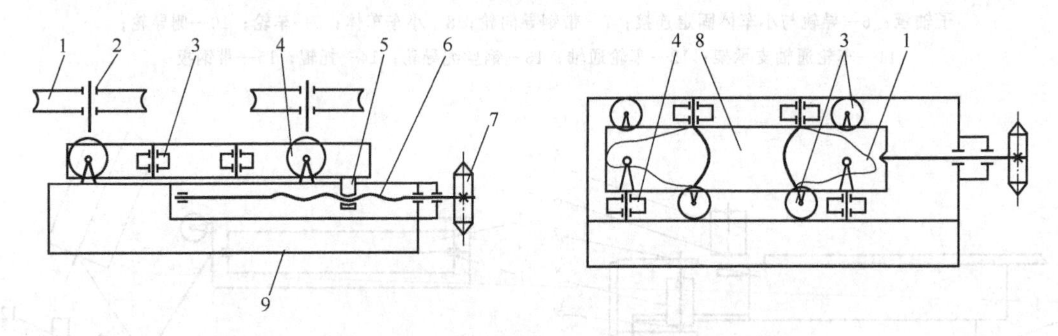

图 6-54　钢丝绳导卫装置工作原理简图

1—绳轮；2—轴承；3—导卫小车侧导轮；4—行走轮；5—丝母；6—丝杆；7—链轮；8—导卫小车；9—底座

活套卷扬机上的链带动一台发送自整角机（发送自整角机起到发电机作用），导卫装置的链轮由接收自整角机驱动（接收机起到电动机作用），发送定子绕组与接收机定子绕组接通相等的电压，发送机转子绕组与接收机转子绕组串联，发送机发出的电流供给接收机，从而使导卫装置链轮转动与卷扬机卷筒同步，实现了导卫装置绳轮边缘始终与卷筒钢丝绳绕入或绕出处的绳槽位置相对应。

思考题

1. 板、带的分类。

2. 板带轧机压下装置分为几类？有何作用？

3. 板带轧机平衡装置分为几类？有何作用？
4. 板带轧机机架的主要型式有几种？通常利用何种材料？
5. HC轧机的类型、特点、结构及原理。
6. CVC轧机的类型、特点、结构及原理。
7. PC轧机的特点、结构及原理。
8. VC轧机的特点及原理。
9. 冷轧与热轧相比较有什么优点？
10. 简述钢卷小车的工作过程。
11. 简述磁性喂料机工作过程。
12. 简述电极及焊接装置工作过程。
13. 试述闪光焊机中光整装置的作用。
14. 试述碎边剪切机的作用。
15. 活套作用是什么？由哪几部分组成？活套是如何工作的？

第七章　线材轧机

第一节　线材轧机概况

线材的用途很广，在国民经济各个部门中线材占有重要的地位。线材不仅用途广，而且用量也很大。据有关资料统计，各国线材产量占全部热轧材总量的5.3%～15.3%。一般把5.5～9mm的圆钢称为线材。在我国以6.5mm为主。目前国内外已扩大到5～38mm，有的国家已扩大到42mm。线材的断面除圆断面以外还有少量的扁、六角、螺纹及异形断面等。在工业应用上，要求线材盘重大，直径公差小，并具有良好和均匀的机械性能。尤其近几十年内型钢发展趋于长件化及向连铸-连轧方向发展，要求线材的性能及表面质量越来越高。所以对线材的要求决定了新型轧机及其他新技术的飞速发展。

线材轧机的形式有三种：横列式、半连续式和全连续式。随着线材生产的发展，轧制方法逐步由横列式向连续式发展。

20世纪40年代的线材轧机大部分为横列式线材轧机，需要人工喂钢，轧制速度低（低于10m/s）。由于速度低，轧件温降大，影响线材尺寸精度，因此，其盘重一般在80kg左右。轧机年产量仅在10万吨以下。横列式线材轧机的布置形式如图7-1（a）、（b）所示。

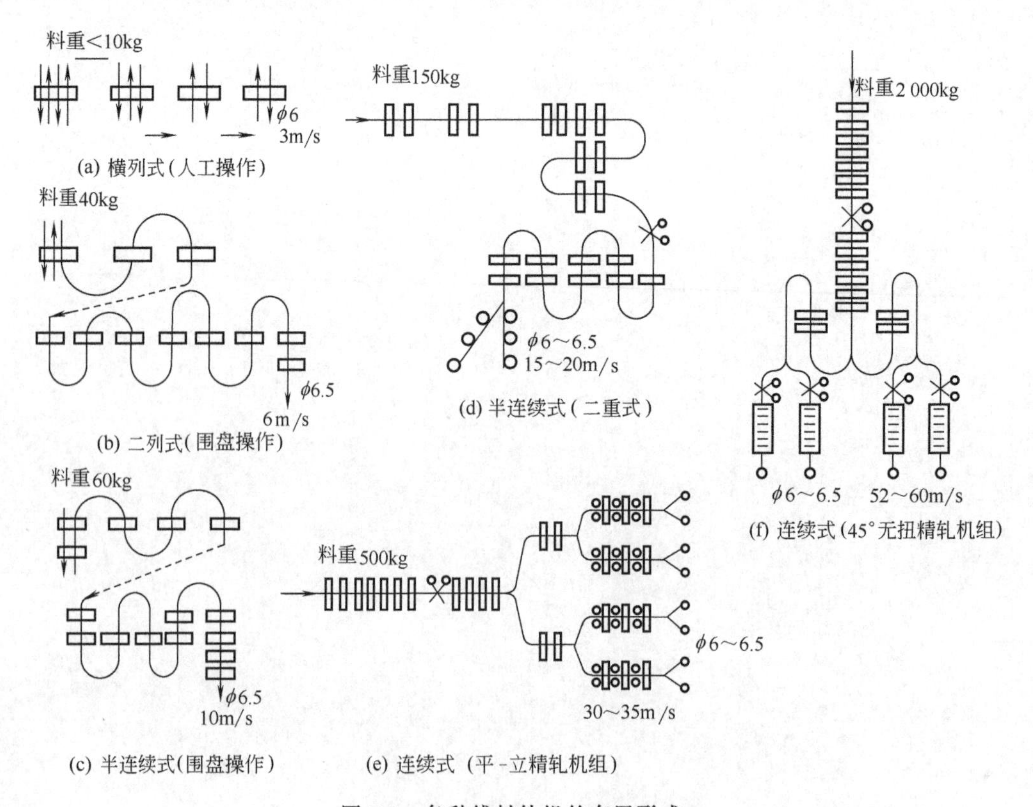

图7-1　各种线材轧机的布置形式

20 世纪 50 年代发展了半连续式线材轧机。粗轧机组布置成连续式，精轧机组布置成横列式，中轧机组布置成连续式或横列式。在机械化程度较高的半连续线材车间中，可以不用人工喂钢，成品最高轧制速度可达 16m/s，单重达到 200kg，年产量可达到 20 万～35 万吨。半连续式线材轧机的布置形式如图 7-1（c）、（d）所示。

20 世纪 50 年代中期出现了全连续式线材轧机，从粗轧到精轧全部组成连轧。60 年代初期，精轧机除水平连轧机外，还有平-立轧辊交替的精轧机组，形成了平-立-平的连续式线材轧机。由于轧机传动系统结构的限制，线材轧机的最高轧制速度都在 35m/s 以下，线材盘重为 300～500kg。四线轧制时的年产量为 50 万吨左右。全连续式线材轧机的布置形式如图 7-1（e）所示。

20 世纪 60 年代中期，出现了框架式 45°无扭精轧机组、悬臂式 45°无扭精轧机组和 Y 型轧机。它在精轧机组上实现了高速无扭轧制，提高了线材的质量及产量。最高轧制速度可达 70m/s。线材盘重达 1 500～2 500kg，四线轧制时的年产量为 60～80t。连续式 45°无扭精轧机组如图 7-1（f）所示。

Y 型轧机是一种三辊式连轧机。每台 Y 型机座有三个互成 120°布置的盘形轧辊，构成三角孔型。当下传动时，三个互为 120°的轧辊相似于字母“Y”，故称为 Y 型三辊连轧机，简称为 Y 型轧机。

无扭高速线材轧机在这短短的四十多年里之所以能有这样的飞速发展，是由于它具有一系列显著的优点，这些优点总括起来有以下几点。

1. 采用小辊径

悬臂无扭高速线材轧机用小辊径轧制时，轧件的宽展量亦小。

采用小辊径碳化钨轧辊的最主要的好处是为了解决二辊扭转机组和普通平-立精轧机组不好解决的难题——张力控制问题，小辊径的特点是宽展小，延伸大。由于宽度的减小，轧件尺寸公差被动也随之减小，张力变化也随之减小，加上高刚度机架，短的辊身，耐磨的孔型，极轻微振动机座，合理的孔型导卫设计，通过精确的安装调整即可得到最小张力。

由于采用小辊径，就可以允许采用昂贵的碳化钨硬质合金作为轧辊材料（如用辊环，则质量只有 16kg 左右，用无键连接方式套在辊轴上）。

碳化钨具有极好的耐磨性能，热机械性能和热冲击性能也相当好，因此，这种轧辊孔型寿命很长。碳化钨轧辊的每个孔型可轧制 1 600t，每个轧辊可重磨 20 次，故每个轧辊的最大轧材量为 6 400t（两个孔型），相当于普通轧辊槽寿命的几十倍。由于孔型寿命长可使用单槽孔型，经过精确定位和配置后可免去轴向调整，简化调整和节约调整时间；径向虽可调整，但由于磨损很少也几乎不需要做；由于磨损很少，因此，精轧孔型辊缝很小提高了成品精度。

由于轧制力与轧辊直径的平方成正比，轧制力矩与轧辊直径本身成正比，所以，采用小辊径能降低轧制压力和轧制力矩。

2. 轧制速度高

提高轧制速度一直是提高轧机产量的主要途径。显而易见，轧机理论的小时产量与轧制速度成正比例上升，轧速为 80～90m/s 的现代化高速无扭线材轧机，每条轧线每年就能生产小规格的线材 25 万吨，不过，从国外实际生产经验得知，由于轧制速度不断地提高，设备利用率就有所降低。因此，当轧制速度更进一步的提高时，轧机年产量的提高比相应的轧制速度的提高要慢些，随着轧制速度的提高，小时产量和单根年产量成正比例增长，但多根年产量的增长在轧制速度超过 80m/s 却不显著，由此可见，线材轧机成品速度的提高，不是无限度的，在一定的条件下，应有最佳速度，这是由轧机的综合经济效果和变形热引起的过高终轧温度所决定的，如日本神户第七线材厂速度达 102m/s，钢坯出炉温度为 900℃，以降低终轧温度，节约能耗，提高炉子寿命。

提高轧制速度不仅能提高产量，而且还能提高质量。老式横列式和复二重式线材轧机提高产量的主要措施之一就是多根轧制，线数最多可达 4～6 条，但是，多条轧制会使线材成品精度降低，并给轧机调整操作带来很多困难。

现代高速线材轧机是通过提高轧制速度解决产量和质量之间的矛盾的，即用单条代替多条以保证线材成品精度，而且提高成品速度来弥补由于减少条数所造成的产量降低。

3. 轧制质量高

悬臂无扭线材精轧机轧制质量较高，一般它的尺寸公差可达到±0.15～±0.20mm，椭圆度达 0.25～0.3mm。但是，很多厂实际生产的线材公差要比这大一些，如原西德拜迪希厂，它生产的线材尺寸公差绝大部分为±0.3mm，因为这个公差对线材的后步加工工序已经够了。另外，要使全部产品均达到公差±0.15mm，就需要多换辊，并要降低产量，不一定经济，因此，实际生产的公差要大一些。于此必须强调的是：要保证最后成品的高质量，只靠精轧机是不够的，必须同时提高供给精轧机用的坯料的精度，现在国外有趋势在精轧机前设置 2～4 架预精轧机，这种预精轧机可使供给精轧机的坯料精度达到±0.15mm，而一般水平布置的连轧机供给精轧机的坯料公差为±0.3mm。

4. 盘重大、坯料大

提高线材盘重也就是坯重是目前世界线材轧机的发展趋势，而增加坯重的最经济的办法是加大坯料的断面。因过多地增加坯料长度在运输、装卸、加热过程中使工艺操作困难，加热炉造价高，结构庞大，因此，较现代化的线材轧机，一般用的坯料长为 14m、16m，少数有用到 20m 或 22m，但是在连轧机中，增加坯料断面也受最高轧制速度的限制。为了避免连轧中速度最低的第一架不至烫辊，它的轧制速度不能低于 0.08m/s，一般采用 0.1m/s，这样在轧制 ϕ5.5mm 的线材时，对 130×130 的坯料来说，为要保持秒流量相等，它的出口速度最低为 71m/s，对 120×120 是 60m/s，这就是说只有轧制速度提高了，才有条件提高盘重或加大坯料质量。

5. 收得率高

由于增大了盘重，也就大大地减少了轧头次数，减少轧废的机会，其次是减少了切头切尾的质量比率，这就提高了收得率，原西德拜迪希厂的一台德马克型 45°无扭高速线材轧机，它的轧制速度为 65m/s，盘重为 1 500kg，1981 年的收得率达 95.81%，将钢坯在轧制前焊接起来，进行无头轧制，即可提高作业率和钢材成材率，这是因为无头轧制时，由于消除了相邻两钢坯之间的时间间隔，增加了纯轧时间，同时，由于减少了因咬入所引起的事故，使作业时间也增加了。

6. 采用计算机控制

目前无扭高速线材轧机采用计算机控制，计算机主要是用来提高产品质量，提高生产率，缩短研究各项有关问题的过程，降低生产费用。20 世纪 70 年代以来，开始出现用计算机控制线材轧机，当然，应具备准确而可靠的连续自动检测和控制仪表。

7. 轧机效率高

为提高轧机效率，必须减少辅助生产时间和事故时间，具体措施主要包括有：实现快速换辊和快速换导卫，这类轧机的悬臂式轧辊和轧辊芯轴之间的无键连接以及新结构型式的导卫装置，都为实现快速换辊和快速换导卫创造了良好的条件；轧辊材质采用碳化钨，提高轧辊寿命，减少换辊次数；轧机结构坚固可靠，有利于承受高速重载，减少设备事故。

第二节　无扭高速线材轧机

高速线材轧机一般是指最大速度高于 40m/s 的轧机。无扭高速线材轧机大都采用单线轧制和轧后控冷，并在加热、轧制、精整方面都有新的技术的应用。其无扭高速线材轧机有：悬臂型 45°高速无扭线材轧机、德马克无扭高速线材轧机、阿希洛型无扭高速线材轧机、摩根哈玛型无扭高速线材轧机和 Y 型轧机等。以下着重介绍几种典型的高速线材轧机。

一、悬臂型 45°无扭高速线材轧机

这种高速线材精轧机命名为悬臂式 45°精轧机组，机组是小辊径精轧机，传动轴与地平面成 45°角，最高轧制速度达到 100m/s 以上。这种轧机具体分为摩根型（外齿传动型）和克虏伯型（内齿传动型）。

1. 摩根无扭高速悬臂式 45°轧机

摩根无扭高速悬臂式 45°精轧机组如图 7-2 所示，电机经增速器、三联齿轮箱、上下主轴、精密伞齿轮和斜齿轮带动轧辊。

这种机组实现了无扭轧制。为适应高速线材轧制的需要轧辊材质为碳化钨，取消了扭转装置，实现了无扭轧制，减少了废品和划伤。其办法是使各架轧辊交错互成 90°布置，并与地面成 45°，这就是“45°轧机”名称的起因。

这种机组还解决了轧机振动问题，其办法是取消了接轴或联轴器，采用精密螺旋伞齿轮与螺旋齿轮轧辊轴直接啮合连接，代替了普通精轧机上的万向接轴。由于不带接轴，可使各回转部分得到动平衡，保证轧机在高速下运行平稳，消除了经常性振动。摩根机组在轧钢时的最大振幅为 0.025～0.051mm。只要提高传动零件的加工精度就有可能提高轧制速度，故齿轮均按航空精度加工。

由于采用较小直径的轧辊，使宽展减少，延伸系数大大增加，精轧机组的平均延伸率可以达到 1.258，同时轧制力和轧制力矩可以减少，由于传动部件不受振动，这样盘条单重大大增加，产量也大幅度提高。

从图 7-2 和图 7-3 可以看出，传动长轴 1 通过伞齿轮 2 和一对齿数相同互相啮合的同步

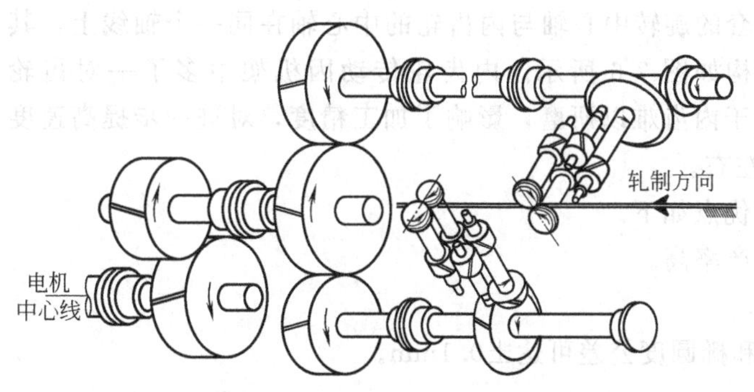

图 7-2　摩根无扭高速悬臂式 45°精轧机组示意

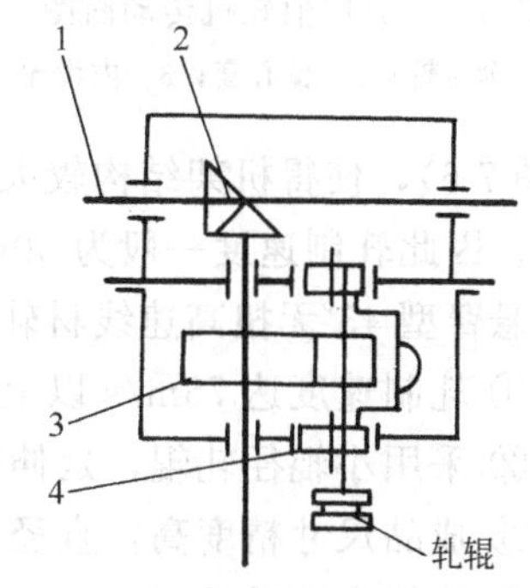

图 7-3　传动简图

1—长轴；2—伞齿轮；3—同步齿轮；4—偏心套

齿轮 3 各自驱动轧辊轴，偏心套 4 用以调整辊缝，其结构如图 7-4 所示。这样布置使两根传动长轴离轧制线均较远，以免轧辊冷却水和氧化铁皮浸入齿轮。所有轧机的轧辊均在操作侧，使轧辊调整辊缝等操作方便，通常不超过 10m。排水沟在轧机基础外侧，简化了基础结构。

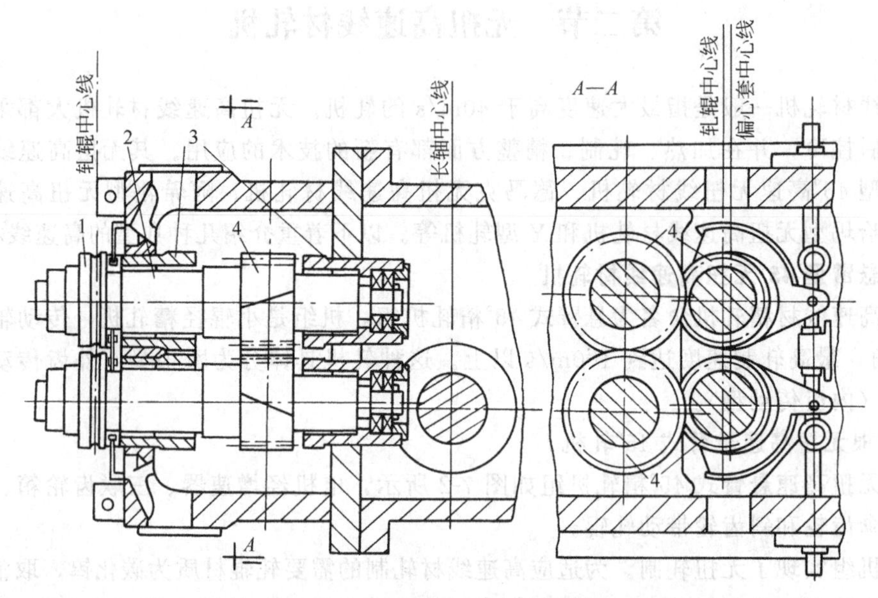

图 7-4 外齿传动的 45°轧机结构

1—轧辊辊环；2—轧辊轴；3—偏心套；4—外齿轮

由于高速齿轮的加工和研磨，外齿比内齿容易，因此，外齿啮合虽然当调整辊缝时齿轮啮合中心距有微小变化，但总的看来，目前认为外齿传动的 45°轧机优点较多。

2. 克虏伯无扭高速悬臂式 45°轧机

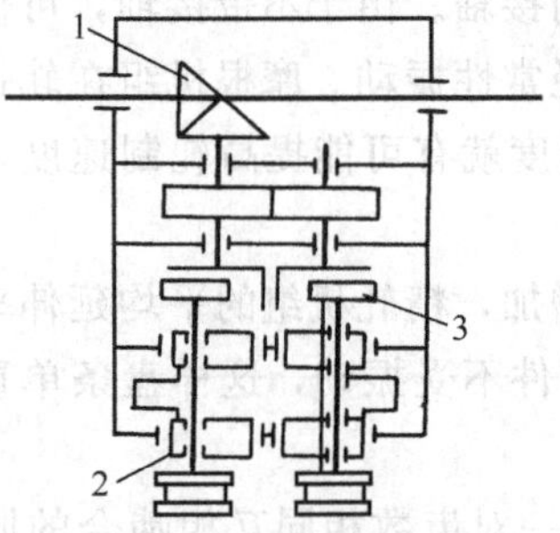

克虏伯轧机机组的布置形式与摩根机型相仿，也是采用偏心套机构调整辊缝，如图 7-5 所示。各机架间的转数差由长轴上的伞齿轮配速，所不同的是轧辊轴通过内齿轮传动，其轧辊轴系安装在一个与压下机构相连的偏心轴套内。在调整辊缝时，内齿轮副的中心距不变，这是因为偏心套的旋转中心轴与内齿轮的中心轴在同一个轴线上，其结构如图 7-6 所示。内齿轮传动因机架中多了一对齿轮（见图 7-6），使得机架结构较大。由于内齿难以研磨，影响了加工精度，对进一步提高速度不利。因此轧制速度一般为 50m/s 左右。

图 7-5 克虏伯轧机传动简图

1—伞齿轮；2—偏心套；3—内齿轮

悬臂型 45°无扭高速线材轧机的优点如下。

① 轧制速度达 75m/s 以上，生产率高。

② 采用小辊径轧辊，延伸率高。

③ 成品尺寸精度高，直径公差和椭圆度公差可达±0.1mm。

④ 线材表面质量好。

⑤ 实现无扭轧制，事故停工少，使产量增加。

⑥ 采用碳化钨轧辊辊环，槽孔寿命长，操作效率高。

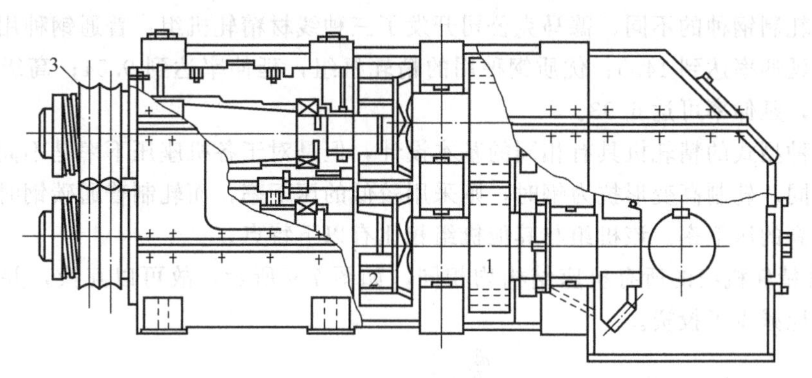

图 7-6　内齿传动的 45°轧机

1—同步齿轮；2—内齿轮副；3—辊环

⑦ 解决了轧机振动问题。

⑧ 换辊方便迅速，节省了换辊和换槽孔的时间。

⑨ 设备磨损少，备件少。

二、德马克无扭高速线材轧机

德马克无扭高速线材轧机与摩根轧机一样，采用偏心套式的辊缝调整机构和外齿传动，则在调整辊缝时必然引起轧辊轴齿轮啮合中心发生变化。克虏伯轧机为了克服轧辊轴齿轮啮合中心变化的缺点，在采用偏心套式辊缝调整机构的同时，采用了内齿轮传动。而且采用偏心套式辊缝调整机构在结构上缩小了轧辊轴的轴颈直径，从而限制了精轧的能力。实践证明，偏心套座孔由于长期的脉动载荷作用而易于磨损，致使配合松动，引起冲击和扭振，高速时更甚。为此，德马克公司设计了一套摇臂式调整辊缝的高速线材轧机，如图 7-7 所示。轧机的布置形式有两种：一种与摩根式的相仿，各相邻机架间互相成 90°角布置，且各自与水平面交替上下成 45°角；另一种布置形式是各相邻机架间仍然互相成 90°角布置，但各自与水平面交替上下成 15°/75°角，如图 7-8 所示。轧机的增速箱与分速箱结合起来，在一个箱壳里。

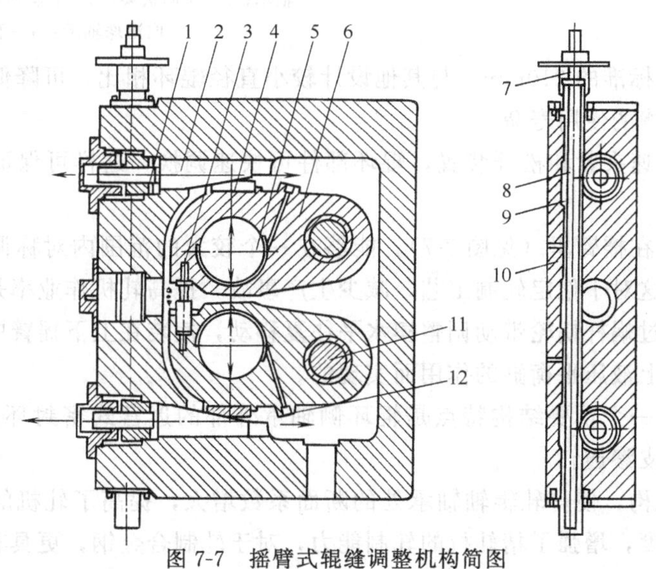

图 7-7　摇臂式辊缝调整机构简图

1—螺旋芯轴；2—调整楔；3—液压平衡装置；4—滑块；5—轧辊轴；6—摇臂；7—辊缝调整装置；8—蜗杆齿；9—蜗轮；10—蜗杆轴；11—摇臂支承轴；12—润滑油入口

根据被轧制钢种的不同，德马克公司开发了三种线材精轧机组：普通钢种用的高压下率精轧机组，延伸率达到 14.5；优质钢种用的精轧机组，延伸率达到 9.54；高级合金钢种用的精轧机组，延伸率可达 6.93。

上述三种型式的精轧机具有相同的基本设计，但是对于各机座压下率是不同的，因而速度分配亦不同。轧制高变形抗力钢时，则采用较低的压下率，而轧制普通碳钢时，精轧机组可采用非常高的压下率。该机组与其他机组相比有以下特点。

① 线材精轧机组的所有机座结构均相同，如图 7-9 所示，故可以互换，并可减少备用机架，相应地减少了投资。

图 7-8　15°/75°摇臂式高速线材轧机

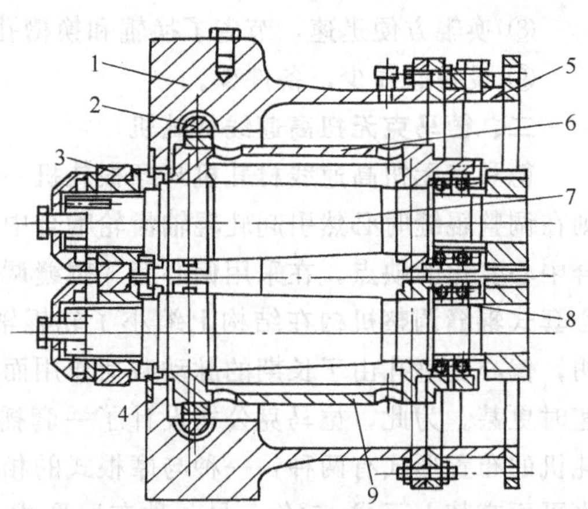

图 7-9　轧辊辊系装配图

1—机架；2—辊缝调节装置；3—辊环；4—径向油膜轴承；5—中间机架；6—上摆轴；7—轧辊轴；8—轴向滚珠轴承；9—下摆轴

② 辊环直径为标准的 210mm，与其他设计较小直径辊环相比，可降低轴和驱动系统的转数，并可提高辊槽的使用寿命。

③ 采用液压快速夹紧和松开装置，辊环部件可快速调换，这样可保证精轧机组的高生产率。

④ 轧辊轴安装在摇臂里（见图 7-7)，能够在一个较大的范围内对称调整辊缝，从而使轧制线保持恒定。这对于稳定轧制工艺，减少生产事故，提高轧机作业率是十分有利的。辊缝的对称调整是通过蜗杆蜗轮带动调整楔水平往复移动，使装在上下摇臂中的轧辊轴绕摇臂支承轴转动，再加上液压平衡缸的作用而实现的。

⑤ 该机组的另一个重要结构特点是辊环侧轴承外部的迷宫式密封环保护的结构型式，防止了水和氧化铁皮渗透。

⑥ 采用摇臂机构，使得轧辊轴轴承处的断面系数增大，提高了轧机的刚度和强度，从而提高了产品的精度，增强了精轧机的轧制能力，对于轧制合金钢，更具有经济意义。据西马克公司样本介绍，摩根轧机轧制合金钢时，10 架精轧机的总延伸率为 5.39，而摇臂式无扭高速线材轧机 10 架精轧机组的总延伸率超过 7。

⑦ 驱动系统（见图 7-8）由抗扭轴和齿轮装置间的不用维护保养的联接器组成，这就防止了振动的产生。各机座的伞齿轮级都相同，速比是靠正齿轮的标准级来达到的，因而减少了备品。此外，该伞齿轮采用较小的速度范围。

⑧ 自 20 世纪 80 年代以来，采用了专门设计的被称为“卡菲克斯”的新型辊环紧固装置，如图 7-10 所示。它与标准的辊环紧固装置相比较，使碳化钨辊环轧槽寿命从 4 000t/mm 直径提高到 9 000～11 000t/mm 直径，轧辊辊环更换的时间间隙大大增加了。

⑨ 按 15°/75°布置的摇臂式无扭高速线材轧机与 45°/45°布置的机组相比，由于驱动轴距基础近，结构振动小；由于去掉了大的基底框架，减少了因高速下产生的噪声。

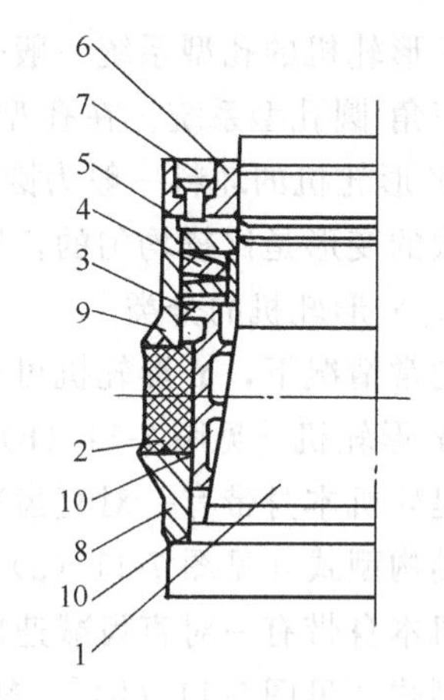

图 7-10　“卡菲克斯”装置

1—辊轴；2—辊环；3—夹紧套筒；4—碟形弹簧；5—弹簧套筒；6—螺纹环；7—压紧圈螺栓；8—支承环；9—保护套筒；10—O 形圈

三、Y 形轧机

Y 形轧机是由张力减径机的生产实践发展起来的一种三辊式连轧机。每个机架有三个轧辊，当下传动时，三辊轴线布置好似于英文“Y”字，如图 7-11 所示，故称为 Y 形三辊连轧机，简称 Y 形轧机。

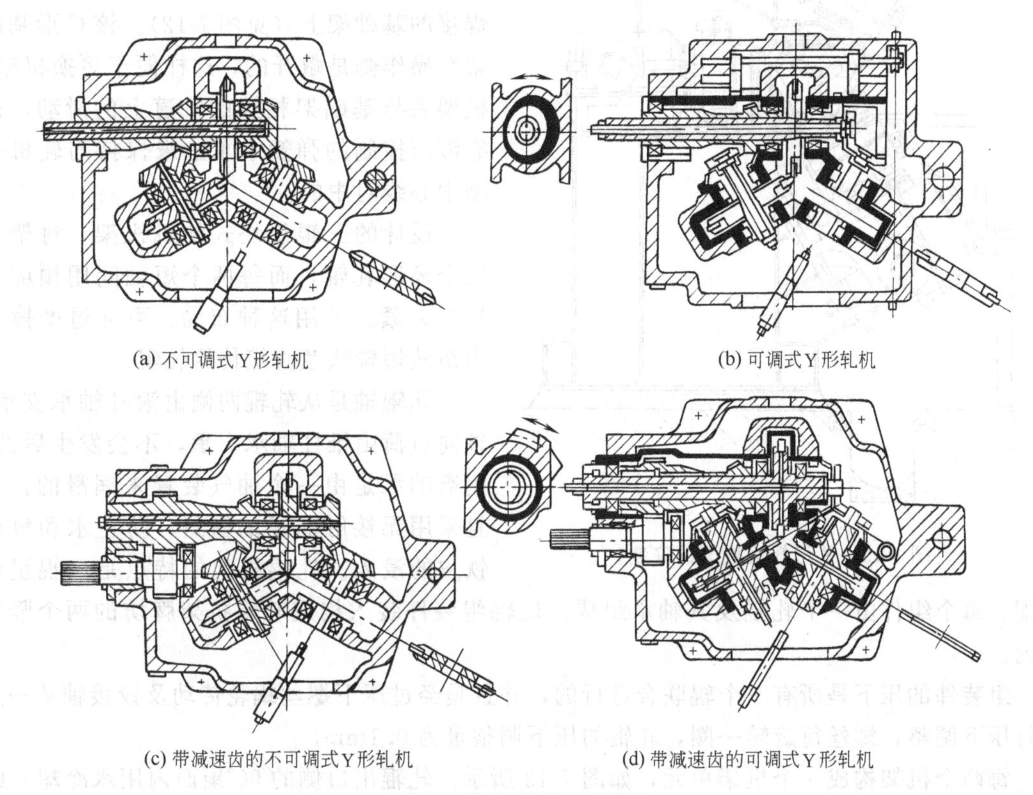

图 7-11　Y 形轧机的分类

Y 形轧机最大轧制速度可达 50～60m/s，就其一个机架来说，有三个互成 120°布置的圆盘状轧辊，由若干台机架紧凑地、连续地布置在一起组成连轧机组。单机架与双机架分别为上传动式与下传动式，并相邻轧机互成“Y”字形状交替排列，故可进行无扭轧制。

Y形轧机的孔型系统一般采用三角-弧边三角-圆。对于某些合金钢，亦可采用弧边三角-弧边三角-圆孔型系统。在孔型内轧件承受三面加工，其应力状态对轧制低塑性钢材有利。进入Y形轧机的坯料一般为圆截面，亦可为六角形。由Y形轧机孔型图可看出在孔型中前后道次的变形是比较均匀的，因此，各架轧机间的张力可控制在2%的范围以内。

1. Y形轧机的分类

通常情况下，Y形轧机可分为不可调式的三辊Y形轧机［见图7-11（a)］和可调式的三辊Y形轧机［见图7-11（b)］两种类型。对于不可调式的Y形轧机又分为两种结构型式：一种是轧机本身带有一对直齿减速的结构型式［见图7-11（c)］，另一种是轧机本身不带减速的结构型式［见图7-11（a)］。同样地，对于可调式Y形轧机也分为两种结构型式：一种为轧机本身带有一对直齿减速的结构型式［见图7-11（d)］，另一种为轧机本身不带减速的结构型式［见图7-11（b)］。轧机是否需要带减速装置是与传动齿轮箱中的齿轮组速比分配有关的。

2. Y形轧机的结构

Y形轧机的结构如图7-12所示，每个轧辊都是单独传动的。轧机的传动装置设计成有齿轮箱的，齿轮箱围绕轧机组块的中心线布置成C形，齿轮箱是用法兰连到焊接的基础架上（见图7-12)。该C形基础架在操作侧是敞开的，这样便于更换机架。机架在与基础架相接的轨道上的滑动，是靠液压控制的弹簧承重缸来保持与轧机孔型中心线对中的。

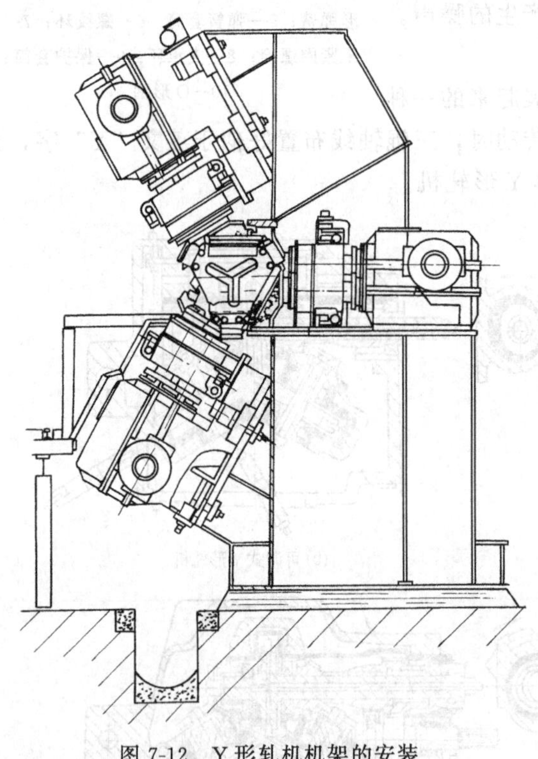

图7-12 Y形轧机机架的安装

设计的三辊组块式轧机机架，每架有三个环形轧辊，而每两个短轴间用预应力拉杆夹紧。采用这种布局，可通过摩擦将力矩从短轴法兰直接传给轧辊。

轧辊轴是从轧辊两侧由滚柱轴承支承，轴向负荷由锥柱轴承支承，不会发生后冲。耐磨轴承是由一个油气装置来润滑的，并且采用无接触曲径的密封，防止水和氧化铁皮的浸入。轧辊机架的特点是三辊星形装配，每个组件由一个轧辊及其轴承组成。轧辊组装件装入构成轧辊机架牌坊的两个竖直板内。

组装件的压下是所有三个辊联合进行的，并且是经过压下螺丝蜗轮传动及铰接轴从一点进行压下调整，螺丝每旋转一圈，轧辊的压下调整量为0.1mm。

每两个机架构成一个机架单元，如图7-13所示。轧辊出口侧的90°扇面内用水冷却，此冷却水是从出口导卫板的连接处供给机架单元。轧辊机架可在导卫板上从其操作位置移进和移出，此导卫板布置在有关机架的两侧。所有水管和油管都是自动连接和自动卸开。传动系统如图7-14所示，是由布置成C形的三条齿轮箱线组成的。每一线有五个纵向轴连接在一起的独立齿轮箱。这三根纵向轴由出口侧的一个分配齿轮连到主传动电机上（直流电机2 750kW)。

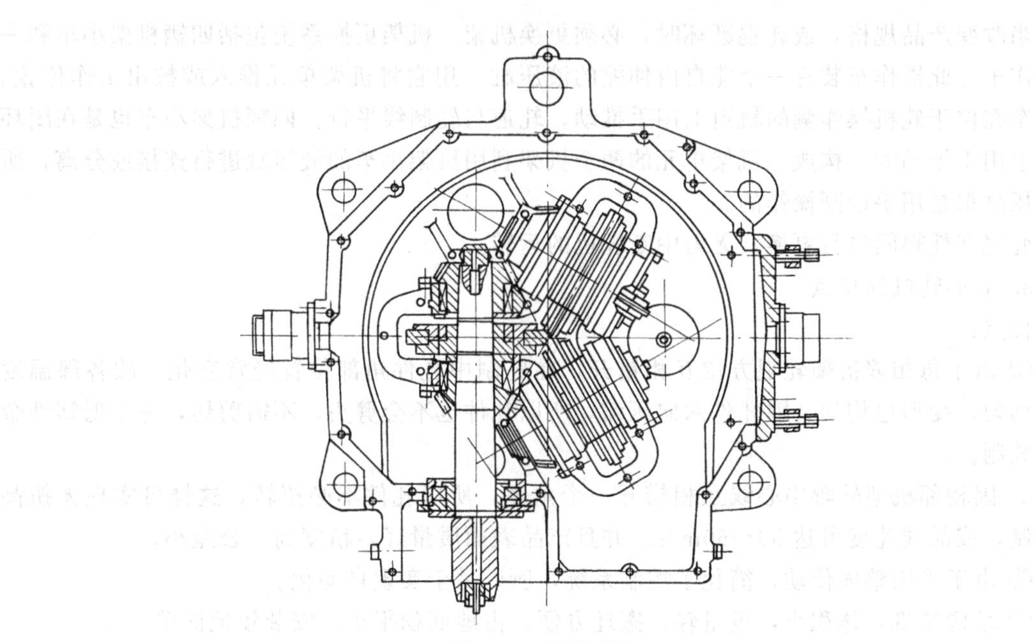

图 7-13　机架单元

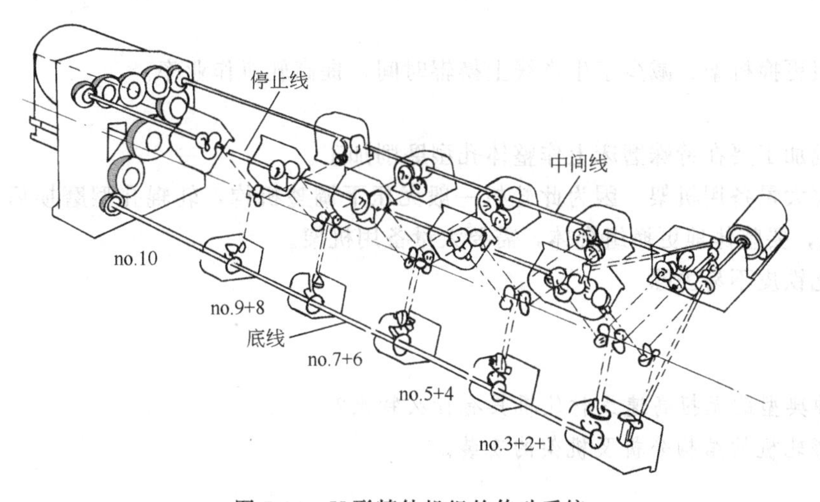

图 7-14　Y 形精轧机组的传动系统

4 号到 9 号机架齿轮箱在每个机架单元有两根平行的辊轴，它们是通过伞齿轮和一对斜齿轮来传动的。1 号到 3 号机架齿轮箱有三根轴。10 号机架有一根轴。在 1 号、2 号和 3 号机架的齿轮箱中，该传动系统分成 1 号机架和 2 号、3 号机架两部分。2 号、3 号机架与纵向轴连接，并由主电机传动，同样 4 号和 10 号机架也是如此。1 号机架则是由另一台 220kW 直流小电机经过各自的伞齿轮来传动。所有的轴都装有抗摩擦轴承。

更换机架时，上面和下面的齿轮系利用液压马达通过纵向轴及螺栓千斤顶退回。在轧制位置时，所有各齿轮箱皆由弹簧承重夹紧液压缸在牌坊上夹紧，松开也是由液压缸控制，全部齿轮箱皆与中心稀油循环系统连接。

由于在成对机架之间的线材断面是三角形的，每个机架单元都装有入口弹簧承重的滚动导板，因此，在机架单元中使用导板衬套作为中间导板（因为中间孔型是六角形的）。其他型式的导板衬套也可作为出口导板使用。

当改变产品规格，或轧辊磨坏时，必须更换机架。机架更换系统包括四辆机架小车和一辆操作车，此操作车装有一个能自由伸缩的液压缸，用它将机架单元推入或拉出工作位置。操作车在位于轧机操作侧的轨道上用手推动，轨道与轧制线平行。四辆机架小车也是在闭环轨道上用手推动的。构成一机架单元的两个机架利用机架小车的液压缸进行连接或分离，所有液压缸都是用手动阀操作的。

轧辊在轧辊间进行更换，无需中断轧机的运转。

3. Y形轧机的特点

优点：

① 由于每相邻机架轧辊方位互相错开，在轧制中轧件角部位置经常变化，故各部温度比较均匀，变形也均匀。因轧件六向压缩，所以轧件也不会劈头，不需剪切，适于低塑性金属的轧制。

② 因相邻机架轧辊中心线互相错开一个角度，所以轧件不必扭转，这样可实现无扭高速轧制，成品线速度可达50～60m/s。并且产品表面质量好，精度高，公差小。

③ 由于采用整体传动，简化了控制系统，所以易于实现自动化。

④ 结构紧凑，体积小，重量轻，搬迁方便，占地面积很小，安装场地简单。

⑤ 应用广泛，可生产ϕ40mm以下的圆形和六角形的棒材，也可生产ϕ5～12mm的线材。

⑥ 成组更换机架，减少了生产线上换辊时间，提高轧机作业率。

缺点：

① 轧辊加工要在特殊磨床上作整体孔型磨削加工。

② 需要大量备用机架。因为此轧机一般无压下调整机构，轧辊孔型磨损后，在轧制线上无法换辊，要整体地更换组合体，需要大量备用机架。

③ 氧化铁皮不易去除。

思考题

1. 几种典型的无扭高速线材轧机具有什么特点？

2. Y形轧机的结构分析及机架的安装。

第八章 钢管轧机

第一节 钢管轧机概况

钢管分为焊接钢管和无缝钢管两大类。焊接钢管是用带钢焊接而成。而无缝钢管主要是轧制生产，其加工方法有热轧、冷轧、冷拔三大类。

一、热轧无缝钢管

热轧无缝钢管的生产工艺过程是将实心管坯或钢锭穿孔并轧成符合产品标准的钢管。整个过程有以下两个变形工序。

（一）穿孔

即将实心管坯穿孔成空心毛管。常见的管坯穿孔方法有斜轧穿孔（二辊、狄舍尔和三辊）、压力穿孔和推杆穿孔（PPM）等三种，如图 8-1 所示。另外还有直接采用离心浇注、连铸与电渣重熔等方法获得空心管坯，而省去穿孔工序。

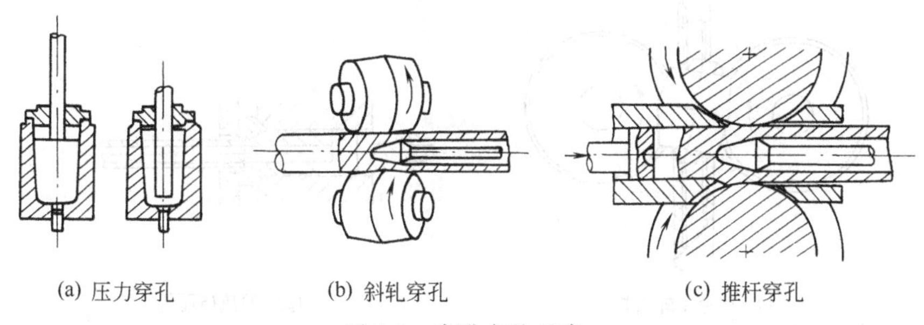

图 8-1 穿孔方法示意

（二）轧管

轧管是将空心毛管轧成接近成品尺寸的荒管。常见的轧管方法有自动轧管机、连续式轧管机（全浮动式 MM、限动心棒 MPM）、皮尔格轧管机（周期式轧管机）、三辊轧管机、狄舍尔轧管机、顶管机和钢热挤压机，如图 8-2 所示。

钢管生产中，按产品品种规格和生产能力等要求不同，而选用不同类型的轧管机。采用不同类型的轧管机轧管时，由于轧件的运动条件、应力状态条件、道次变形量和生产率等条件不同，故必须为它配备变形量和生产率等方面相匹配的穿孔及其他工序设备，因而不同的轧管机就构成了相应的钢管热轧机组。热轧无缝钢管机组也就是以轧管机类型来分类。一个机组的具体名称以该机组生产钢管的最大规格和轧管机的类型来表示。例如，ϕ140 自动轧管机组，即机组生产的最大外径为 ϕ140mm；轧管机形式为自动轧管机。同例有 ϕ140 连续式轧管机组、ϕ133 顶管机组、ϕ318 周期式轧管机组等。而钢管热挤压机组则采用挤压机的最大压力或产品规格范围来表示其型号，例如，3150 挤压钢管机组，即挤压机的最大压力为 3 150t。

在热轧钢管机组中，为了提高产品质量和扩大机组的产品规格范围，通常在轧管机后面需设置均整机、定径机、减径机或扩径机等荒管轧制设备，如图 8-3 所示。

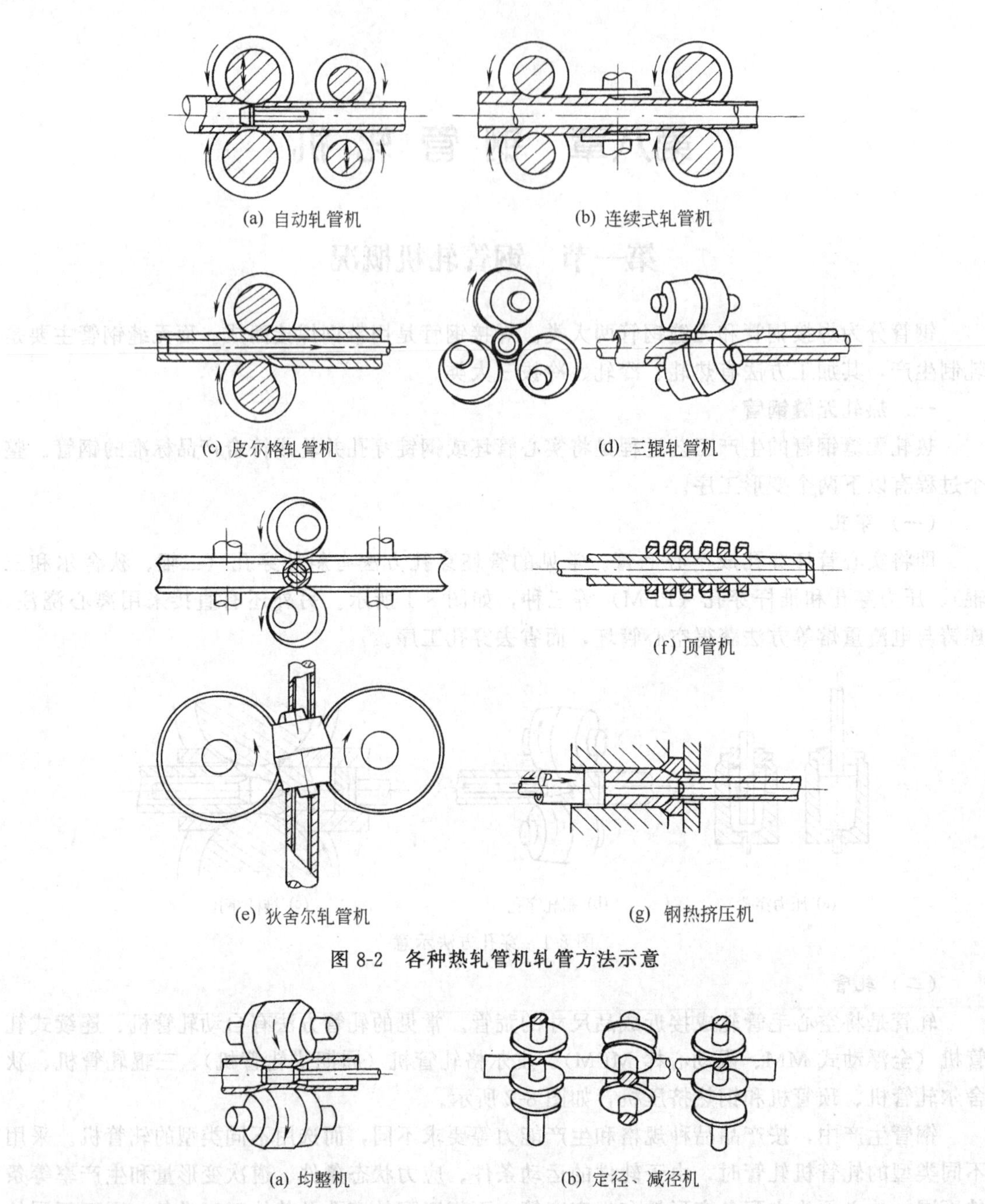

图 8-2　各种热轧管机轧管方法示意

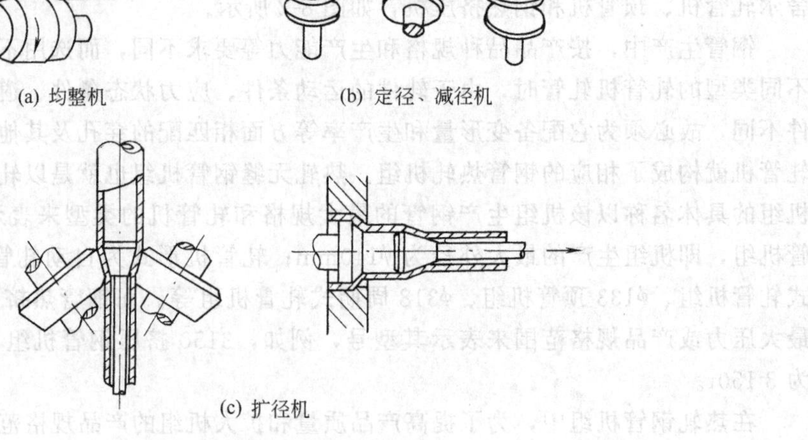

图 8-3　荒管轧制设备示意

二、钢管的冷加工

钢管冷加工方法有冷轧、冷拔和旋压等三种（见图 8-4）。旋压本质上也是一种冷轧，冷轧管机和旋压机的规格大小用其轧制的产品规格（最大外径）和轧管机型式来表示。例如，LG-150 表示轧管机的型式为二辊周期式冷轧管机，轧制钢管的最大外径为 ϕ150mm。LD-30 表示为多辊式冷轧管机，轧制钢管最大外径为 ϕ30mm。冷拔机的规格用其允许的额定拔制力大小和冷拔机的传动方式来表示，例如，LB-20 表示为额定拔制力 20t 的链式冷拔机；80t 液压冷拔机表示额定拔制力为 80t，采用液压传动。

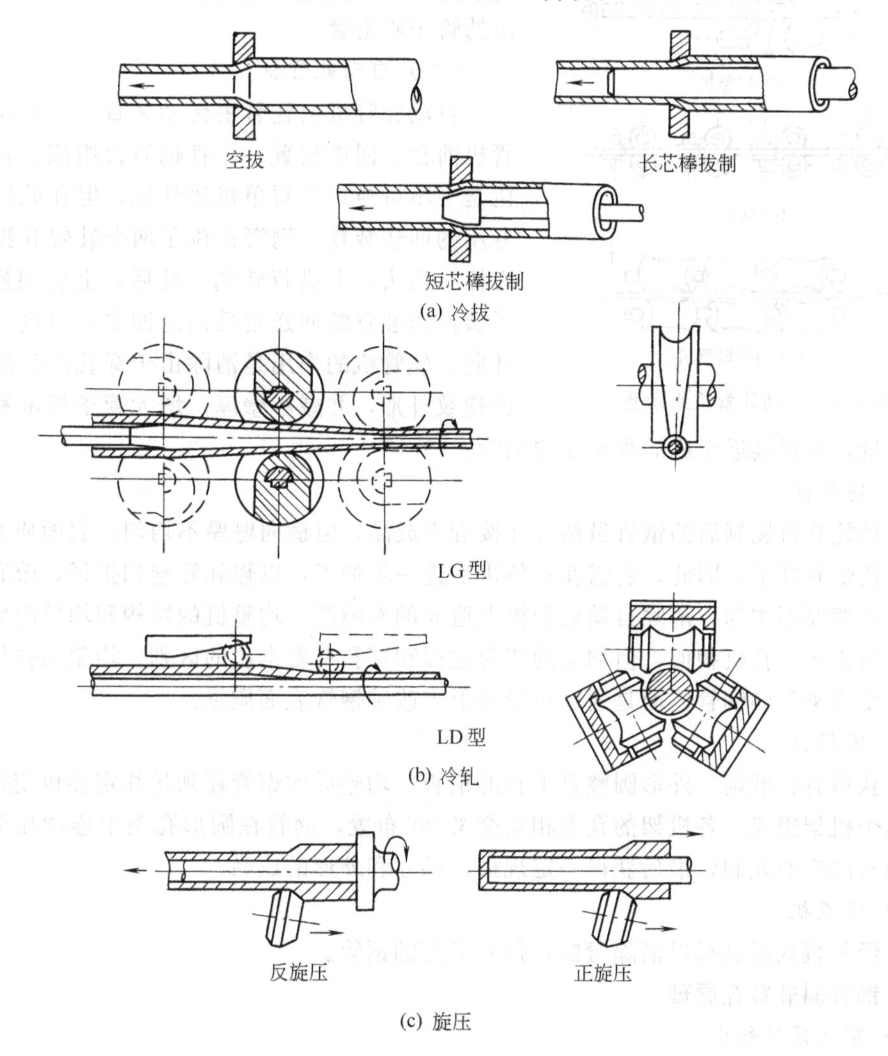

图 8-4　钢管冷加工方法示意

第二节　ϕ108 无缝钢管轧机

一、自动轧管机组的组成

在热轧无缝钢管生产中，用自动轧管机作为中间延伸机来完成轧制荒管工序的整套设备叫自动机组。自动轧管机组生产无缝钢管的工艺流程为：管坯→剪断→加热→斜轧穿孔→自动轧管→均整→定径→冷却→矫直→切管头→检验。自动轧管机组的型号是用所轧钢管的最

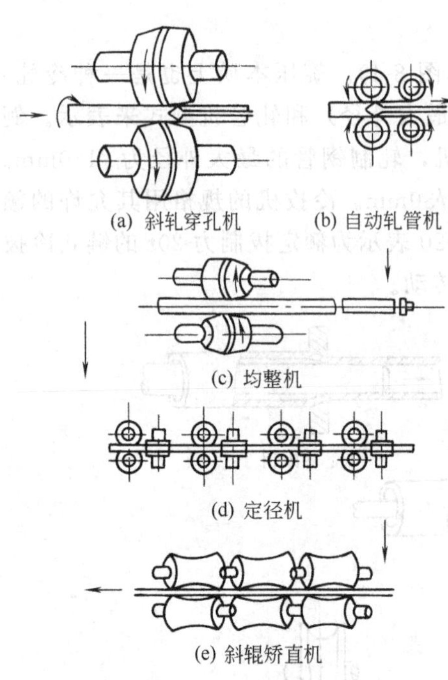

图 8-5　自动轧管机组示意

大外径来表示。不同型号自动轧管机组的组成有些不同，但都有斜轧穿孔机、自动轧管机、均整机、定径机和斜辊矫直机，如图 8-5 所示。

（一）穿孔机

穿孔机的作用是将实心圆钢坯在热状态下穿孔成空心的毛坯管。穿孔是金属变形的第一道工序，穿出的管子较厚、长度较短、内外表面质量差，穿出的管子叫毛管。

（二）自动轧管机

自动轧管机由轧管主传动装置、工作机架、轧管机前台、回送装置、轧管机后台组成。自动轧管机是一不可逆式二辊单机座轧机，但在轧辊后面有专用的回送装置。钢管在位于两个轧辊孔型中的短心棒（顶头）上进行轧制。轧后，上轧辊提升，管子被回送装置的回送辊反向送回去，再进行第二道轧制。轧管机的作用是消除由于穿孔产生的管壁上的螺纹外形，并减小壁厚、增大管子长度和改善内外表面质量，获得接近于成品管尺寸的钢管。

（三）均整机

经自动轧管机轧制后的钢管虽然尺寸接近于成品，但横向壁厚不均匀，表面质量差，外形不圆，还带有耳子。因此，还需在均整机上进一步加工，以辗轧管壁和扩径，改善其表面质量，减小壁厚不均匀，消除自动轧管机上造成的不圆度。均整机的结构和均整时轧件的运动学原理与辊式穿孔机相似，但均整的变形过程和穿孔有着本质的区别。均整的作用并非要获得大的变形来延伸钢管，而是通过小量变形来改善钢管表面质量。

（四）定径机

为了获得直径准确、外形圆整且平直的钢管，均整后的钢管还须送往定径机定径。定径机是由几个机架组成，各机架的孔型相互交叉 90°布置，钢管在圆形孔型中连续压缩，这时是没有顶头的空心轧制，最后获得一定规格、尺寸和外形的成品。

（五）矫直机

钢管经斜辊式矫直机以消除弯曲，得到平直的钢管。

二、钢管斜轧穿孔原理

（一）穿孔区的组成

在无缝钢管生产机组中斜轧穿孔机的作用在于将实心坯料穿孔成空心毛管，它是无缝钢管生产中最主要的工序，是金属变形的第一道工序。斜轧穿孔毛管的变形区由轧辊、顶头和导板构成，如图 8-6 所示。

由图可以看出，整个变形区的几何形状，大致可认为，在横截面上是个环形变形区，而在纵截面上是两个小底相接的锥体，中间插入一个弧形顶头。

变形区的形状决定着穿孔的变形过程，改变变形区形状（决定于工具设计和轧机调整）将导致穿孔变形过程的变化。不过，至今在生产中常用的变形区形状大致都是如此，只是在尺寸上可能有些差异。穿孔的整个变形区大致可分为四个区域，如图 8-7 所示。

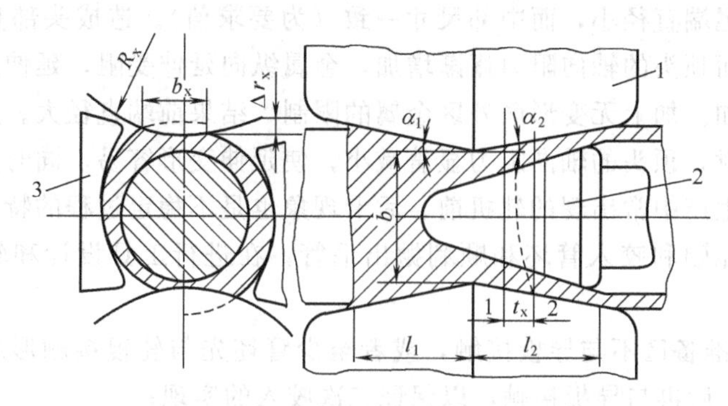

图 8-6 穿孔机的变形区
1—轧辊；2—顶头；3—导板

Ⅰ区称为穿孔准备区（即轧制实心圆管坯区）。Ⅰ区的主要作用是为穿孔做准备，并顺利地实现一、二咬入。这个区的特点是，由于轧辊入口锥表面有锥度，沿穿孔方向（轴向）前进的管坯逐渐在直径上受到压缩，被压缩部分的金属一部分向横向流动，坯料断面由圆形变成椭圆形，一部分金属主要是表面层金属（表面变形）向轴向延伸，因此，在坯料前端面要形成一个喇叭口状的凹陷。此凹陷（和定心孔）保证了顶头鼻部对准坯料中心，从而可减少毛管前端的壁厚不均。

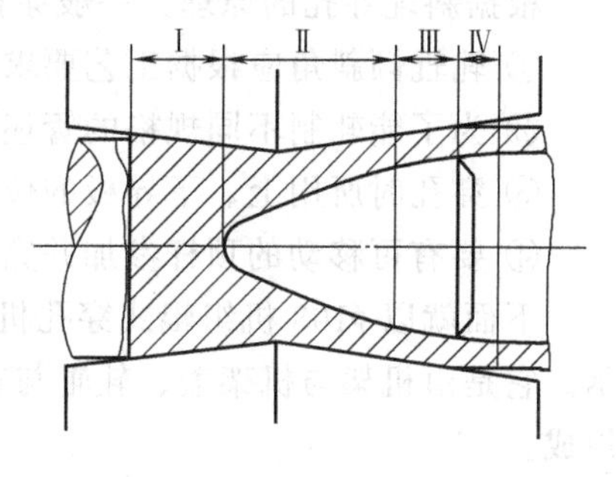

图 8-7 穿孔变形区中的四个区域

Ⅱ区称为穿孔区。该区的主要作用是穿孔，即由实心坯变成空心的毛管。该区从金属与顶头相遇开始到顶头圆锥带为止，这个区的特点主要是压缩壁厚，由于轧辊表面与顶头间距离是逐渐减小的，因此，毛管壁厚被逐步压缩。壁厚上被压缩的金属，同样可以向横向（扩径）和纵向流动，但由于横向变形受到导板的阻止作用，纵向延伸变形是主要的。在穿孔机上穿孔毛管可以有很大的延伸系数，这是斜轧穿孔的特点。

Ⅲ区称为展轧区。该区的主要作用是展轧（均整）管壁，改善管壁的尺寸精度和内外表面质量。由于顶头母线和轧辊母线相平行，所以压缩量很小，该区主要起均整作用。

Ⅳ区为转圆区。该区的作用是靠轧辊旋转加工把椭圆形毛管转圆。该区的长度很短，变形特点实际上是塑性弯曲变形，但是由于这个区域很短而且变形量也不大，一般不予考虑。

（二）斜轧穿孔过程

轧制过程是一个独特的连轧过程，管坯-毛管咬入后，由轧辊带动获得螺旋运动，一边旋转，一面前进，并在 $1/n$（n 为轧辊数目）受轧辊加工一次。如此，依次通过穿孔变形区的各部分，经受穿孔准备、二次咬入和穿孔、毛管减壁、平整内外表面和均匀壁以及归圆等轧制变形，以获得符合尺寸要求的毛管。

整个斜轧穿孔过程可分为第一个不稳定过程、稳定过程和第二个不稳定过程三个阶段。第一个不稳定过程从管坯同轧辊接触开始，到前端金属穿出变形区；稳定过程是穿孔过程的主要阶段，从管坯前端充满变形区到管坯尾端开始离开变形区；第二个不稳定过程为管坯尾端开始离开变形区到完全离开轧辊。

稳定过程与不稳定过程有着明显的区别，如一整根毛管的头、中、尾尺寸不同，一般是毛管前端直径大，尾端直径小，而中部尺寸一致（为要求值）。造成头部直径大的原因是穿孔过程逐步建立，而顶头的轴向阻力逐渐增加，金属纵向延伸受阻，延伸变形减小，而使横向变形（扩径）增加。加上无变形区外区金属的限制，结果前端直径大。尾部直径小的原因是管坯尾部被顶透时，顶头的轴向阻力显著减小，使延伸变形容易，同时横向辗轧小，所以尾端直径小。另外生产中常出现的轧机前、后卡现象也是不稳定过程的特征之一。

为了使穿孔时能顺利咬入管坯和顺利抛出毛管，在进行工具设计和轧机调整时，要求保证：

① 管坯在穿孔准备区不与导板接触，或者至少管坯先与轧辊接触形成一定的变形区长度（约 30～70mm）后再与导板接触，以保证二次咬入的实现；

② 毛管离开变形区的程序为先脱离顶头，再脱离导板，最后离开轧辊。

三、ϕ108 机组的辊式穿孔机的结构

根据斜轧穿孔的原理，一般穿孔机应满足以下要求：

① 轧辊倾斜角应根据工艺要求能在一定范围内加以调整；

② 为了能轧制不同规格的管坯，两个轧辊间的距离应能在一定范围内加以调整；

③ 穿孔时所用上、下导板的位置应该是可以调整的；

④ 要有可移动的顶杆参加并完成穿孔工作。

下面就以 ϕ108 机组辊式穿孔机作为典型进行结构分析：穿孔机的工作机座如图 8-8 所示。它是由机架与机架盖、轧辊与轴承盒、侧压结构、压鼓机构、转鼓机构和上导板机构等组成。

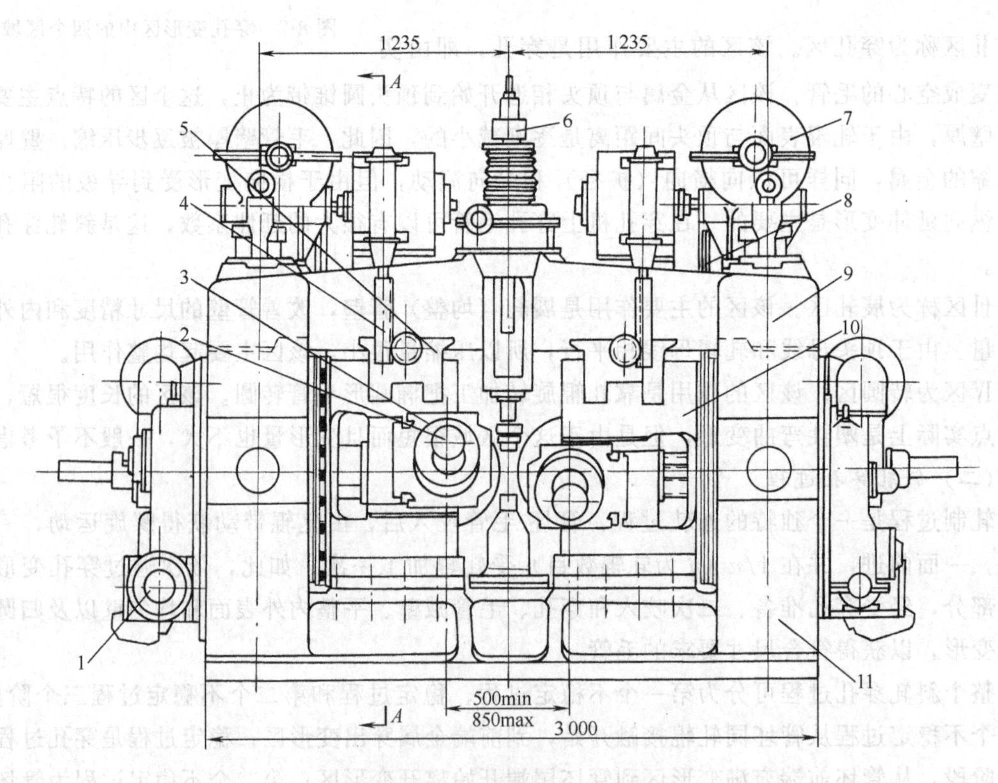

图 8-8 ϕ108 辊式穿孔机的工作机座

1—侧压机构；2—轧辊；3—轴承盒；4—压鼓机构；5—转鼓机构；6—上导板调整机构；7—转鼓转动机构；8—链条；9—机架盖；10—转鼓；11—机架

穿孔机的主传动是由异步电动机经减速箱、万向接轴将方向相同的旋转运动传给工作轧辊2。每个轧辊的两端辊颈置于轴承盒3中，两个轴承盒用连接板连在一起，放在圆形转鼓10的滑槽内，转鼓是置于机架下部用螺栓安装的两个圆弧形底座上（见图8-8、图8-9）。

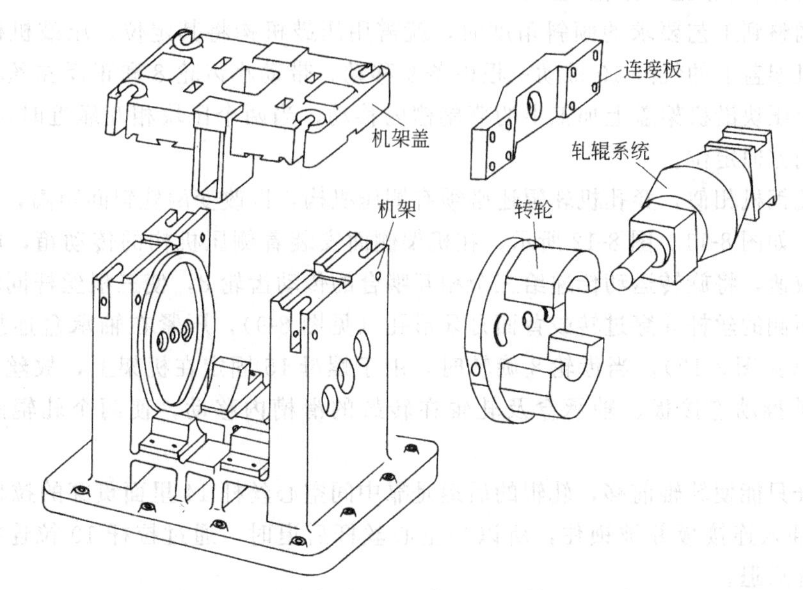

图 8-9 辊式穿孔机的机架、轧辊等零件示意

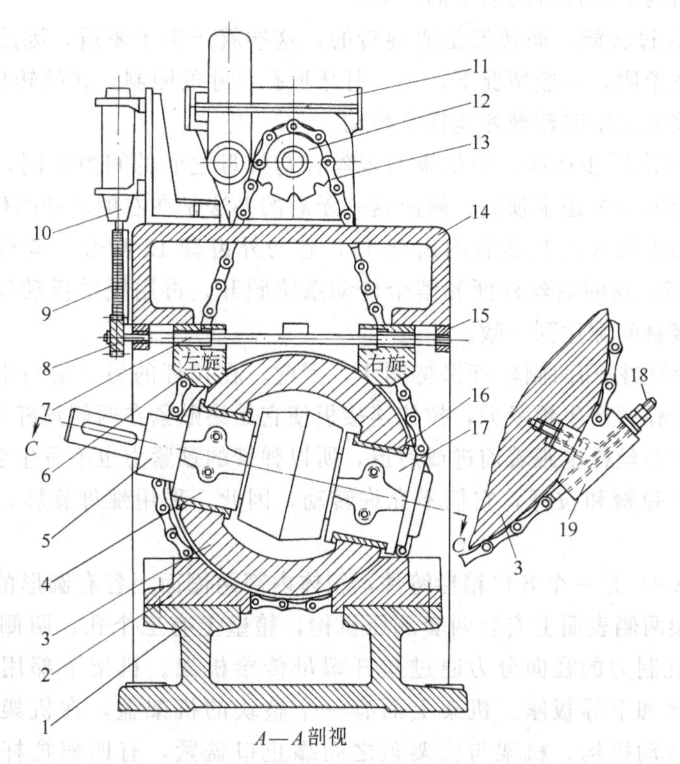

图 8-10 辊式穿孔机的转鼓与压鼓机构

1—机架；2—弧形底座；3—转鼓；4—左轴承盒；5—轧辊；6—转鼓压块；7—正反扣丝杆；8—小齿轮；9—齿条；10—气缸；11—蜗轮减速箱；12—链轮；13—链条；14—机架盖；15—轴承座；16—滑板；17—右轴承盒；18—调节螺丝；19—链条接头

轧辊倾斜角度的调整是靠转动转鼓，如图 8-10 所示。在转鼓 3 上有一孔，内插链条接头上凸出的圆柱部分，链条接头可通过螺丝来调节链条的松紧。链条挂住转鼓，由装在机架盖上的电机通过两级蜗轮减速箱传动链轮，从而使转鼓微微转动，转鼓的旋转角度可通过装在转鼓上的指针和机架上的刻度盘显示出来。

当转鼓调整到工艺要求的倾斜角度时，就需用压鼓机构将其定位。压鼓机构如图 8-10 所示。装在机架盖上的气缸 10 推动一根齿条 9 移动，带动小齿轮 8 和正反扣丝杆 7 作旋转运动，使两个压块沿机架盖上加工出的燕尾槽内移动，当两个压块相互靠近时，压紧转鼓，使转鼓在圆周方向定位。

和一般轧钢机相似，穿孔机轧辊还必须有侧压机构，以改变两轧辊间距离，使钢管获得所要求尺寸。如图 8-11、图 8-12 所示，在机架侧面安装着侧压机构的传动箱，电动机通过蜗轮减速箱减速，将旋转运动传递给三个相互啮合的传动齿轮 8，使三根丝杆同时前进或后退。左、右两侧的丝杆 5 穿过转鼓背面月牙形孔（见图 8-9），压紧在轴承盒连接板上的推力轴承座上（见图 8-12）。当齿轮 8 旋转时，由于螺母 15 固定在机架上，故丝杆 5 一面转动，一面向前推动连接板、轴承盒及轧辊在转鼓的滑槽内移动，使两个轧辊间距离得到调整。

两侧丝杆只能使轧辊前移，轧辊的后退是靠中间空心丝杆 14 里面贯穿的拉杆 10，拉杆的 T 形端部插入连接板并被锁住，所以当空心丝杆后退时，通过拉杆 10 拉连接板、轴承盒、轧辊一起后退。

侧压机构在结构上必须解决以下的矛盾。

① 两侧丝杆穿过转鼓，而转鼓是要旋转的，这样就产生了矛盾，因此在转鼓上开有月牙形孔以解决上述矛盾。一般情况下，由于月牙形孔尺寸的限制，转鼓转角限制在±5°范围内。只有在丝杆完全退出时转鼓才能任意转动。

② 两侧丝杆要求同步运动，但如果两根丝杆与螺母之间的间隙不同，那么就会产生一根丝杆已顶紧，而另一根还未顶紧，解决这一矛盾的办法是在右侧丝杆的传动上采用内、外齿套的结构，传动齿轮 8 内孔装有内齿套 13，它与外齿套 12 啮合，调整时将右侧外盖卸掉，取出外齿套 12，这时右丝杆便和整个传动系统脱开，再用扳手扳动丝杆，调整到两侧丝杆与连接板的接触间隙达到一致。

③ 为了使中间拉杆和两侧丝杆保持同步，因此，在拉杆的另一端与空心丝杆之间装有弹簧调节螺母，使弹簧产生预紧力，拉住连接板使它始终贴紧在两侧丝杆头部，当两侧丝杆前进或后退时，空心丝杆也跟着前进或后退，所以弹簧的预紧力也不发生变化。同时应该注意空心丝杆上装有弹簧和拉杆，它们不允许转动，因此，采用螺母旋转，丝杆不转的传动方式。

机架（见图 8-9）是一个开口箱形铸件，箱体内部两侧面上各有圆形的凸台以与转鼓的背面贴紧，在机架两侧表面上安装两套侧压机构，箱壁上有三个孔，两侧装螺母，中间孔穿过空心丝杆。轧制力的径向分力通过丝杆螺母传给机架。机架下部用螺栓安装两个搁放转鼓的圆弧形座和下导板座。机架上面有一个整块的机架盖，在机架盖上安装上导板调整机构和转鼓传动机构，机架与机架盖之间靠止口盖紧，有四根拉杆和斜楔牢固连接在一起。

上导板 6（见图 8-8）通过一套杠杆与丝杆螺母传动系统而被锁紧在导板挂架上，导板挂架安装在机架盖的滑槽内，通过蜗轮传动和丝杆螺母传动使它上下移动。

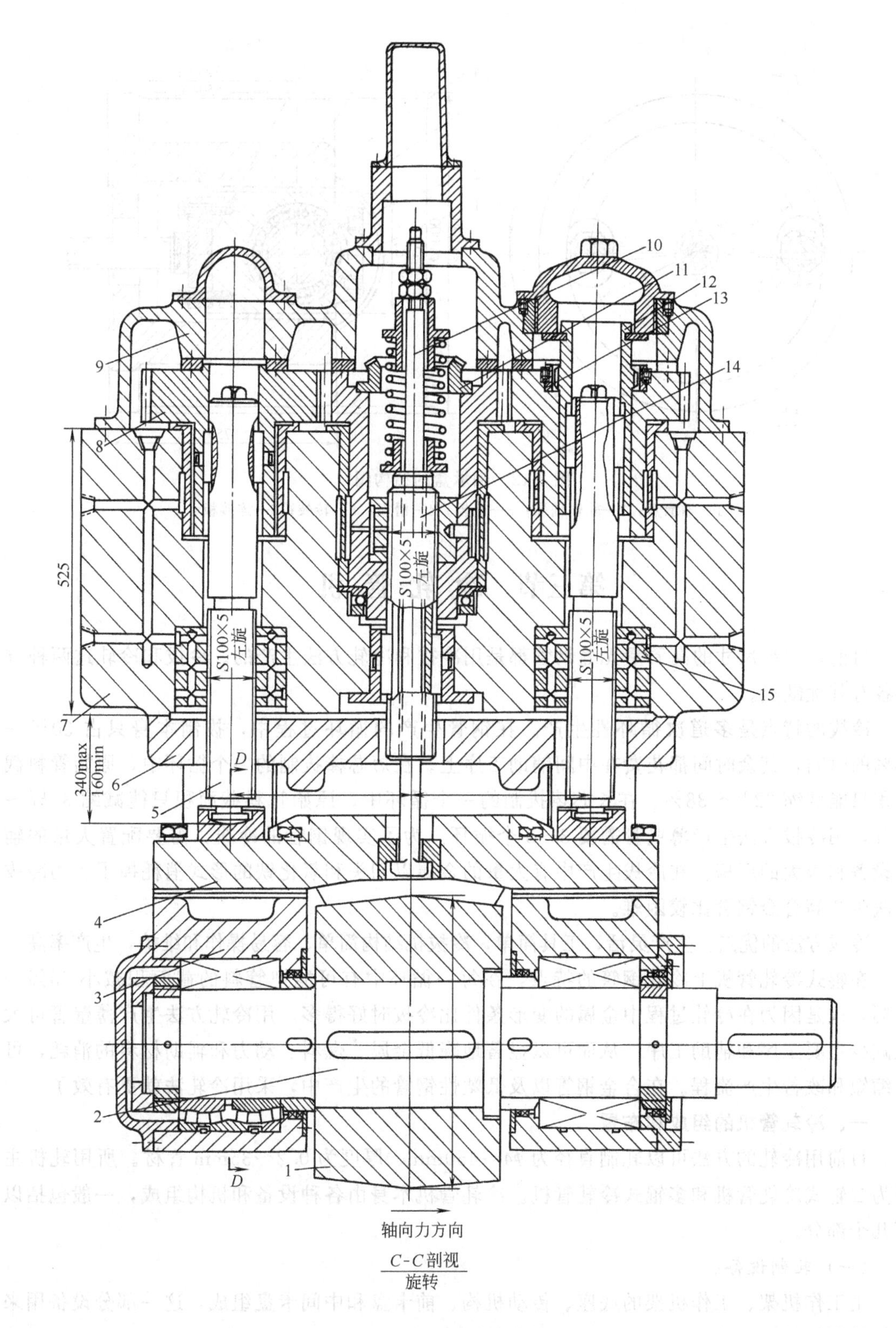

图 8-11 辊式穿孔机侧压机构

1—轧辊；2—轧辊轴；3—轴承盒；4—连接板；5—侧压丝杆；6—转鼓；7—机架；8—传动齿轮；9—侧压机构传动箱；10—拉杆；11—圆锥齿轮；12—外齿套；13—内齿套；14—空心丝杆；15—螺母

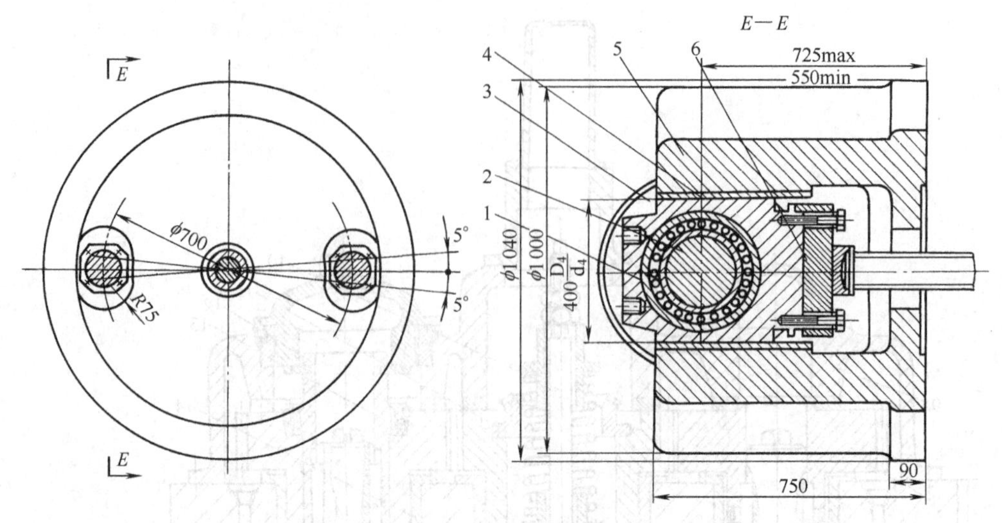

图 8-12 轴承盒的结构图

1—轴承盒；2—轧辊轴颈；3—轧辊；4—滑板；5—转鼓；6—连接板

第三节 冷轧管机

目前，中小尺寸的高质量无缝钢管都是用冷拔和冷轧方法生产的。冷拔和冷轧这两种方法各有其优缺点。

冷拔的特点是多道次循环性生产。在钢管生产的循环过程中，拔制本身只占30%～35%的时间，其余时间都花费在中间辅助工序上。在短芯棒拔制的一个循环中，原始管料截面积只能减缩32%～38%，在长芯棒拔制的一个循环中，原始管料截面积只能减缩36%～42%，用冷拔方法生产薄壁管需要3～5个循环。为了实现钢管的冷拔，需要配置大量的辅助设备和很大的厂房。在冷拔生产中有大量的金属以切头和氧化铁的形式消耗掉了。用冷拔方法生产高合金钢管比较困难。

冷拔方法的优点：生产灵活，工具简单，冷拔机结构简单、容易操作和维护，生产率高。

在辊式冷轧管机上冷轧钢管的特点，在每一循环中有可能把管料的截面积减小75%～85%，这是因为在冷轧过程中金属的变形条件比冷拔时好得多。用冷轧方法生产薄壁管可大大减少主要工序和辅助工序，从而可以显著地降低金属、燃料、动力和辅助材料的消耗，可以缩短和改善生产流程。在合金钢管以及低塑性钢管的生产中，采用冷轧法就更有效了。

一、冷轧管机的组成和布置

目前用冷轧的方法可以轧制直径为φ4～450mm、厚度为0.2～35mm管材。所用轧机主要为二辊式冷轧管机和多辊式冷轧管机。冷轧管机本身由各种设备和机构组成，一般包括以下几个部分。

(一) 轧制设备

由工作机架、工作机架的底座、传动机构、前卡盘和中间卡盘组成，这一部分设备用来直接轧制钢管。

(二) 受料台

放置待轧的管料和在轧制时送进和回转管料，包括装料台、中心架、送进回转机构、主传动、管料卡盘。

（三）后台

这一部分机构用来在装料时移动芯棒杆和在轧制时固定芯棒杆，包括芯棒杆卡盘的固定机构、芯棒杆返回机构、返回机构的传动机构和中间连接部分。

（四）出料台

用来收集轧制后的钢管，包括箅条和料筐在内的受料槽、锯和拨料机。

（五）液压操纵装置

用来储油和向各液压缸供油，包括泵、分流阀、重力蓄力器和油管等。

（六）润滑和冷却系统

用来向冷轧管机各个机构、管料和所轧管子供应润滑油和冷却液，可以分为稀油站、干油站和冷却液站。冷轧管机设备的平面布置，如图 8-13 所示。

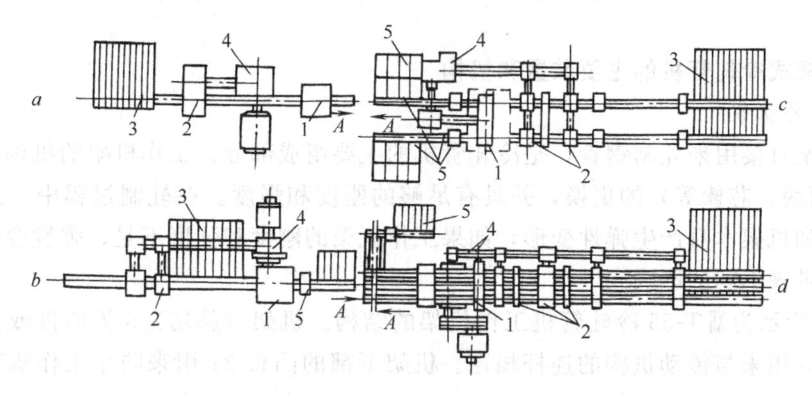

图 8-13　冷轧管机设备的平面布置

A—管子出口方向；1—工作机架；2—送进回转机构；3—受料台；4—主传动；5—输送和收集台架

图 8-14 所示为二辊式冷轧管机的传动系统图，从图中可以更直接地看到轧机上各种设备的位置及其相互关系。

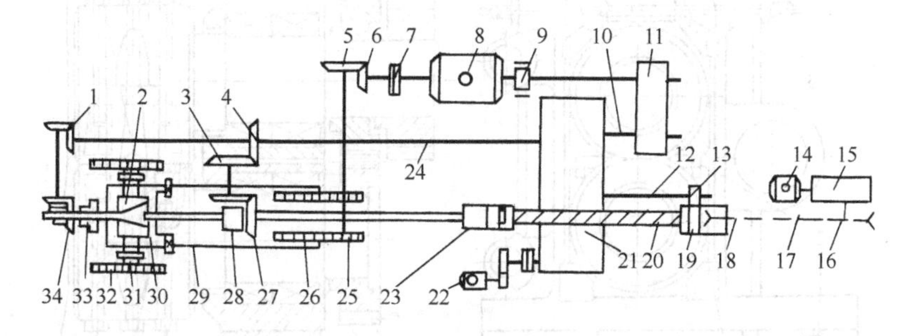

图 8-14　二辊式冷轧管机的传动系统图

1，34—伞齿轮副；2—轧辊；3，4，13，25，26—齿轮；5，6—伞齿轮；7—接手；8，14，22—电动机；9—制动器；10—凸轮轴；11，15—减速器；12—轴；16，17，18—链条；19—蕊棒杆卡盘；20—递进螺丝；21—送进回转机构；23—管卡盘；24—传动轴；27—锥齿轮；28—中间卡盘；29—连杆；30—工作机架；31—主动齿轮；32—齿条；33—前卡盘

工作机架 30 由主电动机 8 通过接手 7 和伞齿轮副 5 和 6 传动。齿轮 5 使齿轮 25 及 26 传动，齿轮 26 通过连杆 29 使工作机架作往复移动。在工作机架作往复移动的同时，装在轧辊辊颈端部的主动齿轮 31 沿着固定在机座上的齿条 32 滚动，带动轧辊 2 作同步往复转动。主电动机还通过减速机 11 使送进回转机构 21 的凸轮轴 10 转动。在主电动机轴上装有制动

器 9。送进回转机构传动前卡盘 33 和中间卡盘 28 的传动轴 24，传动使管料卡盘 23 运动的送进螺丝 20 以及轴 12。轴 12 上装有齿轮 13，齿轮 13 同芯棒杆卡盘上的齿轮啮合使它转动。

当送进回转机构上的齿轮传动套在送进丝杠上的青铜螺母时，送进丝杠和管料卡盘向轧制方向移动。送进丝杠和管料卡盘由另一个电动机 22 传动作快速返回。

中间卡盘 28 的轴由传动轴 24 通过齿轮 4、3 和 27 传动，而前卡盘的轴则通过伞齿轮副 1 和 34 传动。芯棒杆卡盘 19 由链条 17 和链轮 18 与 16 传动。主动链轮 16 由电动机 14 通过减速机 15 传动。不同形式的轧机其传动系统存在一些区别，特别是辅助装置。

多辊式冷轧管机的传动系统与二辊式轧机的没有原则区别。多辊式冷轧管机的主电动机通常布置在车间地平面以下。主电动机通过皮带轮带动曲柄连杆机构的主动齿轮转动。借助曲柄连杆机构和杠杆系统工作机架和轧辊架产生往复移动。杠杆系统布置在工作机架的前面或后面。

二、二辊式冷轧管机的主要装置和机构

（一）工作机架

工作机架直接用来轧制钢管，是冷轧管机的主要组成部分。工作机架的机构应便于工具（轧辊、轧槽块、芯棒等）的更换，并具有足够的刚度和强度。在轧制过程中，工作机架中的各个部件和机架本身产生弹性变形，如果工作机架的刚度和强度不足，弹性变形量大，会给轧制精度带来不利的影响。

图 8-15 所示为ⅫT-55 冷轧管机工作机架的结构。机架（牌坊）5 为铸件或焊接件。机架上的凸耳 3 用来与传动机构的连杆相连。机架下部的凸台 21 用来防止工作机架由于倾翻和移动而离开轧制中心线。机架下部还有两对镗孔，孔中装着滚轮 1 的轴，但在有的轧机上滚轮已改为滑板。

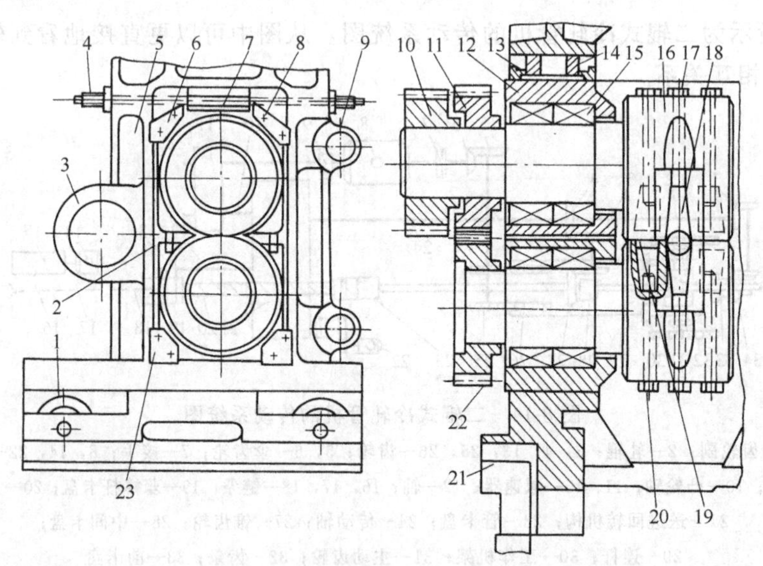

图 8-15　ⅫT-55 冷轧管机工作机架的结构

1—滚轮；2—平衡弹簧；3，9—凸耳；4，20—螺栓；5—机架；6—压板；7，19—斜楔；8—螺钉；10—主动齿轮；11，22—从动齿轮；12—轴承座；13—剪切环；14—冲头；15—滚动轴承；16—工作轧辊；17—中心螺丝；18—轧槽块；21—凸台；23—盖板

工作轧辊 16 安装在轴承座 12 中的滚动轴承 15 上。轴承座放在机架的窗口中。上下轧

辊辊颈上装着从动齿轮 11 和 22。此外，在上轧辊轴端还装着主动齿轮 10。主动齿轮和固定在机座上的齿条相啮合。在上下轧辊的轴承座上钻有孔，孔中安放平衡弹簧 2，用来平衡上轧辊以及装在轧辊上的全部零件。

上、下轧辊的轴承座用盖板 23 固定在窗口中。上轧辊可作垂直方向的移动，它的移动靠调整装在上轧辊轴承座和机架之间的斜楔 7 来实现。斜楔位置的调整借助于螺栓 4 实现轧辊的轴向移动，通过从一面松动压板 23 和 6 的螺钉 8 而从另一面拧紧压板螺钉的办法来实现。在斜楔中置有安全装置的剪切环 13 和冲头 14。剪切环在轧制负荷超过允许值时发生破坏，从而对轧辊及工作机架的其他部件起保护作用。

轧槽块 18 用中心螺丝 17 固定在工作轧辊的切槽中，通过装在轧槽块和辊身上径向刻槽中的两个斜楔 19 把扭矩从轧辊传到轧槽块。箱形用螺栓 20 拧紧。凸耳 9 用来连接平衡装置的连杆。

（二）主传动及传动机构

主传动包括主电动机和减速机。冷轧管机可用交流电动机或直流电动机驱动。直流电动机因为逆转可调，常用来驱动小型冷轧管机，这些轧机轧制的钢管尺寸和钢种变化多，需要经常改变轧制速度。对于专用的以及大中型冷轧管机采用交流电动机驱动比较合理，以减少投资。

主传动的减速机有圆锥齿轮减速机和圆锥-圆柱齿轮减速机。用圆锥齿轮减速机的优点是：主传动可布置成与轧制线平行，以减小机列的宽度。圆锥齿轮减速机的结构如图 8-16 所示，在箱体 1 中安装着 2 或 3 个装在主动轴 5 和从动轴上的伞齿轮 2 和 4。

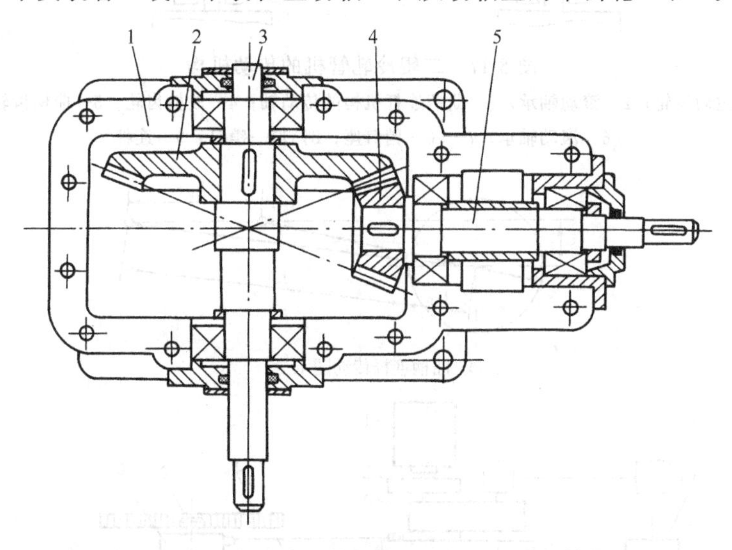

图 8-16　二辊式冷轧管机圆锥齿轮减速机的结构

1—箱体；2，4—伞齿轮；3—从动轴；5—主动轴

传动机构的作用是把冷轧管机主传动的转动变成工作机架的往复运动。二辊式冷轧管机的传动机构由一对曲柄连杆机构和两对齿轮组成。其中一对齿轮是从动的曲柄齿轮，另一对是主动齿轮，它通过联轴器与主传动相连（见图 8-17）。工作机架的传动系统如图 8-18 所示。

（三）送进回转机构

如前所述，冷轧管机具有周期性的工作制度，管料的变形不是连续进行的，而是局部的和间断的。在没有变形的间歇时间里，管料进行送进或回转或两者同时进行。对于二辊式冷轧管机广泛采用当工作机架处在后极限位置时送进管料、当工作机架处在前极限位置时回转

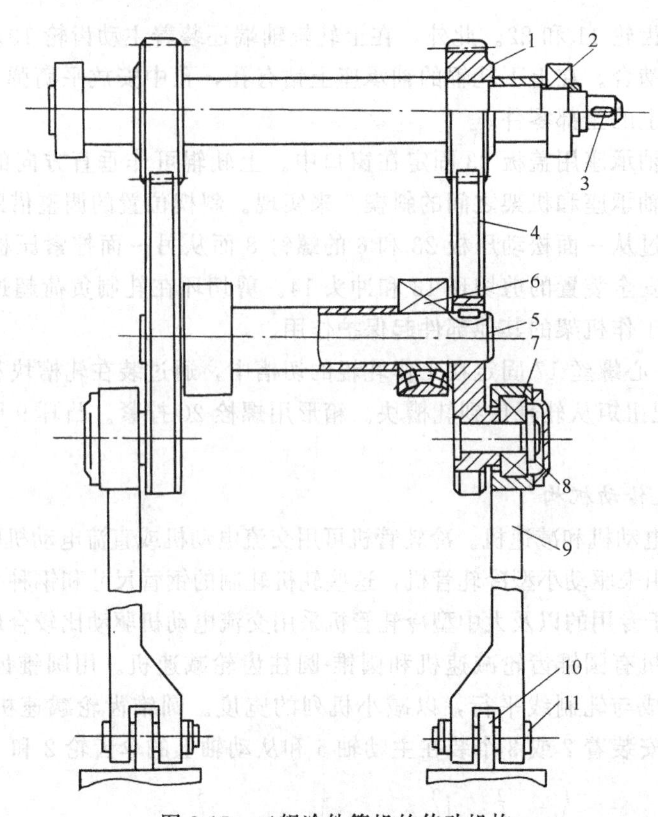

图 8-17　二辊冷轧管机的传动机构

1—主动齿轮；2—滚动轴承；3—曲柄连杆机构的传动轴；4—曲柄齿轮；5—曲柄齿轮轴；6—滚动轴承；7，10—销钉座；8，11—销钉；9—连杆

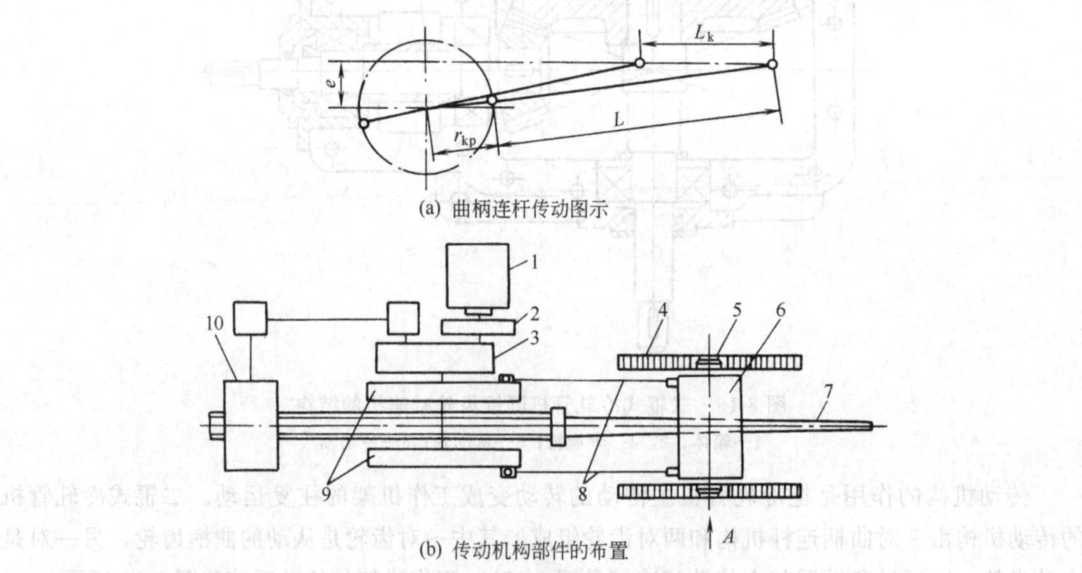

(a) 曲柄连杆传动图示

(b) 传动机构部件的布置

图 8-18　二辊冷轧管机工作机架的传动系统

1—主电机；2—联轴节；3—主减速机；4—齿条；5—齿轮；6—工作机架；7—管子；8—连杆；9—曲柄轮；10—送进回转机构

管料的送进回转制度。在多辊式冷轧管机上，一般当工作机架处在后极限位置时，同时送进或回转管料。也可以采用下述送进回转制度：当工作机架处在后极限位置时送进管料和工作

机架处在前、后极限位置时都回转管料；或者当工作机架处在前、后极限位置时都送进管料，而当工作机架处在前极限位置时回转管料。

实现管料送进或回转的机构即为送进回转机构。因为只有管料不和轧辊接触时才能进行送进或回转，因此，送进回转机构的动作不仅应具有周期性，并且必须与工作机架的运动相协调，使两者严格保持同步。

送进回转机构应保证管料的送进量可在3～40mm范围内进行平滑或分级调整，其不均匀度应不大于15%，退回量应不大于205mm。

管料的最小回转角可这样确定。处在图8-19所示孔型侧壁开口ab范围内的金属，在管料回转后应在孔型bc部分（以R_x为半径的孔型顶部圆弧上）轧制。为此，必须使管子上的a点按箭头所指的方向转过孔型上的b点，即管料的回转角应不小于孔型侧壁开口角β_x(30°～35°）的两倍。由于孔型有强烈磨损，回转角应设计成可变的，即在每个行程或几个行程后能自动地变化，但最大的回转角不宜超过90°，否则回转传动系统中动载荷增加。这样送进回转机构的回转角，在轧制同一根管料时应能在60°～90°之间自动变化。

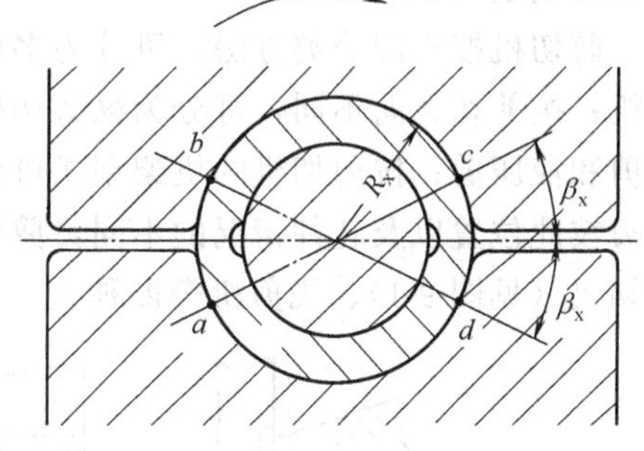

图8-19 管子和槽块的径向断面

在装料和调整轧机时，送进回转机构应能快速和连续地沿着或逆着轧制方向移动管料卡盘。

（四）卡盘

卡盘是把送进回转机构间断性的送进和回转运动传给管料、管子和芯棒杆的装置。送进管料的卡盘叫管料卡盘，而转动管料、管子和芯棒杆的卡盘分别叫中间卡盘、前卡盘和芯棒杆卡盘。但在一些轧机上，管料的送进和回转用同一个管料卡盘来完成，这样，在管料卡盘上除了有送进管料的装置外，还设置了卡紧和回转管料的装置，结构较复杂。

思考题

1. 无缝钢管的生产方法有哪几种？
2. 钢坯的穿孔方式有哪几种？
3. 穿孔机的工作机座由哪几部分组成？
4. 试述二辊式冷轧管机的主要装置和机构。
5. 轧辊的侧压进机构怎样调整？

第九章 剪切机

剪切机是用于将轧件沿长度方向切头、切尾和剪切成定尺长度，以及沿轧件宽度方向切边和切成定尺宽度的设备。

剪切机按不同分类方法，可分为多种。按剪切轧件的温度不同，可分为热剪切机和冷剪切机；按剪切方向不同，可分为纵剪切机和横剪切机；按剪切机的驱动方式不同，可分为机械剪和液压剪；按剪切机的机架型式可分为开式剪和闭式剪等。通常按剪切机的剪刃形状和剪刃彼此位置以及轧件情况的不同，剪切机可分为：平行刀片剪切机、斜刀片剪切、圆盘式剪切机（见图 9-1）、飞剪机等四种。

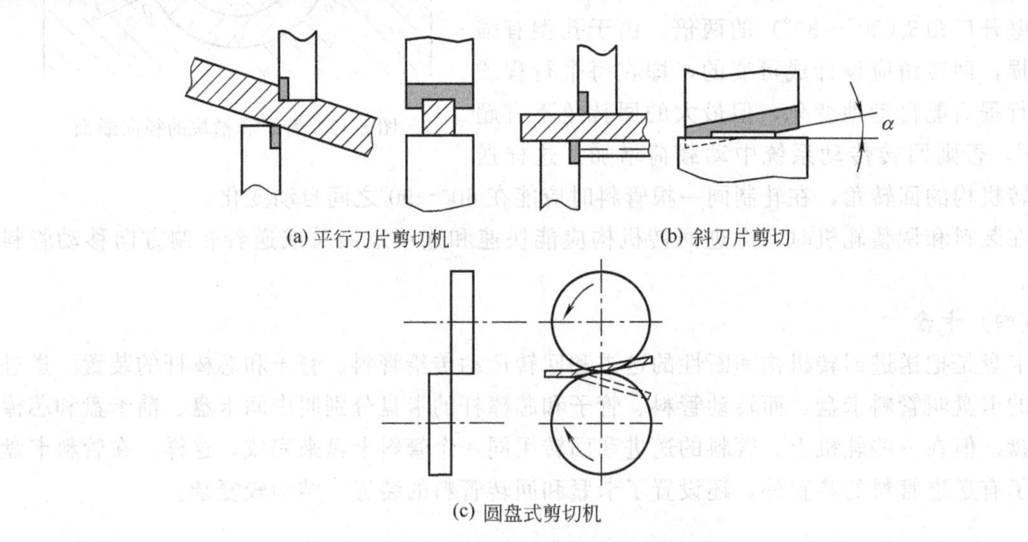

图 9-1　不同类型剪切机剪刃配置图

第一节　平行刃剪切机

该剪切机的上下两个刀片是彼此平行的，如图 9-1（a）所示，通常用于横向热剪切初轧方坯和板坯以及其他方形及矩形断面的钢坯，故又称为钢坯剪切机。此类剪切机有时也用于剪切冷态下的中小型成品型材。也可用制作成型的剪刃剪切非矩形面的轧件。平行刃剪切机按其剪切方式可分为上切式和下切式两种。

一、上切式平行刃剪切机

上切式平行刃剪切机的特点是下剪刃固定不动，剪切轧件是靠上剪刃的运动来完成。这种剪切机结构简单，重量较轻。主要缺点是剪切时轧件易弯曲，剪切断面不垂直，以致影响剪切后的轧件在轨道上顺利运行。因此，在剪切轧件厚度大于 30mm 的坯料时，需在剪切机前装设压板，在剪切机后装设摆动台或摆动轨道，如图 9-2 所示。剪切时，上剪刃压着将被剪断的钢坯一起下降，迫使摆动轨道也下降，当剪切完毕，摆动轨道在其平衡装置的作用下，随上剪刃上升而回到原始位置。这种剪刃的上下移动，多采用曲柄连杆机构，其典型结构型式有曲柄连杆式剪切机和曲柄活连杆式剪切机。

（一）曲柄连杆上切式剪切机

图 9-2 所示为曲柄连杆上切式剪切机示意。该剪切机的上下剪刃 9、3 分别安装在上刀台 6 和下刀台 2 上。下刀台安装在机架下部，上刀台通过连杆 7 随曲柄 8 转动而上下移动，实现剪切。

为使轧件的切断面垂直，防止轧件剪切时翘起，该剪切机设有液压压板装置 10。剪切机前设有切头推出机和机前轨道，在剪切机后设有定尺机、摆动轨道等辅助设备。为减少更换剪刃时间，在剪切机操作侧设有快速换剪刃装置。

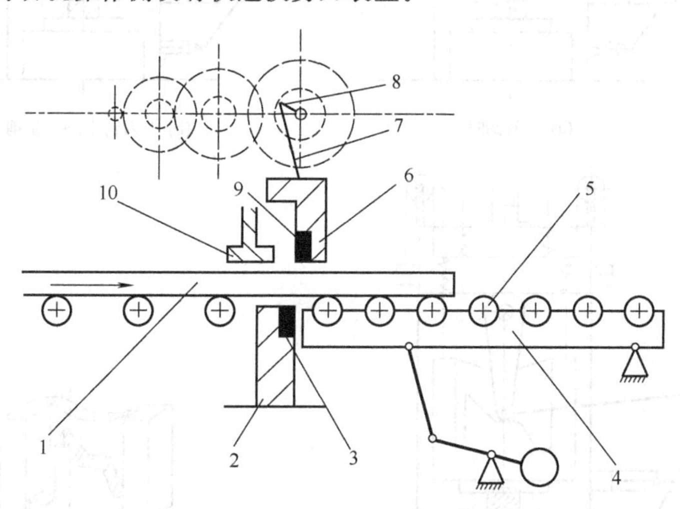

图 9-2　曲柄连杆上切式剪切机示意

1—轧件；2—下刀台；3—下剪刃；4—摆动轨道装置；5—轨道；6—上刀台；7—连杆；8—曲柄；9—上剪刃；10—压板

（二）活动连杆上切式剪切机

图 9-3 表示该剪切机的剪切过程与上刀台的形状。不剪切时，上刀台 5 由气缸 1 提升至最高位置，气缸 3 将活动连杆拉至上刀台的凹槽内使连杆与上刀台脱开［见图 9-3 (a)］，此时偏心轴转动使活动连杆在刀台凹槽内摆动，而上刀台仍停留在最高位置不动；剪切时，气缸 1 使上刀台 5 快速下降并压住钢坯，与此同时气缸 3 将连杆 2 推入刀台的凸台上，使活动连杆与刀台接触，在偏心轴带动下进行剪切［见图 9-3 (b)、(c)］。剪切完毕后，上刀台在气缸 1 的作用下又升至最高位置，等待下一次剪切。

这种剪切机有以下两个最主要的特点。

① 操作速度快，实际剪切次数高。提高操作速度和实际剪切次数的关键是改革离合机构。用气缸操作偏心连杆来代替一般的牙嵌离合器或摩擦离合器。连杆与上刀台没有铰链连接，它与刀台的接合与脱开是利用快速动作气缸来操作的。

② 增大了刀片之间最大开口度。剪切机开口度大小取决于偏心距的大小，此剪切机是在不加大偏心距的情况下，增大了刀片之间最大开口度。为达此目的，剪切机上装有一套上刀台快速升降与平衡机构。

从图 9-3 可见，上刀台 5 挂在平衡吊架 7 上，而平衡吊架 7 的两端通过链条和链轮 8 各挂一个重锤，以平衡上刀台重量，上刀台的快速升降是由位于中间的气缸 1 操作的，平衡吊架与链轮及气缸支架之间装有缓冲弹簧 9，平衡吊架与剪切机机架之间有缓冲弹簧 6。

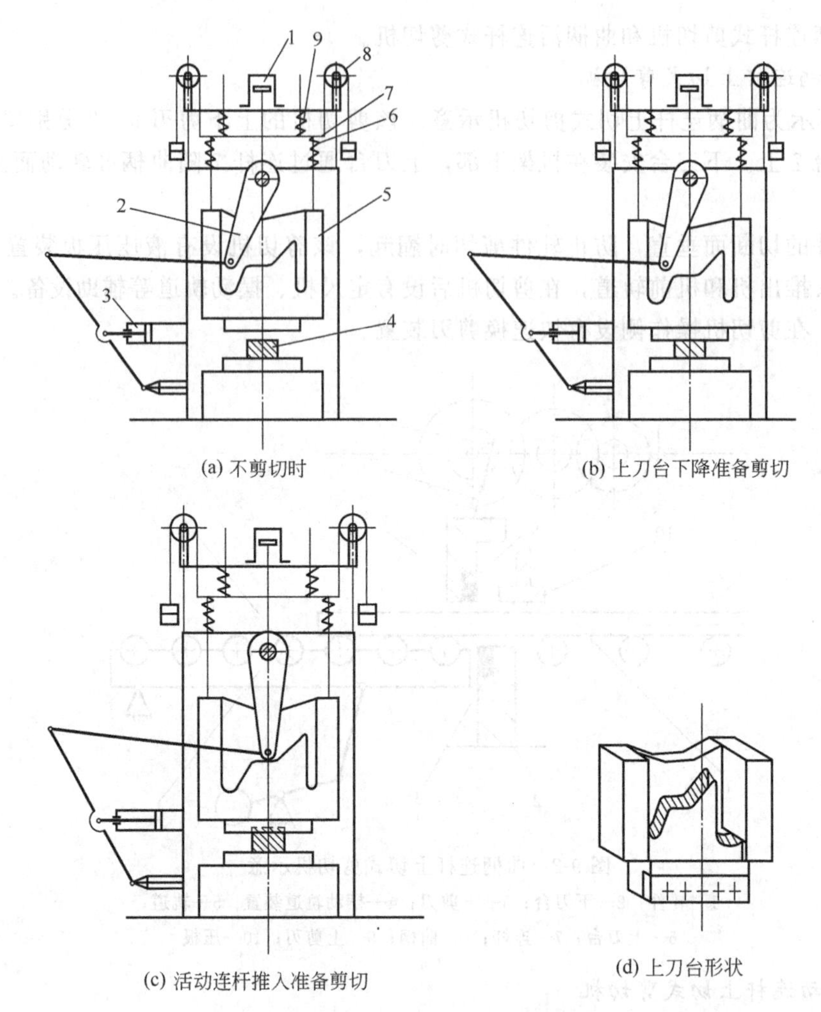

(a) 不剪切时

(b) 上刀台下降准备剪切

(c) 活动连杆推入准备剪切

(d) 上刀台形状

图 9-3　活动连杆剪切机剪切过程示意

1—气缸；2—连杆；3—气缸；4—轧件；5—上刀台；6，9—缓冲弹簧；7—平衡吊架；8—链轮

二、下切式平行刃剪切机

下切式平行刃剪切机的上、下两剪刃都是运动的，但轧件被剪断是由下剪刃上升来完成的，该种剪切机广泛用于剪切厚钢坯。剪切时，上剪刃先下降，当达到距轧件上表面尚有一定距离时，停止下降。其后下剪刃上升进行剪切，切断轧件后，下剪刃先下降，当降到原始位置时，上剪刃上升复位，实现一次剪切。这种剪切机在剪切时由于将轧件抬离轨道面，因此，在剪切机后不需设置摆动台或摆动轨道。剪切长轧件时，不易弯曲和易保证剪切断面较垂直，并可缩短剪切间隙时间，提高剪切次数。下切式剪切机在结构上比上切式剪切机复杂。根据结构型式不同，主要有曲柄杠杆剪切机和浮动偏心轴剪切机。

(一) 曲柄杠杆剪切机

这种剪切机的钢坯剪切过程是由下刀来完成的，一般均做成开式的。此种剪切机由于结构简单、操作方便、使用可靠、生产率较高而得到了广泛的应用。在国内各厂使用的此种剪切机，按剪切能力划分为 2.5MN、7MN、9MN 等三种。国外有 20MN 曲柄杠杆剪切机，用以剪切方坯与扁坯。这些不同剪切能力的剪切机其结构型式基本相同，只是电动机型式（交流或直流）与工作制度（连续工作制或启动工作制）稍有差别。图 9-4 所示为 9MN 曲柄

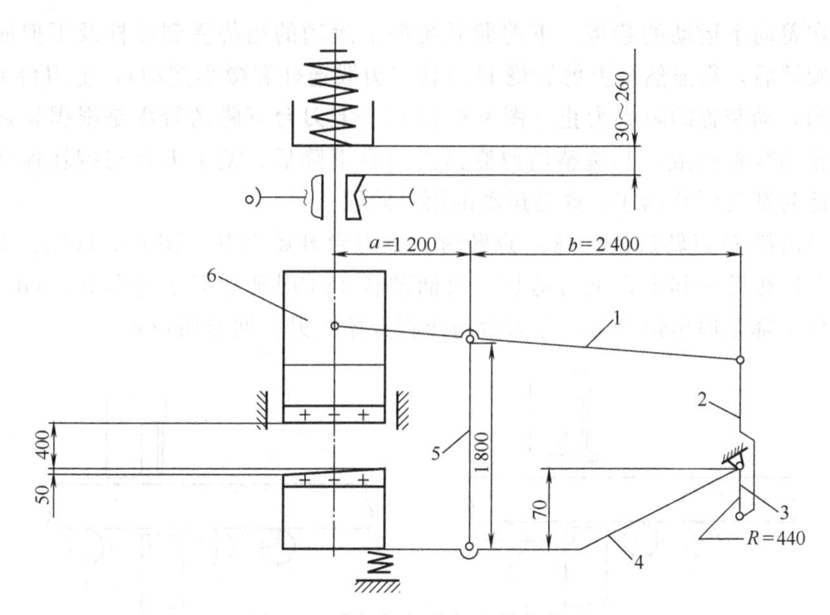

图 9-4　曲柄杠杆剪切机结构简图

1—上剪股；2—曲柄连杆；3—曲柄轴；4—下剪股；5—连接上下剪股的连杆；6—上刀台

杠杆剪切机结构简图。

剪切机由剪切机构（包括上刀调整机构）、传动系统、压板装置三部分组成。

如图 9-4 所示，上刀台通过铰链与上剪股相连，根据剪切钢坯尺寸，可调整上刀台行程，这是通过一套蜗杆、蜗轮、螺丝螺母等专门机构实现，调整范围为 30～260mm。为了消除上刀台与上剪股连接处的间隙以及吸收运动转换时产生的动负荷，在上刀台的顶端装有弹簧。上刀台与下剪股做成一体，下剪股的一端与曲柄轴相连接，如图 9-5 所示，另一端支承在机架上，为了缓冲，在支撑处放有枕木块，剪切机构的全部重量通过此支点和曲柄轴支托在机架上，上剪股在机架中滑动。

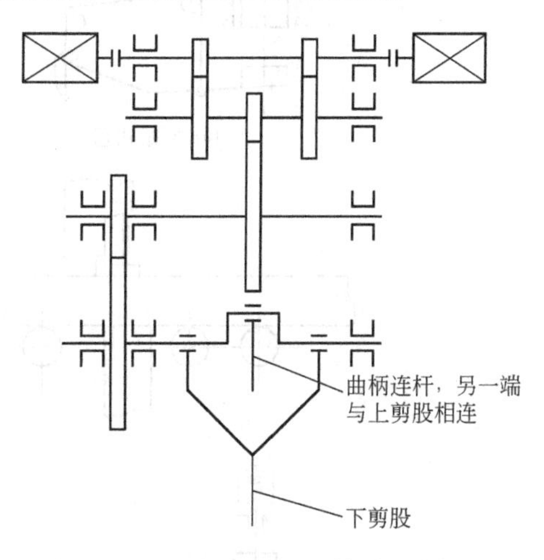

图 9-5　曲柄杠杆剪切机传动系统简图

曲柄轴由电动机通过三级减速齿轮传动，如图 9-5 所示。电动机工作制度为启动工作制，根据剪切钢坯尺寸的不同，可采用圆周工作循环与摆动式工作循环，这样就缩短了空行程时间，提高了剪切机的生产率。

剪切机的压板装置是弹簧压板，压板装置固定在上刀台上，与上刀台一起上下，剪切时依靠弹簧的变形使其在上刀台不动时与下刀台一起上升，故这种压板的弹簧工作圈数较多，一般均采用四组弹簧串联使用。此种压板装置较简单，但压板力是随着剪切过程的进行而逐渐增大的，开始时压板力可能不够，甚至压不住钢坯，这是它的缺点。

剪切机构中间的空间较宽大，可以在这里装置切头推下设备。

剪切机的剪切过程可分为两个阶段，即上刀台下降与下刀台上升，并把钢坯剪断。图 9-6（a）表示剪切机的原始状态。当电动机启动后，曲柄旋转，上刀台及上剪股由于自重作用，始终存在着向下运动的趋势。下剪股系统向上运动的趋势受到连杆及下剪股重量的阻碍，故曲柄旋转后，很显然是上剪股绕 D 点转（剪股连杆有微小摆动），上刀台下降，直至缓冲弹簧受到止动装置的阻碍为止［图 9-6（b）］。上刀台下降的行程是根据钢坯断面高度预先调整好止动装置位置，其调整的原则是上刀台下降后，使上刀台与钢坯保持有一段距离，而压板此时则已压着钢坯，这是运动的第一阶段。

当上剪股由绕 D 点转过渡到绕 E 点转时，下刀台开始上升［图 9-6（c）］。下刀台与钢坯接触后便和压板等一起上升进行剪切。曲柄轴转 180°时剪切完了［图 9-6（d）］。继续转动时，下刀台下降至原始位置后，上刀台与压板开始上升，回原始位置。

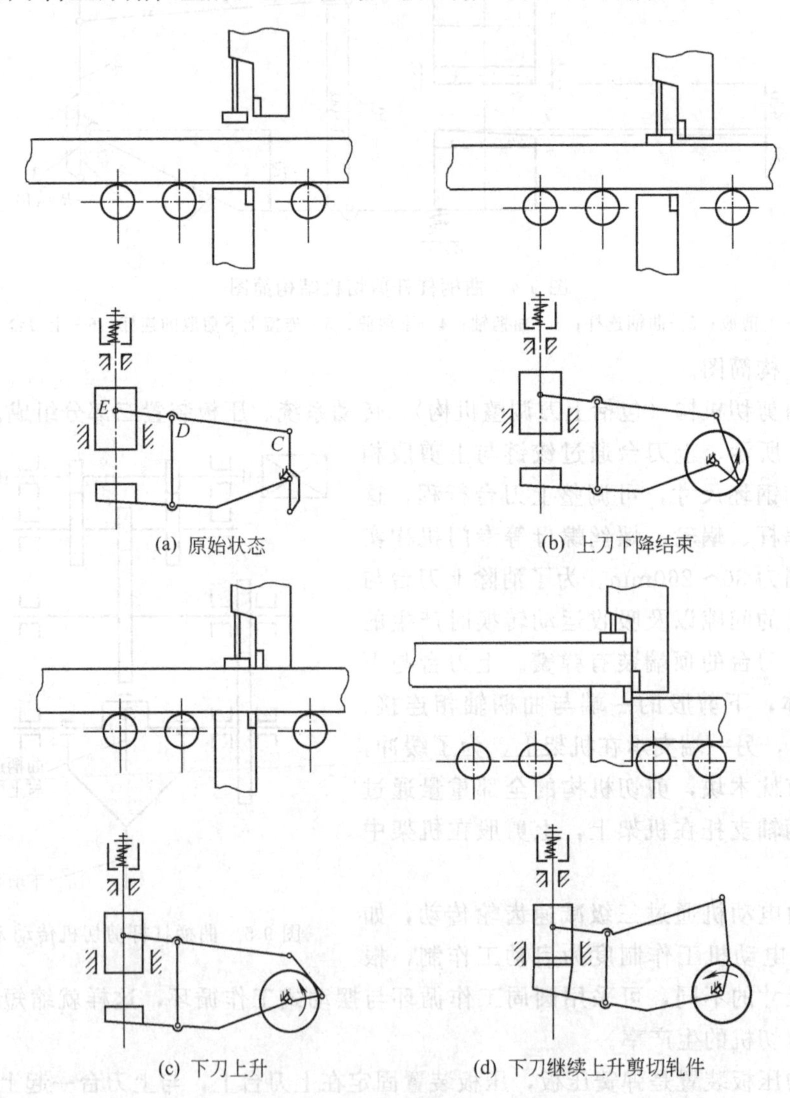

图 9-6　曲柄杠杆剪切机工作原理

六连杆剪的剪切机构自由度等于 2，其杆件的运动按理说是不定的。但由于最小阻力定理的补充条件，使此剪切机具有确定的运动。下面按最小阻力定理来分析运动的两个阶段及其转换条件。

取上剪股为分离体。当剪切机曲柄旋转后，如果上剪股绕 D 点转动，即以 D 点为支点旋转时［图 9-7（a）］，则下刀台不动，上刀台下降。如果上剪股绕 E 点转动，即以 E 点为支点旋转时［图 9-7（b）］，则上刀台不动，下刀台上升。因此，只要分别求出上剪股绕 D 点转动时作用在上剪股的驱动力 $(P_C)_D$，以及绕 E 点转动时作用在上剪股的驱动力 $(P_C)_E$，若能满足 $(P_C)_D \leqslant (P_C)_E$ 的条件，则根据最小阻力定理，就可实现第一阶段的运动，即下刀台不动而上刀台下降。

上剪股绕 D 点转动时，在 E 点作用着上刀台重量 G_1。在上剪股中心作用着上剪股重量 G_2。在 C 点则作用着由曲柄连杆传来的驱动力 $(P_C)_D$。为了便于分析，忽略连杆摆动角度的影响，以 $(P_C)_D$ 的垂直分力 $(P'_C)_D$ 作为作用在上剪股上的驱动力。

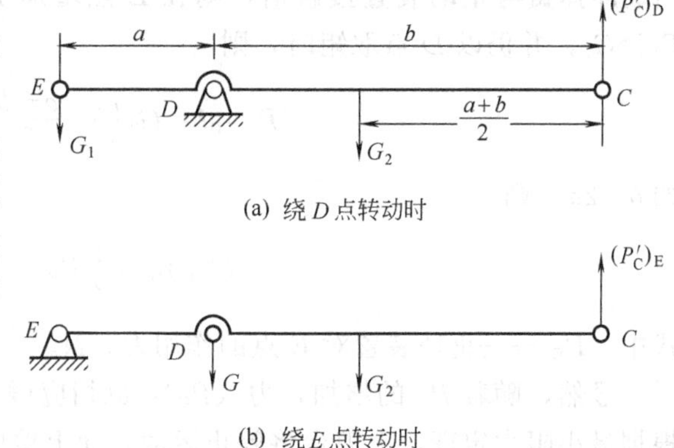

(a) 绕 D 点转动时

(b) 绕 E 点转动时

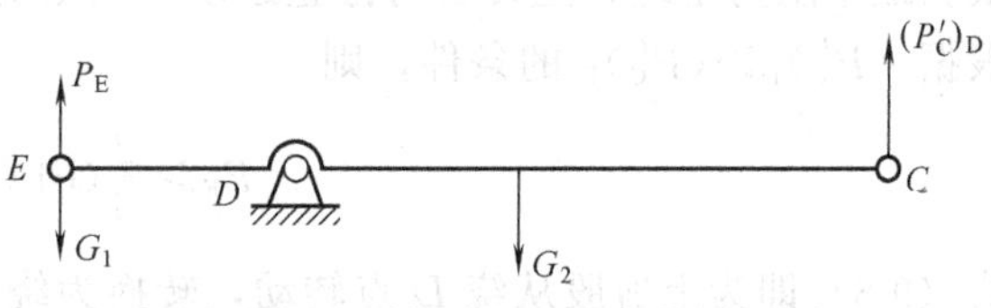

(c) 当缓冲弹簧与止动装置接触后，绕 D 点转动时下刀上升

图 9-7　上剪股受力图

若对 D 点写出力矩平衡方程式，则

$$(P'_C)_D b = G_2\left(b - \frac{a+b}{2}\right) - G_1 a$$

如设 $b=2a$，则

$$(P'_C)_D = \frac{1}{4}G_2 - \frac{1}{2}G_1 \tag{9-1}$$

式中　G_1——上刀台重量，N；

G_2——上剪股重量，N；

$(P'_C)_D$——当上剪股绕 D 点转动时，曲柄连杆作用在上剪股 C 点上的垂直分力，N；

a——上剪股上 ED 之间的距离，m；

b——上剪股上 DC 之间的距离，m。

若上剪股绕 E 点转动，上剪股除了在其中心作用着上剪股重量 G_2 外，在 D 点还作用着下剪股及连接上下剪股的连杆的重量 G。在 C 点则作用着由曲柄连杆传来的驱动力 $(P_C)_E$ 的垂直分力 $(P'_C)_E$。对 E 点写出力矩平衡方式，则

$$(P'_C)_E \cdot (a+b) = G \cdot a + G_2 \frac{a+b}{2}$$

如设 $b=2a$，则

$$(P'_C)_E = \frac{1}{3}G + \frac{1}{2}G_2 \tag{9-2}$$

式中　G——下剪股及连接上下剪股的连杆推算到 D 点的重量，N；

$(P'_C)_E$——当上剪股绕 E 点转动时，曲柄连杆作用在上剪股 C 点上的垂直分力，N。

由式（9-1）和式（9-2）可见，

$$(P'_C)_D < (P'_C)_E \tag{9-3}$$

根据最小阻力定理，此时，上剪股绕 D 点旋转，使上刀台下降。随着上刀台的下降，

当缓冲弹簧与止动装置接触后，则在 E 点增加了一个作用力 P_E［图 9-7（c）］。当作用力 $P_E > G_1$，并仍以 D 点取矩时，则

$$(P'_C)_D b = G_2\left(b - \frac{a+b}{2}\right) + (P_E - G_1)a \tag{9-4}$$

如 $b=2a$，则

$$(P'_C)_D = \frac{1}{2}P_E + \frac{1}{4}G_2 - \frac{1}{2}G_1 \tag{9-5}$$

式中　P_E——止动装置对 E 点的作用力，N。

显然，随着 P_E 的增加，力 $(P_C)_D$ 也相应增大。当力 $(P'_C)_D$ 增大到大于力 $(P'_C)_E$ 时，根据最小阻力定理，上刀台将停止运动，而上剪股将绕 E 点转动，使上刀台上升。

根据 $(P'_C)_D > (P'_C)_E$ 的条件，则

$$P_E > \frac{2}{3}G + G_1 + \frac{1}{2}G_2 \tag{9-6}$$

式（9-6）即为上剪股从绕 D 点转动，转换为绕 E 点转动时的瞬心转换条件。

考虑到在瞬心转换时，上刀台因速度变化所产生的动负荷以及作用力 P_E，都由弹簧变形所吸收，故在设计止动装置的弹簧时，其最大工作负荷应为上述动负荷及作用力 P_E 之和。

（二）浮动偏心轴式剪切机

这种剪切机有三种型式：上驱动机械压板式、下驱动机械压板式、下驱动液压压板式。

浮动偏心轴剪切机的偏心轴转动中心在各个瞬时是不同的，它与外界阻力有关。机械压板浮动偏心轴剪切机与液压压板浮动轴剪切机的运动规律及其瞬时转动中心的转换条件不完全相同。前者决定于各运动件的重量分配，后者取决于液压平衡系统的控制。下面仅介绍使用较广泛的液压压板浮动轴剪切机，关于机械压板浮动偏心轴剪切机可参阅有关文献。

1150 初轧车间的大型浮动轴剪切机目前趋向于采用液压压板结构型式，图 9-8 所示为 16MN 液压压板浮动偏心轴剪切机结构简图。

剪切机由剪切机构、压板机构、刀台平衡机构、机架和传动系统组成。如图 9-8 所示，剪切机构由偏心轴 6、下刀台 7、连杆 8、上刀台 10 及心轴 11 组成。上下刀台上装有刀片 13 和 14；上下刀台通过连杆 8 连接起来。当偏心轴旋转时，靠液压系统的控制，上刀台 10 先下降一段距离，然后下刀台 7 上升进行剪切。剪切时，上刀台在机架的垂直滑道 9 中上下运动，而下刀台则在上刀台的垂直滑道中运动。剪切钢坯时的剪切力由连接上下刀台的连杆 8 承受，剪切力不传给机架，机架只承受由扭矩产生的倾翻力矩。

压板机构由液压缸 12 和压板 18 组成，整个机构都装在上刀台上，剪切时靠液压缸产生的压力通过杠杆把钢坯夹持在压板和下刀台之间，以防止钢坯倾斜。

上下刀台及万向接轴分别由液压缸 17、16 和 5 来平衡，为了实现剪切机构确定的运动规律和平衡空载负荷以及防止剪切时在连杆两端铰链处产生冲击，上刀台采用过平衡，下刀台采用欠平衡。

图 9-9 所示为剪切机剪切过程，从运动过程来看实际上是三个阶段：①上刀下降一个不大的距离［图 9-9（b）］，此时下刀不动，上刀下降的距离由上刀台平衡液压系统来控制；②上刀停止，下刀上升并剪切钢坯，上升至最高位置时与上刀有一定重叠量（15mm），然后下刀下降至最低位置［图 9-9（c）、（d）］；③下刀停止，上刀上升至原始位置［图 9-9（e）］，

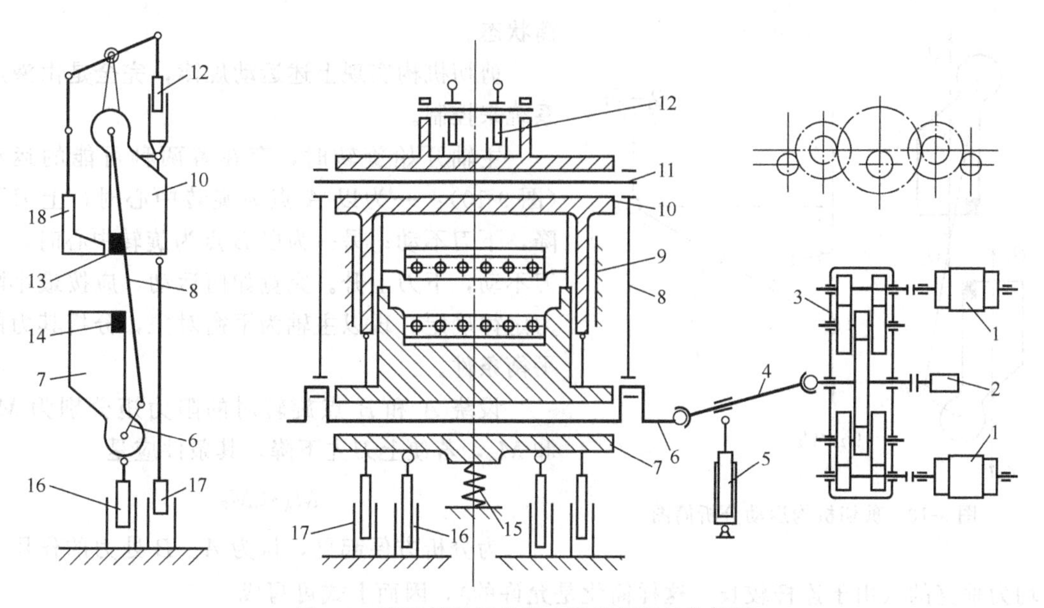

图 9-8　液压压板浮动偏心轴剪切机结构简图

1—电动机；2—控制器；3—减速机；4—万向接轴；5—接轴平衡缸；6—偏心轴；7—下刀台；8—连杆；9—机架；10—上刀台；11—心轴；12—压板液压缸；13—上刀片；14—下刀片；15—弹簧；16—下刀台平衡缸；17—上刀台平衡缸；18—压板

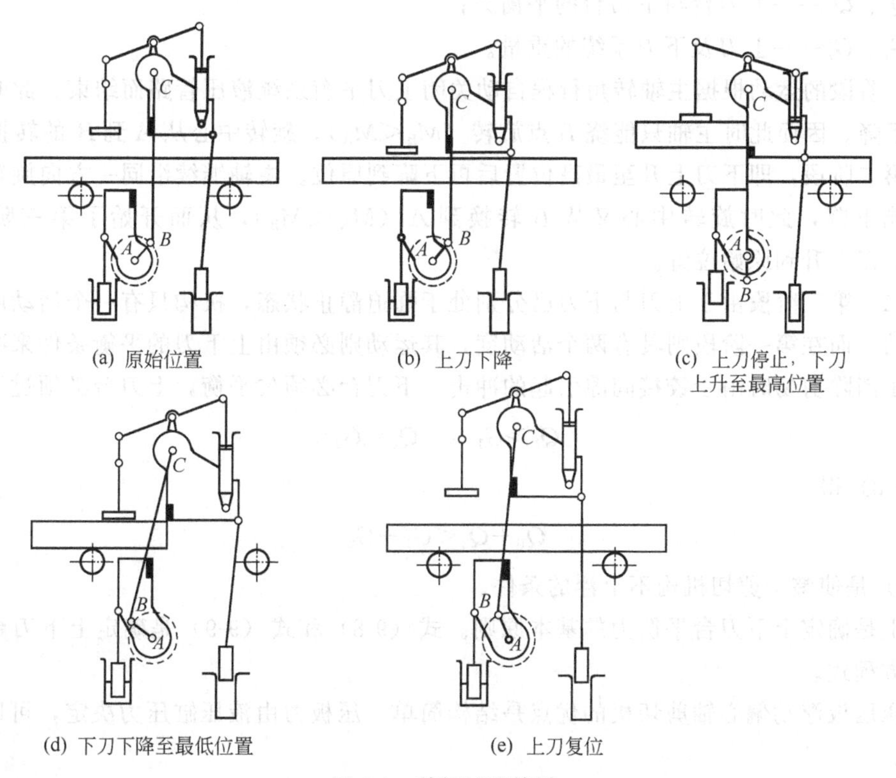

图 9-9　剪切过程简图

完成一次剪切。

剪切机构按平面机构分析是属于自由度为 2 的偏心连杆机构。为使机构具有要求的确定运动，需要依靠上下刀台的平衡条件和附加的约束来获得。上刀是过平衡状态，下刀是欠平

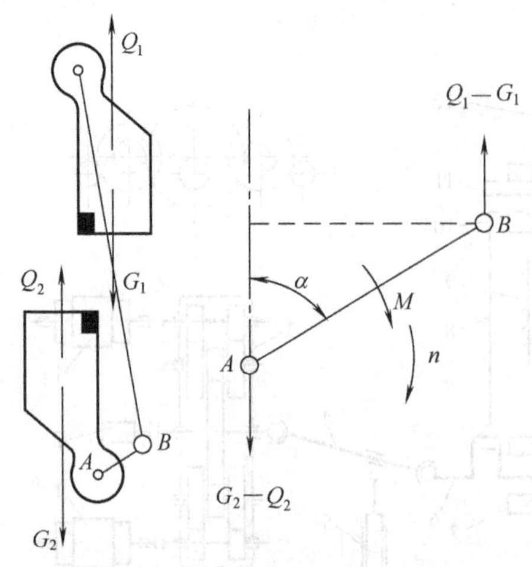

图 9-10　剪切机构运动分析简图

衡状态。

剪切机构实现上述运动规律，完全是由液压系统来控制。

主轴开始旋转时，存在着两种可能的运动（图 9-10）：一为以 A 点为旋转中心时，上刀下降，下刀不动；另一为以 B 点为旋转中心时，上刀不动，下刀上升。究竟如何运动，应按最小阻力定律确定。现以主轴为平衡对象，分析其力的平衡条件。

设绕 A 和 B 点旋转时的阻力矩分别为 M_A 和 M_B，若使上刀先下降，其条件应是

$$M_A < M_B$$

为分析方便起见，认为 A、B 处力的作用方向均为垂直的（由于连杆较长，这样简化是允许的），因而上式可写成

$$(Q_1-G_1)R\sin\alpha < (G_2-Q_2)R\sin\alpha$$

即

$$(Q_1-G_1) < (G_2-Q_2) \tag{9-7}$$

式中　Q_1、Q_2——上刀台与下刀台的平衡力；

G_1、G_2——上刀及下刀系统的重量。

第一阶段的运动根据主轴转角行程自动关闭上刀平衡系统液压管路而结束，此时上刀被迫停止下降。因而此时主轴只能绕 B 点旋转（$M_B < M_A$）。旋转中心从 A 到 B 的转换开始了运动的第二阶段，即下刀上升至最高位置后再下降到原位。主轴继续沿同一方向旋转，而下刀已不能下降，此时旋转中心又从 B 转换到 A（$M_A < M_B$），从而开始了第三阶段的运动——上刀上升到原始位置。

第二、第三阶段由于上刀与下刀已分别处于强迫静止状态，机构只有一个活动度，运动是确定的。而在第一阶段则具有两个活动度，其运动则必须由上下刀的平衡条件来决定。

为了消除剪切时由于铰接间隙引起的冲击，下刀台必须欠平衡，上刀台必须过平衡，即

$$Q_1 > G_1 \qquad Q_2 < G_2 \tag{9-8}$$

从式（9-8）得

$$Q_1+Q_2 < G_1+G_2 \tag{9-9}$$

式（9-9）是使整个剪切机构不上浮的条件。

以上是确定上下刀台平衡力的基本原则。式（9-8）和式（9-9）是确定上下刀台平衡力的基本方程式。

液压压板浮动偏心轴剪切机的优点是结构简单，压板力由液压缸压力决定，可以保证压住钢坯。

必须指出，这类剪切机的平衡系统采用液压平衡，对于液压系统的冲击问题要给以充分的注意。在上、下刀台运动转换时，上刀平衡液压管路要突然关闭与开启，容易引起较大的水锤现象。当液压系统设计不完善时，较大的液压冲击及偏载将会导致刀台及机架振动，使剪切机不能正常工作。

三、平行刃剪切机参数

平行刃剪切机的主要参数为剪切力、剪切功、剪刃行程、剪刃尺寸和剪切次数。

（一）剪切力

剪切力是剪切机的一个重要参数。选择剪切机时，在确定剪切机结构型式之后，根据剪切轧件最大断面尺寸，确定需要的剪切力，由于该力在轧件剪切过程中是变化的，故首先分析轧件的剪切过程。

1. 轧件剪切过程分析

轧件在剪切过程中，可分为两个阶段，即压入和滑移阶段。如图 9-11 所示，在剪刃与轧件接触后，随两剪刃靠近，压入轧件，使轧件产生塑性变形，并在由剪刃对轧件的压力 P 组成的力矩 Pa 作用下，使其沿图示方向转动。但轧件在转动中，受到由剪刃侧面给轧件的推力构成的力矩 Tc 阻挡，力图阻止轧件转动。剪刃逐渐压入，压力 P 增加到等于沿剪切断面的剪切力时，剪切过程由压入阶段过渡到滑移阶段，此时剪刃对轧件的压力 P，即为剪切该轧件的剪切力；轧件转动角度，当增加到某一角度 γ 后，轧件停止转动，此时作用于轧件的两力矩平衡。

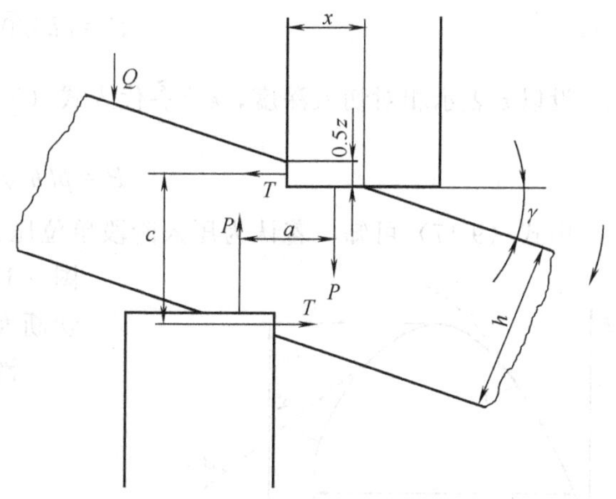

图 9-11 平行刀片剪切机剪切时作用在轧件上的力

$$Pa=Tc \tag{9-10}$$

假设在压入阶段，剪刃与轧件接触表面 xb 及 $0.5zb$ 上单位压力均匀分布且相等，即

$$\frac{P}{xb}=\frac{T}{0.5zb} \tag{9-11}$$

式中 b——轧件宽度；

z——剪刃压入轧件深度。

$$T=P\frac{0.5z}{x}=P\tan\gamma \tag{9-12}$$

由图 9-11 几何关系，得

$$a=x=\frac{0.5z}{\tan\gamma} \tag{9-13}$$

$$c=\frac{h}{\cos\gamma}-0.5z \tag{9-14}$$

将式（9-12）～式（9-14）代入式（9-10），可得轧件转动角 γ 与压下深度 z 的关系式

$$\frac{z}{h}=2\tan\gamma\cdot\sin\gamma\approx2\tan^2\gamma \tag{9-15}$$

$$\tan\gamma=\sqrt{\frac{z}{2h}}$$

由此可知，压入深度 z 越大，轧件转角 γ 也越大，致使轧件剪切断面质量下降和侧推力 T 增加，使刃台与机架滑道磨损增加。因此，为了减少 γ 角，一般剪切机均装有压板装置。

力 P 与压入深度的关系，压入阶段压力 P 为

$$P=pbx=pb\frac{0.5z}{\tan\gamma}$$

式中 p——单位压力。

将式（9-15）代入得

$$P=pb\sqrt{0.5zh} \tag{9-16}$$

设以 ε 表示相对切入深度，$\varepsilon=\frac{z}{h}$ 代入式（9-16）得

$$P=pbh\sqrt{0.5\varepsilon} \tag{9-17}$$

由式（9-17）可知，若认为压入阶段单位压力 p 为常数，则总压力 P 随 z 值增加，即按图 9-12 所示的抛物线 A 增加，直到轧件沿整个剪切断面开始滑移，压力 P 达到最大剪切力 P_{max}。

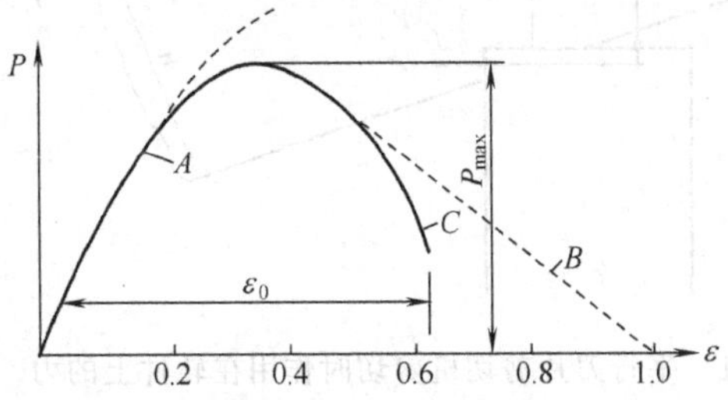

图 9-12　剪切力与相对切入深度的关系

滑移阶段剪切力 P 为

$$P=\tau b\left(\frac{h}{\cos\gamma}-z\right) \tag{9-18}$$

式中　τ——被剪切轧件单位剪切抗力。

若 τ 为常数，P 应按图 9-12 上直线 B 随 z 增加而减少。但实际上 P 力按图中曲线 C 变化，这说明 τ 并非为常数，而是随 z 增加而减少，其原因是金属内部原有缺陷及位错增大。

从上述分析可知，轧件在剪切过程中，压入阶段随压入深度增加，压力 P 增大，当达到最大值时，轧件沿剪切断面开始滑移，即由压入阶段转为滑移阶段，在此阶段中，随压入深度增加，剪切力在减少，当压入深度达一定值时，轧件断裂。为确定轧件在剪切过程中，剪切力的大小，需求出被剪切轧件的单位剪切抗力。

2. 单位剪切阻力的确定

单位剪切阻力 τ，在前述的剪切过程分析中可知，并非常数，它与被剪切材料本身性能、剪切温度、相对切入深度、剪切速度等因素有关。

单位剪切阻力可通过剪切力试验曲线和理论计算得到，这里仅介绍试验曲线。该曲线是通过不同钢种，在不同温度条件下进行剪切试验，将所测得的剪切力 P 除以试件原始断面积 F，将压入深度 z 除以试件原始高度 h，便可得出单位剪切抗力 τ 与相对切入深度 ε 的关系曲线 $\tau=f(\varepsilon)$。此曲线即为单位阻力剪切曲线。图 9-13 所示为冷剪时的单位剪切阻力曲线，其中包括三种有色金属。这些材料的化学成分及力学性能列于表 9-1。图 9-14 所示为热剪切时的单位剪切阻力曲线。

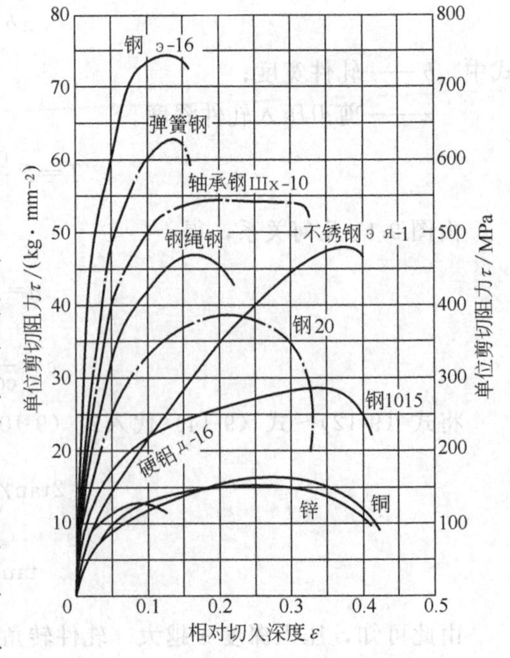

图 9-13　冷剪时的单位剪切阻力曲线

表 9-1 某些材料的化学成分和力学性能

钢 号	化学成分/%							力学性能			
	C	Si	Mn	P	S	Cr	Ni	σ_s/MPa	σ_b/MPa	δ/%	ψ/%
Э-16	0.16	0.23	0.34	0.018	0.006	1.42	4.31	—	1 150	9	45
弹簧钢	0.75	0.31	0.63	0.028	0.02	0.15	—	585	1 008	10.8	30
轴承钢	0.4	0.33	0.55	0.024	0.027	1.1	0.13	448	838	16.6	63
不锈钢(ЭЯ-1)	0.14	0.7	0.5	0.02	0.02	1.3	8.5	—	600	45	60
钢绳钢	0.47	0.23	0.58	0.027	0.03	0.05	—	354	673	19.7	44
20	0.2	0.24	0.52	0.026	0.03	0.04	—	426	537	21.7	69
1015	0.15	0.2	0.4	0.04	0.04	0.2	0.3	150	380	32	55

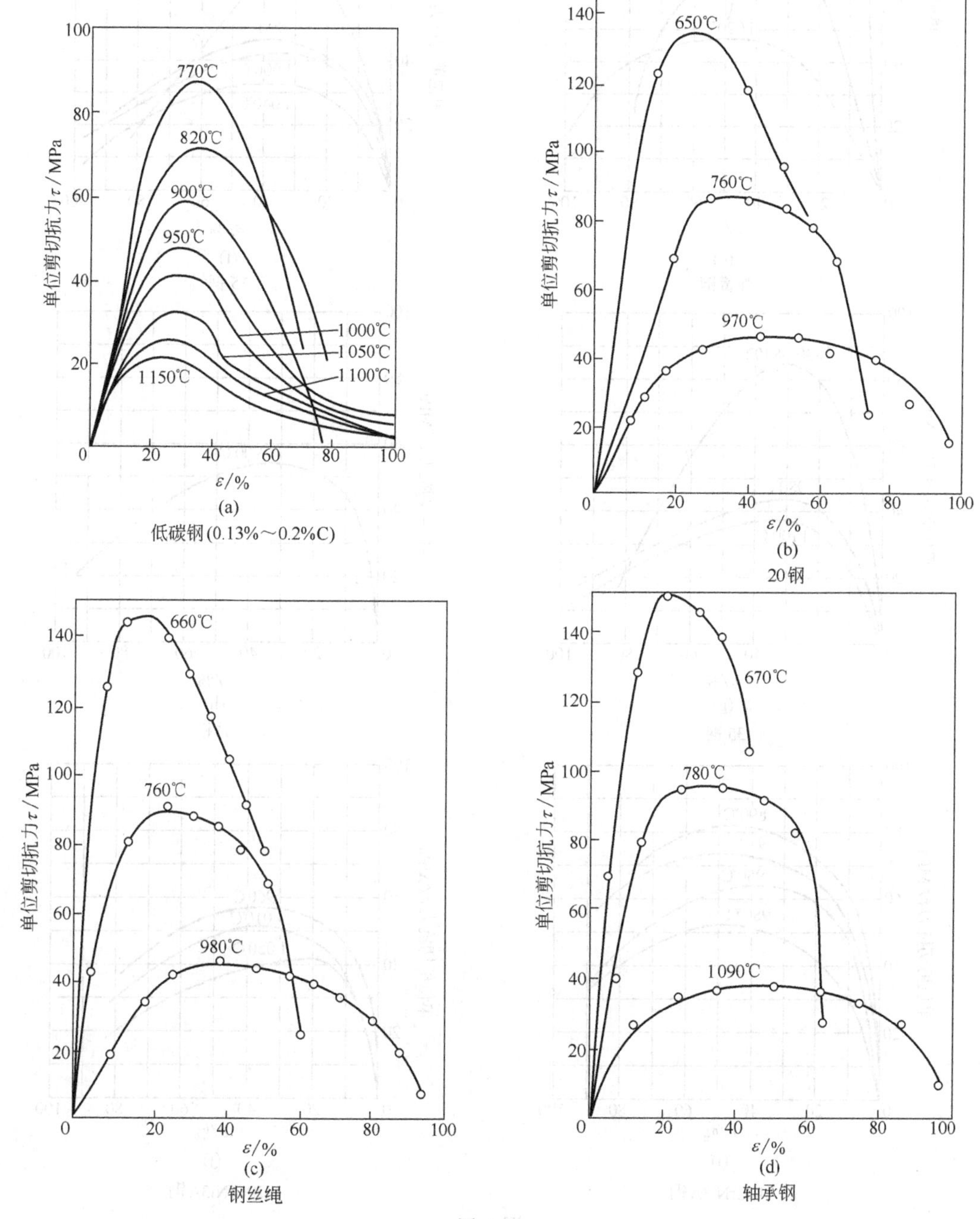

图 9-14

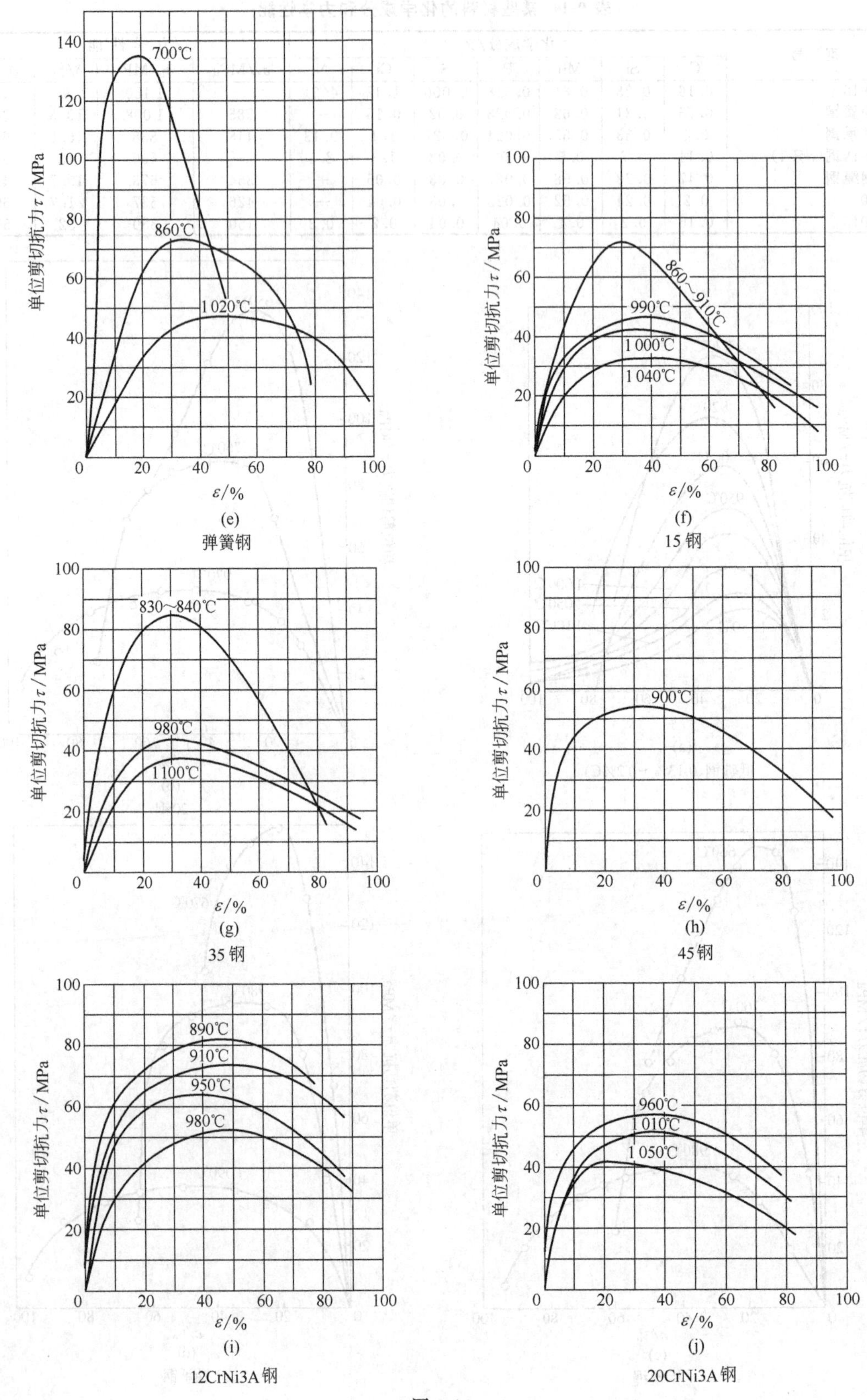

单位剪切抗力τ/MPa
700℃
860℃
1 020℃
ε/%
(e)
弹簧钢
860~910℃
990℃
1 000℃
1 040℃
(f)
15钢
830~840℃
980℃
1100℃
(g)
35钢
900℃
(h)
45钢
890℃
910℃
950℃
980℃
(i)
12CrNi3A钢
960℃
1 010℃
1 050℃
(j)
20CrNi3A钢

图 9-14

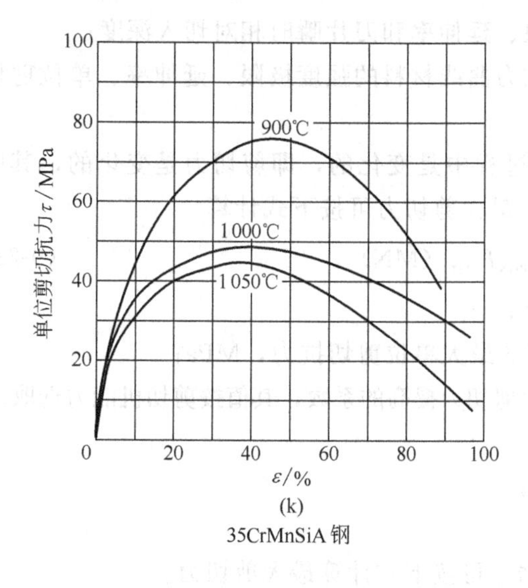

(k)
35CrMnSiA 钢

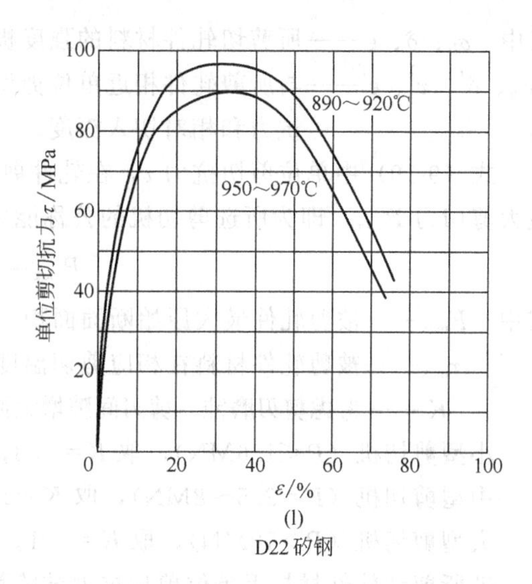

(l)
D22 矽钢

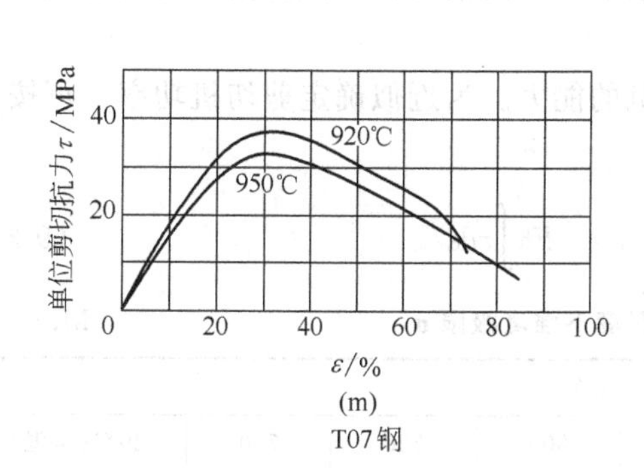

(m)
T07 钢

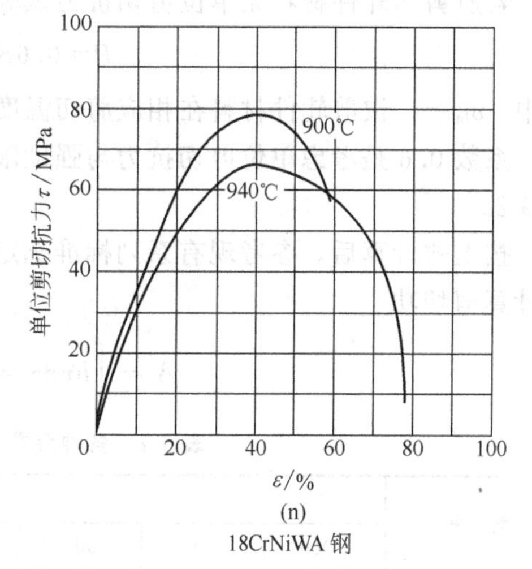

(n)
18CrNiWA 钢

图 9-14　热剪时单位剪切阻力曲线

从剪切抗力曲线图可见，材料强度限 σ_b 越高，剪切抗力越大，剪断时的相对切入深度 ε_0 越小，即金属断得越早，对同一种材料来说，剪切时温度越高，剪切抗力越小，与之对应的剪断时相对切入深度越大。剪断时的相对切入深度 ε_0 表征了金属塑性的好坏，ε_0 大表示塑性好。

3. 剪切力与剪切功的计算

剪切力可用下式计算

$$P=\tau F \text{（MN）} \tag{9-19}$$

式中　F——被剪轧件原始断面面积，m^2；

τ——单位剪切抗力，由前述试验曲线查得，MPa。

若所剪切的轧件没有剪切抗力曲线时，其剪切抗力 τ 和相对切入深度 ε，可用下式求得。

$$\tau=\tau'\frac{\sigma_b}{\sigma_b'} \tag{9-20}$$

$$\varepsilon=\varepsilon'\frac{\delta}{\delta'} \tag{9-21}$$

式中 σ_b、δ、ε——所剪切轧件材料的强度极限、延伸率和刀片瞬时相对切入深度；

σ_b'、δ'、τ'、ε'——与所剪轧件相近单位剪切抗力曲线材料的强度极限、延伸率、单位剪切抗力和相对切入深度。

式（9-19）中单位剪切抗力 τ，在轧件剪切过程中是变化的，即剪切力是变化的，其中最大剪切力 P_{max}，即为所选剪切机的公称能力，最大剪切力可按下式计算

$$P_{max}=K\tau_{max}F_{max}\ (\mathrm{MN}) \tag{9-22}$$

式中 F_{max}——被剪轧件最大原始断面面积，m^2；

τ_{max}——被剪轧件材料在相应剪切温度下的最大单位剪切抗力，MPa；

K——考虑剪刃磨钝、剪刃间隙增大而使剪切力提高的系数，其值按剪切机能力选取。

小型剪切机（$P<1.6$MN），取 $K=1.3$；

中型剪切机（$P=2.5\sim8$MN），取 $K=1.2$；

大型剪切机（$P>10$MN），取 $K=1.1$。

若所剪切轧件材料无单位剪切抗力试验数据，可按下式计算最大剪切力。

$$P=0.6K\sigma_{bt}F_{max}\ (\mathrm{MN}) \tag{9-23}$$

式中 σ_{bt}——被剪轧件材料在相应剪切温度下的强度极限，MPa。

系数 0.6 是考虑单位剪切抗力与强度限比例系数，不同钢种在不同温度下的强度极限见表 9-2。

按上式计算后，参考现有系列标准选定剪切机的能力。为近似确定剪切机功率，可按下式计算剪切功

$$A=\int F\tau\,\mathrm{d}z=\int F\tau h\,\mathrm{d}\varepsilon=Fh\int\tau\,\mathrm{d}\varepsilon \tag{9-24}$$

表 9-2 各种金属在不同温度下强度极限 σ_t MPa

钢 种	t/℃							
	1 000	950	900	850	800	750	700	20℃（常温）
合金钢	85	100	120	135	160	200	230	700
高碳钢	80	90	110	120	150	170	220	600
低碳钢	70	80	90	100	105	120	150	400

表 9-3 热剪各种金属时 τ_{max}、ε_0 和 a 值

钢 种	温度/℃	τ_{max}/MPa	ε_0	a/N·mm^{-2}	$\frac{\tau_m}{\tau_{max}}$
钢 20	650	137	0.65	66	0.74
	760	88	0.72	47	0.74
	970	48	1.0	32	0.67
钢绳钢	660	145	0.55	56	0.70
	760	91	0.65	44	0.74
	980	45	1.0	32	0.71
轴承钢	670	150	0.45	54	0.80
	780	96	0.65	49	0.79
	1 090	38	1.0	30	0.79
弹簧钢	700	133	0.5	47	0.70
	860	74	0.8	44	0.75
	1 020	48	1.0	35	0.73

表 9-4　冷剪各种金属时 τ_{max}、ε_0 和 a 值

材　料	τ_{max}/MPa	$\frac{\tau_{max}}{\sigma_b}$	ε_0	a/N·mm^{-2}	$\frac{\tau_m}{\tau_{max}}$
钢 Θ-16	750	0.65	0.16	97	0.81
弹簧钢	610	0.61	0.16	74	0.76
轴承钢(ШX-10)	540	0.64	0.33	150	0.84
不锈钢(θя-1)	470	0.79	0.40	124	0.66
钢绳钢	460	0.69	0.23	85	0.80
钢 20	380	0.70	0.35	104	0.78
钢 1025	280	0.74	0.41	97	0.84
铜	160	0.80	0.42	57	0.85
锌	150	0.91	0.41	52	0.84
硬铝(д16-M)	130	—	0.13	13	0.77

令 $a=\int \tau \mathrm{d}\varepsilon$，$a$ 称为单位剪切功。它等于单位剪切抗力曲线 $\tau=f(\varepsilon)$ 整个所包围的面积，即剪切高度为 1mm，断面为 1mm^2 轧件所需的剪切功。

某些材料的 a 值可由表 9-3、表 9-4 查得。

若所需轧件查不到 a 值，可用下式确定 a 值

$$a=\tau_m\varepsilon_0 \tag{9-25}$$

式中　τ_m——平均单位剪切抗力 $\tau_m=(0.75\sim0.85)\tau_{max}$，$\tau_{max}$值可由图 9-14 选取；

ε_0——剪断时相对切入深度。

如果这些数值不能在单位剪切抗力曲线上查出，可用所剪切材料的强度极限 σ_b 和延伸率 δ 近似求得，即

$$\tau_m=K_1\sigma_b \tag{9-26}$$

$$\varepsilon_0=K_2\delta \tag{9-27}$$

$$a=K_1\sigma_b K_2\delta \tag{9-28}$$

取系数 $K_1=0.6$，$K_2=1.2\sim1.6$，则

$$a=(0.72\sim0.96)\sigma_b\delta \tag{9-29}$$

（二）剪刃行程

剪刃行程应保证轧件在剪切时从两剪刃间顺利通过。行程太小，翘头的轧件不易通过，行程太大，对偏心轴类剪切机，使偏心值增加，驱动力矩增加，结构尺寸也相应增加；对液压驱动的剪切机，则使液压缸的行程增加，充液时间增加。剪刃行程主要取决于剪切轧件的最大高度。可按下式确定（见图 9-15）

$$H=H_1+j+q+s \tag{9-30}$$

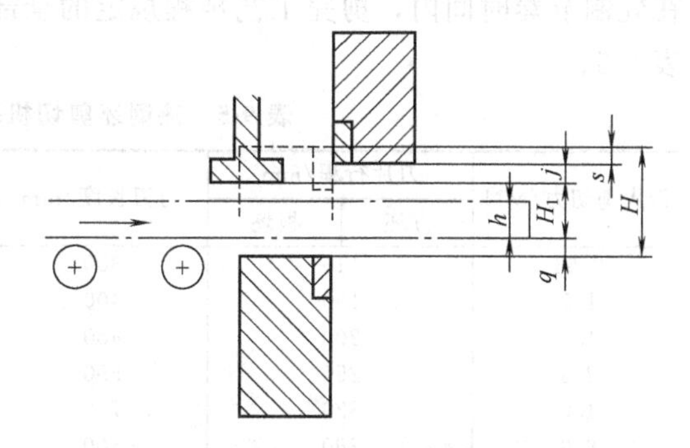

图 9-15　刀片行程关系（下切式平行刀片剪切机）

式中　H_1——辊道上表面至压板下表面间距离，其中 $H_1=h+(50\sim75)$mm；

h——轧件最大高度，(50～75) 是考虑当轧件有翘头时，仍可通过剪切而留有的余量；

s——上下剪刃重叠量，可在 5～25mm 内选取；

j——为使上剪刃不被轧件撞击，压板低于上剪刃的距离，一般取为 5～50mm；

q——辊道上表面高出下剪刃的距离，以防下剪刃被轧件撞击和磨损。一般取值为 5～20mm。

（三）剪刃尺寸

剪刃尺寸包括剪刃长度、高度和宽度。这些尺寸主要根据所剪轧件的最大断面尺寸来选定。

剪刃长度可按下述经验公式确定。

对剪切小方坯的剪切机，考虑经常同时剪切几根轧件，取剪刃长度 L 为被剪轧件宽度的 3～4 倍，即

$$L=(3\sim4)B_{max}\ (\text{mm})$$

式中 B_{max}——被剪轧件最大宽度，mm。

对用于剪切大、中型方坯的剪切机，剪刃长度 L

$$L=(2\sim2.5)B_{max}\ (\text{mm})$$

对剪切板坯的剪切机，取剪刃长度

$$L=B_{max}+(100\sim300)\ (\text{mm})$$

剪刃高度和宽度，可按下式确定

$$h'=(0.65\sim1.5)h_{max}\ (\text{mm})$$

$$b=\frac{h'}{2.5\sim3}\ (\text{mm})$$

式中 h'——剪刃断面高度，mm；

h_{max}——被剪轧件最大高度，mm；

b——剪刃断面宽度，mm。

（四）剪切次数

剪切次数是表示剪切机生产能力的参数。剪切次数有理论剪切次数和实际剪切次数。理论剪切次数是指剪切机在每分钟时间内，连续运转可实现的剪切次数，该值决定于剪切机的结构。实际剪切次数总是小于理论剪切次数，因此，在剪切机选择时，按实际剪切次数保证在轧制节奏时间内，剪完工艺规程规定的全部定尺和切头、切尾。热钢坯剪切机基本参数见表 9-5。

表 9-5 热钢坯剪切机基本参数（JB 2093—77）

最大剪切力/MN	刀片行程/mm		刀刃长度/mm	扁坯最大宽度/mm	刀片断面尺寸/mm	理论空行程次数/(次·min⁻¹)
	方坯	板坯				
0.63	110		300	—	30×80	20～30
1.0	160		400	—	40×120	20～30
1.6	200		450	—	50×150	20～30
2.5	250		550	300	60×180	18～30
4.0	320		700	400	70×180	14～18
6.3	360		800	500	70×210	12～16
10	440		1 200	1 000	80×240	10～14
16	500	400	1 800	1 500	90×270	7～12
〔20〕	500	450	2 100	1 800	100×300	7～12
25	500	450	2 100	1 800	100×300	5～8

第二节 斜刃剪切机

这种剪切机的两个刀片中的一个相对另一刀片成某一角度（图 9-16），一般上刀片是倾斜的，其倾斜角 α 一般为 1°～6°，剪切厚钢板时为8°～12°。此类剪切机常用于冷剪和热剪钢

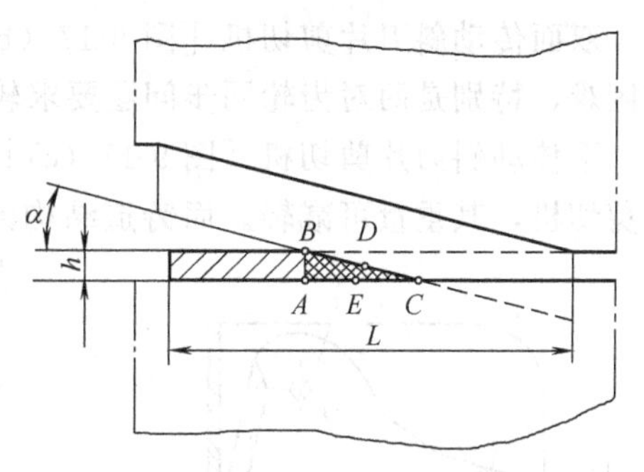

图 9-16 斜刀片剪切机剪切轧件简图

板、带钢、薄板坯及焊管坯等，有时亦用于剪切成束的小型钢材。

图 9-16 表示了上刀片布置成一定倾斜角时的剪切过程。由图可见，轧件在斜刀片剪切机上剪切时，刀片与轧件接触区的长度，不等于轧件整个断面宽度，而仅仅是一条斜线 BC。在稳定剪切阶段，此接触长度 BC 是一个常数。当刀片刚切入轧件时，刀片与轧件的接触长度是变化的，由零逐渐增大至 BC 值。在剪切即将结束时，其接触长度则由 BC 值逐渐减少到零。由于刀片与轧件接触长度 BC 远远小于轧件宽度，所以，斜刀片剪切机剪切面积小，使剪切力得以减小。显然，剪切力的大小与刀片倾斜角度有关。

一、斜刃剪切机结构

斜刃剪切机按剪切方式，亦可分为上切式和下切式。上切式斜刃剪常用于独立机组或单独使用。下切式斜刃剪多用于连续作业线上，进行切头、切尾或分切。

（一）上切式斜刃剪切机

这类剪切机采用电动机传动较多。根据传动系统特点，可分为单面传动、双面传动、下传动等型式。

单面传动斜刀片剪切机［图 9-17（a）］因其结构简单，制造方便，应用较为广泛。上刀台的运动是通过电动机、三角皮带、齿轮和曲柄连杆机构而实现的。为了制造方便，一般用一根直轴和两个偏心套筒组成曲柄轴。

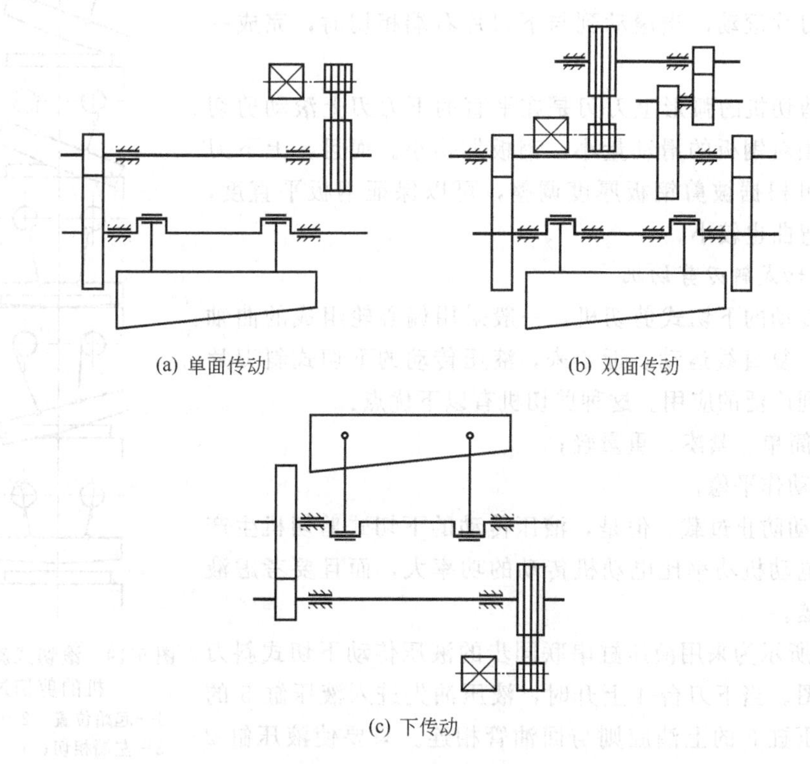

图 9-17 电动机传动的上切式斜刀片剪切机

双面传动斜刀片剪切机［图 9-17（b）］的特点是曲轴短、受力好、制造方便。但装配较困难，特别是两对齿轮同步问题要求较严格。此类剪切机大多用于大型钢板剪切机。

下传动斜刀片剪切机［图 9-17（c）］可使剪切机高度低、重量轻。例如，钢板焊接结构的剪切机，其重量可减轻。而铸造结构的剪切机，则可减轻 30%。这种剪切机的缺点是机架不宜做成带凹口的 C 形结构，使剪切时观察不便。

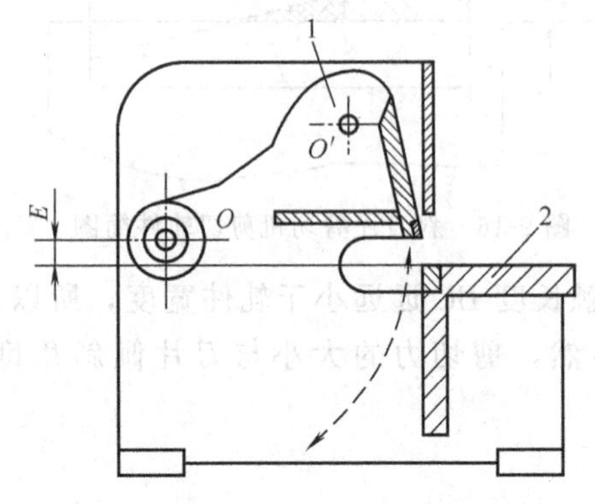

图 9-18　摆动上切式斜刀片剪切机简图
1—上刀台；2—下刀台

随着液压技术的发展，上切式斜刀片剪切机也采用液压传动。

为了提高剪切质量，在上切式斜刀片剪切机中，也出现了上刀台作摆动或滚动的剪切机。

摆动上切式斜刀片剪切机（见图 9-18）的上刀台不是作直线往复运动，而是围绕一圆心作圆弧往复摆动。由图可见，上刀台 1 下端通过支点 O 与机架铰接，作为摆动支点。支点 O 比下刀台高一个距离 E。上刀台上端 O' 铰接于曲柄连杆上。当曲柄转动时，通过连杆使上刀台绕支点 O 摆动。由于上刀台摆动半径较大，刀片剪刃处的摆动轨迹近似于直线，相当于倾斜剪切，可以获得较好的剪切质量。

摆式剪切机上刀台的运动，也有采用液压传动的。

滚切式斜刀片剪切机（见图 9-19）是用来剪切厚钢板的。具有弧形刀刃的上刀台由两根曲轴带动。由于两根曲轴相位不同，使弧形刀片左端首先下降，直到与下刀片左端相切。然后，上刀片沿下刀片滚动，当滚动到与下刀片右端相切时，完成一次剪切。

滚切式剪切机的弧形上刀刃是在平直的下刀刃上滚动剪切的，上刀刃相对钢板的滑动量小，钢板划伤小。而且，上下刀片的重叠量可根据被剪钢板厚度调整，可以保证钢板平直度，切下的板边弯曲也较小。

（二）下切式斜刃剪切机

电动机传动的下切式剪切机，一般采用偏心轮组成的曲轴使下刀台作往复直线运动。近年来，液压传动的下切式斜刀片剪切机，得到广泛的应用。这种剪切机有以下优点：

① 结构简单、紧凑、重量轻；

② 剪切动作平稳；

③ 能自动防止过载。但是，液压传动的下切式剪切机生产率低，油泵电动机功率比电动机传动的功率大，而且要考虑液压缸同步问题。

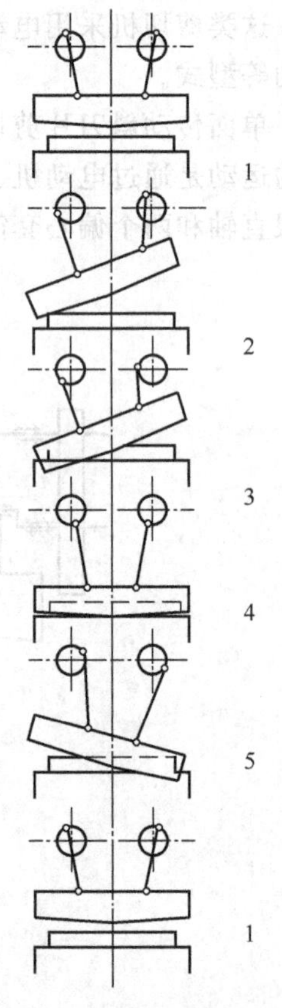

图 9-19　滚切式斜刀片剪切机的剪切过程
1—起始位置；2—剪切开始；3—左端相切；4—中部相切；5—右端相切

图 9-20 所示为采用液压缸串联同步的液压传动下切式斜刀片剪切机简图。当下刀台 4 上升时，液压油先进入液压缸 5 的下油腔，液压缸 2 的上油腔则与回油管相连。只要使液压缸 2 活塞下部的面积与液压缸 5 上部的面积相等，就可实现下刀台

两个液压缸同步的运动要求。

下切式斜刃剪切机通常是上刀片固定，由下刀片运动而进行剪切的。但是，近年来在平整机组中，为了能调整剪切位置，出现了上、下两个刀片都运动的下切式斜刃剪切机。

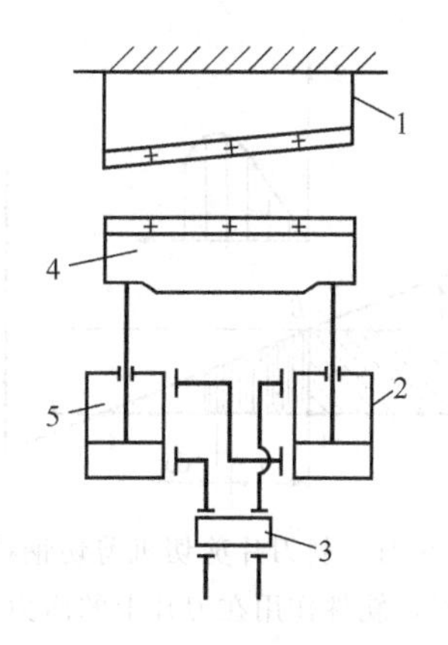

图 9-20 采用液压缸串联同步的液压传动下切式斜刀片剪切机简图

1—上刀台；2—液压缸；3—换向阀；4—下刀台；5—液压缸

二、斜刃剪切机参数

斜刃剪切机的主要参数为剪切力、剪切功、剪刃倾角、剪刃长度、剪刃行程和剪切次数。

（一）剪刃倾斜角的大小

刀片的倾斜角 α 愈大，剪切时的剪切力愈小，但使刀片行程增加。最大的允许倾斜角 α_{max} 受钢板与刀片间的摩擦条件的限制，当 $\alpha > \alpha_{max}$ 时，钢板就要从刀口中滑出而不能进行剪切。剪刃倾斜角的大小主要根据剪切板带材的厚度来确定，用于剪切薄板的斜刃剪，倾斜角较小，一般取 1°～3°；用于剪切板材较厚的斜刃剪，倾斜角较大，但不超过 10°～12°。近年来有些斜刀片剪切机上刀片做成有双边倾斜角的，此时 α_{max} 将不受摩擦条件的限制，上刀片采用双倾斜角后，剪切时钢板能保持在中间位置。另外，倾斜角的大小对剪切质量也有影响（尤其是对厚钢板）。当 α 很小时，在钢板剪切断面出现撕裂现象。为了改善剪切质量和扩大剪切机的使用范围，有的剪切机倾斜角做成是可以调整的。

（二）剪刃长度、行程

剪刃长度按剪切最大板宽确定。一般按下式选取

$$L = B_{max} + (100 \sim 300)\ \text{mm}$$

式中 B_{max}——被剪切板带最大宽度。

斜刃剪剪刃行程除应具有平刃剪剪刃的行程外，还应考虑由于剪刃倾斜所引起的行程增加量，即

$$H = H_p + H_1 = H_p + B_{max}\tan\alpha \tag{9-31}$$

式中 H_p——按式（9-30）计算的剪刃行程；

B_{max}——被剪切板带最大宽度；

α——剪刃倾斜角。

斜刃剪切次数的选择，类似于平刃剪。

剪刃侧向间隙是影响板带材剪切质量的重要因素。间隙太小，会使剪切力增加，并加速剪刃磨损；间隙太大，易使剪切面与板带表面不成直角且粗糙。该间隙的大小与被剪切的材质和厚度有关。一般取剪刃间隙为被剪切板带材厚度的 5%～10%。

（三）剪切力与剪切功

从图 9-21 可见，斜刃剪由于剪刃倾斜布置，轧件在剪切时，剪刃与轧件接触长度，仅是断面长度的一部分，这样使剪切力减小，电动机功率及设备重量也相应减小。

斜刃剪剪切力的计算方法有多种。下面仅介绍目前常用的 B. B. 诺萨里计算公式。

剪切力由三部分组成

$$P = P_1 + P_2 + P_3 \tag{9-32}$$

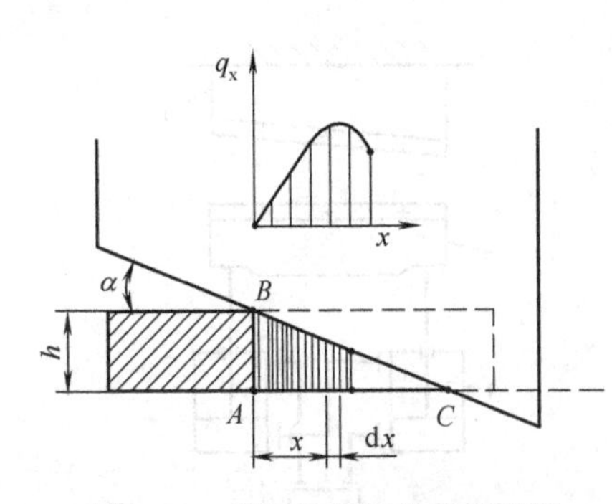

图 9-21 斜刀片剪切机剪切钢板时，轧件作用在刀片上的压力

式中 P_1——纯剪切力；

P_2——剪刃作用于被剪掉部分产生的弯曲力；

P_3——板材受剪刃压力产生的局部碗形弯曲力。

参照平刃剪剪切力的计算方法，由图 9-21 可见，实际剪切面积只限于 ABC 内划阴影线部分，设 q_x 为作用在单位长度剪刃上的剪切力，则作用在宽度为 dx 微分面积上的剪切力为

$$dP_x = q_x dx = \tau h dx \tag{9-33}$$

式中 h——板材厚度。

剪切区内任一点的相对切入深度为

$$\varepsilon_x = \frac{x}{h}\tan\alpha \tag{9-34}$$

式中 α——剪刃倾斜角度。

由式（9-34）知 ε 和 x 成直线关系变化，则可认为斜刃剪上沿剪刃与轧件接触线上剪切力曲线 $q_x = f(x)$（见图 9-21）和平行刃剪的曲线 $\tau = f(\varepsilon)$ 的关系相似。

由式（9-34）得

$$dx = \frac{h}{\tan\alpha}d\varepsilon \tag{9-35}$$

将 dx 代入式（9-34）并积分得纯剪切力为

$$P_1 = \frac{h^2}{\tan\alpha}\int \tau d\varepsilon = \frac{h^2}{\tan\alpha}a \tag{9-36}$$

式中，单位剪切功 a 值可按平刃剪剪切不同材料的 a 值选取，见表 9-3 和表 9-4。冷剪时，a 可用下式求得，一般取式中 $K_1 = 0.6$，$K_2 = 1$。即

$$a = K_1 \sigma_b K_2 \delta = 0.6\sigma_b \delta \tag{9-37}$$

$$P_1 = \frac{h^2}{\tan\alpha}0.6\sigma_b\delta \tag{9-38}$$

考虑 P_2、P_3 诺萨里导出公式为

$$P = P_1\left[1 + \beta\frac{\tan\alpha}{0.6\delta} + \frac{1}{1 + \dfrac{100\delta}{\sigma_b y^2 x}}\right] \tag{9-39}$$

该式第二项为力，系数 β 可据 $\lambda = a_n \tan\alpha / \delta h$ 求出的值，再由图 9-22 查出，λ 式中的 a_n 为板材剪下的宽度。当剪下的宽度 a_n 较大，且 $\lambda \geqslant 15$ 时，可取极限值 $\beta = 0.95$。

方程式中第三项为 P_3，该项中的 $y = \Delta / h$，为剪刃侧向间隙与被剪板材厚度之比值。当 $h \leqslant 5$mm 时，取 $\Delta = 0.07h$；当 $h = 10 \sim 20$mm 时，取 $\Delta = 0.5$mm。x 为考虑压板作用的系数。$x = c/h$ 式中，c 为剪切面到压板中心线的距离（图 9-23）。初步计算可取 $x = 10$。

考虑剪切机在使用过程中剪刃变钝的影响，故按上式计算的总剪切力尚应增大 15%～20%。

斜刃剪剪切功计算，剪切功为

$$A=Ph_x=FB\tan\alpha \tag{9-40}$$

式中　h_x——剪刃假定剪切行程，$h_x \leqslant b\tan\alpha$；

b——被剪切板材宽度；

α——剪刃倾斜角。

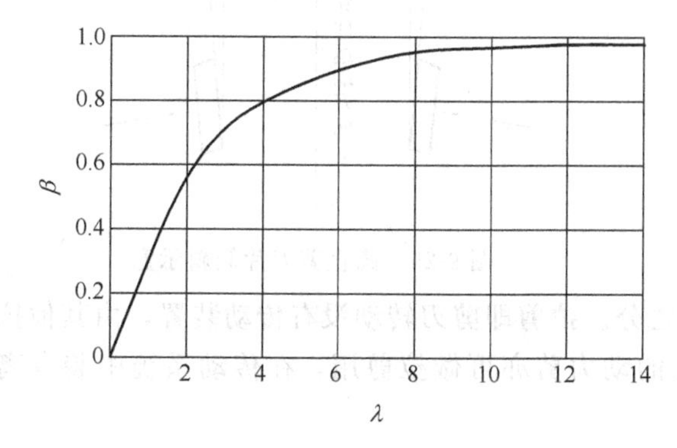

图 9-22　系数 β 与 $\lambda=a_n\tan\alpha/\delta h$ 的变化关系

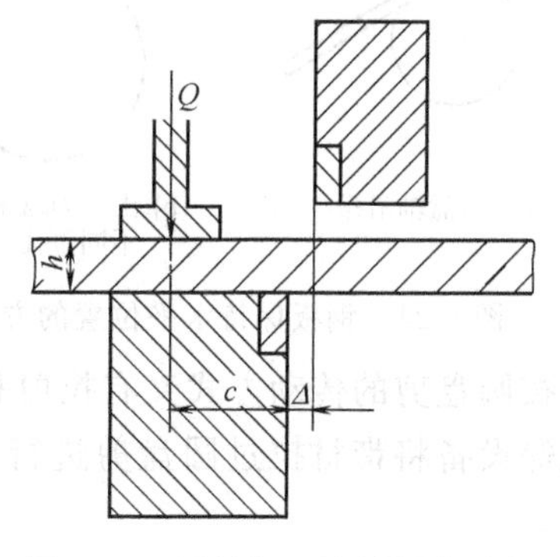

图 9-23　压板与刀片侧间隙示意

第三节　圆盘式剪切机

圆盘剪是板带材生产车间不可缺少的剪切设备，这种剪切机的两个刀片做成圆盘状［图 9-1 (c)］，用于纵向剪切钢板及带钢的边或将钢板和带钢纵向剪切成窄条。该剪切机广泛用于纵向剪切厚度小于 20～30mm 的钢板及薄带钢。由于刀片是旋转的圆盘，因而可连续纵向剪切运动着的钢板或带钢。由于上述特点，目前各国都在研究扩大圆盘剪剪切厚度范围。有的国家采用两台串联圆盘剪剪切厚度为 40mm 的钢板，第一台圆盘剪切入板厚的 5%～10%，紧接着第二台圆盘剪将钢板全部切断。

圆盘剪设置在精整作业线上时，可对运动着的钢板的纵向边缘切齐或切成窄带钢。

一、圆盘剪结构

圆盘剪切机按用途可分为两种，即剪切板边的圆盘剪和剪切带钢的圆盘剪。

剪切板边的圆盘剪每个圆盘刀片均悬臂地固定在单独的转动轴上，刀片的数目为两对，这种圆盘剪用于中厚板的精整加工线、板卷的横切机组和连续酸洗等作业线上。

剪切带钢的圆盘剪用于板卷的纵切机组、连续退火和镀锌等作业线上。这种圆盘剪的刀片数目是多对的，一般刀片都固定在两根公用的传动轴上，也有少数的圆盘剪刀片固定有单独的传动轴上。

圆盘剪在连续剪切钢板的同时，对其切下的板边要进行处理，通常在圆盘剪后面设置碎边机，将板边切成碎段送到专门的滑槽中去。此外，对于薄板板边也有用卷取机来处理的，其缺点是需要一定的手工操作，卸卷时要停止剪切等。

为了使已切掉板边的钢板在出圆盘剪时能够保持水平位置，而切边则向下弯曲，往往将上刀片轴相对下刀片轴移动一个不大的距离［图 9-24 (a)］，或者将上刀片直径做得比下刀片小些［图 9-24 (b)］，此时，被剪掉的板边将剧烈地向下弯曲。

为了防止钢板进入圆盘剪时翘曲，通常在圆盘前面靠近刀片的地方装有压辊（见图 9-24）。为了减少钢板与圆盘刀刃间的摩擦，每对刀片与钢板中心线倾斜一个不大的角度 β（见图 9-25）。

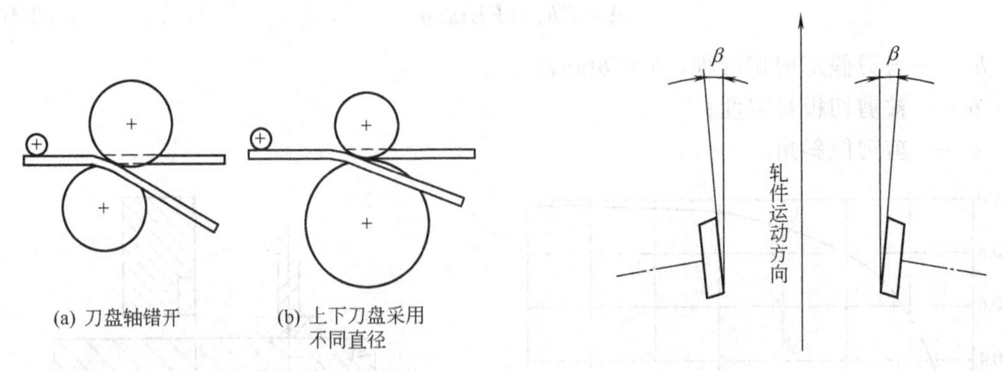

图 9-24 钢板保持水平位置的方法

图 9-25 圆盘剪刀片倾斜示意

按圆盘剪的传动方式又有拉剪和动力剪之分。拉剪即剪刃转动没有传动装置，由其他拉力辊等设备将带材拉过圆盘剪进行剪切。有的动力剪亦可做拉剪用，在传动系统中装有离合器。

二、圆盘式剪切机参数

（一）结构参数

圆盘式剪切机主要结构参数为圆盘刀片尺寸、侧向间隙和剪切速度。

1. 圆盘刀片尺寸

圆盘刀片尺寸包括圆盘刀片直径 D 及其厚度 δ。

圆盘刀片直径 D 主要决定于钢板厚度 h，其最小允许值与刀片重叠量 s 和最大咬入角 α_1 有下列关系

$$D=\frac{h+s}{1-\cos\alpha_1} \tag{9-41}$$

刀片重叠量 s 一般根据被剪切钢板厚度来选取。图 9-26 所示为某厂采用的刀片重叠量 s 与钢板厚度 h 的关系曲线。由图可见，随着钢板厚度的增加，重叠量 s 愈小。当被剪切钢板厚度大于 5mm 时，重叠量 s 为负值。

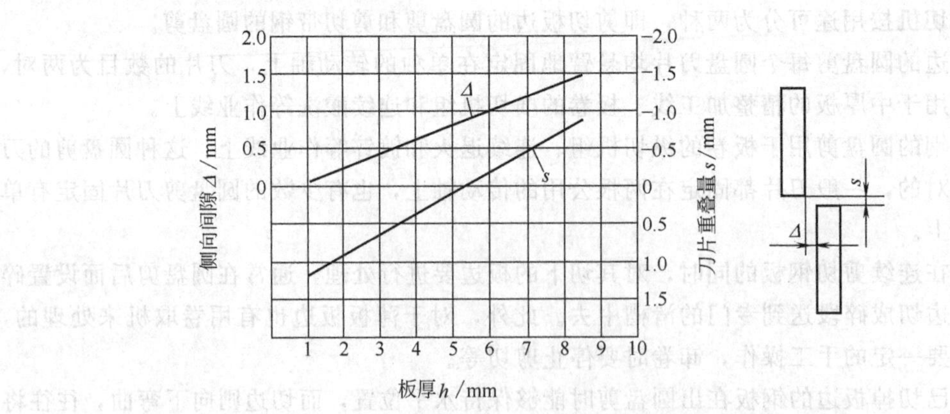

图 9-26 圆盘刀片重叠量 s 和侧向间隙 Δ 与被剪钢板厚度 h 的关系曲线

式（9-41）中最大咬入角 α_1，一般取为 $10°\sim15°$。α_1 值也可根据剪切速度 v 来选取（见图 9-27）。

当咬入角 $\alpha_1=10°\sim15°$ 时，圆盘刀片直径通常在下列范围内选取

$$D=(40\sim125)h \tag{9-42}$$

其中，大的数值用于剪切较薄的钢板。

减小圆盘刀片直径可减小圆盘剪的结构尺寸，但最小圆盘刀片直径受轴承部件结构尺寸的限制。在结构尺寸允许情况下，应尽量选用小直径的圆盘刀片。当剪切厚钢板（$h=40$mm）时，圆盘刀片直径可按下式选取

$$D=(22\sim25)h \tag{9-43}$$

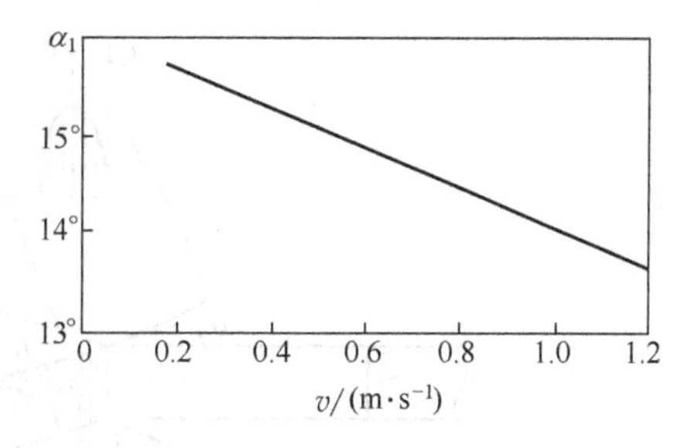

图 9-27 圆盘刀片咬入角与剪切速度的关系曲线

圆盘刀片厚度 δ 一般取为

$$\delta=(0.06\sim0.1)D \tag{9-44}$$

2. 圆盘刀片侧向间隙 Δ

确定侧向间隙时，要考虑被切钢板的厚度和强度。侧向间隙过大，剪切时钢板会产生撕裂现象。侧向间隙过小，又会导致设备超载、刀刃磨损快、切边发亮和毛边过多。

在热剪切钢板时，侧向间隙 Δ 可取为被切钢板厚度 h 的 12%～16%。在冷剪时，Δ 值可取为被切钢板厚度 h 的 9%～11%。当剪切厚度小于 0.15～0.25mm 时，Δ 值实际上接近于零，要把上下圆盘刀片装配得彼此接触，甚至带有不大的压力。

在图 9-26 中，画出了侧向间隙 Δ 与被切钢板厚度 h 的关系曲线。

3. 剪切速度 v

剪切速度 v 要根据生产率、被切钢板厚度和机械性能来确定。剪切速度太大，会影响剪切质量，太小又会影响生产率。常用的剪切速度可按表 9-6 来选取。

表 9-6 圆盘剪常用的剪切速度

钢板厚度/mm	2～5	5～10	10～20	20～35
剪切速度/m·s^{-1}	1.0～2.0	0.5～1.0	0.25～0.5	0.2～0.3

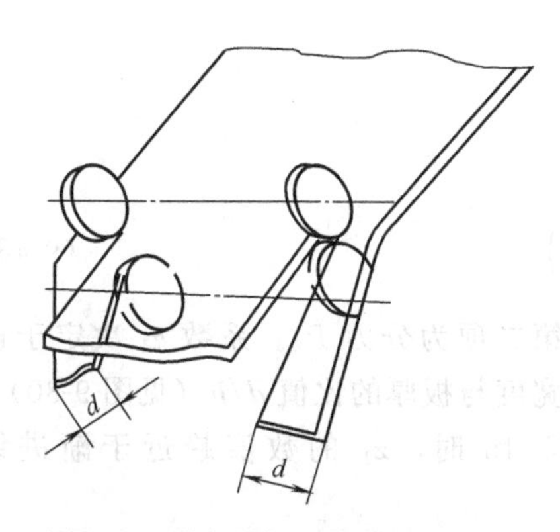

图 9-28 圆盘剪切机剪切板边示意

（二）剪切力与剪切功率

作用在一个刀片上的总剪切力由两个分力所组成，即

$$P=P_1+P_2 \tag{9-45}$$

式中 P_1——纯剪切力；

P_2——钢板被剪掉部分的弯曲力，是由于剪切伴随着钢板的复杂弯曲而产生的，特别对于较窄的钢板更为显著（见图 9-28）。

纯剪切力 P_1 的确定在原则上与斜刀剪类似（见图 9-29）。

假定实际剪切面积只局限于弧 AB 及 CD 之间，因为在 BD 线之外剪切的相对切入深度大于 ε_0，即剪切过程已彻底完成了。其次，将弧 AB 和 DC 视为弦。作用于宽度为 dx 的微小面积上的剪切力为

$$dP_1=q_x dx=\tau h dx \tag{9-46}$$

式中 q_x——作用在接触弧 AB 水平投影单位长度上的剪切力。

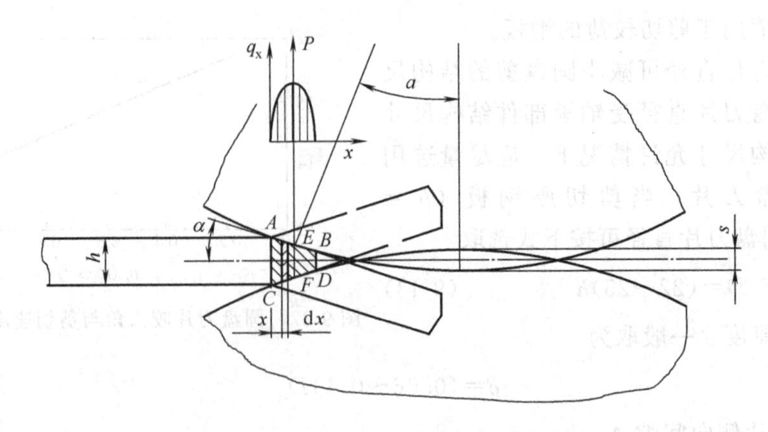

图 9-29 在圆盘剪上剪切金属时的压力

由相对切入深度知

$$\varepsilon=\frac{2x\tan\alpha}{h}$$

微分后得

$$\mathrm{d}x=\frac{h}{2\tan\alpha}\mathrm{d}\varepsilon$$

式中 α——弦 AB 与 CD 间夹角的一半。

所以纯剪切力为

$$P_1=\int\tau h\,\mathrm{d}x=\frac{h^2}{2\tan\alpha}\int\tau\mathrm{d}\varepsilon=\frac{h^2}{2\tan\alpha}a \tag{9-47}$$

式中的 a 值可利用平行剪单位剪切功数据。

在圆盘剪上冷剪时，a 值可按下式求得

$$a=K_1\sigma_b K_2\delta=\sigma_b\delta$$

式中取系数 $K_1K_2=1$。

总剪切力计算公式为

$$P=P_1\left(1+z_1\ \frac{\tan\alpha}{\delta}\right) \tag{9-48}$$

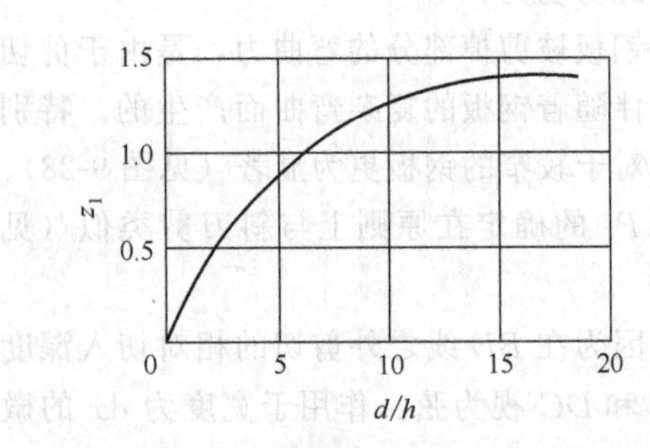

图 9-30 被剪切钢板的相对宽度 d/h 与系数的关系

上式中第二项为分力 P_2。系数 z_1 决定于被剪掉的板边宽度与板厚的比值 d/h（见图 9-30)。

当 $d/h\geqslant15$ 时，z_1 的数值趋近于渐进线 $z_1=1.4$。

考虑到刃口磨钝的影响，一般将计算的剪切力增大 15%～20%。为了保证剪切质量，剪边不出毛刺，当钢板厚度大于 3mm 时，刃口变钝的允许半径 $r=0.1h$。

剪切时刀片的侧向推力不超过剪切力的 5%。

圆盘剪上的剪切功率可根据作用在刀片上的力矩来确定。在上下刀片直径、速度相等而且都驱动时，则与简单轧制情况相似，合力 P

垂直作用在刀片上，这时转动一对刀盘所需力矩为

$$M_1=PD\sin\alpha \tag{9-49}$$

式中 D——刀片直径。

图 9-29 假设合力 P 的作用点在弦 AB 和 CD 中间，则 α 可按下式求得

$$EF+D\cos\alpha=D-s$$

或

$$\cos\alpha=1-\frac{s+EF}{D}$$

式中 s——刀片重叠量。

又

$$EF=\left(1-\frac{\varepsilon_0}{2}\right)h$$

所以

$$\cos\alpha=1-\frac{s+h\left(1-\frac{\varepsilon_0}{2}\right)}{D} \tag{9-50}$$

驱动圆盘剪的总力矩为

$$M=n(M_1+M_2)\ \mathrm{N\cdot m} \tag{9-51}$$

式中 n——刀片对数；

M_2——一对刀片轴上的摩擦力矩，$M_2=Pd\mu$，其中 d 为刀片轴轴颈的直径，μ 为刀片轴轴承处的摩擦系数。

圆盘剪电动机功率按下式确定

$$N=\mu_1\frac{2Mv}{1000D\eta}\ \mathrm{kW} \tag{9-52}$$

式中 μ_1——考虑刀片与钢板间摩擦系数，$\mu_1=1.1\sim1.2$；

v——钢板运动速度，m/s；

η——传动系统效率，$\eta=0.93\sim0.95$。

思考题

1. 剪切机按剪刃形状和轧制情况的不同可分为哪几类？各类的主要特点和用途是什么？
2. 试述活动连杆上切式剪切机的工作过程？
3. 曲柄杠杆下切式剪切机的自由度为 2，请分析这种剪切机是如何准确工作的？
4. 你认为浮动偏心轴下切式剪切机的剪切过程是机械传动的还是液压控制的，还是两者共同控制的，请说明剪切过程的工作原理？
5. 平行刃剪切机的剪切力在剪切过程中受哪些因素的影响？如何变化？
6. 斜刃剪切机剪刃倾角的大小对剪切有何影响？
7. 圆盘式剪切机的剪切力和剪切功如何确定？

第十章 飞 剪 机

第一节 飞剪机概况

横向剪切运动轧件的剪切机叫做飞剪机，简称飞剪。飞剪可设置在连续式轧机的轧制作业线上，剪切轧件的头部与尾部或将轧件剪切成定尺长度；飞剪也可设置在独立的横切机组上，将钢卷剪切成一定长度的单张钢板或规定重量的钢卷。随着连续式轧机的发展，飞剪得到愈来愈广泛的应用。

一、对飞剪的基本要求

定尺飞剪应保证良好的剪切质量，即定尺精确、切面整齐和较宽的定尺调节范围，同时还要有一定的剪切速度，因而飞剪机的结构和性能，在剪切过程中，必须满足下述的基本要求。

① 在剪切轧件时，飞剪剪刃在轧件运动方向的瞬时分速度 v_x 应该与轧件运动速度 v_0 相等或稍大。即 $v_x=(1\sim1.3)v_0$，应以同步速度进行剪切；若 $v_x<v_0$ 则剪刃将阻碍轧件的向前运动，造成轧件弯曲，甚至引起轧件缠刀事故；若 v_x 比 v_0 大得多，剪刃将使轧件产生较大的拉应力，影响轧件的剪切质量，同时增加飞剪的冲击负荷或使轧件在夹送辊上打滑，造成定尺长度的误差并损伤轧件的表面。

② 根据产品品种规格的不同和用户要求，同一台飞剪上应能剪切多种规格的定尺长度，并且长度尺寸公差与剪切断面质量应符合国家有关规定。

③ 能满足轧机和机组生产率的要求。

二、飞剪机类型、结构及用途

在生产中使用的飞剪类型很多，目前应用较广泛的飞剪有圆盘式飞剪、滚筒式飞剪、曲柄回转杠杆式飞剪、摆式飞剪。上述各类飞剪从剪刃运动轨迹来看，基本上可分为剪刃作圆周运动和非圆周的复杂运动轨迹两种。

（一）圆盘式飞剪

这种飞剪一般用于小型和线材车间。将它安装在冷床前对长轧件进行粗剪，使进入冷床的轧件不致太长，或者将它安装在精轧机组前对轧件进行切头，以保证精轧机组的轧制过程顺利进行。

圆盘式飞剪剪切轧件头部的过程如图 10-1 所示。飞剪的剪切机构由一对转动方向相反的圆盘刀片组成，圆盘式飞剪之所以能横向剪切运动着的轧件，主要是由于刀盘轴线与轧件运动方向倾斜一定角度，并且使圆盘刀片圆周速度在轧件运动方向上的分速度与轧件运动速度相等。

当运动着的轧件头部从上下刀盘重叠部分的左侧通过，碰到诱导板 3 后就沿着诱导板一边前进一边进入刀盘重叠部分切头，切去头部的轧件在刀盘的带动下向右滑入喇叭口 5，送往精轧机组。圆盘式飞剪结构简单，工作可靠，可用于轧制速度达 10m/s 以上的场合，缺点是剪切断面是倾斜的，但对于切头或冷床前粗剪轧件影响不大，因而只适用于小型型钢和

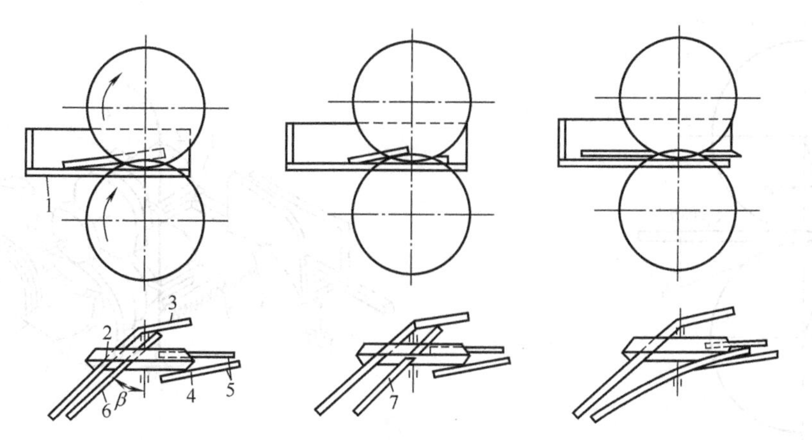

图 10-1　圆盘式飞剪剪切轧件头部的过程

1—定向导板；2—上刀盘；3—诱导板；4—下刀盘；5—出口喇叭口；6—未切头的轧件；7—切过头的轧件

线材的切头或冷床前的粗剪。

图 10-2 所示为某厂小型车间的圆盘式切头飞剪结构简图，该车间采用 5 槽轧制。即在刀盘轴 5 上装有五对刀盘 6，为了便于刀片的安装，圆盘刀片 7 是由两个半环组成，用内六角螺栓 8 固定在刀盘 6 上，为了便于轧件咬入，在刀盘圆周上滚有花纹。圆盘刀片是由电动机 1 经减速器 2 和齿轮座 3 传动的。

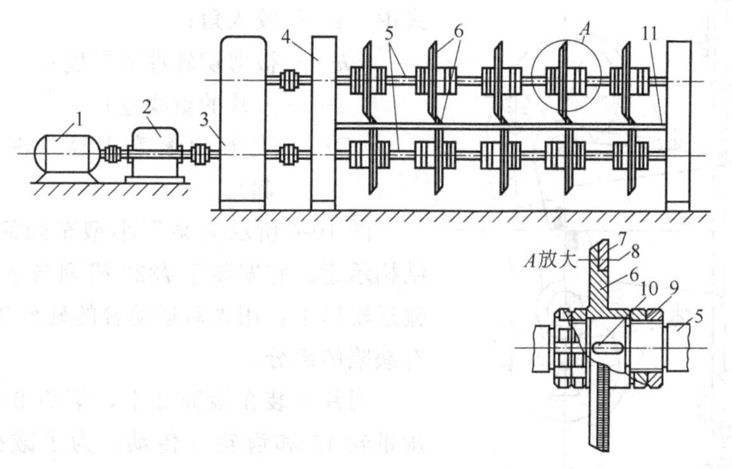

图 10-2　圆盘式切头飞剪结构简图

1—电动机；2—减速机；3—齿轮座；4—机架；5—刀盘轴；6—刀盘；7—刀片；8—内六角螺栓；9—调节螺母；10—滑键；11—定向导板

（二）滚筒式飞剪

滚筒式飞剪应用比较广泛，它装设在连轧机前、后或横切机组上，用来剪切厚度小于 12mm 的钢板或小型型钢。当作为切头飞剪使用时其剪切厚度可达到 45mm，这种飞剪还可作为圆盘剪后面的碎边剪。

滚筒式飞剪的剪切机构是在两个转动方向相反的滚筒上部装有剪刃，如图 10-3 所示，工作时两个滚筒上剪刃相遇时便可实现剪切轧件。剪切时剪刃的圆周速度 v_1 的水平分速度

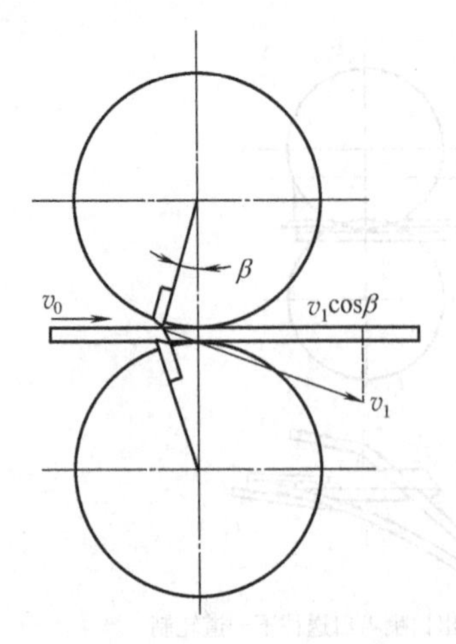

图 10-3 滚筒式飞剪简图

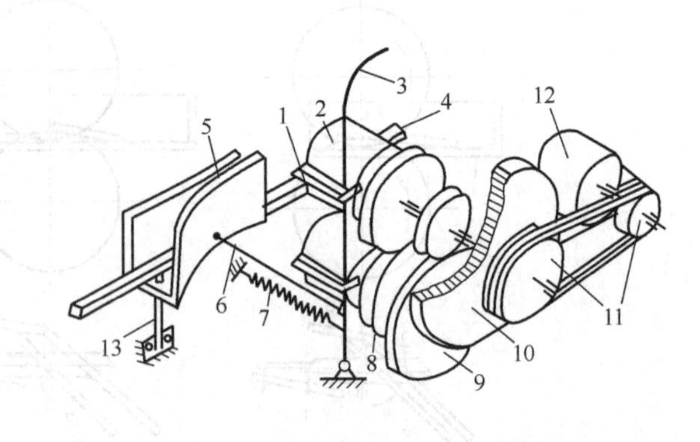

图 10-4 简易滚筒式飞剪结构示意

1—刀片；2—滚筒；3—手柄；4—轧件；5—回转喇叭口；6—拉杆；7—弹簧；8—齿轮箱齿轮；9—减速器齿轮；10—飞轮；11—皮带轮；12—电动机；13—立轴

等于或稍大于轧件的运动速度 v_0

$$v_1\cos\beta \geqslant v_0 \tag{10-1}$$

$$\cos\beta = 1 - \frac{h+s}{D}$$

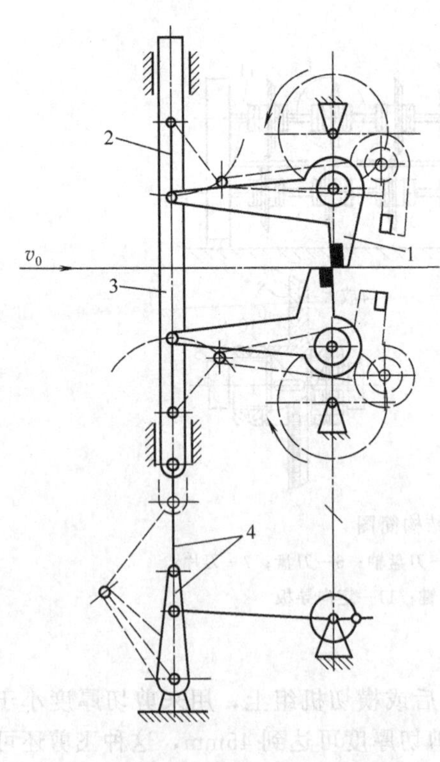

图 10-5 曲柄回转杠杆式飞剪结构简图

1—刀架；2—摆杆；3—能升降的立柱；4—空切机构的曲杆

式中 α——咬入角；

h——被剪切轧件的厚度；

s——刀片的重叠量；

D——飞剪的滚筒直径（由剪刃的尖端算起）。

图 10-4 所示为某厂小型车间简易滚筒式飞剪结构示意。它安装于 ϕ320 机列与 ϕ250 机列之间的输送辊道上，用来对运动着的轧件进行切头或切除有缺陷的部分。

刀片 1 装在滚筒 2 上，滚筒 2 由电动机 12 经皮带轮 11 和齿轮 9 传动，为了减少电动机容量，在减速齿轮的高速轴上装有飞轮 10，刀片 1 的线速度等于或略大于轧件 4 的运动速度。轧件进入滚筒之间是通过回转喇叭口 5 实现的。轧件不剪切时，它由输送辊道回转喇叭口送向轧机，当轧件需要切头或剪切有缺陷部分时，可搬动手柄 3，通过拉杆 6，回转喇叭口 5，以立轴 13 为中心，向飞剪的滚筒方向回转，使轧件进入滚筒剪切，松开手柄，在弹簧 7 的作用下回转喇叭口恢复原位。

此类飞剪由于在剪切区刀片不是作平行移动，

因而在剪厚轧件时剪件端面不平，故作为成品定尺飞剪，以剪切小型型钢和薄板为宜。

（三）曲柄回转杠杆式飞剪

这种飞剪一般用于剪切厚度较大的钢板或钢坯。图 10-5 所示为曲柄回转杠杆式飞剪结构简图。剪切机构由四连杆组成，刀架 1 做成杠杆形状，其一端固定在偏心套筒（曲柄）上，另一端则与摆杆 2 相连。摆杆 2 的摆动支点则连接在可升降的立柱 3 上，立柱 3 可由曲杆 4 带动升降，达到空切目的。当偏心套筒（曲柄）转动时，刀架 1 作平移运动，固定在刀架 1 上的刀片能垂直或近似地垂直于轧件。

由于这种飞剪在剪切轧件时刀架垂直轧件，故可使剪切断面较为平直；剪切时刀片的重叠量也能得到保证，在剪切钢板时可以采用斜刀刃，以便减少剪切力。这种飞剪的缺点是：结构复杂，动力特性不好，因而刀片的运动速度不能太快。当作为切头飞剪时则摆杆 2 不是铰接在可升降的立柱 3 上而是铰接在固定架体上。

（四）摆式飞剪

这种飞剪用在横切机组上剪切厚度小于 6.4mm 的板材。如图 10-6 所示，上刀架 5 固定在摆动机架 4 上，摆动机架支承在主轴 1 的一对偏心上，在主轴上共有两对偏心，另一对偏心通过连杆 7 与下刀架 6 相连，使下刀架在摆动机架的滑槽内上下滑动。由于主轴上的两对偏心位置偏差 180°，故当主轴转动时，上刀架随同机架 4 下降而下刀架则上升，完成剪切运动。但这只能剪静止不动的轧件，为了能剪切运动着的轧件，就要使摆动机架能够前后摆动。摆动机架下部与一个偏心连杆铰链连接，偏心轮装在后轴 3 上，当主轴 1 转动时，通过同步圆盘 8、齿条 9、小齿轮 10 和后轴 3 上的偏心轮连杆，使机架 4 以主轴 1 为中心往复摆动，实现边摆动边剪切，剪切时上下刀架作近似平移运动，剪刃的水平分速度恰好等于轧件的运动速度。

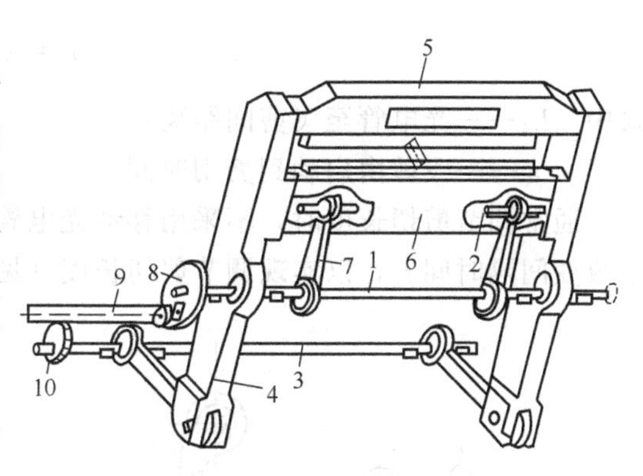

图 10-6 摆式飞剪结构简图

1—主轴；2—连杆联接轴；3—后轴；4—机架；5—上刀架；6—下刀架；7—连杆；8—圆盘；9—齿条；10—小齿轮

由于这种摆动飞剪其摆动机架惯性较大，因而不适于高速剪切。

第二节 剪切长度的调整

根据工艺要求，飞剪要将轧件剪切成规定的长度，对于定尺飞剪应能剪切多种定尺长度，因此，要求飞剪的剪切长度能够调整。

一、调长的基本方程

通常用送料辊或最后一架轧机的轧辊，将轧件送往飞剪进行剪切。如图 10-7 所示，若轧件运动速度 v_0 为常数，而飞剪每隔 t 时间剪切一次，则被切下部分的长度 L 就是两次剪切间隔时轧件所走过的距离。即

$$L=v_0t=f(t) \tag{10-2}$$

由式（10-2）可知，剪切长度 L 是两次剪切间隔时间 t 的函数，这就是飞剪调长的基本

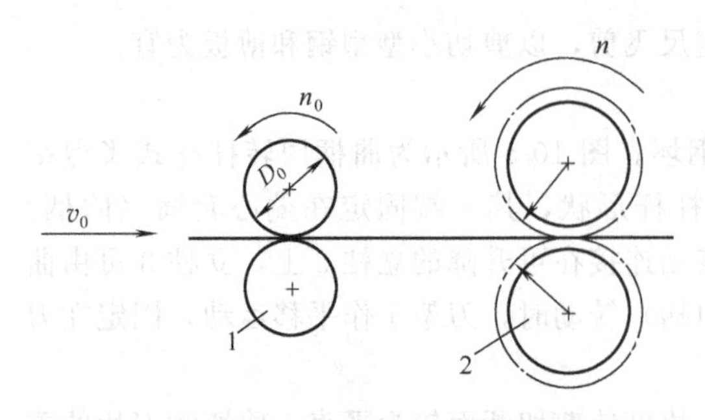

图 10-7　送料辊与飞剪布置简图
1—送料辊；2—飞剪

方程式，只要改变时间 t 就可得到不同的剪切长度，对于不同工作制度的飞剪，改变两次剪切间隔时间 t 的方法也不同。

二、启动工作制剪切长度的调整

启动工作制是剪切一次以后，剪刃停止在某一位置上，下次剪切时，飞剪重新启动，这种工作制度用于剪切轧件头、尾部或定尺较长而运动速度较低的轧件。

启动工作制可以由人工操作，也可以由机械开关或光电控制，此时被切断轧件的长度可按下式确定

$$L=v_0 t_p+L_\phi \tag{10-3}$$

式中　L_ϕ——光电管至飞剪间距离；

t_p——飞剪由启动到剪切时间。

通常调节剪切长度时，不采用移动光电管（即改变 L_ϕ 值）位置而用特殊的时间继电器来改变间隔时间 t_p，以实现调节剪切长度（见图 10-8）。

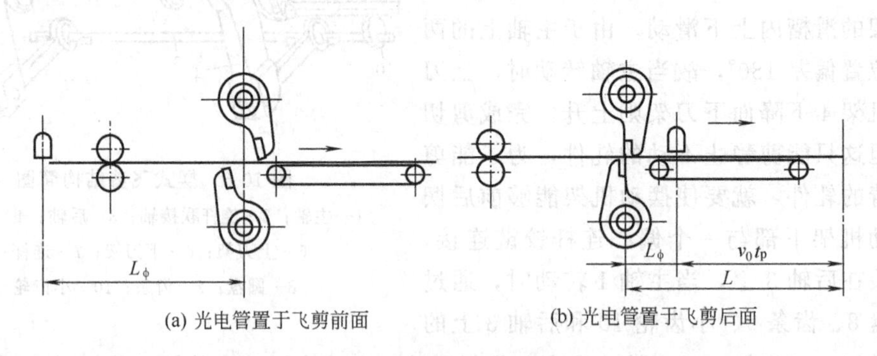

(a) 光电管置于飞剪前面　　(b) 光电管置于飞剪后面

图 10-8　启动飞剪的光电管位置

当剪切轧件前端较短时，即 $L<v_0 t_p$ 时，此时光电管位置必须放在剪切机前面。为了使轧件被切下部分的末端不妨碍光电管或机械开关，在下次剪切时再次发生作用，必须用剪后辊道使被剪下部分迅速移开，以便前后轧件拉开距离。

对轻型飞剪机，可采用图 10-9(a) 所示剪刃运动路线图。在两次剪切间隔时间内，通常来得及使剪机加速以及剪后停止。相反对重型或高速飞剪机，通常来不及使剪机加速以及剪后制动，在这种情况下，采用图 10-9(b) 所示剪刃运动路线图。飞剪启动后，剪刃由原来位置 1，加速转到剪切位置 2 时达到轧件的速度进行剪切。由位置 2 到位置 3 进行制动。制动后飞剪再回到原来位置 1 准备下一次剪切。

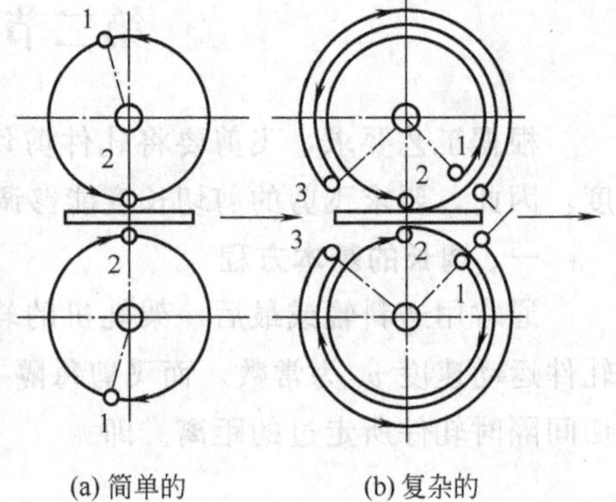

(a) 简单的　　(b) 复杂的

图 10-9　启动工作制飞剪刀片运动路线

三、连续工作制剪切长度的调整

当轧件运动速度较高或定尺长度短时，一般都采

用连续工作制，按基本方程其剪切长度基本公式可用下式表示

$$L=v_0tK=v_0\ \frac{60}{n}K \tag{10-4}$$

式中 n——刀片的转数，r/min；

K——在相邻两次剪切时间内刀片所转的圈数，称为空切系数。如每转一周剪切一次时（即不空切）$K=1$；每转二周剪切一次时（即空切一次）$K=2$；依此类推。

由上式可知，当 v_0 为定值时，剪切长度可通过改变 n 或 K 来调节，至于如何调节，应取决于各种飞剪机的结构特点。下面分别介绍在连续工作制度下剪切长度调整的两种基本方法，即“基本定尺长度和倍尺”调整。

（一）基本定尺长度的调整（改变刀片转速 n）

当刀片的圆周速度 v 与轧件运动速度 v_0 相等，并且空切系数 $K=1$ 时，这时所得到的剪切长度称为基本剪切长度 L_{jb}，对应的刀片转速称为基本转速 n_{jb}，则基本方程可改写为

$$L_{jb}=v_0\ \frac{60}{n_{jb}} \quad 或 \quad L_{jb}=\pi D_0\ \frac{n_0}{n_{jb}} \tag{10-5}$$

如果提高刀片转数 n，则得到与之相应的剪切长度 L_1（L_1 称为基本定尺长度）为

$$n=(1\sim2)n_{jb} \qquad L_1=(1\sim0.5)L_{jb} \tag{10-6}$$

如果降低刀片转数 n 则得到相应的剪切长度 L_1 为

$$n=(1\sim0.5)n_{jb} \qquad L_1=(1\sim2)L_{jb} \tag{10-7}$$

通常采用直流电机或通过装设在飞剪传动装置中的变速箱，来使飞剪主轴转数 $n=(1\sim0.5)n_{jb}$ 范围内调节，得到的基本定尺长度范围为

$$L_1=(1\sim2)L_{jb}=(1\sim2)L_{min} \tag{10-8}$$

式中，L_{min} 为飞剪能剪切的最小长度。

一般情况下进行调整时，飞剪的同步剪切条件将不能满足，因此，飞剪必须设置匀速机构（或称同步机构），从而使剪切时飞剪主轴瞬时转速 $n=(1\sim1.03)n_0$（n_0 为飞剪同步转速），或刀刃瞬时速度 $v_x=(1\sim1.03)v_0$，保证同步剪切轧件。

图 10-10 所示为带双曲柄匀速机构的飞剪简图，它由电机经减速器等传动装置来传动，此机构的主动摇杆 3 作等速旋转，而从动摇杆与飞剪机相连，带动飞剪机转动。双曲柄轴的回转轴心与摇杆轴心之间的偏心距 e 是可调节的。当 $e=0$ 时，剪刃等角速度旋转，这时被称为基本转速 $n=n_{jb}$（图 10-11 直线 1）剪切的轧件长度最短，称为基本剪切长度 L_{jb}。如果要增加剪切长度，则应使

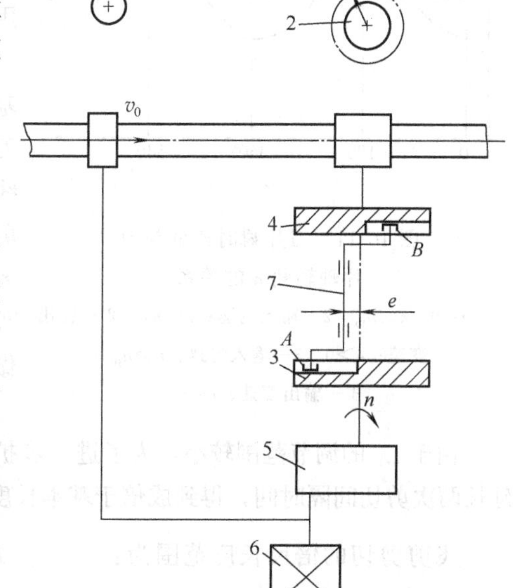

图 10-10 带双曲柄匀速机构的飞剪简图

1—送料辊；2—飞剪；3—主动摇杆；4—被动摇杆；5—多速减速机；6—电动机；7—摇杆轴

A，B—滑块

主动摇杆转速降低，同时选择适当的偏心距 e；当 $e\neq 0$ 时，主动摇杆等速旋转，而从动摇杆（刀片轴）则作不等速旋转。

在图 10-10 中，设 ω_3 为主动摇杆的等角速度，ω_4 为从动摇杆的瞬时角速度，r 为双曲柄的曲率半径，e 为双曲柄轴与主轴线间的偏移距，V_A、V_B 分别表示两滑块的转动线速度，则在图 10-10 所示位置

$$V_A=\omega_3(r+e) \quad V_B=\omega_4(r-e)$$

因为 $V_A=V_B$，则

$$\omega_4=\omega_3\frac{r+e}{r-e}$$

而在主、从摇杆及双曲柄轴转动半转后的位置

$$V_A=\omega_3(r-e) \quad V_B=\omega_4(r+e)$$

则

$$\omega_4=\omega_3\frac{r-e}{r+e}$$

故带动飞剪主轴的从动摇杆 4 作不匀速转动，其角速度 ω_4 变化范围为

$$\omega_4=\omega_3\frac{r+e}{r-e}\sim\omega_3\frac{r-e}{r+e}=\omega_{4\max}\sim\omega_{4\min} \tag{10-9}$$

如果以瞬时转速代替瞬时角速度，则刀片瞬时转速与刀片轴转角 α 的关系如图 10-11 所示，直线 2 为主动摇杆的转速（$n<n_{jb}$），输入匀速，曲线 2′为从动摇杆（飞剪主轴）的转速，输出变速，在剪切瞬时刀片达到最大速度（使与轧件速度一致），飞剪在最高瞬时转速时剪切，可充分利用飞剪系统动能，减轻剪切电机的工作负荷。

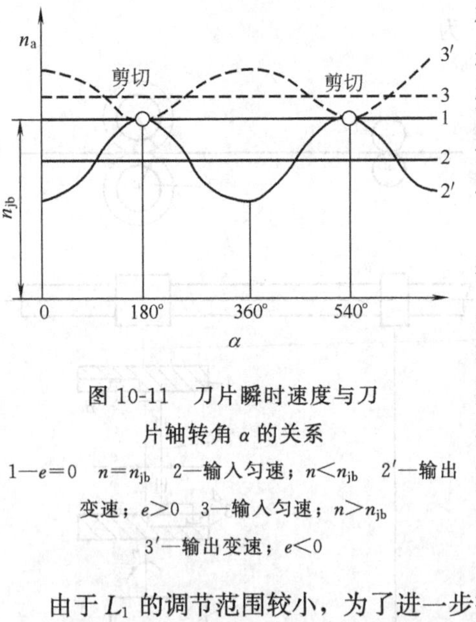

图 10-11 刀片瞬时速度与刀片轴转角 α 的关系

1—$e=0$ $n=n_{jb}$ 2—输入匀速；$n<n_{jb}$ 2′—输出变速；$e>0$ 3—输入匀速；$n>n_{jb}$ 3′—输出变速；$e<0$

具有双曲柄匀速机构的飞剪，通常不剪切小于基本长度 L_{jb} 的定尺，因为当剪切小于基本长度时，刀片的平均转速要高于基本转速（见图 10-11 中直线 3，$n>n_{jb}$），这就使刀片在最小瞬时速度下进行剪切（见图 10-11 中曲线 3），为此，每剪切一次后要马上加速，剪切前又要减速，由于一般剪切过程，基本上靠飞轮惯量的能量来实现，所以，这样做不能充分利用飞剪系统的动能。

（二）倍尺调整（改变空切系数 K）

由于 L_1 的调节范围较小，为了进一步扩大定尺长度范围，很多飞剪采用空切机构，以成倍延长两次剪切间隔时间，得到成倍于基本长度 L_1 的剪切长度，称为“倍尺”长度，以 L 表示

飞剪剪切的倍尺长度范围为：

$$L=KL_1 \tag{10-10}$$

调整飞剪的空切机构，改变空切系数 K，就能使定尺长度范围成倍扩大。在没有空切机构的飞剪上，一般是通过把基本定尺长度调整和倍尺调整相结合来实现的。

当依次取 $K=1$ 时 $L=L_1=(1\sim2)L_{\min}$

$K=2$ 时 $L=2L_1=(2\sim4)L_{\min}$

由此得到的定尺长度调整范围如图 10-12 所示。

在飞剪上实现空切通常有两种方法。

① 改变上下剪刃的运动轨迹，使空切时上下剪刃虽能同时到达剪切位置，但却保持一定的距离，不能实现剪切。此法应用较广，如图 10-13所示。曲柄回转式飞剪上，当无空切时，上下剪刃运动轨迹如图 10-13(a) 所示，曲柄转一周，两剪刃相遇进行剪切，当空切投入工作后，上下两曲柄转到剪切位置时，两剪刃却互相错开，不能实现剪切［见图 10-13(b)］。

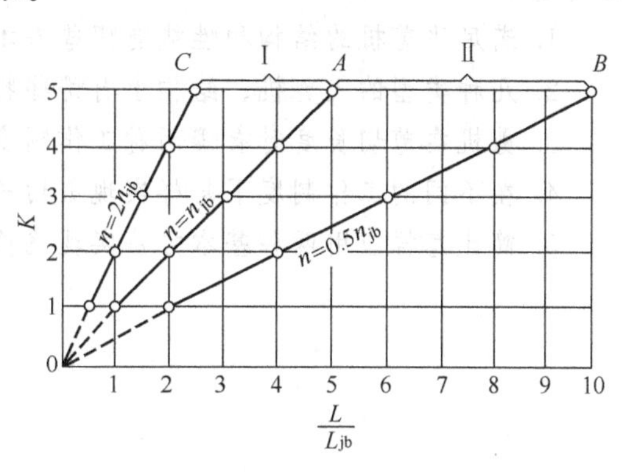

图 10-12　轧件剪切长度的调整范围

② 空切时使上下剪刃不同时到达剪切位置，此法一般只用于滚筒式飞剪。改变上下滚筒（剪刃）的直径，并同时改变两滚筒角速度的比值，可实现上下剪刃不同时达到剪切位置的空切。

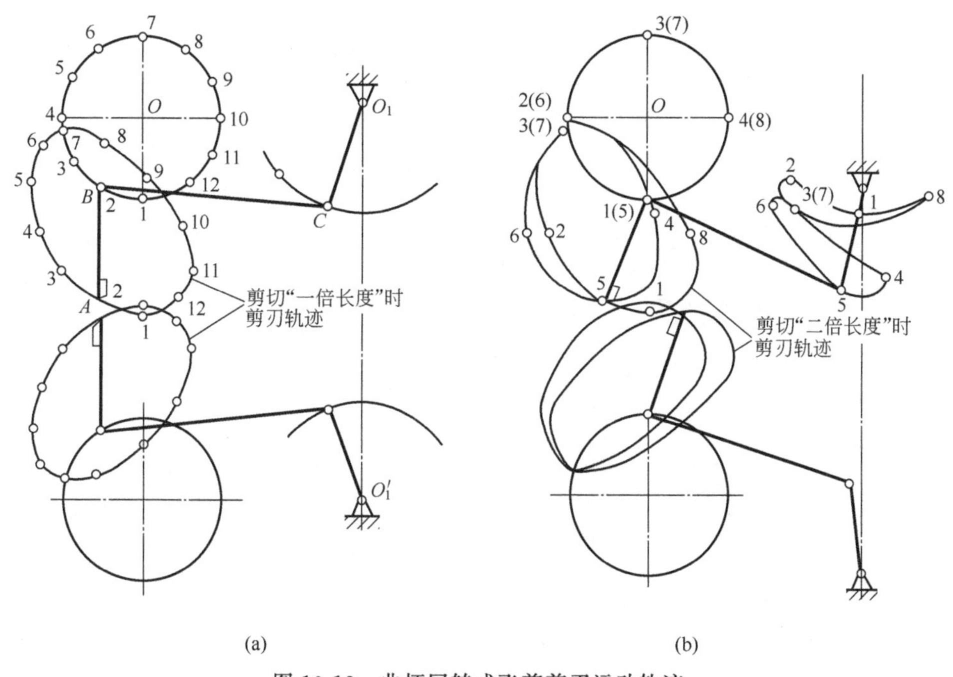

图 10-13　曲柄回转式飞剪剪刃运动轨迹

应该指出，两滚筒直径（按刀片的尖端）从工作原理上讲，可以采用不同方法组合，例如，两刀片的直径分别为 D_1、D_2，当$\frac{D_1}{D_2}$分别为$\frac{1}{1}$、$\frac{1}{2}$、$\frac{1}{3}$、$\frac{1}{4}$……依次类推。即小滚筒每转一圈剪切一次、每转两圈剪切一次……依次类推。此时得到的一系列的 K 值：$K=1$、2、3……。由于上述比值使得上、下滚筒直径相差太大，结构上不合理，故在应用上是按$\frac{D_1}{D_2}$分别为$\frac{1}{1}$、$\frac{1}{2}$、$\frac{2}{3}$、$\frac{3}{4}$、$\frac{4}{5}$、……依次类推，得到 K 值。为了保证两剪刃线速度相同，两滚筒轴上同步齿轮节圆直径也相应作同样比值的改变。

思考题

1. 满足飞剪机的结构和性能有哪些基本要求？
2. 几种类型的飞剪机、结构上有哪些特点？并简述其工作原理。
3. 剪机在剪切长度时有哪两种工作制度？
4. 在不同的工作制度下怎样实现剪切长度调整？
5. 简述怎样应用两种基本方法实现飞剪剪切长度调整。

第十一章 锯切机械

用剪切机剪切复杂断面的轧件，会使剪切断面受压变形，因此，对于型钢、钢管等异形断面轧件，为保证断面质量，必须采用锯机来切断。根据工作方式和结构型式，分成两类：①锯机，用于静止的单根或整束轧件的切头、切尾或切成定尺。锯切常温轧件的锯机称为冷锯机，锯切高温轧件的锯机称为热锯机。②飞锯机，用于将运行中的轧件切头、切尾或切成定尺。下面主要介绍使用广泛的热锯机和飞锯机。

第一节 热锯机

一、热锯机的类型

根据锯片送进方式的不同，热锯机可分为下列几种型式。

（一）固定式热锯机

这种热锯机无横移机构也无送进机构，锯切时用气动小车将轧件送往锯片。设备简单，重量轻，生产率较高，但气动小车常将轧件推弯，使切口断面和轧件轴线不垂直，影响产品质量。

（二）摆式热锯机

如图 11-1 所示，这种锯机结构简单，在车间占地较少，但锯切行程小、振动大，现很少采用。

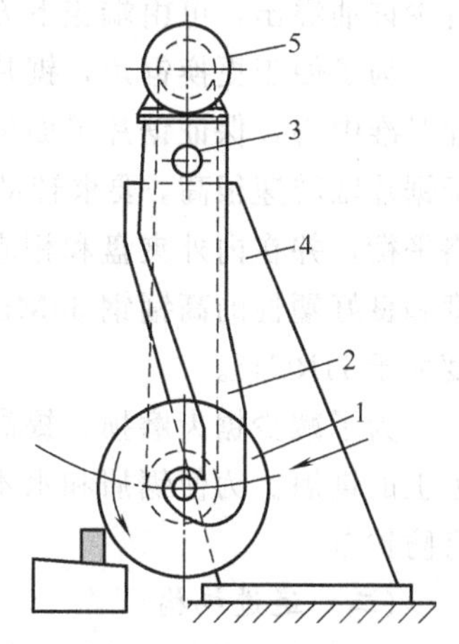

图 11-1 摆式锯机简图

1—锯片；2—摆动架；3—摆动轴；4—机架；5—电动机

（三）杠杆式热锯机

如图 11-2 所示，这种锯机结构简单、操作方便，但机架刚度差，生产效率低，多用于小型车间取样用。锯切时，机架的摆动一般用液压缸或曲柄连杆机构传动。

（四）滑座式热锯机

如图 11-3 所示，这种锯机锯片横向振动小，效率高，行程大，在大中型型钢车间得到广泛应用。

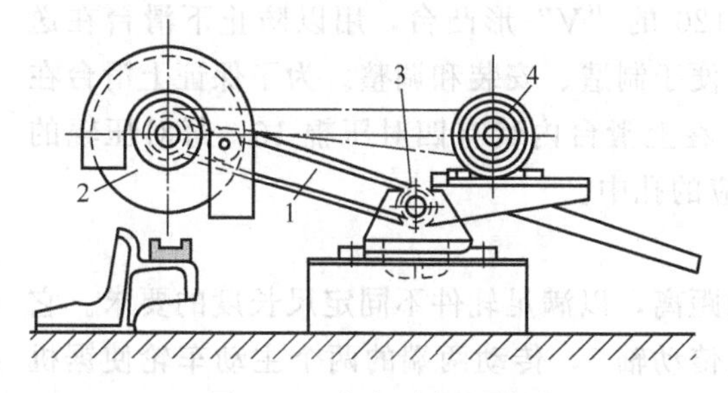

图 11-2 杠杆式锯机简图

1—摆动框架；2—锯片；3—摆动轴；4—电动机

（五）四连杆式锯机

锯片采用四连杆机构水平送进，行程大，摩擦小，平稳可靠。多用在大型、轨梁轧钢车间。

二、滑座式热锯机

热锯机主要由三部分组成：锯切机构、送进机构和横移机构。

图 11-4(a)、(b) 所示为中国自行设计制造的 ϕ1 500mm 滚轮送进滑座式热锯机的结构。

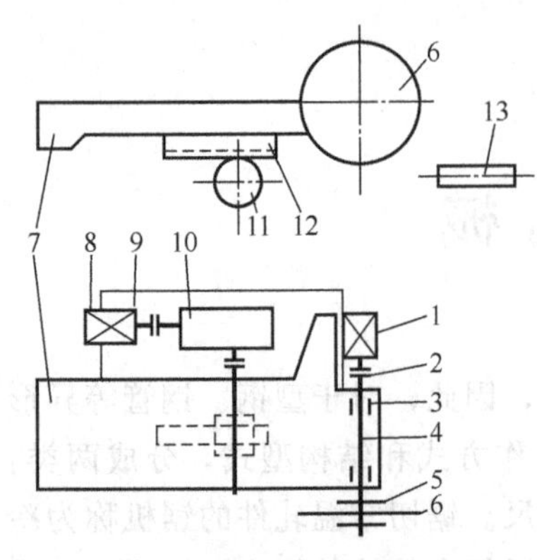

图 11-3 滑座式热锯机结构示意

1—锯片电动机；2—联轴节；3—轴承座；4—锯片轴；5—夹盘；6—锯片；7—上滑台；8—送进电动机；9—下滑座；10—送进减速机；11—送进齿轮；12—送进齿条；13—辊道

锯片直径：D=1 500～1 350mm，锯片厚度：δ=8mm。

（一）锯切机构

锯片的传动方式有两种：电动机直接传动和经三角皮带间接传动。前者因其传动效率高，空载能耗少，大型热锯机都采用这种方式。但是，电动机工作时受到热态轧件的热辐射影响，必须采取防护措施；第二种传动方式的电动机离热轧件较远，改善了电机的环境温度，不需专门的防护措施，且锯片直径与圆周速度不受电机轮廓尺寸和转速的影响。这台滑座式热锯机的锯片采用电动机直接传动，并在电动机周围设有水箱和水帘进行冷却和防护。

锯片轴的装配如图 11-5 所示。锯片轴 7 靠锯片一端的轴承受有较大的径向力，采用两个双列向心球面滚子轴承 6，靠电机一端的轴承设计成可以游动的，以适应锯片轴受高温后的热膨胀。轴承采用稀油循环润滑。为了防止稀油溢出和冷却水的进入，由高速旋转的甩油环 11 与不动的轴承端盖 8 组成油沟式密封，如果有少许油溢出，可由端盖下方的孔流出经管路回收。

为了便于更换锯片，锯片 2 用内夹盘 3 和外夹盘 1 装于轴的悬臂端。夹盘的作用是使锯片对准中心，保证锯片平面的平直，消除锯片的轴向摇摆，并使锯片与锯片轴牢固连接。由于锯片轴转速很高，要求转动尽量平稳，夹盘和锯片在轴上装好之后，要作静平衡实验，严格平衡，并在内外夹盘和相应螺栓上作上记号，便于以后对号安装。锯片通常是用具有高强度和良好塑性的高锰钢 65Mn 制成。锯片热处理后的表面硬度为 31～35HRC，齿面淬火硬度大于 HRC45。

为了减少锯齿磨损，提高使用寿命，在锯机工作时，要用低压水冷却锯片和冲击粘在锯齿上的锯屑。为使锯屑和水不四处飞散，并防止锯片可能发生破裂而飞起的事故，锯片都装有防护罩。

（二）送进机构

送进运动是由电动机 2 经减速机 4 的低速轴传动送进齿轮 19，推动固定于上滑台的齿条 20 来实现。电动机可以根据所锯切轧件的断面自动调整送进速度，保持锯切过程的平稳并防止过载。

上滑台 1 靠 17、22 共六个滚轮支托在下滑座 6 上滚动，靠近锯片一侧的三个滚轮 17 做成 120°的“V”形槽，与它接触的滑板 18 做成 120°的“V”形凸台，用以防止下滑台在送进时的侧向移动。另一侧的三个滚轮为圆柱形，便于制造、安装和调整。为了保证上滑台在送进时运行平稳，又不过多地加重上滑台重量，在上滑台内装有四对压辊 16，每对压辊的压辊轴 14 的下端，用螺母分别固定在下滑座相应的孔中。

（三）横移机构

使锯机沿轧件轴向移动，用来调整锯机间的距离，以满足轧件不同定尺长度的要求。它由电动机 8 通过齿轮、蜗轮减速机 7 及圆锥齿轮传动轴 5，传动两端的两个主动车轮使锯机在轨道上行走而实现。采用车轮式的横移机构，必须装设将热锯机夹紧在轨道上的夹轨器 3，以防止热锯机在工作时因行走轮移动而改变轧材的定尺长度。

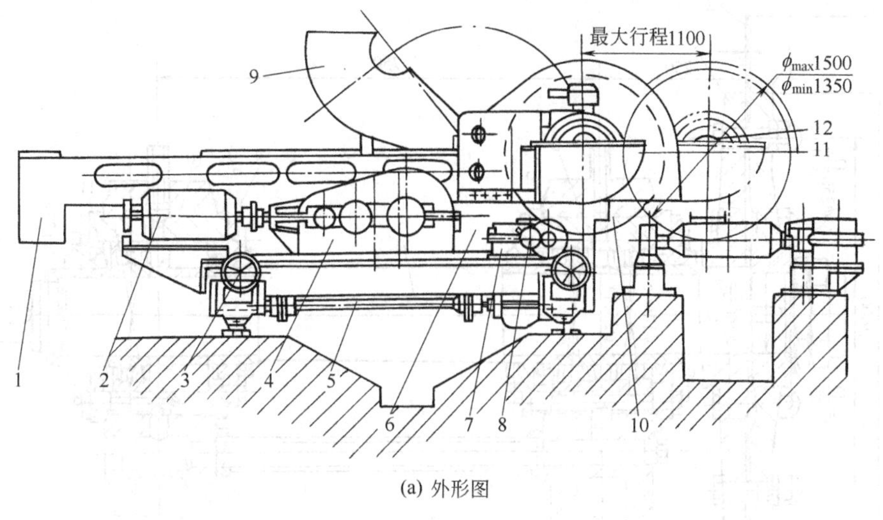

(a) 外形图

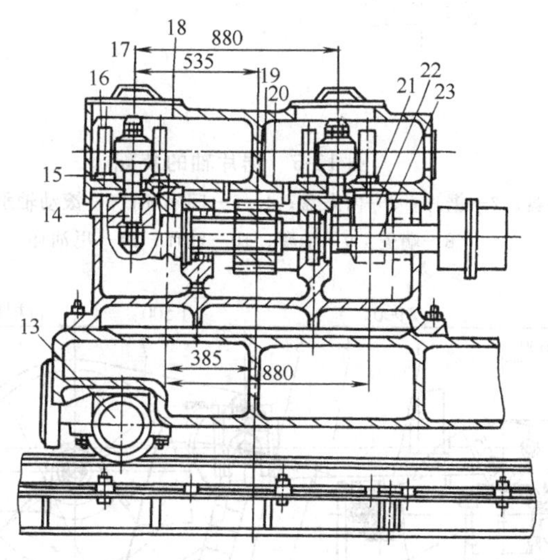

(b) 送进机构剖视图

图 11-4 ϕ1 500mm 滚轮送进滑座式热锯机的结构

1—上滑台；2—送进电动机；3—夹轨器；4—送进减速机；5—行走轮轴；6—下滑座；7—横移减速机；8—横移电动机；9—锯片罩；10—锯片；11—水箱；12—锯片电动机；13—被动行走轮；14—压辊轴；15—上滑板；16—上压辊；17—V 形支承辊；18—V 形滑板；19—送进齿轮；20—送进齿条；21—平滑板；22—平支承辊；23—支承辊辊轴

三、四连杆式热锯机

四连杆式热锯机的设备重量比滑座式热锯机轻，而且装设有开式的齿轮、齿条传动以实现锯机送进，工作行程也比较大。图 11-6 所示为 ϕ1 800mm 四连杆式热锯机的结构图。

这台热锯机的锯片是由电动机直接传动，电动机的外面装有水帘降温，当锯片直径为 1 800mm 时，锯片圆周速度达 92m/s。由于锯片转速较高，所以锯片轴的轴承采用双列向心球面滚柱轴承，以稀油集中润滑，轴承座通水冷却。

装在下锯座 5 上的送进电动机，经减速机 3 及安全联轴器使曲柄 10 摆动，从而带动锯架 4 前后移动，实现进锯和退锯。合理地选择曲柄和连杆的尺寸，可以保证锯片基本上保持

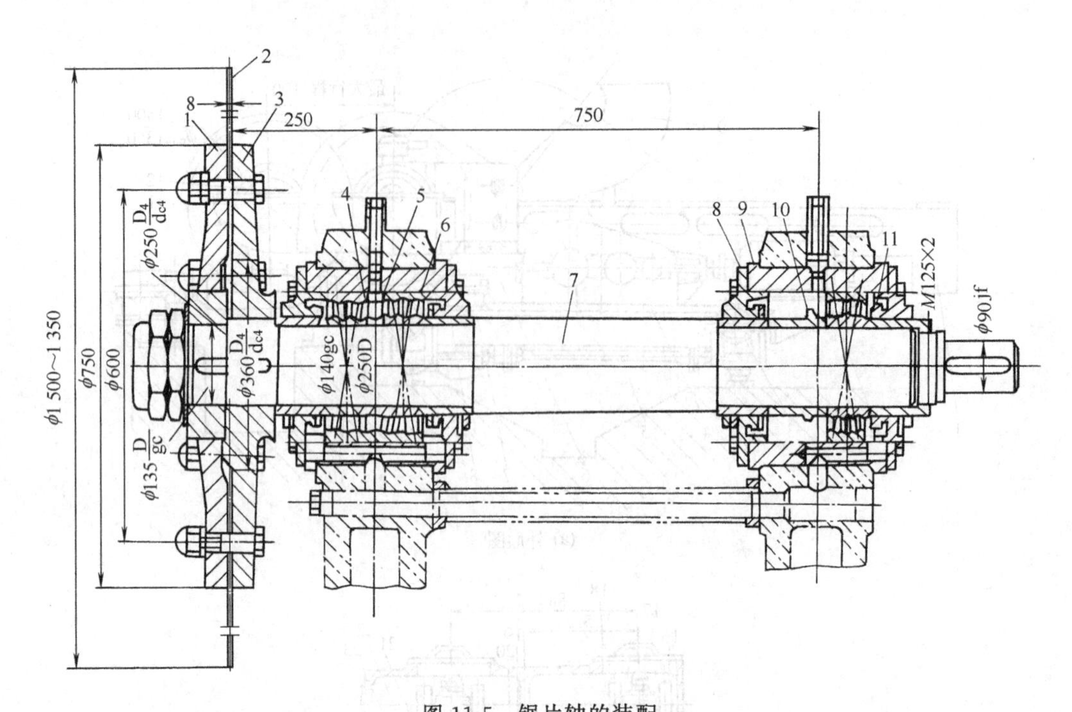

图 11-5 锯片轴的装配

1—外夹盘；2—锯片；3—内夹盘；4，5—间隔环；6—滚动轴承；7—锯片轴；8—端盖；9—轴套；10—油环；11—甩油环

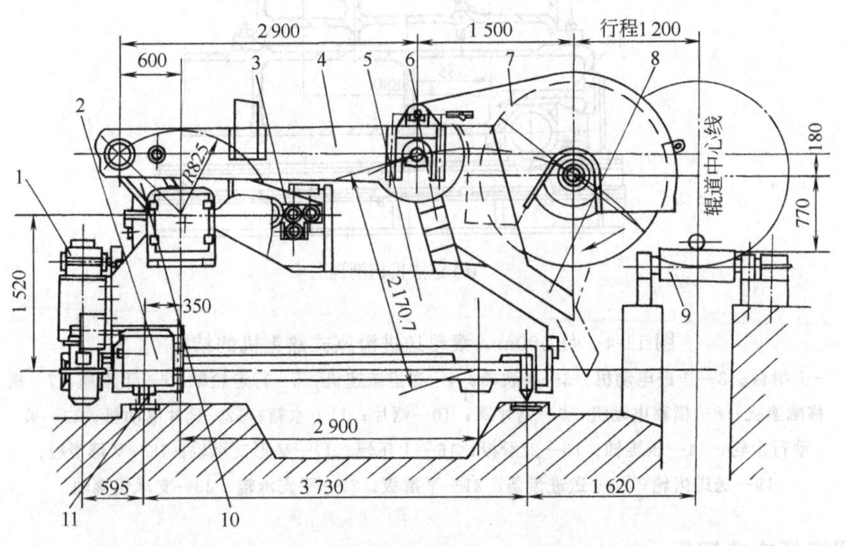

图 11-6 φ1 800mm 四连杆式热锯机的结构

1—横移减速机；2—夹轨器；3—送进减速机；4—锯架；5—锯座；6—摇杆；7—锯片罩；8—防护罩；9—辊道；10—曲柄；11—轨道

水平移动。曲柄 10 的下端有与它做成一体的扇形平衡重，以平衡可动系统的重量，降低送进电动机的能耗。锯架 4 的行程可通过送进机构中的电气装置控制。

横移电动机经减速机 1 带动行走轮使整个热锯机沿轨道 11 进行横移。在下锯座 5 靠近两个后轮的外侧，装有两个夹轨器 2。当热锯机工作时，夹轨器夹紧钢轨 11 的头部，横移时松开夹轨器。

为减轻设备重量，锯架4用钢板焊成。前端与两根焊接结构的摇杆6铰接，摇杆6下端铰接在下锯座上。为防止水、锯屑等落入传动机构，在摇杆6的前面及锯片的外面均装有防护罩。

四、热锯机的基本参数和锯机功率

热锯机的基本参数可分为两大类：结构参数和工艺参数，主要包括锯片直径 D、锯片厚度 s、锯片行程 L、锯齿形状及锯片圆周速度 v、锯机生产率等。

（一）结构参数

1. 锯齿形状

合理的锯齿形状应该满足下列条件：锯齿强度好，锯切能耗少，噪声低，制造修齿方便，齿尖处不易形成切屑瘤等。常用的齿形有狼牙形、鼠牙形和等腰三角形三种，如图11-7所示。

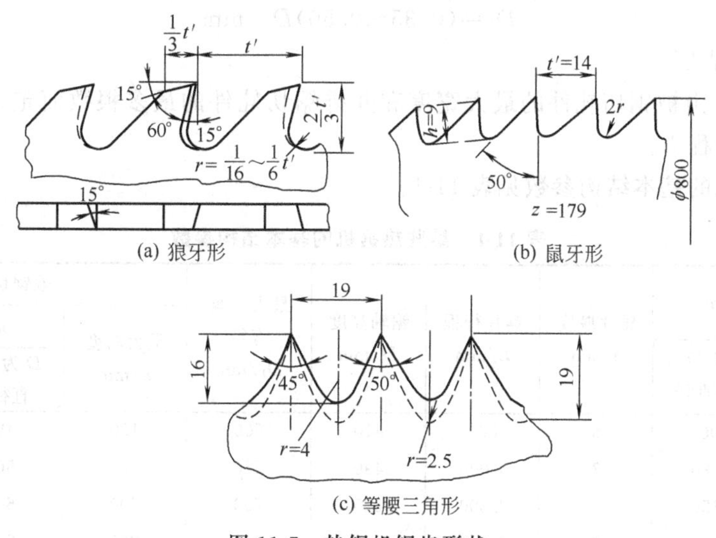

图 11-7　热锯机锯齿形状

综合比较上述三种齿形的工作性能，经工业性实验研究分析，鼠牙形齿形最好，其次为狼牙形齿形。

2. 锯片直径 D

它是热锯机最主要的结构参数，常以锯片直径 D 作为热锯机的标称，如 ϕ1 500mm、ϕ1 800mm 热锯机等。

锯片直径 D 决定于被锯切轧件的断面尺寸。要保证锯切最大高度的轧件时，锯轴、上滑台和夹盘能在轧件上面自由通过（见图 11-8）。同时，为使被锯切断面能被完全锯断，锯片下缘应比辊道表面最少低 40～80mm（新锯片可达 100～150mm）。

初选锯片直径 D 时，可按被锯切的最大轧件高度用以下经验公式计算。

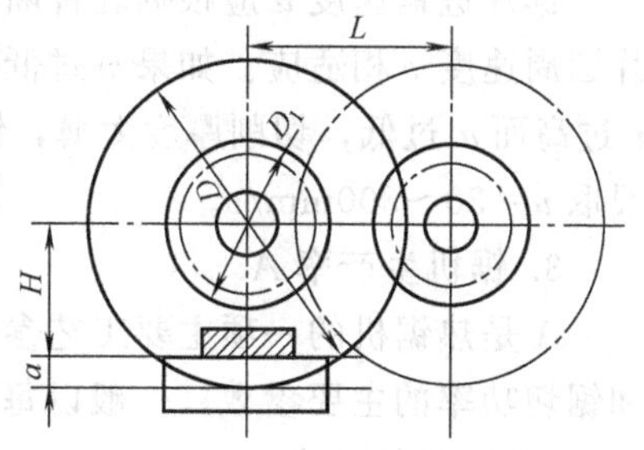

图 11-8　锯片直径与轧件的关系

锯切方钢　$D=10A+300$mm（A 为方钢边长）

锯切圆钢　$D=8d+300$mm（d 为圆钢直径）　(11-1)

锯切角钢　$D=3B+350$mm（B 为角钢对角线长度）

锯切槽钢、工字钢　$D=C+400$（C 为钢材宽度）

根据计算的锯片直径值，参考有关系列标准加以最后确定。锯片直径的允许重磨量为5%～10%。

3. 锯片厚度 s

锯片厚度 s 过大，将增加锯切功率损耗；s 过小，将会降低锯片强度，并增加锯切时锯片的变形。一般按以下经验公式选择

$$s=(0.18\sim0.20)\sqrt{D}\quad \text{mm} \tag{11-2}$$

式中　D——锯片直径，mm。

4. 夹盘直径 D_1

锯片用夹盘和螺栓夹紧装在锯轴上。当锯片直径一定时，夹盘直径 D_1 过大，锯片能锯切的轧件最大高度减小；D_1 过小，锯切时锯片变形和轴向振动加大，导致锯片寿命降低。一般按以下经验公式选择

$$D_1=(0.35\sim0.50)D\quad \text{mm} \tag{11-3}$$

5. 锯片行程 L

锯片行程 L 由被锯切轧件的最大宽度和并排锯切轧件的最多根数而定。送进机构的行程应大于锯片行程 L。

某些热锯机的基本结构参数见表 11-1。

表 11-1　某些热锯机的基本结构参数

锯片直径 D/mm		锯片厚度 δ/mm	锯片行程 L/mm	锯轴高度 H/mm	最大夹盘直径 D_1/mm	被锯切轧件		
						最大高度 h/mm	最大宽度 b/mm	
名义直径	重磨后最小直径						D 为最小直径时	D 为名义直径时
1 000	900	6	800	410	500	120	450	470
1 200	1 080	7	1 000	490	570	160	560	600
1 500	1 350	8	1 200	625	750	200	660	740
1 800	1 620	9	1 400	760	900	260	730	880

（二）工艺参数

1. 锯片圆周速度 v

提高锯片圆周速度 v，可以提高锯机生产率。但是随着 v 的增加，由于离心力而引起的径向拉应力也将增加，从而降低了锯齿的锯切能力。因此，一般应用的锯片圆周速度 v 在100～120m/s 以下，最大不超过 140m/s。

2. 锯片进锯速度 u

锯片进锯速度 u 应根据轧件断面大小来确定，大断面所用的进锯速度小。同时还要与锯片圆周速度 v 相适应。如果 v 过低而 u 过高，切削厚度增加，锯切阻力将增加；相反，如果 v 过高而 u 过低，切削厚度太薄，锯屑容易崩碎成为粉末，将使锯齿齿尖部分迅速磨损。一般取 u=30～300mm/s。

3. 锯机生产率 A

A 是热锯机的一项主要工艺参数，它关系到热锯机的锯切质量，也是计算热锯机锯切力和锯切功率的主要参数。一般以每秒锯切轧件的断面面积表示，其值参见表 11-2。

（三）锯机功率

1. 圆周力 T

表 11-2　锯机的秒生产率 A　$mm^2 \cdot s^{-1}$

锯切温度 /℃	锯片直径			
	ϕ2 000	ϕ1 800	ϕ1 500	ϕ1 100
700～750	4 000～6 000	3 500～5 500	3 000～5 000	2 000～4 000
800～850	5 000～7 000	4 500～6 500	4 000～6 000	3 500～5 500
900～950	7 500～9 000	7 000～8 500	5 000～7 000	4 500～6 500
1 000	8 500～10 000	7 500～9 000	6 000～8 000	5 000～7 000

如图 11-9 所示，若以 m 表示每个齿所切下来的切屑厚度，以 s 表示切槽宽度，则作用于每个齿上的力为

$$T_1 = pms \tag{11-4}$$

式中　p——单位锯切压力，N/mm^2。

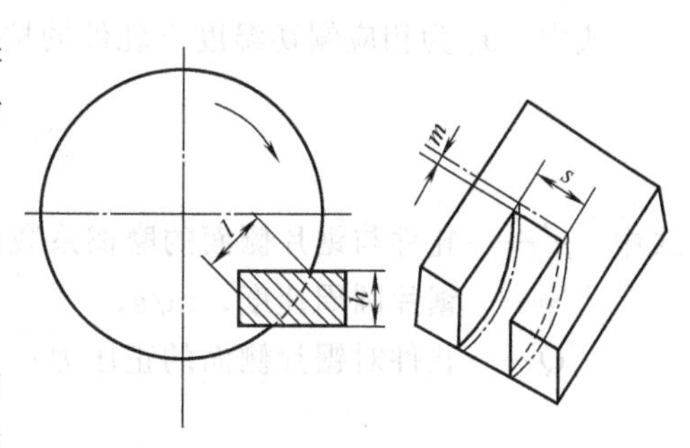

图 11-9　被锯切轧件断面示意

因为同时有几个齿进行锯切，设锯片与轧件的接触弧长为 l(mm)，齿距为 t(mm)，则同时接触的齿数为 $z=\frac{l}{t}$。

锯切时轧件作用在锯片上的圆周力为

$$T = zT_1 = pms\frac{l}{t} \tag{11-5}$$

如锯片的圆周速度为 v(m/s)，则在 1s 内经过轧件的齿数为$\frac{1\,000v}{t}$，此时每个齿所锯切的断面积为 $ml(mm^2)$，则每秒锯切的断面积为

$$A = \frac{1\,000v}{t} \times ml = uh \quad mm^2/s \tag{11-6}$$

代入式（11-5）则得圆周力

$$T = \frac{psA}{1\,000v} = \frac{psuh}{1\,000v} \quad N \tag{11-7}$$

2. 锯片传动功率

锯片传动功率由三部分组成

$$N = N_1 + N_2 + N_3 \quad kW \tag{11-8}$$

式中　N_1——锯齿使轧件产生塑性变形和形成锯屑的功率；

N_2——夹锯功率，锯片两侧面与被锯轧件摩擦所损耗的功率；

N_3——其他因素如机械传动效率、锯屑甩出及空气阻力等所消耗的功率。

它们的计算公式分别为

$$N_1 = \frac{Tv}{1\,000} = psA \times 10^{-6} = psuh \times 10^{-6} \quad kW \tag{11-9}$$

式中，锯机生产率 A 列于表 11-2 中；

单位锯切压力 p 与轧件温度、变形速度、锯片厚度等有关，计算时可按下列经验公式确定。

当锯切温度为700～750℃时　$p=(4.6+0.27s)\sigma_b$

当锯切温度为800～850℃时　$p=(5.5+0.32s)\sigma_b$

当锯切温度为900～950℃时　$p=(6.7+0.37s)\sigma_b$

当锯切温度为1 000℃时　$p=(12.4+0.72s)\sigma_b$

式中　σ_b 为相应锯切温度下轧件的抗拉强度，MPa。

$$N_2=\frac{\mu' Q v}{1\,000}\quad \text{kW} \tag{11-10}$$

式中　μ'——轧件与锯片侧面的摩擦系数，一般取 $\mu'=0.6$；

v——锯片圆周速度，m/s；

Q——轧件对锯片侧面的正压力；

$$Q=\frac{f}{c}\quad \text{N} \tag{11-11}$$

f——锯片震摆值，mm，由锯片直径和生产率而定，见表11-3；

c——锯片柔度，mm/N。

$$N_3=K(N_1+N_2)\quad \text{kW} \tag{11-12}$$

式中　K——系数，计算时取 $K=0.1$～0.3。

表11-3　锯片的震摆值 f　　$(\text{mm}^2\cdot\text{s}^{-1})/\text{mm}$

锯片直径/mm	锯机生产率			
	500～2 000	2 000～5 000	5 000～10 000	10 000～20 000
ϕ2 000	0～2.2	2.2～3.2	2.6～3.6	2.8～3.8
ϕ1 800	0～1.6	1.6～2.4	2.0～2.8	2.7～3.0
ϕ1 500	0～1.0	1.0～1.6	1.4～2.0	1.6～2.2
ϕ1 200	0～0.5	0.5～0.9	0.9～1.3	1.0～1.4
ϕ1 000	0～0.35	0.35～0.65	0.65～0.95	0.8～1.1

锯片电动机的额定功率根据 $N_e \geqslant N$ 确定，一般选用Y系列中鼠笼型转子交流电动机，对锯片直径小于 ϕ500 的锯机可选用 JR_2（或 J_{03}）系列的交流电动机。

为提高锯切断面质量和定尺精度，现代大型和中型型钢轧钢厂，逐渐用冷锯机代替热锯机，进行轧件的切头、切尾和定尺锯切。

圆盘式高速金属冷锯机的结构型式与圆盘式热锯机相似，本章不再赘述。其主要参数及确定方法请参看有关文献。

第二节　飞　锯　机

飞锯机主要用于锯切正在运行的轧件。一般装设在连续焊管机组，将运行着的钢管切成定尺。对飞锯机的特殊要求是：必须在与运行着的钢管以相同速度移动的过程中完成锯切。因此，飞锯机除具有锯切机构和定尺机构外，还具有保证与轧件同速运行的同步机构。

根据同步机构的型式，飞锯机分为两类。具有直线往复运动同步机构的飞锯机和具有回转运动同步机构的飞锯机，前者结构紧凑，设备较轻，在一定范围内可以锯切任意定尺。但往复运动时惯性作用的影响较大，在现代的焊管机组中大多采用后者。

一、具有行星轮系式回转机构的飞锯机

图 11-10 所示为具有行星轮系式回转机构飞锯机。测速装置 1 将焊管的速度通过测速发电机测量，并将信号送给回转机构电动机 2，再经过减速机和行星轮系使回转台 3 以相应于焊管的速度回转。装在立轴上的太阳轮固定不动，中间轮和回转台 3 一起回转，回转台 3 相当于行星轮系（装于回转台 3 的内部）的系杆。取行星轮与太阳轮齿数相同，使行星轮绕自己轮心的转速为零。装在回转台 3 立轴上的电动机 4 通过滑环装置 6 与电源连接并传动锯片 5。由于行星轮和它的立轴皆没有绕自己轴心的转动，所以，在回转台 3 转动过程中，装在其另一立轴上的托架保持其原始位置方向不变。进行锯切时，由专门的叉形装置 7 将钢管抬起来送给锯片切断。

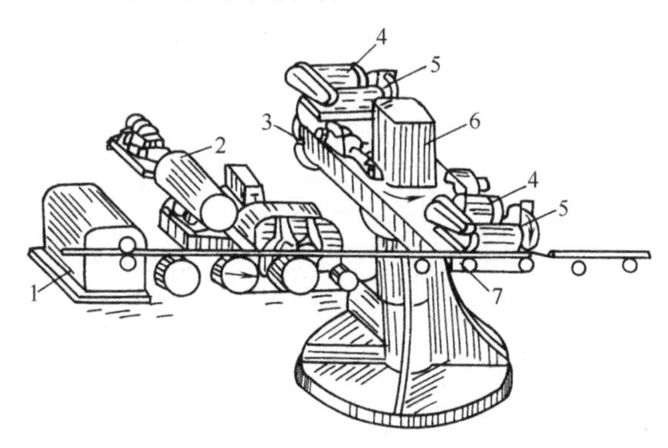

图 11-10　具有行星轮系式回转机构的飞锯机

1—测速装置；2—回转机构电动机；3—回转台；4—锯片电动机；5—锯片；6—电源滑环装置；7—叉形装置

这种飞锯机构结构简单，惯性作用影响较小，使用可靠。只要安装时使锯片垂直钢管轴线，则回转台 3 不论转到何位置，锯片始终保持垂直钢管轴线，从而保持切口平整。回转台 3 两端各有一套锯切机构，除保持动平衡外，当一台锯片损坏时，可由另一台锯片替代，保证锯切生产的连续性。但回转部分重量大，因此变速回转时动载荷较大，当钢管运行速度高于 5m/s 时，叉形装置 7 在锯切完毕下降放开钢管时，常失去导向作用，从而使钢管偏离轧制线。

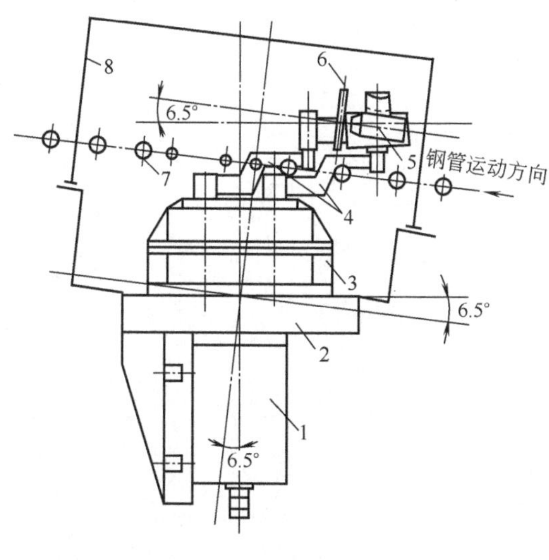

图 11-11　卧式四连杆飞锯机

1—回转机构主电动机；2—底座；3—减速机；4—旋臂；5—锯片电动机；6—锯片；7—辊道；8—锯罩

二、具有四连杆式回转机构的飞锯机

根据四连杆机构回转运动所在平面分为立式和卧式两种。

立式四连杆飞锯机的安装和检修比较方便，机构比较简单。但其缺点是动平衡调节困难，容易形成四连杆系统下行加速，上行减速的速度不均现象，影响同步效果和定尺精度。因此常采用卧式。图 11-11 所示为中国某厂使用的飞锯机。为了锯切时锯片能将钢管压紧在辊道上，该飞锯机的四连杆系统不是在严格的水平面内回转，而与水平面有 6.5°夹角，切管速度为 0.5～6m/s。

思考题

1. 热锯机分为几种类型？

2. 热锯机的三大主要机构是什么？作用是什么？

3. 热锯机的基本参数有哪些？

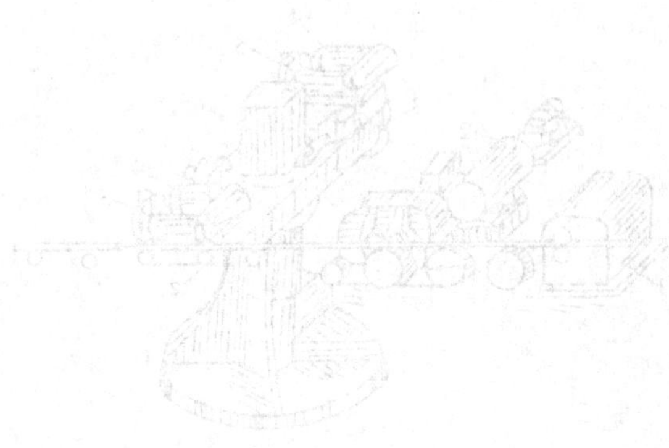

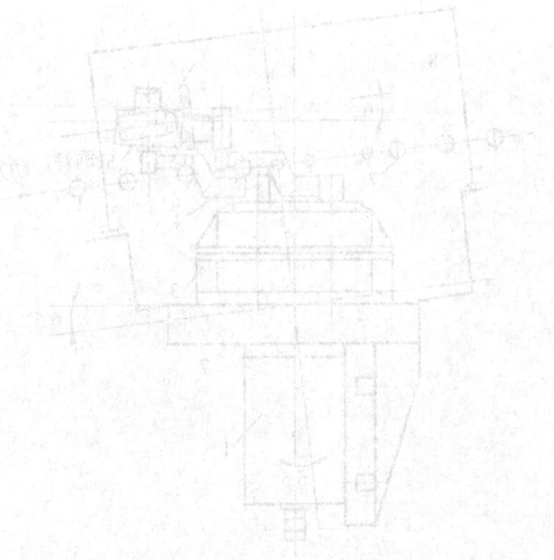

第十二章　矫　直　机

第一节　概　　述

轧件在加热、轧制、精整、运输及各种加工过程中，由于外力作用，温度变化及内力消长等因素的影响，往往产生不同程度的弯曲、瓢曲、浪形、镰弯或歪扭等塑性变形或内部残余应力（图 12-1）。为了消除这些形状缺陷和残余应力，获得平直的成品钢材，轧件需要在矫直机上进行矫直。因此，矫直机是轧制车间必不可少的重要设备，而且广泛用于以轧材作坯料的各种车间，如汽车、船舶制造厂等。

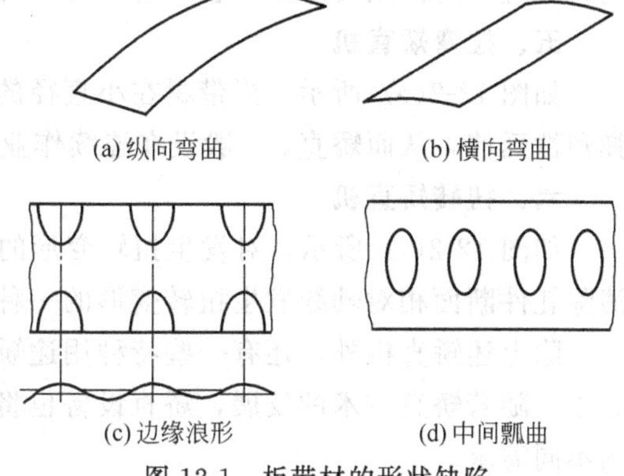

图 12-1　板带材的形状缺陷

由于轧材品种规格的多样化和对其形状精度要求的不同，所需要的矫直方式和矫直设备也各不相同。按用途和工作原理，矫直机可以分为以下几种基本形式。

一、压力矫直机

如图 12-2(a) 所示，将轧件的弯曲部位支承在工作台的两个支点之间，用压头对准最弯部位进行反向压弯。压头撤回后工件的弯曲部位变直。这种矫直机用来矫直大型钢梁、钢轨、型材、棒料和管材。

二、平行辊矫直机

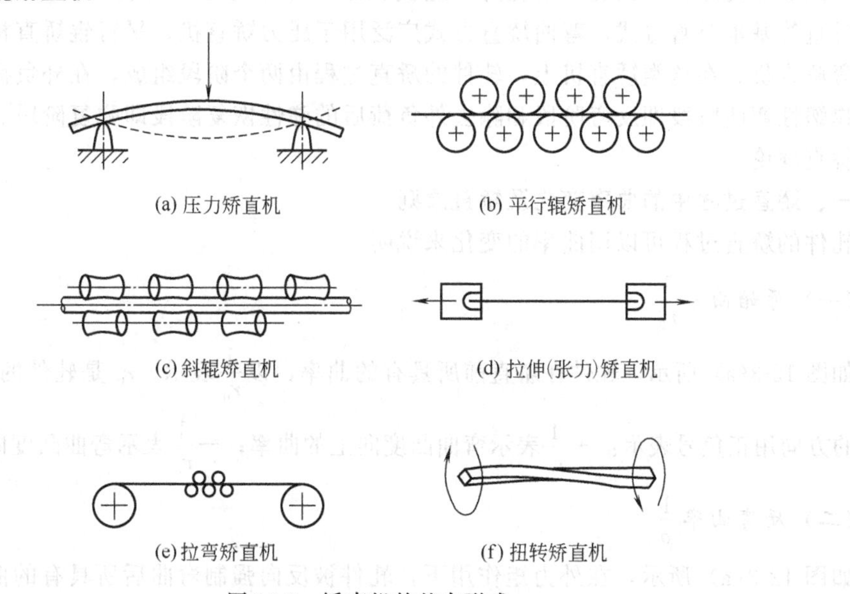

图 12-2　矫直机的基本形式

如图 12-2(b) 所示，这种矫直机克服了压力矫直机断续工作的缺点，从入口到出口交错布置若干个互相平行的矫直辊，按递减压弯规律对轧件进行多次反复压弯以达到矫直目的，能获得很高的矫直质量。广泛应用于板材和型材的矫直。

三、斜辊矫直机

如图 12-2(c) 所示，采用具有类似双曲线形状的工作辊互相交叉排列，圆材在矫直时边旋转边前进，从而获得对轴线对称的形状。主要用于矫直棒料和管材。

四、拉伸（张力）矫直机

如图 12-2(d) 所示，板带材的纵向或横向弯曲可以在一般辊式矫直机上有效地矫直，而其中间瓢曲或边缘浪形需要采用拉伸矫直的方法，使金属长短不齐的纤维受到塑性拉伸后达到矫直目的。主要用来矫直极薄带材和复杂断面异型材。

五、拉弯矫直机

如图 12-2(e) 所示，当带材在小直径的弯曲辊子上弯曲时，同时施加张力，使带材产生弹塑性延伸，从而矫直。一般设在连续作业线上，用以矫直各种金属带材尤其是薄带材。

六、扭转矫直机

如图 12-2(f) 所示，对发生扭转变形的轧件，施加外扭矩使其反向扭转而矫直。是用来消除轧件断面相对轴线发生扭转变形的一种矫直设备，主要用于矫直型材。

除上述矫直机外，还有一些特种用途矫直机，如与连铸机组融为一体的拉坯矫直机等。总之，随着矫直技术的发展，矫直设备也将不断创新，出现更多新型的矫直机，以满足生产的不同需求。

第二节　弯曲矫直理论

轧件的矫直就是使轧件承受一定方式和大小的外力，产生一定的弹塑性变形，当除去外力后，在内力作用下产生弹性恢复变形，从而得到正确的轧件形状。轧件的矫直过程，实质是弹塑性变形的过程。按轧件的应力和应变状态，可分为弯曲矫直、拉伸矫直、拉弯矫直、扭转矫直等基本矫直方式，弯曲矫直方式广泛用于压力矫直机、平行辊矫直机、斜辊矫直机和拉弯矫直机。在这类矫直机上，轧件的矫直过程由两个阶段组成，在外负荷弯曲力矩作用下的弹塑性弯曲阶段即反弯阶段和除去外负荷后的弹性恢复阶段即弹复阶段。下面简要介绍弯曲矫直理论。

一、矫直过程中的曲率变化及矫直原则

轧件的矫直过程可以用曲率的变化来说明。

（一）原始曲率$\frac{1}{r_0}$

如图 12-3(a) 所示，轧件在矫直前所具有的曲率，以$\frac{1}{r_0}$表示。r_0 是轧件的原始曲率半径。曲率的方向用正负号表示：$+\frac{1}{r_0}$表示弯曲凸度向上的曲率；$-\frac{1}{r_0}$表示弯曲凸度向下的曲率。

（二）反弯曲率$\frac{1}{\rho}$

如图 12-3(a) 所示，在外力矩作用下，轧件被反向强制弯曲后所具有的曲率。反弯曲率的选择是决定轧件能否被矫直的关键。在压力矫直机和辊式矫直机上，反弯曲率是通过矫直机的压头或辊子的压下获得的。

（三）总变形曲率 $\frac{1}{r_c}$

它是轧件弯曲变形的曲率变化量，是原始曲率和反弯曲率的代数和，即

$$\frac{1}{r_c}=\frac{1}{r_0}+\frac{1}{\rho} \tag{12-1}$$

（四）残余曲率 $\frac{1}{r}$

如图 12-3(b) 所示，轧件经过弹性恢复后所具有的曲率。在辊式矫直机上，前一根辊子下的残余曲率为进入后一根辊子轧件的原始曲率，即

$$\frac{1}{r_i}=\left(\frac{1}{r_0}\right)_{i+1}$$

其中符号 i 是指第 i 次弯曲。

（五）弹复曲率 $\frac{1}{\rho_y}$

如图 12-3(b) 所示，它是轧件弹复阶段的曲率变化量，是反弯曲率与残余曲率的代数差，即

$$\frac{1}{\rho_y}=\frac{1}{\rho}-\frac{1}{r} \tag{12-2}$$

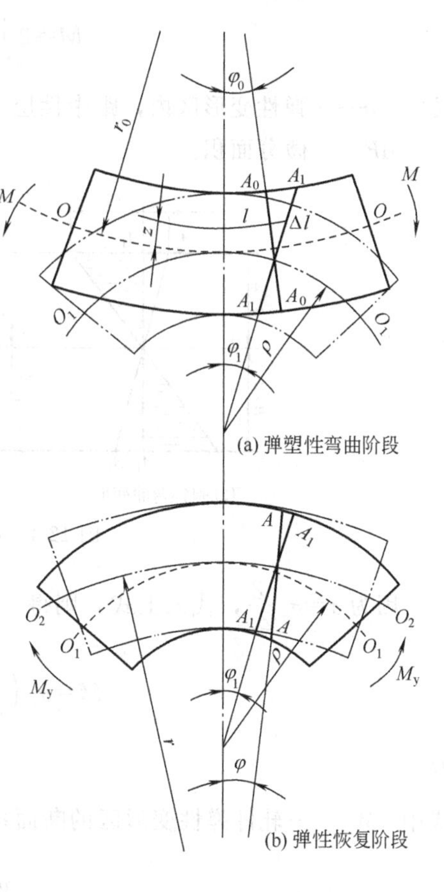

图 12-3　弹塑性弯曲时的曲率变化

显然，轧件被矫直时有 $\frac{1}{r}=0$，则由上式得

$$\frac{1}{\rho_y}=\frac{1}{\rho}\quad 或\quad \frac{1}{\rho}=\frac{1}{\rho_y} \tag{12-3}$$

式 (12-3) 表示了矫直轧件的基本原则：要使原始曲率为 $\frac{1}{r_0}$ 的轧件得到矫直，必须使反弯曲率 $\frac{1}{\rho}$ 在数值上等于弹复曲率 $\frac{1}{\rho_y}$。因此，正确计算弹复曲率 $\frac{1}{\rho_y}$ 进而确定反弯曲率 $\frac{1}{\rho}$ 的大小是完成轧件矫直的前提和关键所在。

二、轧件反弯阶段的外力矩及力矩方程

轧件在反弯阶段产生的弹塑性弯曲变形，将呈现三种状态。当外力矩 M 作用于轧件使其反向弯曲时，轧件首先产生弹性变形，如图 12-3 所示。当外力矩增大到一定数值时轧件表层纤维开始达到塑性变形，此时为弹性弯曲极限状态［见图 12-4(a)］。外力矩继续增加，塑性变形由表层向中性层扩展，外力矩越大，塑性变形区由表层向中性层扩展的深度也越大［见图 12-4(b)］，此时为弹塑性弯曲状态。整个轧件断面都达到塑性变形时，为弹塑性弯曲极限状态，也称为纯塑性弯曲状态［见图 12-4(c)］。

由应力分布图 12-4(b)，根据静力矩平衡条件，可以得出中性层对称的理想弹塑性材料在反弯阶段外力矩 M 的计算公式为

$$M=2\int_{0}^{z_0}\sigma Z\mathrm{d}F+2\int_{z_0}^{h/2}\sigma_s Z\mathrm{d}F \tag{12-4}$$

式中　σ——弹性变形区内，距中性层 Z 处纤维的应力；

$\mathrm{d}F$——微分面积。

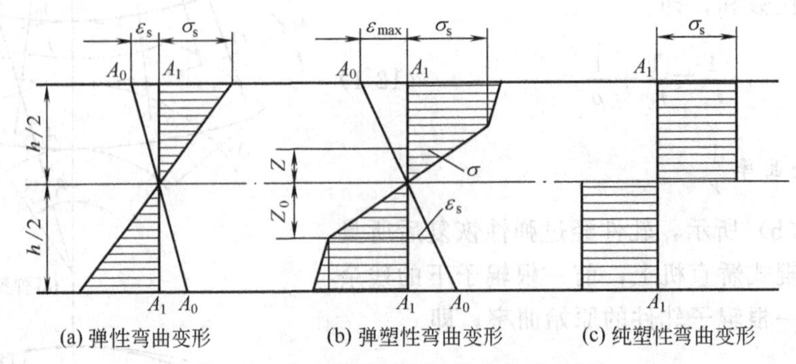

图 12-4　理想弹塑性材料应力分布图

因为 $\sigma=\sigma_s\dfrac{Z}{Z_0}$，代入上式，则得

$$M=\sigma_s\left(\frac{2}{Z_0}\int_{0}^{z_0}Z^2\mathrm{d}F+2\int_{z_0}^{h/2}Z\mathrm{d}F\right)$$

或

$$M=\sigma_s(W'+S') \tag{12-5}$$

式中　W'——轧件弹性变形区的断面系数。

$$W'=\frac{2}{Z_0}\int_{0}^{z_0}Z^2\mathrm{d}F \tag{12-6}$$

S'——两倍的半断面塑性变形区对中性层的面积矩。

$$S'=2\int_{z_0}^{h/2}Z\mathrm{d}F \tag{12-7}$$

轧件产生纯弹性变形时的外力矩最小，其值为屈服力矩 M_w，对应的轧件总变形曲率为屈服曲率$\dfrac{1}{\rho_w}$。

如图 12-4(a)，此时 $Z_0=h/2$，外力矩计算式为

$$M_w=\sigma_s\frac{4}{h}\int_{0}^{h/2}Z^2\mathrm{d}F=\sigma_s W \tag{12-8}$$

式中，W 为轧件的弹性断面系数。

当轧件弯曲至如图 12-4(c) 所示的纯塑性状态时，外力矩最大，其值为塑性弯曲力矩 M_s，对应的轧件总变形曲率也将达到最大值$\dfrac{1}{\rho_s}$。

此时 $Z_0=0$，外力矩计算式为

$$M_s=2\sigma_s\int_{0}^{h/2}Z\mathrm{d}F=\sigma_s S \tag{12-9}$$

式中　S——轧件的塑性断面系数。

$$\frac{M_s}{M_w}=\frac{S}{W}=e \tag{12-10}$$

e 称为断面的形状系数。各种断面形状轧件在不同放置方式下的形状系数 e 的数值见表12-1。

表 12-1　各种断面形状轧件在不同放置方式下的形状系数 e 的数值

断面形状	（矩形）	（圆形）	（方形）	（角形）	（工字形、槽形）	（工字形横放）	（槽形）
S/W	1.5	1.7	2.0	1.5	1.2	1.8	1.55

通常，外力矩 M 介于两个极限值 M_w 和 M_s 之间。其值与轧件材料的机械性能、弯曲变形程度以及轧件断面形状和尺寸等因素有关。

外力矩 M 与弯曲变形总曲率 $\frac{1}{r_c}$ 的关系称为力矩方程，轧件断面形状不同，其力矩方程也不同。矩形断面轧件的力矩方程为

$$M=M_w\left[\frac{3}{2}-\frac{1}{2}\left(\frac{2\varepsilon_s}{h}\Big/\frac{1}{r_c}\right)^2\right] \tag{12-11}$$

图 12-5 是这一力矩方程的图形。从图中可以看出，当 $\frac{1}{r_c}<\frac{1}{\rho_w}$ 时是弹性变形，M 与 $\frac{1}{r_c}$ 成直线关系；当 $\frac{1}{r_c}=\frac{1}{\rho_w}$ 时，$M=M_w$；当 $\frac{1}{r_c}\to\infty$ 时，$M=M_s=1.5M_w$。

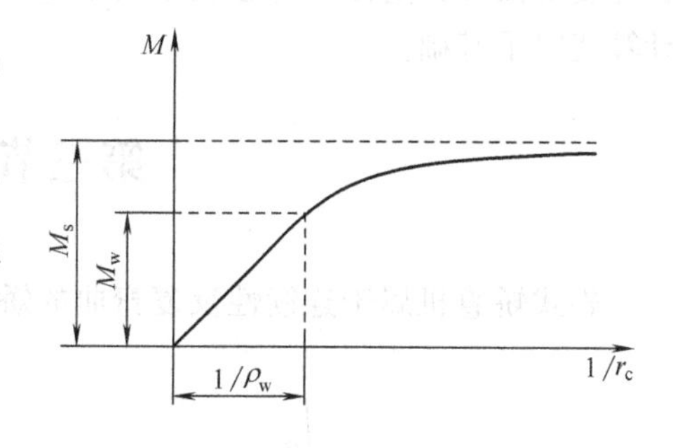

图 12-5　矩形轧件弯曲力矩 M 与弯曲变形总曲率 $\frac{1}{r_c}$ 的关系

三、轧件弹复阶段的弹复曲率及曲率方程

轧件的弹复变形是轧件弯曲时各层纤维所储存弹性势能的释放，是一个纯弹性恢复过程。利用材料力学中弹性弯曲时曲率与力矩的关系，弹复阶段的弹复曲率 $\frac{1}{\rho_y}$ 与弹复力矩 M_y 满足 $\frac{1}{\rho_y}=\frac{M_y}{EJ}$，考虑到弹复阶段的弹复力矩 M_y 在数值上与轧件被反弯时的外力矩 M 相等，则

$$\frac{1}{\rho_y}=\frac{M}{EJ} \tag{12-12}$$

式中　J——轧件断面的惯性矩。

与轧件反弯阶段外力矩的两个极限值 M_w 和 M_s 相对应，理想弹塑性材料轧件弹复曲率的两个极限值为

$$\left(\frac{1}{\rho_y}\right)_{\min}=\frac{M_w}{EJ}=\frac{1}{\rho_w} \tag{12-13}$$

$$\left(\frac{1}{\rho_y}\right)_{\max}=\frac{M_s}{EJ}=\frac{1}{\rho_s}=\frac{1}{\rho_w}e \tag{12-14}$$

弹复曲率$\frac{1}{\rho_y}$与弯曲变形总曲率$\frac{1}{r_c}$的关系称为曲率方程。将力矩方程（12-11）代入式（12-12）可得矩形断面轧件的曲率方程表达式为

$$\frac{1}{\rho_y}=\frac{M_w}{EJ}\left[\frac{3}{2}-\frac{1}{2}\left(\frac{2\varepsilon_s}{h}\bigg/\frac{1}{r_c}\right)^2\right] \tag{12-15}$$

将矫直原则表达式（12-3）与式（12-1），代入式（12-15）得出方程

$$\frac{1}{\rho}=\frac{M_w}{EJ}\left\{\frac{3}{2}-\frac{1}{2}\left[\frac{2\varepsilon_s}{h}\bigg/\left(\frac{1}{r_0}+\frac{1}{\rho}\right)\right]^2\right\} \tag{12-16}$$

在已知材料性能、断面尺寸及原始曲率$\frac{1}{r_0}$的情况下，求解方程，即可定量计算反弯曲率$\frac{1}{\rho}$。

通过以上分析可知，轧件的力矩方程和曲率方程给出了轧件在反弯阶段的外力矩及轧件在弹复阶段的弹复曲率与总变形曲率之间的定量关系，从而给矫直过程分析以及力能参数的计算奠定了基础。

第三节　辊式矫直机

辊式矫直机属于连续性反复弯曲的矫直设备。若轧件具有单值曲率$\frac{1}{r_0}$时，用三个辊子使其反弯至曲率$\frac{1}{\rho}\left(\frac{1}{\rho}=\frac{1}{\rho_y}\right)$，且连续通过，即可完全矫直（见图 12-6）。实际上，轧件的原始曲率沿长度方向往往是变化的，不仅是多值的，而且弯曲方向也不同，对于这类轧件必须采用辊数大于四的多辊矫直机。辊式矫直机辊数一般为五辊至二十九辊。

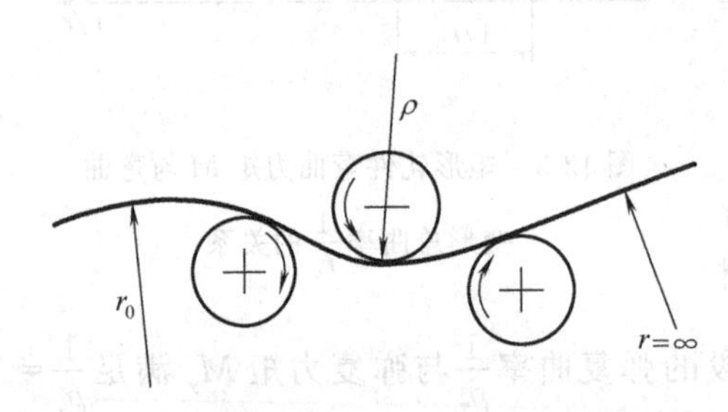

图 12-6　三辊矫直方式

一、辊式矫直机的矫直方案

在辊式矫直机上，按照每个辊子使轧件产生的变形程度和最终消除残余曲率的方法，有两种矫直方案：小变形矫直方案和大变形矫直方案。

（一）小变形矫直方案

每个辊子的压下量恰好能矫直前面相邻辊子处的最大残余曲率，是残余曲率逐渐减小的矫直方案。如图 12-7 和图 12-8 所示，轧件原始曲率为$\pm\frac{1}{r_0}\sim 0$的，调整第二辊的压下量，使轧件弯曲至$-\frac{1}{\rho_2}$，恰好能使$+\frac{1}{r_0}$得到矫直，$+\frac{1}{r_0}\sim 0$间的曲率由于过分弯曲而变为凸向下的曲率，此时残余曲率范围为$-\frac{1}{r_0}\sim 0$，第三辊压下量调整为$\frac{1}{\rho_3}=\frac{1}{\rho_2}$（符号相反），使曲率为$-\frac{1}{r_0}$的部分被矫直，残余曲率范围为$+\frac{1}{r_3}\sim 0\left(\frac{1}{r_3}<\frac{1}{r_0}\right)$。调整第四辊压下量$\frac{1}{\rho_4}<\frac{1}{\rho_3}$（符号相

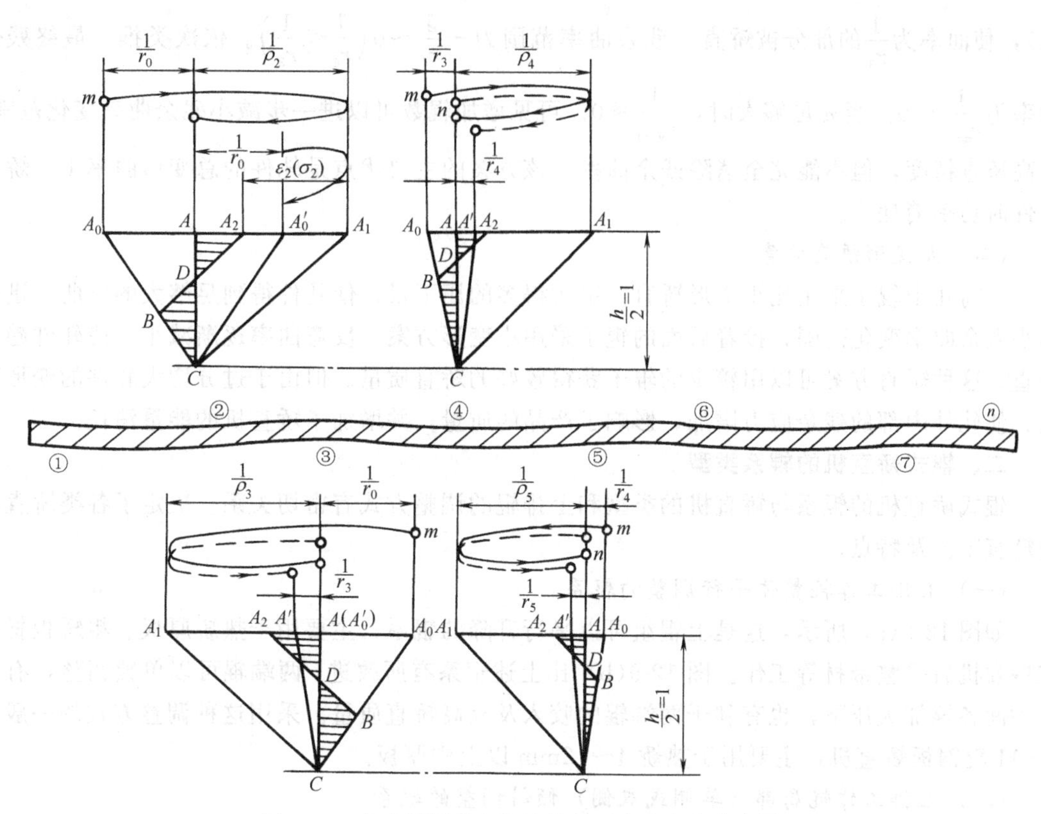

图 12-7　小变形矫直方案轧件断面应力应变分布图

矫正过程		弯 曲 程 度	残余曲率
辊子	压下程度	$+\frac{1}{r_0}$　0　$-\frac{1}{r_0}$	$+\frac{1}{r_0}\sim-\frac{1}{r_0}$
第 2 辊	$-\frac{1}{\rho_2}$	0　$-\frac{1}{r_0}$	$0\sim-\frac{1}{r_0}$
第 3 辊	$+\frac{1}{\rho_3}$	$+\frac{1}{r_3}$　0	$+\frac{1}{r_3}\sim 0$
第 4 辊	$-\frac{1}{\rho_4}$	0　$-\frac{1}{r_4}$	$0\sim-\frac{1}{r_4}$
第 5 辊	$+\frac{1}{\rho_5}$	$+\frac{1}{r_5}$　0	$+\frac{1}{r_5}\sim 0$
第 i 辊	$-\frac{1}{\rho_i}$		$0\sim-\frac{1}{r_i}$
$\frac{1}{\rho_2}=\frac{1}{\rho_3}>\frac{1}{\rho_4}>\frac{1}{\rho_5}>\cdots>\frac{1}{\rho_i}>\cdots>\frac{1}{\rho_{n-1}}\rightarrow\frac{1}{\rho_w}$			$\frac{1}{r_0}>\frac{1}{r_3}>\frac{1}{r_4}>\frac{1}{r_5}>\cdots>\frac{1}{r_i}>\cdots\frac{1}{r_{n-1}}\rightarrow 0$

图 12-8　小变形矫直方案残余曲率变化规律示意图

反)，使曲率为$\frac{1}{r_3}$的部分被矫直，残余曲率范围为$-\frac{1}{r_4}\sim0\left(\frac{1}{r_4}<\frac{1}{r_3}\right)$。依次类推，最终残余曲率为$\frac{1}{r_{n-1}}\sim0$。当$n$足够大时，$\frac{1}{r_{n-1}}\approx0$。可见增加辊数可以进一步减小残余曲率变化范围，提高矫直精度，但不能完全消除残余曲率。该方案的主要优点是轧件的总变形曲率小，矫直轧件时功率消耗少。

(二) 大变形矫直方案

在前几个辊子采用比小变形矫直方案大得多的压下量，使轧件得到足够大的弯曲，迅速缩小残余曲率变化范围，接着后面的辊子采用小变形方案，反弯曲率逐渐减小，使轧件趋于平直。这种矫直方案可以用较少的辊子获得较好的矫直质量。但由于过分增大轧件的变形程度，使轧件内部的残余应力增加，影响了产品的质量，并增加了矫直机的能量消耗。

二、辊式矫直机的辊系类型

辊式矫直机的辊系与矫直机的类型和上排辊的调整方式有密切关系。决定了各类矫直机的矫直工艺及特点。

(一) 上排工作辊整体平行调整的辊系

如图 12-9(a) 所示，这是上辊组可以平行升降的辊系，主要用于热矫厚板、粗矫板材和在展卷机后平整带材等工作。图 12-9(b) 比上述辊系有所改进，两端辊可以单独调整，有利于中间各辊加大压下，也有利于两端辊的咬入及提高矫直质量。采用这种调整方式的一般是7～11 辊钢板矫直机，主要用于热矫 4～12mm 以上中厚板。

(二) 上排工作辊局部(单侧或双侧)倾斜调整的辊系

如图 12-9(c) 所示，这种矫直机可以增加轧件大变形弯曲的次数，其调整方式集中了平行调整与倾斜调整矫直机的优点，还可以进行反复及双向咬入的矫直，适合于矫直薄板。

(三) 上排工作辊整体倾斜调整的辊系

如图 12-9(d) 所示，轧件在入口端的第二、三辊上的反弯曲率最大，产生大变形，迅速消除轧件的原始曲率不均匀度，以后各辊的压下量线性递减。这种工作辊调整方式符合矫直过程的变形特点，主要用于矫直 4mm 以下薄板材。

(四) 上排工作辊单独调整的辊系

如图 12-9(e) 所示，各个辊子均可单独调整，可以采用各种矫直方案。但由于结构配置上的原因主要用于辊数较少，辊距较大的型钢矫直机。

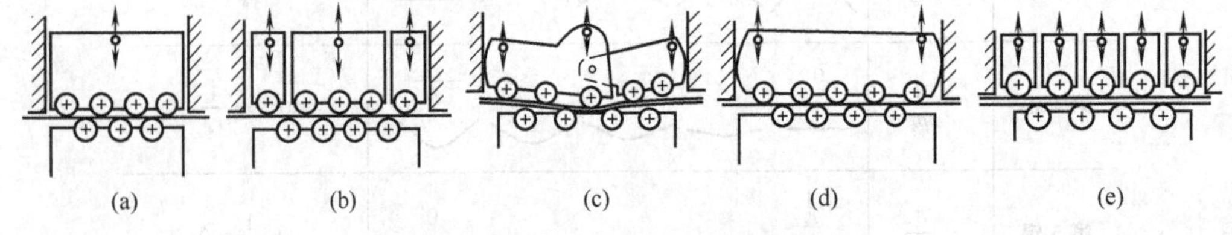

图 12-9 平行辊矫直机典型辊系示意图

以上介绍了几种传统的比较典型的辊系，生产实际中还有许多针对已有辊系的某些突出缺点而改进设计的新辊系。图 12-10 所示为一种德国 9 辊式异辊距矫直辊系，其特点是加大入口侧的辊距，以减少入口侧各辊的压力，尤其可以减少第三辊的断轴事故。当型材断面变化大，而产量又不高时，采取图 12-11 所示的 9 辊式大型变辊距矫直辊系，它可以从中型材矫到大型材，达到一机多用的目的。图 12-12 所示为一种双交错变辊位矫直辊系，该辊系可矫轧件的规格

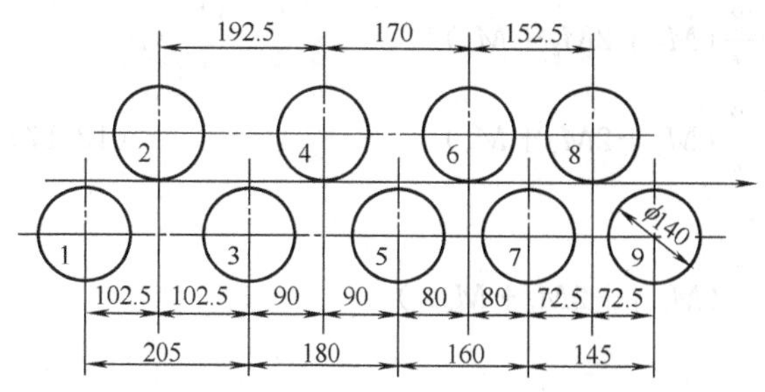

图 12-10　德国 9 辊式异辊矩矫直辊系

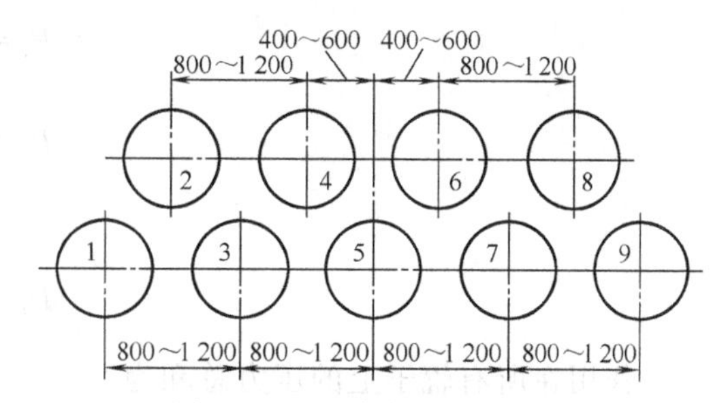

图 12-11　日本住友系列 9 辊式大型变辊距矫直辊系

范围广，与图 12-11 所示的辊系相比具有容易调整、机架刚性好、空矫区很短等优点。

三、辊式矫直机的力能参数

辊式矫直机的力能参数有矫直时作用在各辊子上的压力即矫直力、矫直扭矩和矫直机驱动功率。这些参数是设计和校核矫直机零件及选择矫直机电动机容量的依据。下面介绍辊子轴线平行的钢板和型钢矫直机力能参数的计算方法。

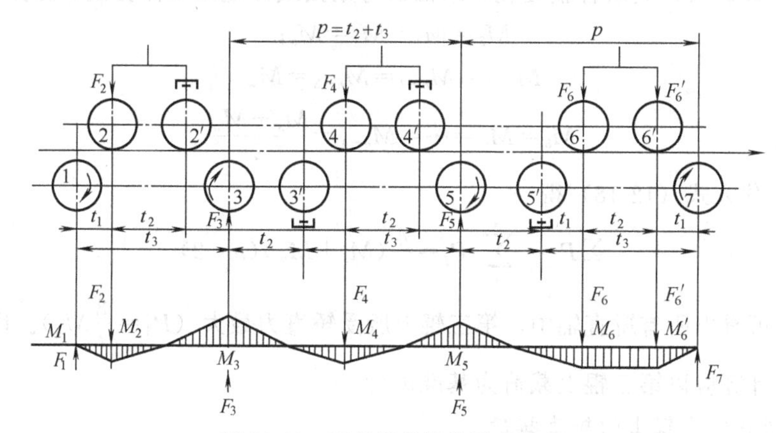

图 12-12　双交错变辊位矫直辊系

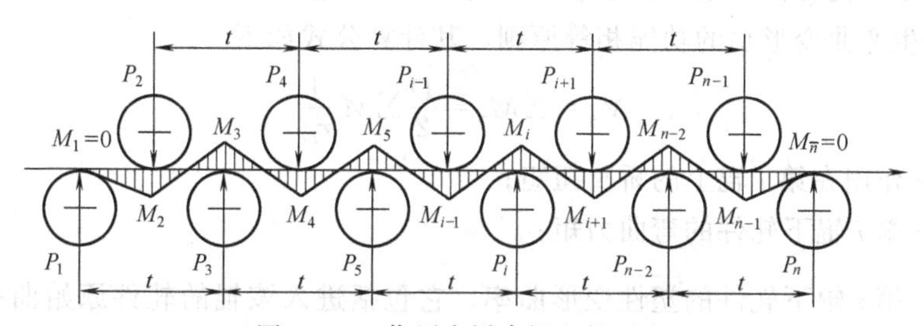

图 12-13　作用在矫直辊上的压力

（一）矫直时作用在各辊子上的压力

在辊式矫直机上，轧件的矫直情况如图 12-13 所示。作用在各辊子上的压力可按照轧件各断面的力矩平衡条件求出。公式如下

$$P_1=\frac{2}{t}M_2$$

$$P_2=\frac{2}{t}(2M_2+M_3)$$

$$P_3=\frac{2}{t}(M_2+2M_3+M_4)$$

$$P_4=\frac{2}{t}(M_3+2M_4+M_5) \tag{12-17}$$

$$\cdots$$

$$P_i=\frac{2}{t}(M_{i-1}+2M_i+M_{i+1})$$

作用在所有辊子上的压力总和为

$$\Sigma P=\sum_1^n P_i=\frac{8}{t}(M_2+M_3+M_4+\cdots+M_i+\cdots+M_{n-2}+M_{n-1})$$

$$=\frac{8}{t}\sum_2^{n-1} M_i \tag{12-18}$$

上列各式表明，欲求矫直力，必须事先确定各辊子处轧件的弯矩值。弯矩值取决于弯曲变形量的大小，精确计算比较难，通常采用简化方法。认为第一辊和第 n 辊对轧件不起弯曲作用，有 $M_1=M_n=0$，其余各辊处轧件断面的弯矩按线性递减规律分配，方案如下

$$M_2=M_3=M_4=M_s;$$

$$M_{n-1}=M_{n-2}=M_{n-3}=M_w \tag{12-19}$$

$$M_5=M_6=\cdots=M_{n-4}=\frac{M_s+M_w}{2}$$

将式（12-19）代入式（12-18）得

$$\Sigma P=\sum_1^n P_i=\frac{4}{t}(M_s+M_w)(n-2) \tag{12-20}$$

以上分析可看出所有矫直辊中，第三辊上所受矫直力最大（$P_3=\frac{8}{t}M_s$）。因此，矫直辊的设计及强度计算应以第三辊上载荷为基准进行。

（二）作用在矫直辊上的矫直扭矩

矫直扭矩是指使轧件产生弯曲变形所需的力矩。根据矫直扭矩在辊子上产生的矫直功应等于使轧件产生弯曲变形功的功能相等原则，其计算公式如下

$$M_n=\Sigma M_{ni}=\frac{D}{2}\Sigma M_i\frac{1}{r_{Pi}} \tag{12-21}$$

式中 M_{ni}——作用在第 i 辊上的矫直扭矩；

M_i——第 i 辊下轧件的弯曲力矩；

$\frac{1}{r_{Pi}}$——第 i 辊下轧件的塑性变形曲率，它包括进入该辊的轧件原始曲率和轧件在该辊上产生的最大残余曲率，即

$$\frac{1}{r_{Pi}}=\frac{1}{r_{i-1}}+\frac{1}{r_i} \tag{12-22}$$

D——矫直辊（工作辊）直径。

下面介绍一种矫直扭矩 M_n 的常用计算方法。

假设各辊子下轧件的弯曲力矩 M_i 都等于纯塑性弯曲力矩 M_s。矫直原始曲率为 $0\sim+\frac{1}{r_0}$ 的轧件时，因在第一辊与第 n 辊下轧件不发生弯曲变形。所以只计算第二辊到第 $n-1$ 辊的

塑性变形曲率$\frac{1}{r_{\mathrm{P}i}}$，且因轧件在第 $n-1$ 辊后已被矫直，即$\frac{1}{r_{n-1}}=0$，则作用在所有辊子上的矫直扭矩为

$$\widehat{M}_n=\frac{D}{2}M_s\left(\frac{1}{r_0}+2\frac{1}{r_2}+2\frac{1}{r_3}+\cdots+2\frac{1}{r_{n-2}}\right)$$

或
$$\widehat{M}_n=\frac{D}{2}M_s\left(\frac{1}{r_0}+2\sum_{2}^{n-2}\frac{1}{r_i}\right) \tag{12-23}$$

在矫直原始曲率为 $0\sim-\frac{1}{r_0}$ 的轧件时，因轧件在第三辊才产生塑性弯曲变形，其矫直扭矩为

$$\widehat{M}_n=\frac{D}{2}M_s\left(\frac{1}{r_0}+2\sum_{3}^{n-2}\frac{1}{r_i}\right) \tag{12-24}$$

式中的二倍曲率是考虑到前一辊的残余曲率是后一辊的原始曲率，总塑性变形曲率是两者之和。

对于具有 $0\sim\pm\frac{1}{r_0}$ 双向原始曲率的轧件（如长带钢），其矫直力矩可取式（12-23）和式（12-24）的平均值，则

$$M_n=\frac{D}{2}M_s\left(\frac{1}{r_0'}+\frac{1}{r_2}+2\sum_{3}^{n-2}\frac{1}{r_i}\right) \tag{12-25}$$

式中　$\frac{1}{r_0'}$——轧件的平均原始曲率，$\frac{1}{r_0'}=\frac{1}{2}\left(0+\frac{1}{r_0}\right)=\frac{1}{2r_0}$

轧件的最小原始曲率半径 r_0 可依据轧材的厚度以尽量接近实际生产情况的原则选取：

对钢板，$r_0=(10\sim30)h$

对型钢，$r_0=(10\sim100)h$

在不同辊子下，轧件的残余曲率是不相等的。为了计算方便，假设各辊下的残余曲率都等于最大残余曲率$\left(\frac{1}{r}\right)_{\max}$。式（12-25）可以写成

$$M_n=\frac{D}{2}M_s\left[\frac{1}{r_0'}+(2n-7)\left(\frac{1}{r}\right)_{\max}\right] \tag{12-26}$$

对矩形断面轧件
$$\left(\frac{1}{r}\right)_{\max}=0.44\frac{\sigma_s}{Eh} \tag{12-27}$$

其他断面轧件可按下列经验公式计算

$$\left(\frac{1}{r}\right)_{\max}=(0.6e-0.44)\frac{\sigma_s}{Eh} \tag{12-28}$$

（三）电动机功率的确定

辊式矫直机的电动机功率可按下列公式计算

$$N=(M_n+M_{f1}+M_{f2})\frac{2v}{D\eta} \tag{12-29}$$

式中 M_n——矫直扭矩，kN·m；

M_{f1}——轧件与辊子间的滚动摩擦力矩，kN·m；

$$M_{f1}=\sum Pf\ \text{kN}\cdot\text{m}$$

f——辊子与轧件的滚动摩擦系数，对于钢板 $f=0.000\ 2$ m，对于型钢 $f=0.000\ 8\sim0.001\ 2$m；

M_{f2}——辊子轴承中的摩擦力矩，kN·m；

$$M_{f2}=\sum P\mu\frac{d}{2}$$

μ——辊子轴承的摩擦系数，滚动轴承 $\mu=0.005$；

滚针轴承 $\mu=0.01$；

滑动轴承 $\mu=0.05\sim0.07$；

D——辊子直径，m；

d——辊子轴承处直径（滚动轴承取中径），m；

v——矫直速度，m/s；

η——传动效率，采用电动机-减速机-万向轴传动时，$\eta=0.85\sim0.9$；有支承辊或矫直辊中有半数左右的随动辊时，$\eta=0.7\sim0.8$。

【例题 12-1】 十七辊辊式矫直机，矫直板材厚度 $h=6$mm，宽度 $b=2\ 000$mm，板材屈服极限 $\sigma_s=300\text{N/mm}^2$，矫直速度 $v=1$m/s，辊矩 $t=100$mm，工作辊辊身直径 $D=95$mm，工作辊辊颈直径 $d=50$mm，滚针轴承，电动机到工作辊的传动效率 $\eta=0.8$。求矫直时作用在各辊子上的压力及电动机功率。

解：弯曲力矩的计算：

轧件塑性断面系数 $S=\frac{bh^2}{4}=\frac{2\ 000\times6^2}{4}=18\times10^3\text{mm}^3$

轧件弹性断面系数 $W=\frac{bh^2}{6}=\frac{2\ 000\times6^2}{6}=12\times10^3\text{mm}^3$

塑性弯曲力矩 $M_s=\sigma_sS=300\times18\times10^3=54\times10^5\text{N}\cdot\text{mm}$

$=5.4\text{kN}\cdot\text{m}$

弹性弯曲力矩 $M_w=\sigma_sW=300\times12\times10^3=36\times10^5\text{N}\cdot\text{mm}$

$=3.6\text{kN}\cdot\text{m}$

各辊子的压力计算：

$$P_1=\frac{2M_s}{t}=\frac{2\times5.4}{0.1}=108\text{kN}$$

$$P_2=\frac{6M_s}{t}=\frac{6\times5.4}{0.1}=324\text{kN}$$

$$P_3=\frac{8M_s}{t}=\frac{8\times5.4}{0.1}=432\text{kN}$$

$$\cdots$$

$$P_{15}=\frac{8M_w}{t}=\frac{8\times3.6}{0.1}=288\text{kN}$$

$$P_{16}=\frac{6M_w}{t}=\frac{6\times3.6}{0.1}=216\text{kN}$$

$$P_{17}=\frac{2M_w}{t}=\frac{2\times3.6}{0.1}=72\text{kN}$$

计算作用在各辊子上压力总和：

$$\Sigma P=\frac{4}{t}(M_s+M_w)(n-2)$$

$$=\frac{4}{0.1}\times(5.4+3.6)\times(17-2)$$

$$=5\ 400\text{kN}$$

矫直力矩的计算：

轧件为钢板，原始曲率取 $r_0=25h=25\times0.006=0.15\text{m}$

$$\frac{1}{r_0'}=\frac{1}{2r_0}=\frac{1}{2\times0.15}=\frac{1}{0.3}$$

$$M_n=\frac{D}{2}M_s\left[\frac{1}{r_0'}+0.44\frac{\sigma_s}{Eh}(2n-7)\right]$$

$$=\frac{0.095}{2}\times5.4\times\left[\frac{1}{0.3}+0.44\times\frac{3\times10^5}{2.1\times10^8\times6\times10^{-3}}\times(2\times17-7)\right]$$

$$=1.58\text{kN}\cdot\text{m}$$

辊子与轧件间滚动摩擦力矩 M_{f1} 的计算：取 $f=0.000\ 2\text{m}$

$$M_{f1}=\sum Pf=5\ 400\times0.000\ 2=1.08\text{kN}\cdot\text{m}$$

辊子轴承中摩擦力矩 M_{f2} 的计算：

$$M_{f2}=\sum P\mu\frac{d}{2}=5\ 400\times0.01\times\frac{0.05}{2}=1.35\text{kN}\cdot\text{m}$$

电动机功率的计算：$N=(M_n+M_{f1}+M_{f2})\dfrac{2v}{D\eta}$

$$=(1.58+1.08+1.35)\times\frac{2\times1}{0.095}\times\frac{1}{0.8}$$

$$=106\text{kW}$$

四、辊式矫直机的基本参数

辊式矫直机的基本参数包括：辊数 n、辊径 D、辊距 t、辊身长度 L 及矫直速度 v，其中最主要的是 D 与 t。设计矫直机时，根据轧件的品种规格、材质、矫直精度、生产率以及给定结构方案等条件来确定上述各参数。

（一）辊径 D 与辊距 t 的确定

1. 辊距

同排相邻两个辊子中心间的距离称为辊距。一定用途的矫直机的辊距可在一定范围内选取，但不能过大或过小。辊距过大，轧件塑性变形程度不足，将保证不了矫直精度，同时轧件可能打滑，而不能咬入；辊距过小，使矫直力过大可能导致轧件与辊面的快速磨损或辊子与接轴等零件的破坏。

最大允许辊距 t_{max} 决定于轧件的矫直质量和咬入条件。以厚度为 h_{min} 的平直轧件经矫直辊反弯时有必要的弹塑性变形，即断面上塑性变形区高度应不小于 $\frac{2}{3}h_{min}$ 为出发点，经分析推导得出矫直板带时的最大允许辊距为

$$t_{max}=0.35\frac{h_{min}E}{\sigma_s} \tag{12-30}$$

当 $h_{min}>4mm$ 时，t_{max} 值远远大于计算出的 t_{min} 值，通常 t 靠近最小允许辊距 t_{min} 值选取，因此，只对板带厚度小于 4mm 的矫直机才校核 t_{max} 条件。

最小允许辊距 t_{min} 受工作辊扭转强度和辊身表面接触应力限制。一般按限制最小允许辊距的主要因素接触应力进行计算。辊子表面的最大接触应力（发生在矫直力最大的第三辊处）应小于允许值，近似用圆柱体与平面相接触时的赫茨应力公式计算后得出矫直板带时最小允许辊距为

$$t_{min}=0.43h_{max}\sqrt{\frac{E}{\sigma_s}} \tag{12-31}$$

一般情况下薄板矫直机的辊距可大致取下面数值

$$t_{min}=(25\sim40)h_{max}$$

$$t_{max}=(80\sim130)h_{min}$$

中厚板矫直机的辊距可大致取下面数值

$$t_{min}=(12\sim20)h_{max}$$

$$t_{max}=(40\sim60)h_{min}$$

型钢矫直机的辊距可大致取下面数值

$$t=(5\sim20)h$$

2. 辊径

从辊子本身的抗弯强度和刚度看，辊径可不受限制，若不满足，可增设支承辊。矫直质量条件可在确定辊距时予以考虑。因为辊径和辊距具有直接关系，经理论分析和实践检验，辊径和辊距具有如下关系

$$D=\varphi t \tag{12-32}$$

式中 φ——比例系数。

薄板：$\varphi=0.90\sim0.95$；中厚板：$\varphi=0.70\sim0.94$；型钢：$\varphi=0.75\sim0.90$。

（二）辊数 n、辊身长度 L 和矫直速度 v 的确定

1. 辊数

辊系与矫直方案确定后，增加辊数即是增加轧件的反弯次数，这可以提高矫直质量，但也会使机构庞大，成本提高，同时增加轧件的加工硬化和矫直功耗。选择辊数 n 的原则是在保证矫直质量的前提下，使辊数尽量少。辊式矫直机常用的辊数 n 见表 12-2，也可以按矫直精度的要求计算辊数。

表 12-2　辊式矫直机的辊数

矫直机类型	辊式钢板矫直机			辊式型钢矫直机	
轧件种类	钢板厚度/mm			中小型型钢	大型型钢
	0.25～1.5	1.5～6	>6		
辊数 n	19～29	11～17	7～9	11～13	7～9

此外，由于厚度小于 4mm 的宽板都有大小不同的瓢曲，其矫直机必需带有支承辊，支承辊的数量要根据宽板所要求的支承辊的排数来确定。

2. 辊身长度

对型钢矫直机，辊身长度取决于轧件宽度及孔型线数，并要考虑辊子两端及孔型间的结构余量 。表达式为

$$L=nB_{max}+(n'-1)b+a \quad (12\text{-}33)$$

式中　n'——孔型线数；

B_{max}——轧件的最大宽度；

b——孔型间的结构余量，$b=(0.1\sim0.3)B_{max}$；

a——辊端结构余量，$a=(0.2\sim0.6)B_{max}$。

对于钢板矫直机

$$L=B_{max}+a \quad (12\text{-}34)$$

为防止板带材矫直时跑偏，辊端余量 a 的取值方法如下

$B_{max}<200$mm 时，$a=50$mm；

$B_{max}>200$mm 时，$a=100\sim300$mm。

3. 矫直速度

矫直速度的大小，首先要满足生产率的要求，要与轧机生产能力相协调，要与所在机组的速度相一致，还要考虑轧材种类、温度等。一般小规格的轧件矫直速度大，热矫比冷矫速度大，在作业线上的矫直机比单机速度大。一种矫直机所矫直的轧件品种规格具有一定范围，所以矫直速度必须能相应进行调整。各种矫直机的矫直速度见表 12-3。

表 12-3　各种矫正机的矫直速度

矫直机类型	轧件规格	矫直速度 $v/\mathrm{m\cdot s^{-1}}$
板材矫直机	$h=0.5\sim4.0$mm	0.1～6.0，最高达 7.0
	$h=4.0\sim30$mm	冷矫时 0.1～0.2 热矫时 0.3～0.6
型材矫直机	大型（70kg·m^{-1}钢轨）	0.25～2.0
	中型（50kg·m^{-1}钢轨）	1.0～3.0，最高达 8.0～10.0
	小型（100mm^2 以下）	5.0 左右，最高达 10.0

（三）矫直机基本参数的系列化

中国第一机械工业部制定了以辊距 t 为基础的矫直机标准参数系列。

表 12-4、表 12-5 为辊式冷带材矫直机和辊式冷板材矫直机基本参数系列。主要用在单独设置的板材矫直机上。近年来，随着成卷带钢生产的发展，在精轧机组中设置的矫直机日益增多，对这种矫直机的参数应按具体情况另行选定。辊式型钢矫直机参数系列见表 12-6。

表 12-4　冷矫带钢矫直机参数系列

组别	辊数	辊距 t /mm	辊径 D /mm	钢板最小厚度 ($\sigma_s \leqslant 400/[N \cdot (mm^2)^{-1}]$ h_{min}/mm)	辊身有效长度 L/mm 500	800	最大矫直速度 /$m \cdot s^{-1}$	主电机功率 /kW	最大负荷特性 W_x /N·m
					钢板宽度 b/mm 400	600			
					钢板最大厚度 h_{max}/mm				
1	17	25	23	0.2		0.8	1	7.5	153.6
2	17	32	30	0.3	1.5	1.2	1	17	346
3	13	50	48	0.5	2.5	2.0	1	22	960
4	11	80	75	1	5	4	1	30	3 840
5	9	125	120	2	10	8	0.5	22	15 400

注：钢板矫直机规格名称按以下方法标注：辊数—辊径/辊距×辊身有效长度。

表 12-5　冷矫钢板矫直机参数系列

组别	辊数 n	辊距 t /mm	辊径 D /mm	钢板最小厚度 ($\sigma_s < 400/[N \cdot (mm^2)^{-1}]$ 时) h_{min}	辊身有效长度 L/mm 1 200	1 450	1 700	2 000	2 300	2 800	3 500	4 200	最大矫直速度 v /$m \cdot s^{-1}$	主电机最大功率 /kW	最大负荷特性 W_x /kN·m
					钢板宽度 b/mm 1 000	1 250	1 500	1 800	2 000	2 500	3 200	4000			
					钢板最大厚度 h_{max}/mm										
1	23	25	23	0.2	0.6								1	13	0.144
2	23	32	30	0.3	1.2*	1	0.9						1	30	0.86
3	23	40	38	0.4	2*	1.6	1.5*	1.4					1	55	1.41
4	21 (17)	50	48	0.5	2.8*	2.5	2.2*	2	2				1	80 (60)	3.20
5	17 (21)	65	60	0.8	4*	3.8	3.5*	3.2	3*				1	95 (110)	7.20
6	17	80	75	1	5.5*	5	4.5*	4	4*				1	130	12.80
7	17 (13)	100	95	1.5	8	7	7*	6	6*				1	180 (155)	28.80
8	13	125	120	2		10	9*	8	8*				0.5	130	51.20
9	11	160	150	3		15	14	13	12*				0.5	130	115.20
10	11	200	180	4			19	18	17*	16*			0.3	245	256
11	9	250	230	5					25*	22*	20*		0.3	180	512
12	9	320	280	6					32	28*	25*		0.3	210	800
13	7	400	340	8						40	36*	32	0.2	130	1 640
14	7	500	420	12						50	45	40	0.1	110	2 560

注：表中有*记号者推荐优先使用。

表 12-6 辊式型钢矫直机参数系列

组别	辊距 t /mm	辊数 n	被矫直型钢的最大高度 /mm	最大塑性弯曲力矩 /kN·m	可以矫直的型钢最大尺寸						最大矫直速度 /m·s^{-1}	备注	
					圆钢 /mm	方钢 /mm	钢轨 /kg·m	角钢 №	槽钢 №	工字钢 №			
1	200	9	60	2.4	35	30			5	6.5	2	开式	被矫直型钢的屈服限 $\sigma_s \leqslant 320N \cdot (mm^2)^{-1}$
2	300	9	70	6.8	50	45	5	8	10	10	2		
3	400	9	90	14.5	60	50	8	10	12	16	2		
4	500	9	110	33.5	85	80	18	12	18	18	1.5		
5	600	7	110	54.4	100	90	24	16	22	22	1.5		
6	800	7	200	106	125	115	38	22	36	36	1.2		
7	1 000	7	250	179	110	130	43	25	10	50	1.2	开式或闭式	
8	1 200	7	280	223	160	150	65			63	1		
9	1 400	7	320								0.8		

注：矫直机规格按以下方法标注：辊式型钢矫直机 辊数×辊距。

五、辊式矫直机的结构

（一）辊式钢板矫直机

目前，板材主要是采用辊式矫直机进行矫直。在金属材料中板材所占比例最大，所以板材辊式矫直机得到广泛使用。

1. 辊式钢板矫直机的组成

如图 12-14 所示，无论是位于机组中，还是单独设置的板材辊式矫直设备都由以下几部分组成：电机 1、分配减速器 2、齿轮座 3、联接轴 4、送料辊 5 和矫直辊部分 6。其中分配减速机的作用，除改变转速外，还要把相当大的电动机转矩分配到齿轮座较多的输入轴上，以使载荷均匀；齿轮座的作用是将减速器传来的转矩分配给每个工作辊，其输入轴数与减速器的支数相等，每根输入轴带动一组齿轮。由于齿轮座的中心矩大于矫直机的总中心矩，因此，齿轮座输出辊与矫直机工作辊采用万向联接轴联接。矫直机上所用万向联接轴除一般滑块式叉头扁头外，在辊径小于 120 mm 时也采用球形万向接轴，如图 12-15 所示。矫直机通常都带有送料辊，直径一般比矫直辊直径大些，机前送料辊可改善咬入条件，机后送料辊用来承受后面传来的各种冲击负荷，保证工作辊及其轴承部件和联接轴的正常工作。

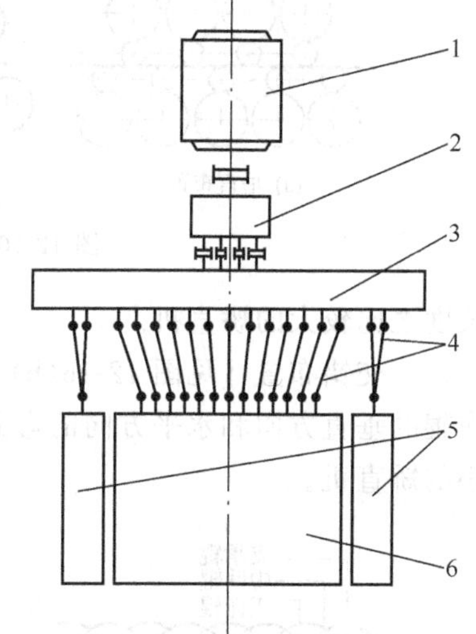

图 12-14 板材辊式矫正机的设备组成

1—电动机；2—分配减速器；3—齿轮座；4—联接轴；5—送料辊；6—矫直辊部分

2. 支承辊布置方式

辊式钢板矫直机因辊径与辊身长度之比很小，工作辊辊身弯曲强度和刚度都很低，所以，除必须采用闭式机架外，大多数都设支承辊，以承受工作辊的弯曲。

支承辊的布置型式常见有以下几种。

(1) 垂直布置［图 12-16(a)］ 即工作辊与支承辊断面垂直中心线重合，支承辊仅承受工作辊垂直方向的弯曲，工作辊刚性较大，但矫直和调整时稳定性较差。它仅用于辊径与辊

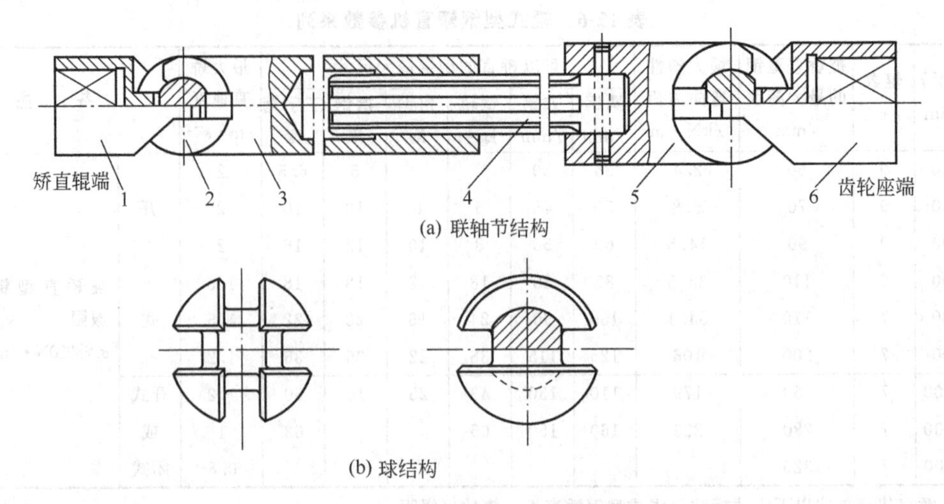

图 12-15　带槽球型万向联轴节

1—工作辊端叉头；2—带槽钢球；3—接轴叉头；4—接轴；
5—接轴叉头；6—齿轮座端头

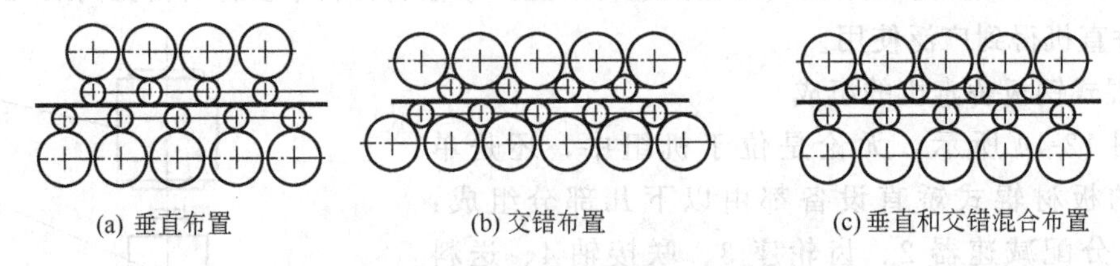

图 12-16　板材矫直机支承辊的布置型式

身长度之比较大的矫直机。

(2) 交错布置［见图 12-16(b)］　即工作辊和支承辊断面垂直中心线错开。支承辊承受工作辊的垂直方向和水平方向的弯曲，矫直时工作辊比较稳定，多用于辊径与辊身长度之比较小的矫直机。

(3) 混合布置［见图 12-16(c)］　上排支承辊采用交错布置型式，下排支承辊采用垂直布置型式，可漏掉氧化铁皮和其他物质，从而减轻辊面磨损，提高辊子寿命。这种布置型式多用于矫直氧化铁皮多的热轧钢板。

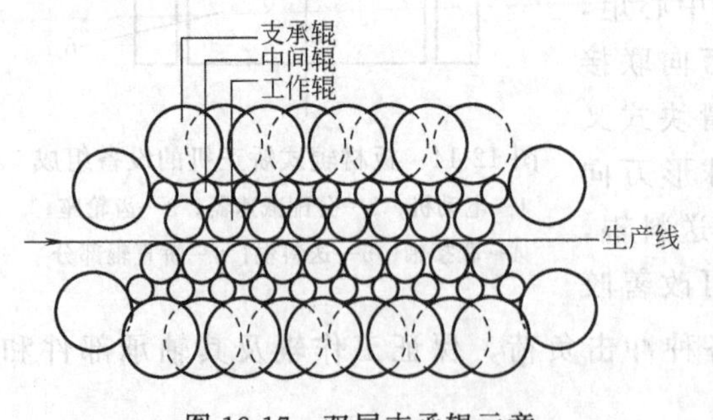

图 12-17　双层支承辊示意

(4) 双层支承辊（见图 12-17）　随着板材厚度的减小，矫正机工作辊辊径和辊距相应减小，支承辊直径受到限制，为加强支承作用和传动能力，消除盘形支承辊对工作辊的压痕，提高被矫轧件的表面质量，增设大直径的外层支承辊，并改为内层支承辊传动。

在矫直板材尤其是薄板过程中，为了调整工作辊挠度，消除瓢曲和浪形等板形缺陷，根据不同的矫直工艺要求，支承辊又分为一段的、二段的、三段的和多段的若干种，图 12-18 所示为三段式支承辊矫直方案，其各段支承辊可单独调整压下，沿工作辊长度方向可使板材产生不同的变形以消除两边或中间或一边的板形缺陷。上下支承辊的规格和布置方式可相同也可不同。

3. 典型结构分析

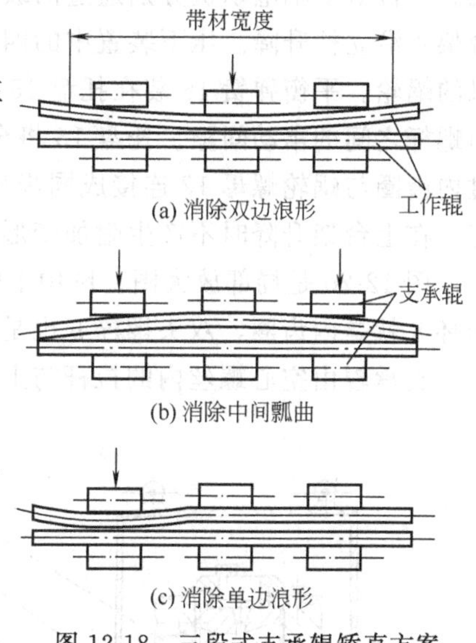

图 12-18　三段式支承辊矫直方案

图 12-19 所示为一台 2 300mm×11 辊钢板矫直机主体结构图。其技术指标如下

矫直辊：直径×长度　　ϕ260mm×2 350mm

　　　　辊数×辊距　　11×300mm

支承辊：直径×长度　　ϕ295mm× 800mm

　　　　列数×辊数　　1×9 个

矫直速度　　0.45～1.35m/s

传动比　　i= 8.82

主电动机：功率×转速　　130kW × 300 ～ 900r/min

压下电动机：功率×转速　11kW×685r/min

板材规格：厚×宽　　4～25×2 000mm

热矫时板厚与机械性能的匹配

最大板厚	最高屈服极限 σ_s
10mm	480MPa
18mm	190MPa
25mm	100MPa

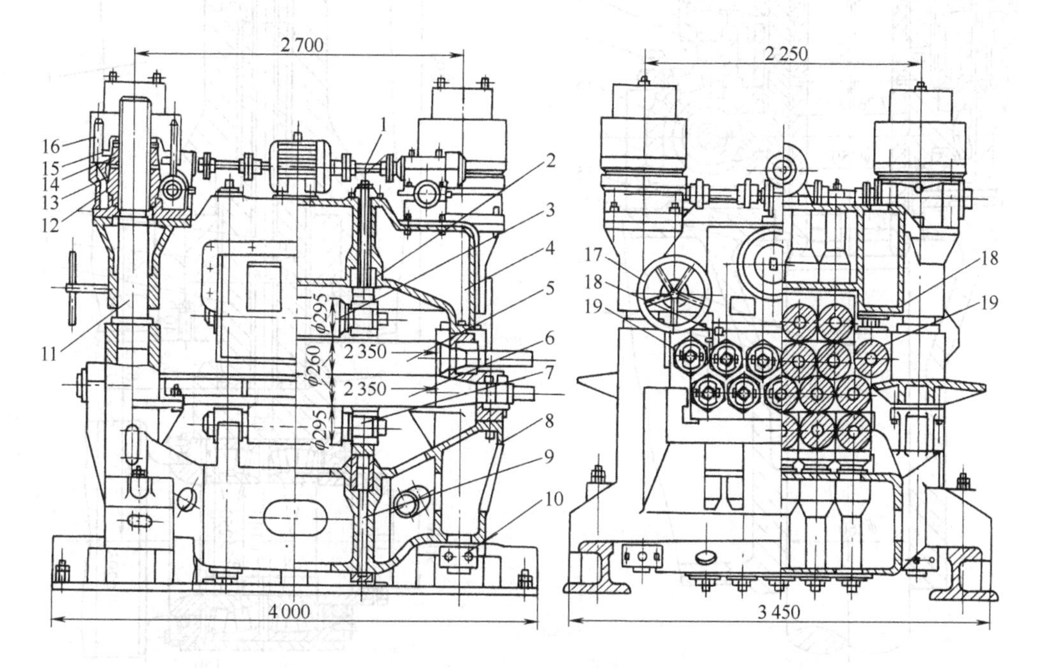

图 12-19　2 300mm×11 辊钢板矫直机主体结构

1—压下传动装置；2，9—支承辊调节螺丝；3，7—上下支承辊；4，8—上、下台架；5，6—上、下工作辊；10—紧固螺母；11—立柱；12—压下螺母；13—内齿圈；14—平衡螺母；15—托盘；16—平衡弹簧；17—手轮；18—压下螺丝；19—出、入口工作辊

这台矫直机的六个上辊中中央四个辊子能整体升降，出入口工作辊可单独调整，每个工作辊内部都有轴向通孔，在热矫轧件时通水冷却。机架为台架式，由上下台架和四个立柱组

成。一台双出轴电动机分别通过两级蜗轮减速机同时转动四个压下螺母 12 以同步转速带动台架 4 沿立柱升降。压下装置中的四个立柱同时又是压下螺丝，压下螺母同时也是压下减速机的蜗轮。平衡弹簧 16 装在托盘 15 上通过拉杆来平衡上台架 4 的全部重力，并能消除螺母与螺杆之间的窜动间隙。托盘 15 将全部重力通过止推轴承压到平衡螺母 14 上，而 14 又通过内齿圈与蜗轮螺母 12 连接成同步转动又互不相压的关系。因此，弹簧 16 基本处于恒压状态，在上台架升降时不产生附加变形。

图 12-20 是局部放大图。图中上螺母 7 为平衡螺母、蜗轮 6 与蜗轮螺母连成一体。连接圆环 8 就是内齿圈，双头螺栓 9 也是弹簧拉杆。

支承辊由空心螺丝内的拉杆与上台架连接。每个支承辊都可由空心压下螺丝手动单独调

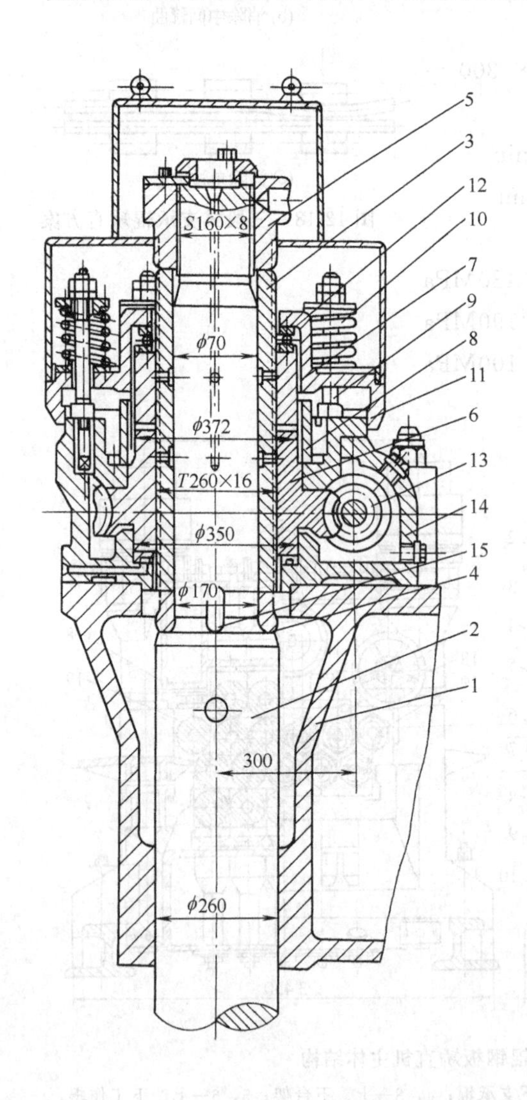

图 12-20　压下机构及上台架平衡装置

1—上盖；2—立柱；3—套筒；4—支承环；5—螺母；6—蜗轮；7—上螺母；8—连接圆环；9—双头螺栓；10—弹簧；11—支承垫；12—单向推力球轴承；13—蜗杆；14—壳体；15—键

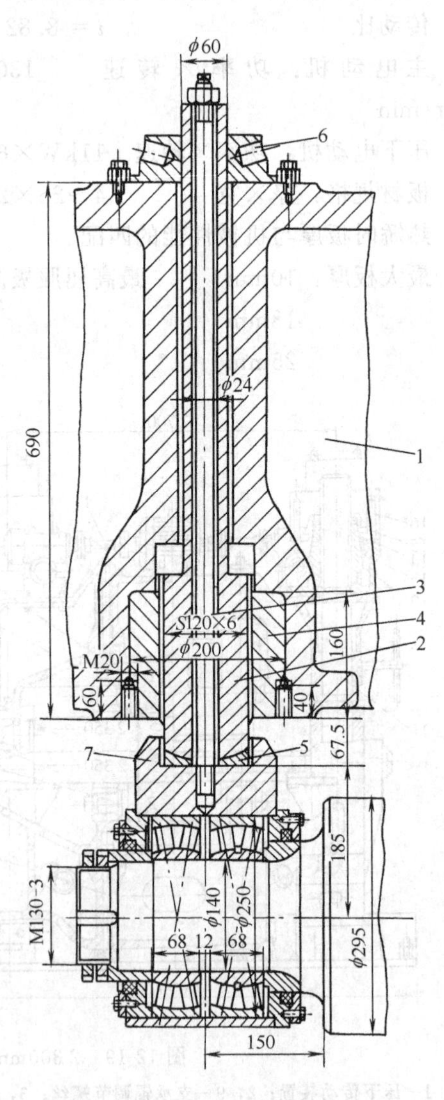

图 12-21　上支承辊的调整装置

1—上横梁；2—螺杆；3—吊杆；4—固定螺母；5—球面垫；6—调整盘；7—轴承座

整。上支承辊的调整装置如图 12-21 所示。在调整盘 6 与空心螺杆 2 之间用键连接（图中未画出）。当调整盘 6 的下部压圈松开时可以自由转动并可带动螺杆 2 及吊杆 3 作升降运动，以便改变支承辊与工作辊之间的压紧力。吊杆 3 在拧紧其上部螺母之后可使轴承座 7 及球面垫 5 与螺杆 2 之间保持紧密接触状态，达到同步升降的目的。

这种矫直机结构比较简单，但刚性较差。一般是单独设置，可以往复矫直钢板以提高矫直质量。

图 12-22 所示为一台 1 700mm×21 辊矫直机。图中矫直机本体装在可移动框架 3 上，框架下面有四个车轮支撑在轨道 1 上，由横移驱动机构 2 推动框架移入工作位置后用定位装置 4 定位。上辊组 7 装在摆动体 18 内，此摆动体与滑块 19 铰接在一起，由滑块的升降来调节上下辊间的开度。摆动体上部有两对摩擦块装在两侧，每对摩擦块中间夹着一个偏心轮，该轮固定在上横梁上，由电动机 14 驱动。当它转到某一角度时，摆动体上部随同摩擦块一起受偏心轮推动产生相应的倾斜，并以下部的弧形面为导轨，使上矫直辊组产生纵向倾斜，达到递减压弯的目的。电动机 12 可带动两根长轴，并通过轴两端的蜗杆传动四根压下螺丝上的蜗轮，使滑块 19 同摆动体 18 一起升降，以调节上下辊缝。两根横向长轴中间装有一套离合器，当离合器分开时，只有一侧蜗杆工作，将使上辊组产生横向倾斜。以便于矫直板形的单侧波浪弯和镰刀弯。

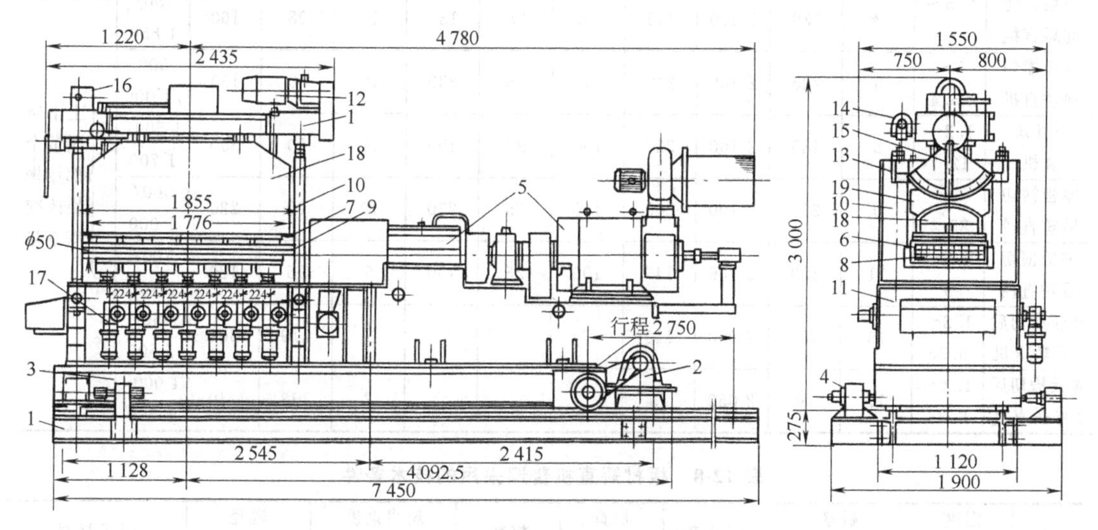

图 12-22　1 700mm×21 辊矫直机

1—轨道；2—横移传动机构；3—横移框架；4—定位装置；5—主传动装置；6—上矫直辊组；7—上支承辊组；8—下矫直辊组；9—下支承辊组；10—机架；11—底座；12—矫直辊的开度及横向倾斜调整用电动机；13—开度显示刻度；14—矫直辊纵向倾斜调整电动机；15—纵向倾斜显示刻度；16—横向倾斜显示刻度；17—下支承辊组调整装置；18—摆动体；19—滑块

矫直机的技术特性指标如下。

矫直辊：直径×辊距×辊长×辊数	50mm× 52mm×1 750mm×21 个
支承辊：直径×辊长×上辊数/下辊数	50mm×115mm×77 个/84 个
钢板：厚×宽	(0.5～2)mm×(700～1 530)mm (280MPa)
主电动机：功率×转速（下同）	160kW×(1 500～1 750)r/min
下支承辊凸度调节电动机	7×0.35kW×1 500 r/min
压下电机	1.5kW×(153～590)r/min

横向倾斜调节电动机　　　　　　　　　　4.5kW×(930～2 840)r/min
纵向倾斜调节电动机　　　　　　　　　　0.25kW × 700r/min
机座横移电机　　　　　　　　　　　　　2.2kW×1 420r/min

在薄板矫直机中，有一种新型六重式精密矫直机，它用于矫直光面不锈钢板，双金属板，表面有涂、镀的钢板及有色金属板等，可以保持表面光亮，以避免普通四重式矫直机支承辊压痕对板面的影响。这种矫直机在传动及调整方法方面与上述 21 辊矫直机基本相同，其辊系布置如图 12-17 所示。

对于钢板矫直机国内外一些主要厂家已形成自己的产品系列，中国宝山钢铁（集团）公司已投产的热轧精整线上的矫直设备从薄板、中板到厚板已全面配套，技术较先进，现将其主要参数列于表 12-7，以供参考。最后把各国公认的主要技术条件列于表 12-8 中。

表 12-7　宝山钢铁（集团）公司热轧精整矫直机主要参数

名　称	板材厚度/mm	辊数	辊径/mm	辊长/mm	辊距/mm	上辊行程/mm	下辊调节量/mm	支承辊径/mm	支承排数	支承辊数	主传动功率/kW	转速/r·min^{-1}	备注
薄材横切前矫直机	1.2～6.35	7	105	2 100	115	100	25	105	14	98	150	1 500/1 700	
中板横切前矫直机	2.5～9	7	130	2 100	145	100	25	130	14	98	160	750/1 850	
厚板横切前矫直机	5～25.4	5	225	2 100	240	100	35	230	10	50	150	500/1 000	上下辊调节全部用楔块改变压下量
纵切矫直机	1.2～12.7	5	185	2 100	220	100	25	190	10	50	350	1 500/1 700	
厚板横切后矫直径	5～25.4	9	225	2 100	240	100	35	230	10	90	220	500/1 000	
中板横切后矫直径	2.5～9	11	130	2 100	145	100	25	130	5	55	180	700/1 700	
薄板横切后1号矫直机	1.2～6.35	15	105	2 050	110				7	119	300	750/1 500	
薄板横切后2号矫直机	1.2～6.35	17	70	2 050	73				7	133	240	1 000/1 500	

表 12-8　板材矫直机普遍采用的技术条件

工艺	温度/℃	板厚/mm	调凸度	板宽/mm	辊数	矫直速度/m·s^{-1}	辊径/mm	辊子材料
冷矫	常温	≤4	调	≤5 000	5～29	在线 0.1～7 单机不限	<60	60CrMoV
							60～200	9CrVMo
		≤60	无				>200	9Cr
热矫	600～900	钢:8～100	无	≤5 000	5～11	在线 0.1～6 单机不限	无限定	60SiMn 2MoV55Cr
		有色:60～200						有色板用钢辊表面镀铬

（二）辊式型钢矫直机

辊式型钢矫直机与钢板矫直机的区别在于：矫直辊由辊轴和可拆换并带有孔型槽的辊套组成；辊径和辊距都较大，不需要支承辊；所有上排矫直辊都设有单独的压下装置；每个矫直辊都有为对准孔型或矫直轧件的侧弯而设的轴向调整装置，并有作为轴向调整基准的标准辊；为满足规格范围较广的需要，部分型钢矫直机采用不等辊距和可变辊距。

根据辊套在辊轴上的位置，可分为闭式和开式两种基本结构型式。

闭式型钢矫直机辊套位于轴承之间（图 12-23），刚度好，承载能力大，且辊轴两支点受力均匀，适于矫直大型型材和轨梁。但妨碍操作视线，换辊不便，目前，新设计的矫直机已很少采用闭式结构。

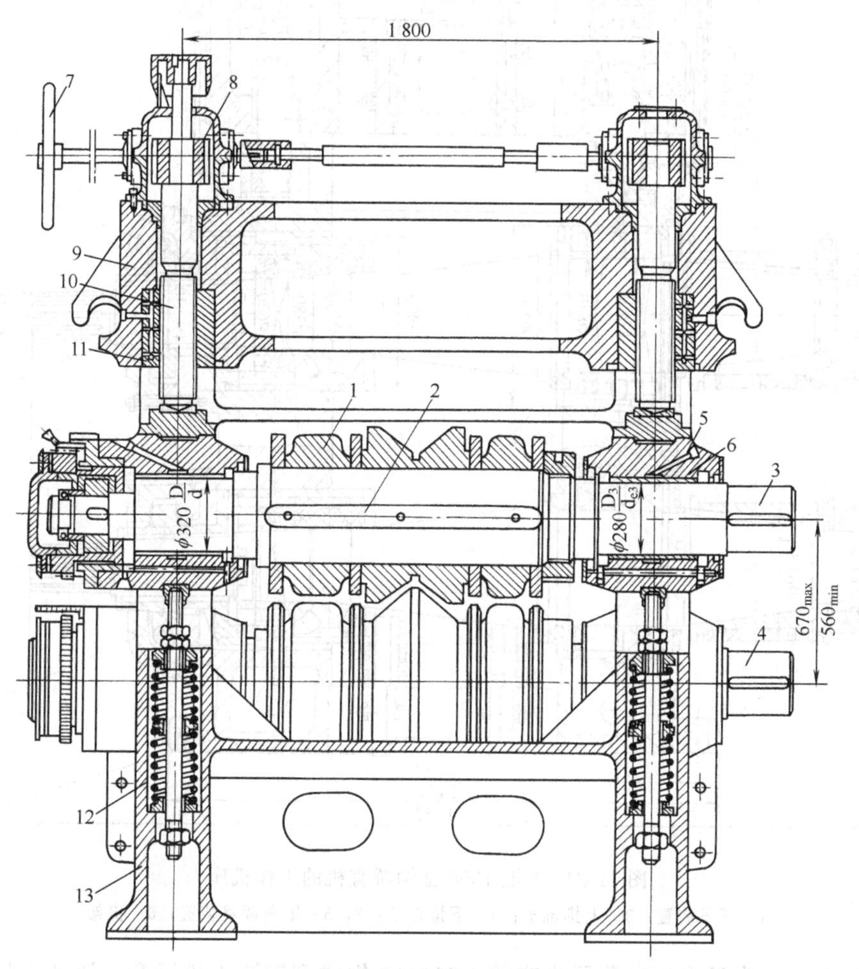

图 12-23　800 闭式型钢矫直机工作机座

1—辊套；2—键；3，4—辊轴；5—轴承座；6—轴承衬；7—手轮；8—螺旋齿轮；9—上机盖；10—压下螺丝；11—压下螺母；12—平衡弹簧；13—机架

图 12-24 所示为 8 辊 1300 型钢矫直机的工作机座。辊径 ϕ1 000～1 250mm，矫直速度 0.9～1.8m/s，可冷矫屈服极限小于 800～450MPa 的钢轨和型钢。这台矫直机辊套位于两轴承一侧，又称悬臂式型钢矫直机。机架 6 由两片牌坊组成，中间用上下横梁连接。上排第二辊与下排四个辊子均是驱动辊，其余为空转辊。上排辊子都具有压下装置，可单独进行径向压下调整。每个辊子都有用于对中孔型的轴向调整装置 2、5。为了正确引导轧件和提高侧向矫直效果，入口和出口都设有成对的空转立辊。

悬臂式矫直机操作时易于观察，换辊方便，调整灵活。但生产中存在两个突出问题：第一，两个轴承受力大小不等且方向相反，导致上下辊的平行度经常失调。第二，悬臂轴的杠杆效应使矫直力放大。近年来大型悬臂式型钢矫直机中，越来越多地采用下辊压上调整方式。

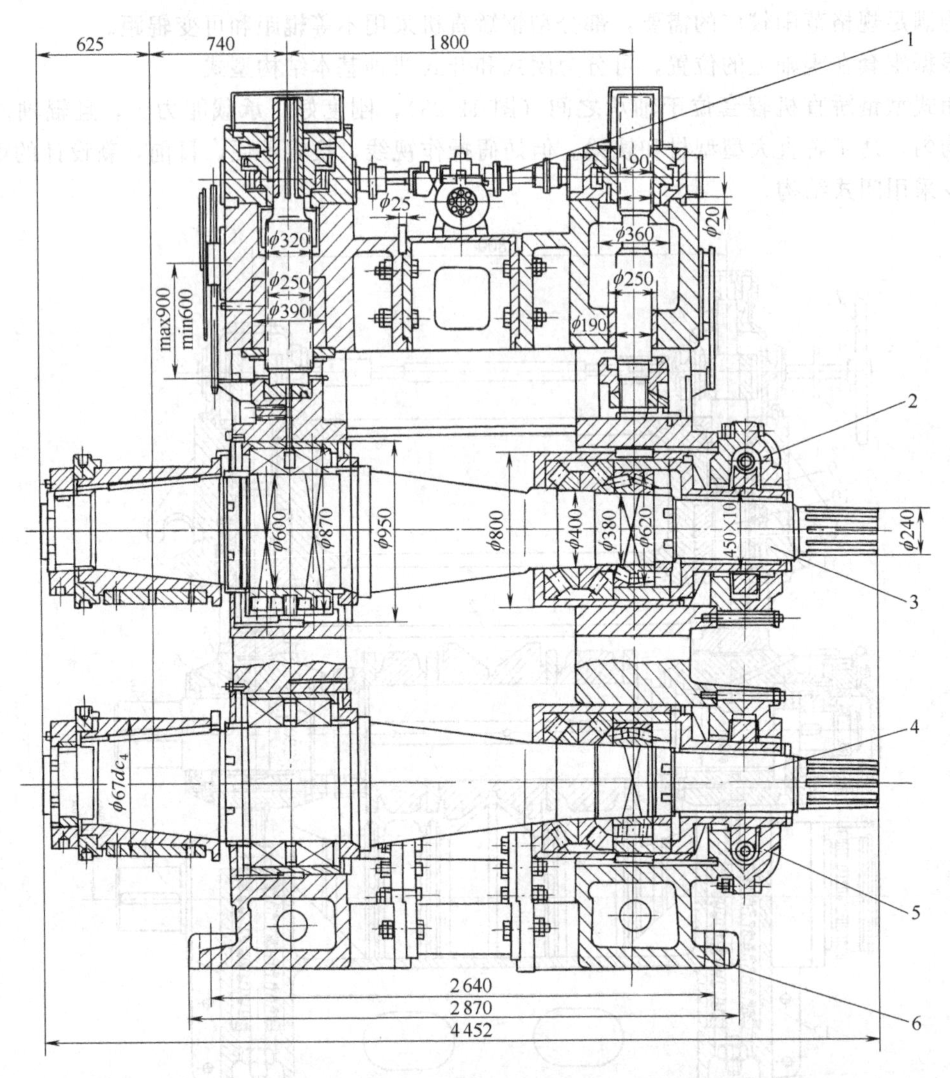

图 12-24　8 辊 1300 型钢矫直机的工作机座

1—压下装置；3—上排辊子；4—下排辊子；2，5—轴向调整装置；6—机架

图 12-25 所示为日本住友公司生产的 1 200×7 辊式型钢矫直机示意，该矫直机具有下辊压上机构不需平衡装置和压上力支点在矫直力作用线上两个主要特点。它采用无级调速系统，可针对任一断面尺寸及材质的工件而选用最合适的矫直速度，以保证充分利用设备能力。辊圈装在套筒组件上，换辊时可成组装上和拆下，每次换辊仅需 30～40min。各刻度盘能准确显示径向及轴向调节量。调节系统采用电气传动，敏捷省力。轴承采用高强度耐磨材料，可长期保证工作精度。矫直辊采用特殊铸铁制成，硬度高、寿命长、成本低。夹送导向辊可保证平滑可靠地咬入工件。润滑系统可电动或手动。传动系统的薄弱环节采用摩擦和安全销连接，以防止事故性损害。

这种矫直机优越性是适用于大、中、小型型材的矫直生产，目前已系列化。但因上辊固定存在如何适应生产线高度（以辊道上平面为准）问题。办法有：第一，矫直机总体升降法，用液压缸将机体抬升到工作面位置后被锁定；第二，采用辊道升降法，机前与机后辊道可升降或倾斜。第三，改变上辊辊径法，对于高度小的工件使用大直径上辊。

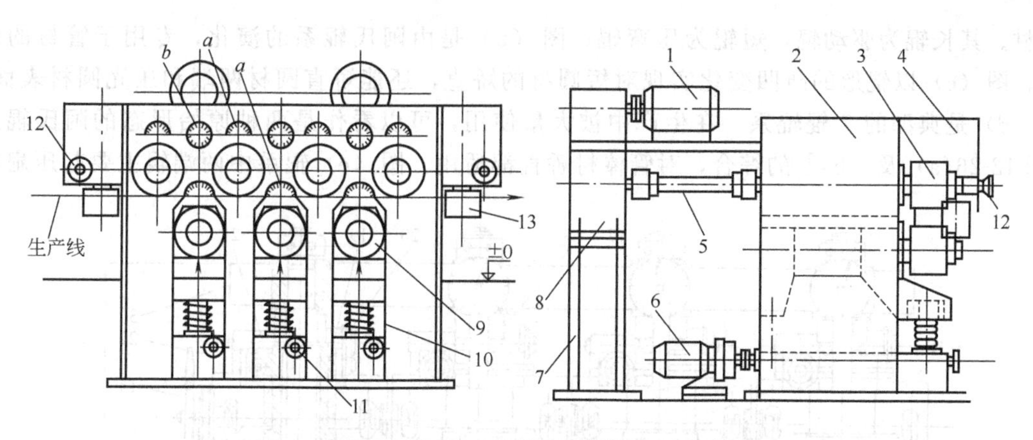

图 12-25　1 200×7 辊式型钢矫直机示意

1—主电机；2—机架；3—上矫直辊；4—导向辊传动箱；5—万向联轴器；6—下辊压上电动机；7—传动箱支架；8—齿轮分配箱；9—下矫直辊；10—防尘罩；11—压上手轮；12—导向辊调节手轮；13—导向辊

a—辊向调节刻度盘；*b*—压上调节刻度盘

（三）斜辊矫直机

上述上下工作辊轴线平行的辊式钢板矫直机和辊式型钢矫直机（又称为平行辊矫直机），在矫直管、棒等圆形断面轧材时存在两个主要的缺点：第一，只能矫直圆材垂直于辊轴的纵向剖面上的弯曲；第二，自转现象使轧材产生严重的螺旋形弯曲（俗称麻花弯）。因此，管棒材等圆形断面轧件一般在上下辊轴线相交错且辊形为三维双曲面的斜辊矫直机上矫直。

图 12-26 所示为斜辊矫直机的典型辊系。其中，图（a）又称阿氏辊系，用于矫直管、

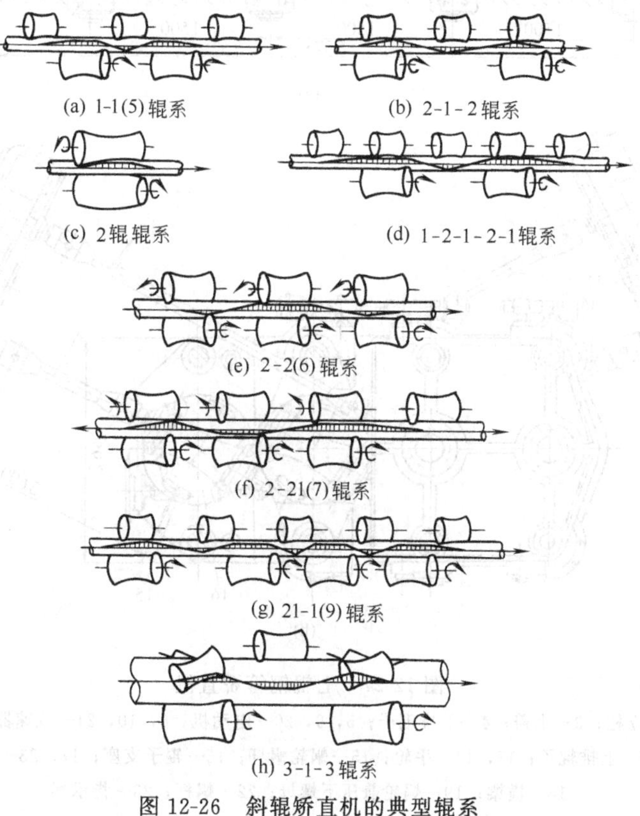

图 12-26　斜辊矫直机的典型辊系

棒材。其长辊为驱动辊，短辊为压弯辊；图（b）是由阿氏辊系的演化，专用于管材的矫直；图（c）以辊形的凸凹变化实现对短圆材的矫直，还能矫直圆材两端和压光圆材表面；图（d）是典型的7辊辊系，在生产中被大量使用，可以看作是两种原始形态的阿氏辊系［图12-26(a) 及（b）］的综合，对管棒材矫直都适用。图（e）辊系中两端辊主要起压扁矫

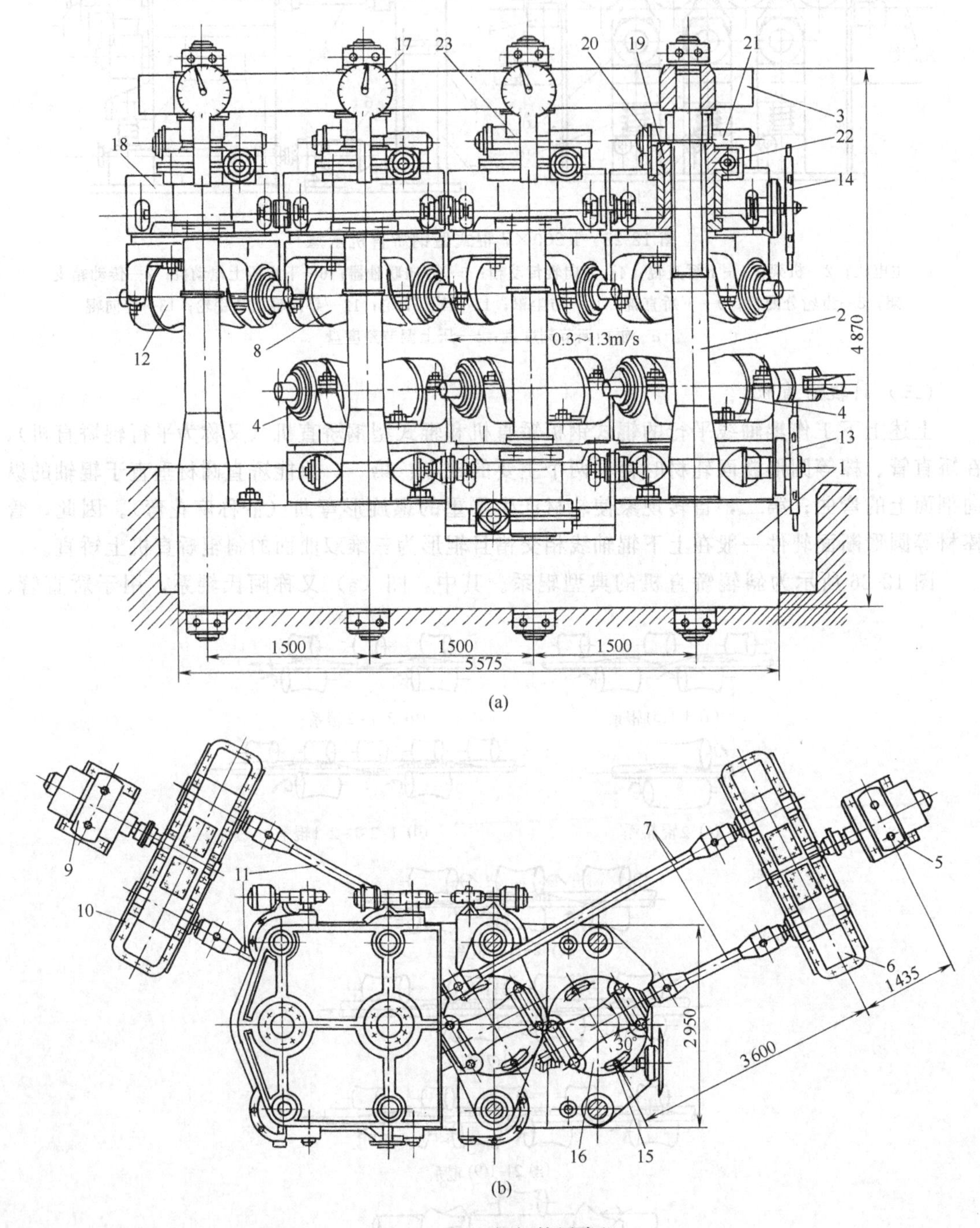

图 12-27　七辊钢管矫直机

1—底座；2—立柱；3—上盖；4—下排辊子；5，9，20—电动机；6，10，21—减速器；7，11—接轴；8，12—上排辊子；13，14—手轮；15—蜗轮蜗杆；16—辊子支座；17，23—指示器；18—横梁；19—蜗轮兼压下螺母；22—蜗杆；23—指示器

直和圆整作用，中间辊保证较长的塑性弯曲区，可获得良好的表面质量和矫直质量；图（f）辊系可以增大第3对辊处塑性弯曲区的长度，使这种辊系可以真正成为管棒材两用的矫直辊系；图（g）是9辊高速矫直辊系，入口端一对压紧辊保证工件快速咬人压扁矫直，3个长辊处可以实现3段递减的等曲率塑性变形，矫直速度可达360m/min；图（h）为7辊式大直径薄壁管矫直辊系，前后各用3个斜辊按相隔120°环抱管材，既可以按三角压扁方式起到矫直和圆整作用，又可以利用中间辊进行三段的连续压弯。

图12-27所示为钢管直径为400mm的七辊矫直机。该矫直机可矫直外径ϕ57～180mm，壁厚2～15mm的钢管，矫正速度为0.3～1.15m/s。机架是由底座1与上盖3用8个立柱2连接构成。在底座与上盖之间上下布置两排辊子。下排两端的辊子4通过电动机5、一级联合减速器6和联接轴7传动。与辊子4成对的上排辊子8通过电动机9、减速器10和接轴11传动。中间的辊子对和出口的辊子12为空转辊。转动手轮13、14，通过蜗轮蜗杆15旋转辊子支座16，可调整辊子的倾斜角度，角度大小由带刻度盘的指示装置17来表示。上排所有辊子和下排中间辊子的高度是可调的。每个上辊都安装在可沿立柱移动的横梁18上。螺母19固定在横梁上，由安装在横梁凸台上的电机20，通过蜗轮减速器21和22（蜗轮同时也是压下螺母）实现横梁的升降。每个辊子的高度位置用指示器23指示。

第四节 其他矫直机

一、压力矫直机

压力矫直机与辊式矫直机同属于利用轧件的反弯弹复而达到矫直目的的设备。分机动和液动两大类，见表12-9。

表12-9 压力矫直机的基本类型

<table>
<tr><td rowspan="3">机动压力矫直机</td><td colspan="3">立 式</td><td>卧 式</td></tr>
<tr><td>曲 轴 式</td><td>曲柄偏心式</td><td>肘 杆 式</td><td>换向压弯式(不翻钢)</td></tr>
<tr><td> 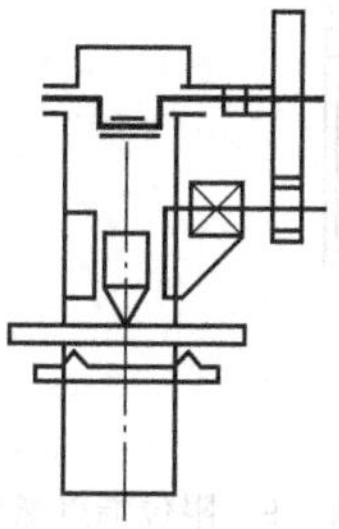</td><td> 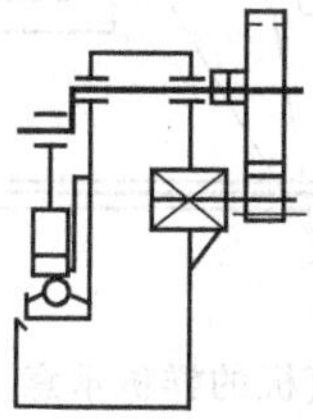</td><td> 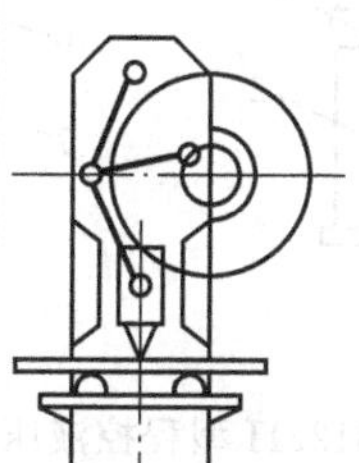</td><td> 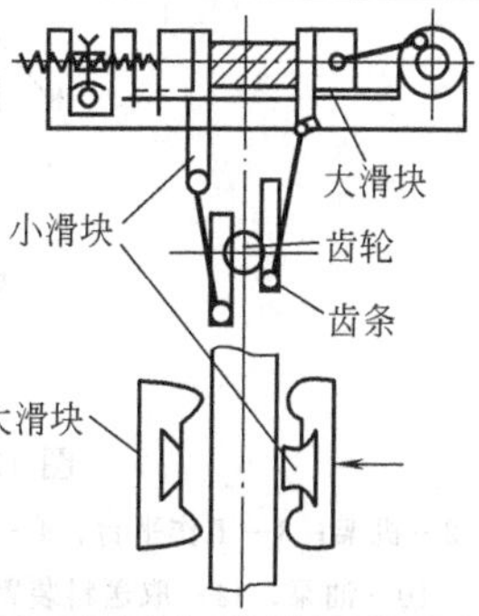大滑块
小滑块
齿轮
齿条
大滑块</td></tr>
<tr><td rowspan="4">液(气)动压力矫直机</td><td></td><td colspan="2">立 式</td><td>卧 式</td></tr>
<tr><td>普通型</td><td colspan="2"> 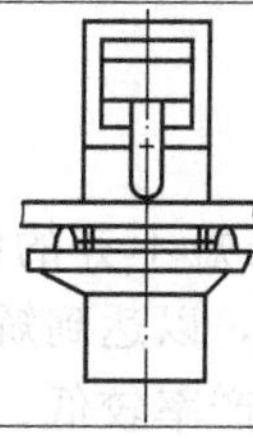</td><td> 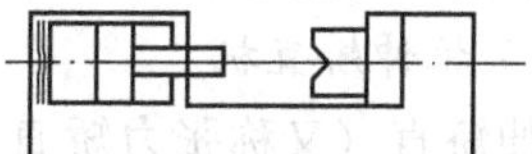</td></tr>
<tr><td>精密型</td><td colspan="3">具有活动支点及仪表检测</td></tr>
<tr><td>程控型</td><td colspan="3">微型计算机设定压弯量，按程序检测、修正、定位及压弯</td></tr>
</table>

表 12-9 中四种机械传动压力矫直机都是利用曲柄连杆和滑块机构把旋转运动转化成直线运动。机架有 C 型开式结构和门型闭式结构两种，C 型机架有较大的操作空间但机架刚性低，不适于大断面工件的矫直工作。门型机架具有良好的刚度和强度，矫直大断面轧件及大型液压矫直机一般采用这种机架。为了在不改变工件移送状态下实现反弯，机架还有立式和卧式结构之分。

图 12-28 所示为前苏联 П6122П 型全自动液压矫直机，用于精密矫直长尺寸的圆形断面工件，如光轴、拉杆及分配轴等。

该机由五大部分组成：压力装置、工作平台、夹送装置、数控装置及配电柜。机架是用钢板焊接而成的单柱式 C 型结构，上部装有液压工作缸 4。工作平台 3 上设有车式移动工作台。步进式驱动装置 5 通过减速机构 6 来带动限位端盖螺母 9 作升降运动，通过活塞杆 20 被限位而调定压下量。液压系统包括水冷油箱 7，装在箱盖上的电动机 19 和油泵 10。装在悬臂式三角支架 12 上的综合夹送装置 11 将工件送上工作台。此夹送装置包括水平移送气缸 16 和由其驱动的前后移送小车 13。装在小横梁 14 两端一个钳形机械手 15，由两个气缸 18 驱动使其夹紧和松开工件，并由升降气缸 17 驱动使其升降工件。该液压矫直机具有活动支点和传感器，全部矫直工艺过程由数字程序控制器自动完成。

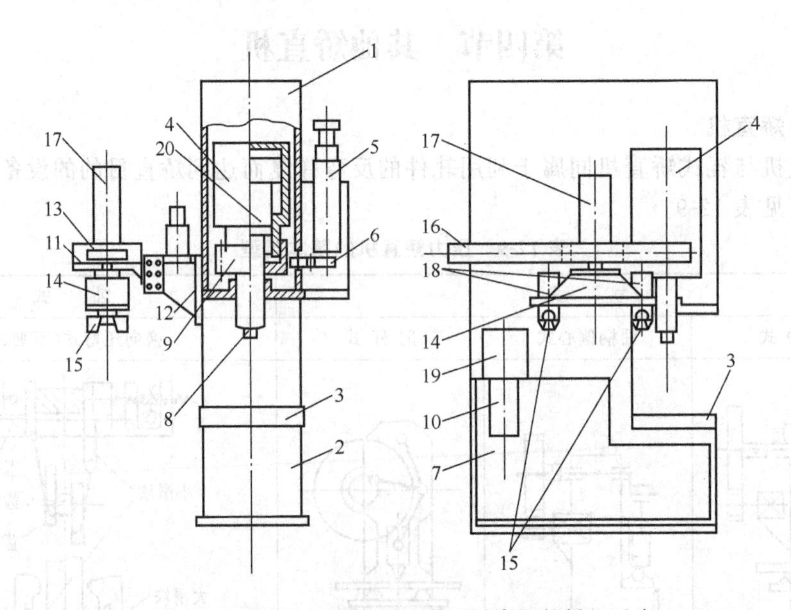

图 12-28 П6122П 型程控液压矫直机的样机示意

1，2—机架；3—工作平台；4—液压缸；5—驱动机构；6—减速机构；7—油箱；8—压头；9—限位端盖螺母；10—油泵；11—取送料装置；12—三角支架；13—取送料小车；14—取送料横梁；15—抓取机械手；16—小车行走气缸；17—横梁升降气缸；18—机械手气缸；19—油泵电动机；20—活塞杆

二、拉伸与拉弯矫直机

（一）拉伸矫直机

拉伸矫直（又称张力矫直）是施加拉力把轧件长短不齐的纵向纤维塑性拉伸到基本相等，卸掉外力时以基本相等的弹复量恢复到稳定状态，以达到矫直目的。拉伸矫直机分为两种：钳式拉伸矫直机，用于矫直薄板和型材，单件生产率较低；辊式拉伸矫直机，用于连续矫直带材，具有较高的生产率。

图 12-29 所示为 1 500t 型材拉伸矫直机结构示意，主要用于矫直棒材、型材及管材。活

动横梁1带动活动夹头6作左右往返活动。当工作缸5进油时可推动大柱塞及与其连成一体的横梁1向左移动，使夹头6向左拉伸工件完成矫直工作。矫直后松开钳口卸下工件，缸5卸压，回程缸2充油。由于柱塞位置固定，进油时只能推动缸2向右移动，从而使夹头6回位。这时，可以装上新工件进入活动夹头6及固定夹头8的两个钳口中重新开动油缸5进行第二根工件的拉伸矫直。工件长度变化时，移动缸10推移固定夹头8到一个新位置，同时推动爬行横梁9到需要的位置锁紧。压力柱7支承两夹头间的压力。拉伸完毕拉力松开时，横梁4的冲击力由缓冲缸3来吸收。

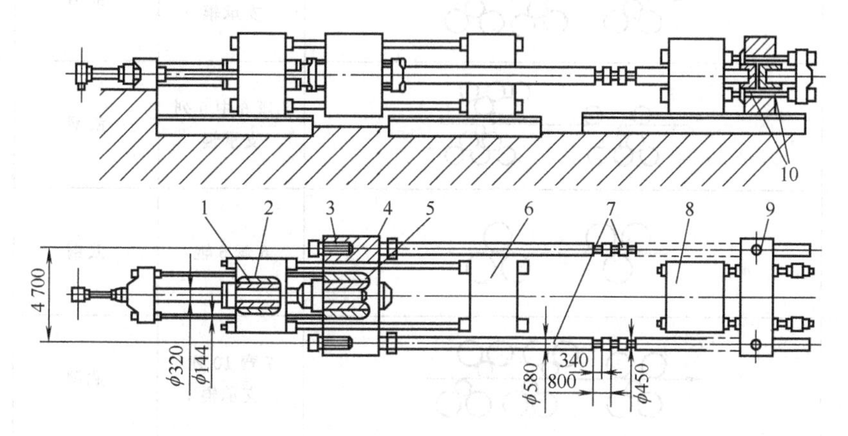

图 12-29　1 500t型材拉伸矫直机结构示意

1—活动横梁；2—回程缸；3—缓冲缸；4—横梁；5—工作缸；6—活动夹头；7—压力柱；8—固定夹头；9—爬行横梁；10—移动缸

这台钳式拉伸机还备有转体装置（图上未给出），可以矫直工件的扭曲缺陷。由于工作能力较大，床面较宽，经过改造之后还能用于矫直宽度为1 700mm以下的铝板。

（二）拉伸弯曲矫直机

拉伸弯曲矫直是采用拉伸与弯曲联合作用的矫直方法。矫直效果比弯曲矫直好，且避免了拉伸矫直时能耗大、易断带等缺点，因此，广泛用于轧钢车间的酸洗、热处理、涂层、剪切及重卷机组中。拉伸弯曲矫直机大体由两部分组成，即张力辊组和矫直辊组。典型拉弯矫直辊系见表12-10。

表 12-10　典型拉弯矫直辊系

用　途	辊系结构	辊数	用户	产地
酸洗线		3弯3辊	武钢	SMS(BWG) 德国
酸洗线		3弯6列 支承辊	宝钢	SMS(BWG) 德国
退火线		3弯6中 9列支承辊	宝钢	新日铁 日本
重卷线		5弯6列 支承辊	武钢	DEMAG 德国

续表

用　途	辊 系 结 构	辊　数	用　户	产　地
重卷线		5弯7列 支承辊	宝钢	SMS 德国
镀锌线		5弯10列 支承辊	宝钢	Wean united 美国
镀锌线		5弯6中9列 支承辊	武钢	DEMAG 德国
镀锌线		6弯6辊	武钢	DEMAG 德国
镀锌线		7弯10列 支承辊	武钢	DEMAG 德国

图12-30所示为武钢冷轧酸洗线上使用的拉弯矫直机。矫直工艺如下。

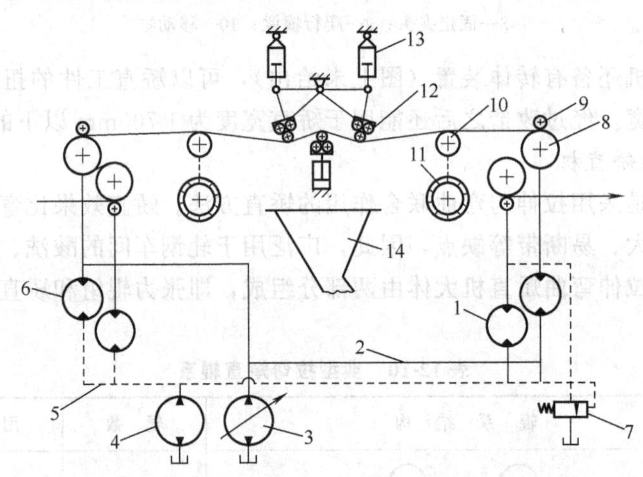

图12-30　1 700mm冷轧酸洗线拉弯矫直机示意

1—液压马达；2，5—高、低压差动油路；3—高压油泵；4，6—低压油泵；7—溢流阀；8—拉力辊；9—压紧辊；10—导辊；11—脉冲发生器；12—辊组；13—液压缸；14—收集漏斗

弯曲矫直辊的上辊12及所有的压紧辊9抬起，启动油马达使前后拉力辊转动，将带材经后拉力辊、弯曲矫直辊及前拉力辊到卷取机卷取完成穿带。同时将各抬起的辊子压下。开动主油泵3使前后拉力辊对带材施加拉力，拉紧带材。油的压力通过溢流阀控制。机器运行后拉伸与弯曲的匹配通过前后脉冲发生器的反馈信号自动调整，以保证稳定的工作状态。

中国目前使用的拉弯矫直机概况见表12-11。

表 12-11 中国目前使用的拉弯矫直机概况

生产线	提供者	带材尺寸 $\delta \times B$ /(mm×mm)	拉伸率 /%	拉力 /N	拉力辊 $D \times L$ /(mm×mm)	弯曲辊 $D \times L$ /(mm×mm)	速度 /m·min^{-1}	卷重 /t
宝钢 2030 冷轧酸洗线	SMS (德国)	1.8～6×900～1 900	4	40×10^4	1 300×2 100	76×2 100	360	45
宝钢 2030 冷轧退火线	新日铁 (日本)	0.5～2.0×900～1 500	1		1 200×1 800	40×1 800		
宝钢 2030 冷轧镀锌线	Wean united (美国)	0.3～3×900～1 850	0.25～3			51～76×2 135		45
宝钢 2030 冷轧重卷线	SMS	0.3～3.5×900～1 850	1.5～2.5		1 300×2 000	63×2 000		15～45

思考题

1. 为什么说矫直机是轧制车间必不可少的设备？有哪几种基本类型？

2. 轧件的矫直过程分为哪几个阶段？

3. 弯曲矫直遵循怎样的矫直原则？为什么要推导曲率方程？

4. 辊式矫直机通常采用哪几种矫直方案？各有何特点？利用小变形矫直方案是如何矫直轧件的？

5. 试举出四种典型辊系，异辊距和变辊距辊系一般在哪类矫直机上使用？有何优越性？

6. 某些钢板矫直机上为什么要装设支承辊？有哪几种布置型式？各有何特点？

7. 型钢矫直机有几种结构型式？试比较其优缺点。

8. 若板带出现单边浪形、双边浪形、中间瓢曲，在具有三段式支承辊的矫直机上，分别应采取什么方法消除形状缺陷？

9. 某七辊矫直机，辊距为 450mm，热状态下矫直厚度 10mm，宽度 1 200mm 的钢板，屈服极限为 320MPa。求各辊上的矫直力和上排辊的平均矫直总压力。

10. 已知一钢板矫直机，可矫直厚度为 2～8mm，宽度为 600～1 500mm 的普碳钢，屈服极限为 420MPa。试确定辊距、辊径、辊数和电动机传动功率。

第十三章　卷　取　机

在近代轧钢生产中，卷取机的用途是收集超长轧件，将其卷绕成卷以便于生产、运输和贮存。卷取机是轧钢车间的重要辅助设备，是成卷轧制主轧线中必不可少的设备，在带材和线材生产中均被广泛应用。在现代化的冷轧车间，卷取机还普遍用于剪切、酸洗、修磨抛光、热处理、镀锡、镀锌、涂层等辅助机组。轧钢生产实践证明，保证卷取机顺利工作对提高轧机的生产率有很重要的意义。

卷取机的类型按其用途可分为热带材卷取机、冷带材卷取机、小型线材卷取机等。

第一节　热带钢卷取机

热带钢卷取机是热连轧机、炉卷轧机和行星轧机的配套设备，有地上式、地下式、卷筒式、无卷筒式等。由于地下式卷取机具有生产率高，便于卷取宽且厚的带钢，卷取速度快而钢卷密实等特点，所以现代热连轧生产线上主要采用这种卷取机。

一、地下式卷取机的设备配置及卷取工艺

（一）地下式卷取机的布置及设备构成

地下式卷取机布置在热带钢连轧机输出辊道后面。由于它位于辊道标高之下，所以被称为地下式卷取机。由于卷取机的工作条件在整个连轧机组中最恶劣，容易出故障，所以为保持连轧机组的正常运行，一般布置三台以上的卷取机。为使带钢温度在卷取前冷却到金属相变点以下，卷取机与末架精轧机之间的距离一般保持在120～150m左右。在高生产率且产品厚度范围大的热连轧线上，要求距末架轧机60～70m处安装2台近距离卷取机，用来卷取冷却快的薄带钢；距末架轧机180～200m处安装2～3台远距离卷取机，用来卷取冷却慢的厚带钢，以保证带钢质量。

地下式卷取机主要由张力辊及其前后导尺、导板装置，助卷辊及助卷导板，卷筒及卸卷装置等组成。此外，还包括机上过桥辊道、事故剪切机、带卷输出运输链、运输车、翻卷机、打捆机等其他辅助设施。

（二）地下式卷取机卷取工艺

地下式热卷取的作用主要有两点：控制轧机出口张力和将带材卷取成卷。

1. 三辊式地下卷取机卷取的工艺过程

（1）准备状态　如图13-1所示，带钢头部离开精轧机时，卷取机已处于准备工作状态。此时，上张力辊下压，助卷辊围抱卷筒。张力辊和助卷辊在各自的辊缝调整机构控制下，在上下张力辊之间、助卷辊与卷筒之间都有与带钢厚度相适应的辊缝。带钢进入卷取机时，张力辊前导尺正确导向，借助导板装置，在张力辊和卷筒之间形成封闭路径，使带钢能顺利地卷上卷筒。

（2）正常卷取　待带钢卷上3～5圈后，带钢在卷筒和轧机之间能建立稳定的张力。此时上张力辊放松，传动电机采用“零电流”控制，助卷辊全部打开（卷厚带钢时，第一个助卷辊要始终压住带钢），卷筒和轧机一起加速至最高速度，进入正常卷取状态。

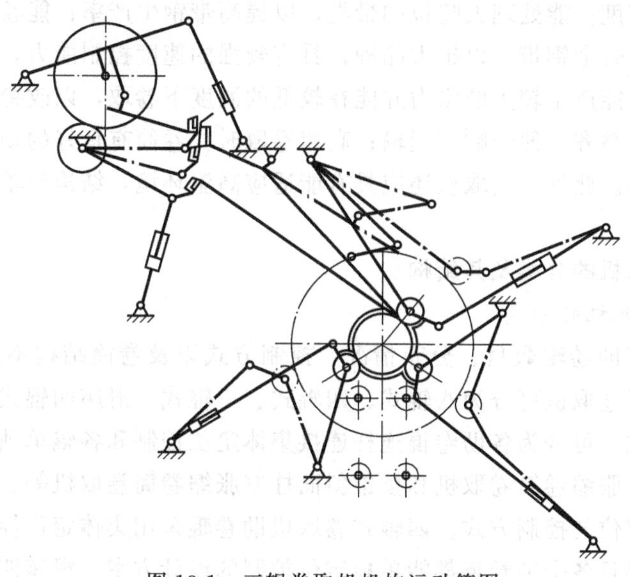
图 13-1　三辊卷取机机构运动简图

(3) 收卷状态　带尾即将离开轧机时，卷取机进入收卷状态。轧机与卷取机同时降速，助卷辊合拢，压住外层带卷。当带钢脱离末架轧机时，张力辊压紧，传动电机处于发电状态，使带钢在张力辊与卷筒之间建立张力，避免带尾跑偏或钢卷外层松散。卸卷时助卷辊打开，卸卷小车上升托住带卷，待卷筒收缩后，可将钢卷移出。此后卷取机又恢复准备工作状态。

2. 轧机与卷取机的速度关系

如图 13-2 所示，在准备状态下，带钢的速度不宜过高，否则既不利于带钢咬入张力辊，也不利于卷上卷筒。辊道的速度高于轧件速度，可防止堆钢。张力辊速度高于轧件速度，便于轧件咬入。卷筒助卷辊的速度高于张力辊的速度，有利于带钢卷上卷筒。正常卷取时，由卷筒与轧件之间的速度差保持张力。卷取机应具有足够的加速能力，尽快达到最高速度，以发挥最大生产能力。收卷时张力辊速度低于卷筒速度以维持收卷张力，降低辊道速度可增加带钢前进阻力，防止带尾跳动。收卷时应采用较低的卷取速度，以避免带尾脱离轧机后剧烈甩动，造成事故。现代化热连轧厂卷取工艺过程可由计算机自动控制。卷取速度可达 30m/s,卷重 45t，钢带厚度达 25mm。

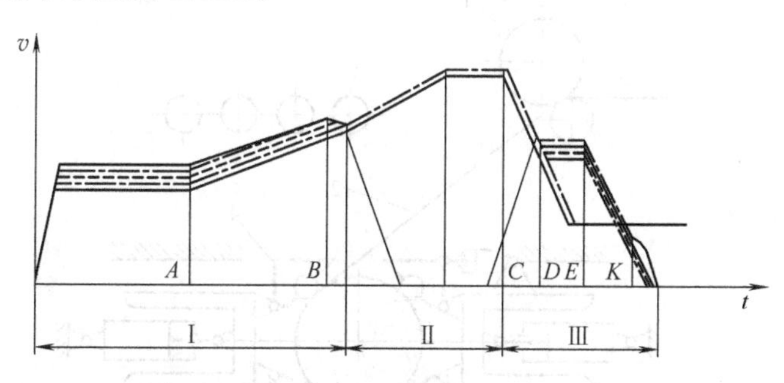

图 13-2　1700 热带钢卷取速度制度图

Ⅰ—准备状态；Ⅱ—正常卷取状态；Ⅲ—收卷状态

3. 卷取工艺对卷取设备性能的要求

总结卷取生产的经验，可将卷取工艺对卷取设备性能的要求概括为以下几个方面：具有较高的咬入和卷取速度；能处理大吨位的带卷，以提高带钢生产率；能卷取较大厚度范围的带材，特别是厚带及合金钢带，以扩大品种；具有较强的速度控制能力，以实现稳定的张力和稳定的卷取过程；能产生较大的张力并能在较低的温度下卷取，以改善带材的质量和机械性能；所卷带卷边缘整齐，便于贮存运输；高速卷取时，卷筒有良好的动平衡性能；卷筒可胀缩，便于卸卷操作。此外，卷取机还应具有能适应高温环境，结构简单，动作可靠，维修方便等特点。

二、地下式卷取机的分类及其结构

（一）地下式卷取机的分类

地下式卷取机有助卷辊数目、分布情况、控制方式以及卷筒结构不同之分（图 13-3）。按助卷辊数目，地下卷取机可分为八辊式、四辊式、三辊式、滑座四辊式、二辊式等；按助卷辊的移动控制方式，可分为各助卷辊连杆连接集体定位控制和各辊单独定位控制两种；按卷筒结构可分为连杆胀缩卷筒卷取机和棱锥斜面柱塞胀缩卷筒卷取机等。八辊式卷取机多采用助卷辊连杆集体定位的控制方式。四辊式卷取机助卷辊采用集体定位控制方式。近代卷取机多采用三辊或四辊且各个助卷辊都能单独定位控制的设计方案。滑座四辊式用于卷取 h 大于 16mm 的厚带钢，二辊式主要用于卷取薄窄带钢。

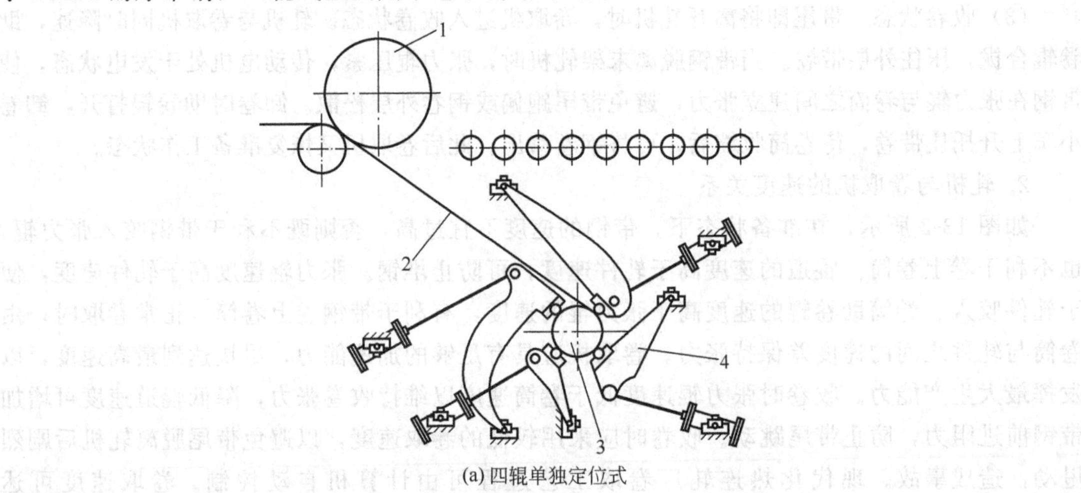

(a) 四辊单独定位式

(b) 四辊滑座式

图 13-3

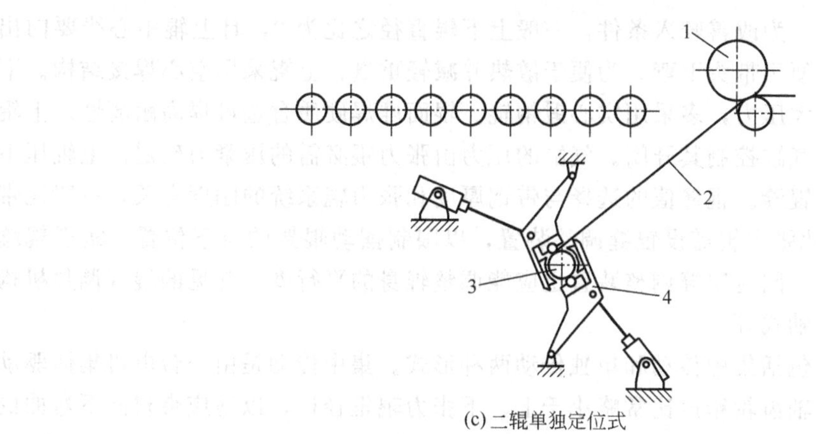

(c)二辊单独定位式

图 13-3　地下卷取机分类示意

1—张力辊；2—带钢；3—卷筒；4—助卷辊

如图 13-1 所示，1700 三辊式热带钢卷取机的上下张力辊由两台直流电机分别驱动。为保持上下辊线速度互相适应，上张力辊传动采用一速比为 1.96 的减速机。张力辊靠气缸开闭，最大压紧力达 270kN。张力辊两侧都设有螺旋千斤顶式的辊缝调整机构，由一台 3.7kW、1 025r/min 转速的电动机经减速机传动，两侧的千斤顶间有离合器，可实现单侧调整，既可控制辊缝大小，也可控制辊缝的平行度。

助卷辊的辊子与支臂之间设有缓冲弹簧。辊缝调整由螺旋千斤顶推动三角架控制调整杆来实现。两侧千斤顶中间也设有离合器，传动方法与张力辊辊缝调整机构相似。助卷辊开合由气缸控制，最大压紧力达 250kN。

（二）地下式卷取机结构

1. 张力辊

（1）张力辊的作用　当带尾离开轧机时，张力辊用于保持卷取张力并在卷取开始时咬入带钢，迫使带钢头部向下弯曲，沿导板方向进入卷筒与助卷辊的缝隙，进行卷取。张力辊由上下辊、上辊开闭装置、辊缝调节装置及张力辊传动装置等组成（图 13-4）。

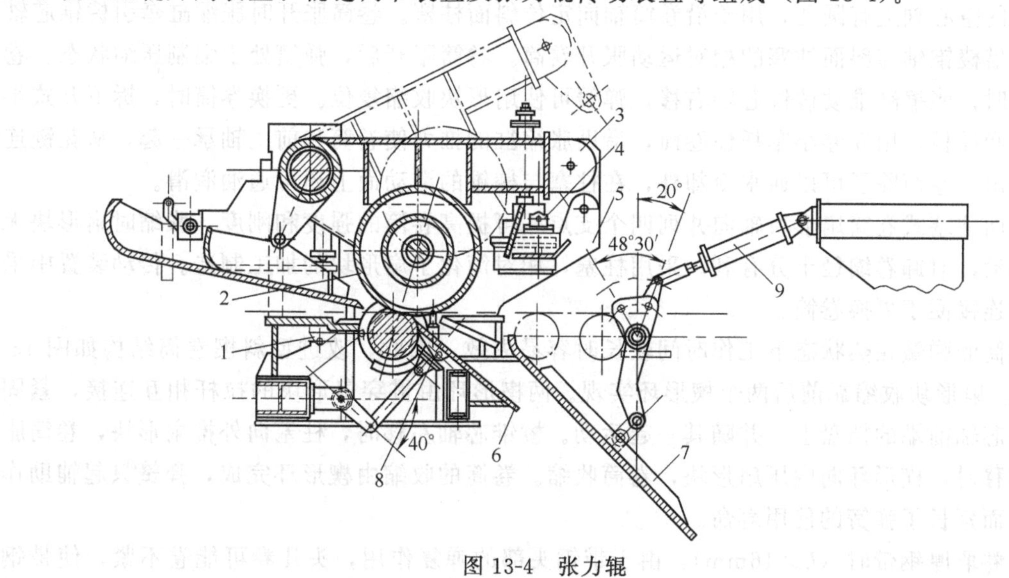

图 13-4　张力辊

1—下张力辊；2—上张力辊；3—摆动辊架；4—千斤顶辊缝调整机构；5—机架；6—溜板；7—张力辊后上导板；8—辊后下导板；9—气缸

（2）张力辊的结构　为改善咬入条件，一般上下辊直径之比为2，且上辊中心线要向出口方向偏移一段距离，便于带头下弯。为便于散热并减轻重量，上辊采用空心焊接结构。下辊在张力作用下承受很大压力，多采用实心锻钢辊。辊面堆焊硬质合金可提高耐磨性。上辊支撑在摆动辊架上，由气缸控制其开闭。气缸的压力由张力辊必需的压紧力确定。上辊压下后，上、下辊间需留一辊缝。辊缝值的选择与带钢厚度和张力辊系统的刚度有关，一般比带厚小0.4mm左右。为此张力辊需设辊缝调整装置，以限制摆动辊架的压下位置，实现辊缝调整，来提高卷取质量，同时辊缝调整装置也应能调整辊身的平行度。常见的辊缝调整机构有螺旋千斤顶式和偏心轴式等。

（3）张力辊传动　包括集中传动和单独传动两种形式。集中传动是由一台电机集体驱动上、下张力辊，传动分轴齿轮箱速比常略小于上、下张力辊辊径比，以适应带材向下弯曲的趋势。这种传动方式要求上、下辊径保持确定的比值。单独传动是由两台电机分别驱动上、下辊，用电气同步控制保持上、下辊速度匹配，因此，对辊径比无严格要求。

在张力辊之前设置风动导尺为带钢导向，使带卷边缘整齐。导尺开度由机械气动双重控制。导向时机械定位，导尺开度略大于带宽。卷取时导尺在气缸作用下导引带钢。张力辊之后设置导板，构成张力辊与卷筒之间的通路。张力辊抬升时导板封闭地下卷筒的入口，使带钢通向后一架卷取机。在某些卷取机的张力辊后导板上设置事故剪切机。当卷取出现故障时，切断带钢将其送往后面的卷取机。

2. 卷筒

（1）卷筒的要求　卷筒是卷取机的核心部件。它要在张力下高速度卷取热状态下重达45t的带卷。为此，要求卷筒内部有冷却与润滑系统；要在较大的带材压力作用下缩径卸卷；要有足够的强度与刚度。所有这些都决定了卷筒结构的复杂性。此外，在大张力情况下，为改善卷筒受力状态，悬臂端都应设有活动支承。热带卷取机的卷筒，其内部冷却和润滑是十分重要的，设计中需充分注意。

（2）卷筒的结构形式　常见的卷筒结构形式有连杆式、斜面柱塞式和棱锥式。斜面柱塞式卷筒的空心轴上有圆孔，用于沿卷筒轴向定位斜面柱塞。卷筒胀开时胀缩缸牵引棱锥芯轴左移，借棱锥轴与斜面柱塞的相对运动胀开卷筒。卷筒胀开后，弹簧处于强制压缩状态。卷筒收缩时，胀缩缸推动棱锥芯轴右移，弹簧可使扇形块收缩复位。更换卷筒时，拆下开式半联轴节和插板，用卸卷小车托住卷筒，借助胀缩缸的推力使卷筒和前主轴承一起，从花键连接处抽出。卷筒除了可以通水冷却外，在柱塞与棱锥的滑动面上还可通油润滑。

斜面柱塞式卷筒扇形块轴向并列四个支点，可提高卷筒的强度和刚度。胀缩时扇形块无轴向运动，对卸卷缩径十分有利。采用柱塞，相对简化了扇形块的加工制造。传动装置中采用花键连接便于更换卷筒。

卷筒的弹簧在热状态下工作时间较长时容易失效。因此，改进型斜楔卷筒结构如图13-5所示。扇形块收缩靠前后两个楔形环实现。两楔形环由贯穿扇形块的拉杆相互连接，紧固于棱锥芯轴前端的挡盘上，并随其一起运动。棱锥芯轴左移时，柱塞向外推扇形块，卷筒胀开。右移时，楔形环向内压扇形块，卷筒收缩。卷筒的收缩由楔形环完成，弹簧只起辅助作用，因而延长了弹簧的使用寿命。

在卷取厚钢带时（$h>16$mm），由于带钢头部的弹复作用，头几卷可能卷不紧，使带钢相对卷筒打滑，难以形成必要的张力，甚至出现事故。为克服上述现象，可采用多级胀缩卷筒。

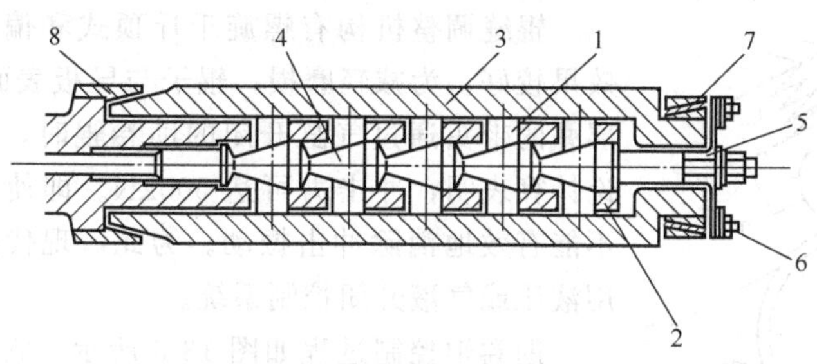

图 13-5　改进型斜楔卷筒结构

1—斜楔柱塞；2—空心轴；3—扇形块；4—棱锥轴；5—挡盘；6—拉杆；7，8—前后楔形环

(3) 卷筒的传动　有电机直接驱动和经齿轮减速机传动两种方式。卷取速度高时，采用电机直接驱动可大幅度简化机械传动系统，但必须解决胀缩缸的设置问题。旋转胀缩缸位于卷筒末端时，需通过齿轮传动卷筒。

3. 助卷辊

① 集体定位控制的助卷辊（见图 13-6）结构复杂，铰链点多。铰链磨损直接影响助卷辊的使用性能，目前已不再采用。

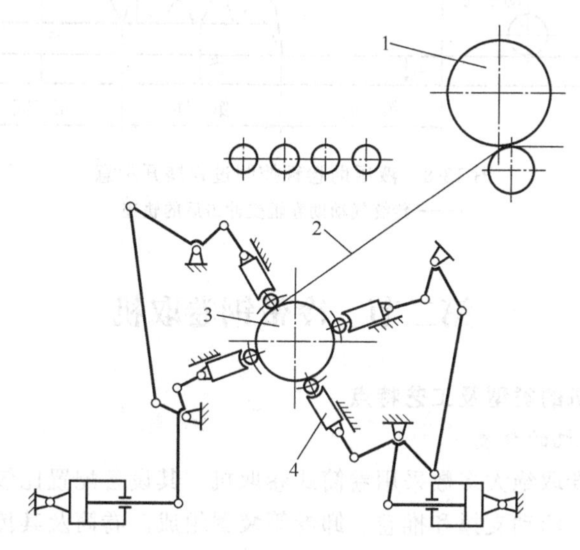

图 13-6　四辊集体定位式卷取机示意

1—张力辊；2—带钢；3—卷筒；4—助卷辊

② 单独位置控制的助卷辊一般由支臂、辊子及其传动系统、助卷导板、驱动气缸和辊缝控制机构等组成。

在卷取过程中，层叠的带钢（见图 13-7）通过助卷辊缝时会造成强烈冲击。因此，助卷辊往往是整个卷取机的薄弱环节。

助卷辊直径一般取 300～400mm，采用实心辊可提高强度，但会增加其惯性质量，对冲击更敏感。空心辊质量小，动力控制性能好，但强度有所削弱。各助卷辊都由电机单独传动，而传动轴多为十字轴或球笼联接轴。各助卷辊之间由助卷导板连接，助卷导板的弯曲半径略大于卷筒半径，呈偏心布置，使各助卷导板与卷筒之间形成一楔形通道，使带钢顺利卷上卷筒。

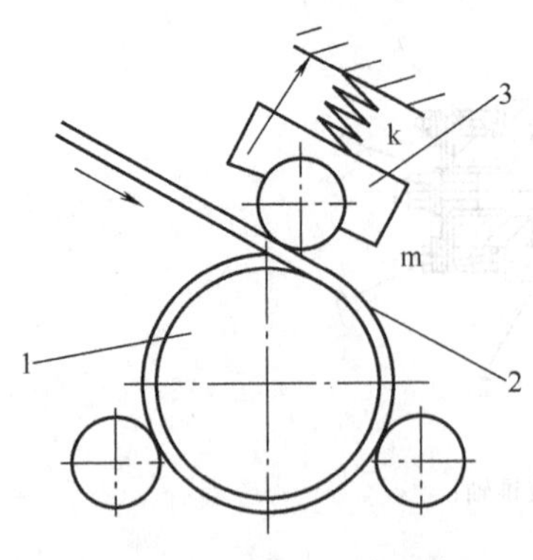

图 13-7　助卷辊冲击示意
1—卷筒；2—带钢；3—助卷辊

辊缝调整机构有螺旋千斤顶式和偏心轴式两种。前者效果较好。为减轻磨损，辊子与导板表面都堆焊硬质合金。层叠的带头通过气缸开闭的助卷辊时，其冲击力很大。理论计算表明，冲击力可达 500kN。即使设置缓冲弹簧，亦不能有效地消除冲击振动。为此，现代热卷取机助卷辊采用液压或气液开闭控制系统。

助卷辊控制过程如图 13-8 所示，它包括压力控制和跳动控制两部分。伺服控制系统中的激光探测器和助卷辊上的加速度计可探测带钢头部的位置；卷筒和张力辊的测速计可测定卷取速度。计算机对该信息进行处理，然后由计算机通过伺服系统控制助卷辊开闭液压缸，使层叠的带头即将通过助卷辊时，助卷辊瞬时跳起，让过带头。液压助卷辊可以有效地消除冲击，使卷取中的头端压痕、划伤、松卷、塔形等现象减少。

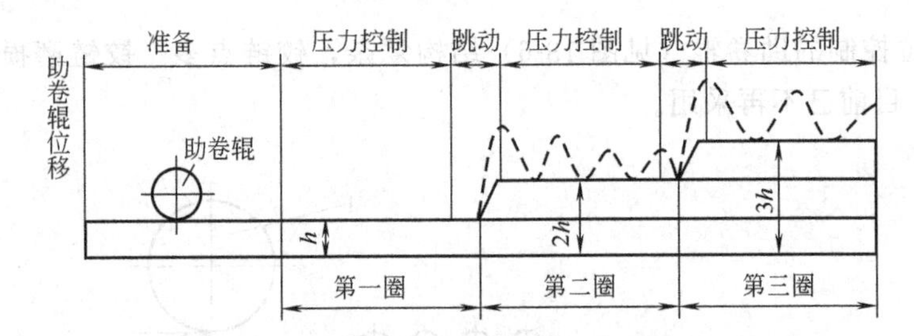

图 13-8　液压助卷辊控制过程展开示意
---- 传统气动助卷辊受冲击后的轨迹

第二节　冷带钢卷取机

一、冷带钢卷取机的类型及工艺特点

（一）冷带钢卷取机的分类

目前冷轧带钢的卷取绝大多数采用卷筒式卷取机，其设备配置比较简单，主要由卷筒及其传动系统、压紧辊、活动支撑和推卷、卸卷等装置组成。卷筒及其传动系统构成卷取机的核心部分，生产率高的卷取机往往还设有助卷器。

① 按卷取机的用途可分为大张力卷取机和精整卷取机两类。大张力卷取机主要用于可逆轧机、连轧机、单机架轧机及平整机。精整卷取机则主要用于连续退火、酸洗、涂镀层及纵剪、重卷等生产机组。

② 按卷筒的结构特点可分为实心卷筒卷取机、四棱锥卷筒卷取机、八棱锥卷筒卷取机及四斜楔和弓形块卷取机等。前三种强度好，径向刚度大，常用于轧制线做大张力卷取。后两种结构简单，易于制造，常用于低张力的各种精整线。此外，大张力卷取机的卷筒从性能上还有固定刚度卷筒和可控刚度卷筒之分。

（二）冷带钢卷取的工艺特点

1. 张力

冷带钢卷取突出的特点是采用较大张力。此外，由于张力直接影响产品质量尺寸精度，因此，对张力控制要求很严格。现代大张力冷带钢卷取机都采用双电枢或多电枢直流电机驱动，并尽量减小传动系统的转动惯量，提高调速性能，以实现对张力的严格控制。各种冷带钢生产线张应力的数值见表13-1。轧制卷取时，应考虑加工硬化因素；精整卷取薄带时，张应力应取大值。

表13-1 冷带钢生产线张应力的数值

机组	可逆轧机			连轧机	精整机组
带厚/mm	0.3～1	1～2	2～4	—	—
张应力/MPa	0.5～0.8σ_s	0.2～0.5σ_s	0.1～0.2σ_s	0.1～0.15σ_s	5～10σ_s

2. 表面质量

冷带钢表面光洁，板形及尺寸精度要求较高，因此，对卷筒几何形状及表面质量的要求也相应提高。

3. 钢卷的稳定性

冷轧的薄带钢采用大直径卷筒卷取时，卸卷后带卷的稳定性极差，甚至出现塌卷现象。因此，加工带材厚度范围大的生产线应能采用几种不同直径的卷筒，小直径卷筒用于卷取薄带。

4. 纠偏控制

带钢精整线往往要求带钢在运行时严格对中，使卷取的带卷边缘整齐。为此常采用自动纠偏控制装置。带钢纠偏装置的工作原理如图13-9所示。卷取机机架是活动的。调整好以后固定不动的光电元件检测带钢边缘，带钢跑偏将使光电元件产生输出信号，信号放大后经电液伺服控制器、控制油缸随时调整卷筒位置使带卷边缘保持整齐。纠偏效果与纠偏速度密切相关。纠偏速度可根据机组速度参考表13-2确定。

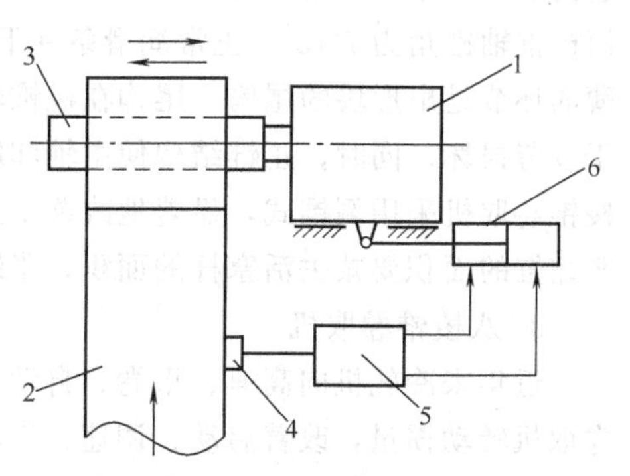

图13-9 卷取机纠偏控制原理

1—活动机架；2—带钢；3—卷筒；4—光电元件；5—伺服控制器；6—油缸

表13-2 带钢纠偏速度

机组速度/m·s^{-1}	0～1	1～1.5	2.5～5	5～15	15以上
纠偏速度/mm·s^{-1}	10	15	20	30	40

除高温条件外，几乎所有对热卷取机的性能要求，均适用于冷卷取机。但还应考虑以下几个问题：要求有更高的强度、刚度以实现大张力卷取；大张力卷筒胀开后，应能成为一完整圆形，以防止压伤内层带钢；可快速更换卷筒，以适应多种厚度。

二、冷带钢卷取机结构

常见的冷带钢卷取机有实心卷筒式、四棱锥式、八棱锥式、四斜楔式、弓形块式等结构。

1. 实心卷筒卷取机

实心卷筒卷取机一般为两端支撑，结构简单，具有高的强度和刚度，用于大张力卷取。其缺点是卸卷需采用倒卷方法，影响了轧机的生产能力。为减少卸卷辅助时间，提高作业率，常采用转盘式双卷筒结构。

实心卷筒在大张力卷取时，带钢对卷筒会产生很高的径向压力。为防止卷筒塑性变形，卷筒材料常采用合金锻钢，并经均匀热处理。

2. 四棱锥卷取机

四棱锥卷筒可以克服实心卷筒卸卷困难的问题。四棱锥卷筒胀径时，由胀缩缸直接推动棱锥轴，使扇形块产生径向位移。由于没有中间零件，棱锥轴直径大，强度高，可承受400～600kN 的张力，常用于多辊可逆式冷轧机的大张力卷取和冷轧连轧机组的卷取机。卷筒的棱锥轴有正锥式和倒锥式。正锥式四棱锥卷取机卷筒主要由棱锥轴、扇形块、钳口及胀缩缸等组成，结构简单。

四棱锥卷筒为开式卷筒。卷筒胀开时，扇形块间有间隙。因此，卷筒胀缩量不宜过大，否则扇形块之间缝隙过大，卷取时会压伤内层带卷。卷筒为悬臂结构，外端设有活动支撑。卷筒上设置钳口，钳口由 6 个 $\phi45$ 的柱塞缸夹紧，而由弹簧松开，钳口开口度为 5mm。卷筒棱锥轴锥角为 $7°45'$，正常润滑条件下它大于摩擦角，性能上属于自动缩径卷筒。卷筒的薄弱环节是扇形块的尾钩，尾钩在棱锥轴向分力的作用下会产生很高的弯曲和剪切应力，易于疲劳损坏。同时，正锥结构使主轴和胀缩缸的连接螺栓处于不利的受力状态。新设计的四棱锥卷取机采用倒锥式，显著地改善了上述零件的受力情况，扇形块结构也得以简化。但因胀缩缸的面积要减去活塞杆的面积，胀缩缸直径略有增大。

3. 八棱锥卷取机

近年来冷轧机向高速、重卷、自动化方向发展，在卷取机结构上有较大的改进。为减小卷取机转动惯量，改善启动、调速、制动性能，常采用电动机直接传动卷筒的方式。为解决胀开时扇形块间的缝隙对薄带钢表面质量的影响，卷筒采用四棱锥加镶条的结构即八棱锥，卷筒胀开后能成为一个完整的圆柱体。

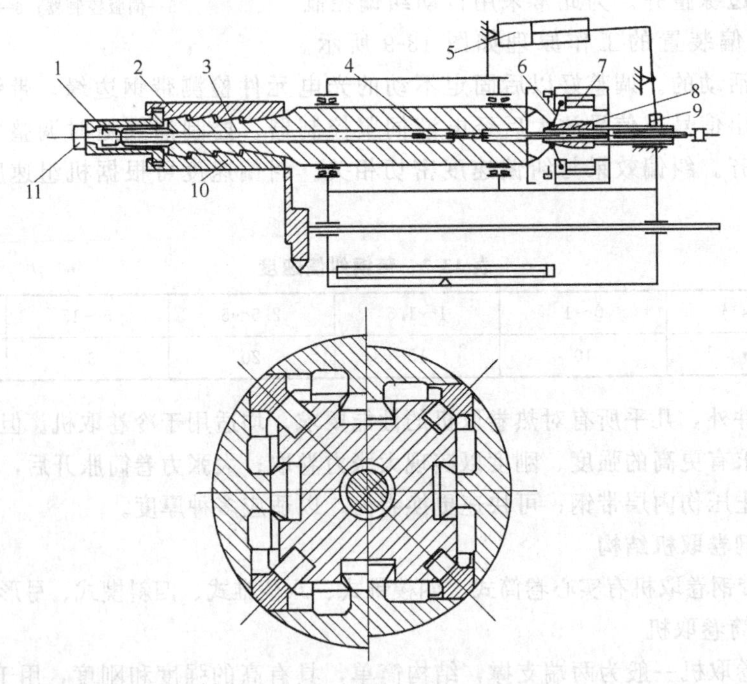

图 13-10　八棱锥卷筒结构示意

1—弹簧；2—扇形块；3—拉杆；4—花键轴；5—胀缩油缸；
6—胀缩连杆；7—环形弹簧；8—胀缩滑套及斜块；
9—拨叉；10—镶条；11—头套

图 13-10 所示为 1700 冷连轧八棱锥卷取机，它由卷筒、胀缩缸、机架、齿形联轴节、底座、卸卷器等组成。卷取机卷筒有 $\phi610$ 和 $\phi450$ 两种规格，采取整机更换的快速更换卷筒方式。

卷筒由扇形块、镶条、八棱锥芯轴、拉杆、花键轴等组成。胀径时，油缸通过杠杆拨叉推动两个斜块向左移动，使四个胀缩连杆伸直并推动环形弹簧及方形架，使花键轴和拉杆右移，棱锥轴靠轴承支承于机架上不能左右移动。因此，拉杆带动头套使扇形块及镶条相对棱锥轴右移胀径。

缩径时，油缸通过杠杆拨叉将斜块拨出，胀缩连杆在弹簧作用下折曲，扇形块、花键轴等靠胀径时储存在弹簧中的压缩变形能复位，使卷筒收缩。为提高卷取机刚度，卷筒设有活动支承。

八棱锥卷筒除棱锥强度高，扇形刚度大以外，还具有以下特点：当卷筒胀开后，胀缩连杆压在凸块的顶平面上定位并自锁，卷取时胀缩缸不随工作负荷。扇形块与镶条在胀缩运动中互不干扰，但各斜楔面均保持接触，胀开后镶条正好填补扇形块缝隙，卷筒成一整圆。由于斜楔角大于摩擦角，八棱锥卷筒也属于自动缩径式，但缩径控制不是靠胀缩缸而是靠压缩环形弹簧实现的。由于胀缩缸避开卷筒轴线位置，其传动采用了电机直接驱动的方式。传动系统具有较小的转动惯量。

4. 四斜楔卷取机

四斜楔卷取机的卷筒由主轴、芯轴、斜楔、扇形块、胀缩缸等组成。卷筒的胀缩机构是四对斜楔。内层斜楔由胀缩缸通过芯轴带动作轴向移动，外斜楔支持扇形块的两翼，带动扇形块径向胀缩。胀径时外斜楔向外伸，填补扇形块间隙，斜楔顶面与扇形块外表面构成一整圆。卷取薄带不会产生压痕。

这种卷筒的最大特点是主轴、扇形块加工方便。由于斜楔只支持扇形块的两翼，卷筒强度、刚度都有削弱，适用于张力不大的平整机组和精整作业线。

5. 弓形卷取机

弓形卷取机多用于宽带钢精整线的卷取。卷筒的胀缩方式有凸轮式、轴向缸斜楔胀缩式和径向缸式三种。凸轮和轴向缸斜楔胀缩式目前基本上已不再采用，而径向缸式由于结构紧凑，使用可靠，在国内外新设计的精整卷取机上普遍采用，使用情况良好。

第三节　卷取机的设计计算

一、卷筒主要参数的确定

（一）卷筒直径的确定

设计卷取机时要根据工艺要求，结合加工制造能力，首先确定卷取机的结构形式，然后在此基础上选择或计算其主要参数，最后进行强度校核。

对于冷轧带材卷取机，卷筒直径的选择一般以卷取过程中内层带材不产生塑性变形为设计原则。对热轧带材卷取机，则要求带材的头几圈产生一定程度的塑性变形，以便得到整齐密实的带卷。考虑到冷、热卷取工艺各自的特点，按照弹塑性弯曲理论，卷筒直径与被卷带材的厚度及机械性能之间应满足以下关系。

冷卷取机

$$D \geqslant \frac{Eh_{\max}}{\sigma_s} \quad \text{mm} \qquad (13\text{-}1)$$

热卷取机

$$D \leqslant \frac{0.2E\bar{h}}{\sigma_s} \quad \text{mm} \tag{13-2}$$

式中　σ_s——卷取温度下带材的屈服极限，MPa；

E——带材的弹性模量，MPa；

h_{max}——带材的最大厚度，mm；

$\bar{h}$——带材的平均厚度，mm。

由于受卷筒强度和作业线工序互相衔接的限制，卷筒直径不宜取得过小或过大。设计时可参考以下经验方法：冷带钢卷取时取 $D=(150\sim200)h_{max}$；有色金属带卷取时取 $D=(120\sim170)h_{max}$。常用的卷筒尺寸系列有 ϕ305mm、ϕ450mm、ϕ510mm、ϕ610mm。在下步开卷工序有矫正设备的情况下，对于厚度大且屈服限低的带材，允许采用小于式（13-1）计算值的卷筒直径。当卷取带厚度范围很大时，应采用可更换卷筒或可加套筒的方案，根据带材的厚度和工艺要求变换卷筒直径，防止厚带材在小直径卷筒上出现塑性变形或薄带材带卷因内孔过大而出现塌卷。在热卷取条件下，卷筒直径 D 常在 700～850mm 之间选择；对于宽带钢生产，D 以 762mm 最为常见。

卷筒筒身工作部分长度应等于或稍大于轧辊辊身长度，卷筒直径的胀缩量约为 15～40mm，热轧情况取大值。

（二）卷筒径向压力计算

径向压力计算不仅是卷筒零件强度和胀缩缸推力计算的先决条件，而且与卷取质量直接相关。一般认为卷筒径向压力与卷取张力和带卷直径、带卷和卷筒的径向刚度、带卷层间介质及表面状态、层间滑动与摩擦及带宽等因素有关。由于这些问题在理论分析和实验研究方面都具有较大的难度，不能精确计算，故在此不加以介绍。

（三）胀缩缸平衡力计算

近代卷取机的卷筒绝大多数是可以胀缩的，其中又以棱锥或斜楔结构型式多见。以开式倒置四棱锥卷筒为例，说明胀缩缸平衡力的计算方法。

1. 锥面间的反力

如图 13-11 所示，带卷对每扇形块的压力可用等效力 $\bar{p}$ 表示

$$\bar{p}=2\int_0^{\frac{\pi}{4}} Br_2 p\cos\theta \mathrm{d}\theta=\frac{\sqrt{2}}{2}DBp \quad \text{N} \tag{13-3}$$

式中　B——带材宽度，mm。

图 13-11 还显示出了扇形块的胀缩原理。棱锥相对扇形块向右移动，则卷筒直径收缩。可求得锥面反力 N 为

$$N=\frac{\bar{p}}{(1-f_2^2)\cos\alpha+2f_2\sin\alpha} \quad \text{N} \tag{13-4}$$

式中　f_2——卷筒零件摩擦面间的摩擦系数；

α——棱锥角。

2. 胀缩缸平衡力计算

根据图 13-11 的平衡条件，代入锥面反力 N，可求出在等效力 $\bar{p}$ 作用下，维持棱锥轴平

衡所必需的胀缩缸平衡力 Q

$$Q=\frac{4\bar{p}(\tan\alpha-f_2)}{1-f_2^2+2f_2\tan\alpha}\ \mathrm{N} \tag{13-5}$$

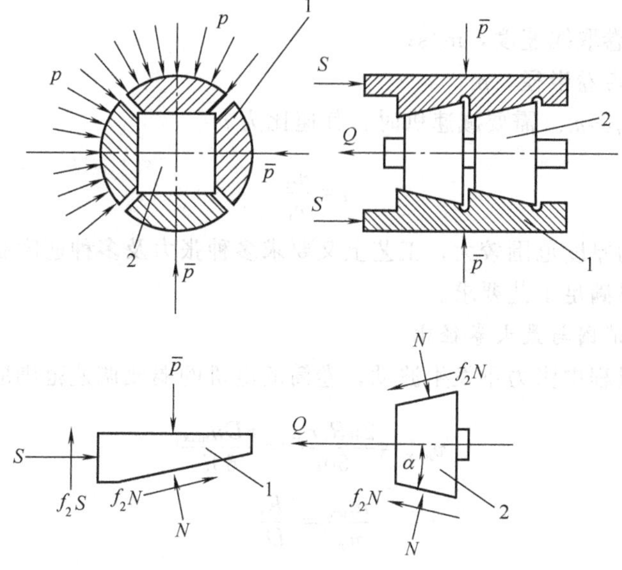

图 13-11　卷筒胀缩平衡力计算简图

1—扇形块；2—棱锥轴

一次胀径的卷筒，在胀开时胀缩油缸一般不带工作负荷。

① 在卷取过程中，对于自动缩径的卷筒，$\tan\alpha>f_2$，锥面不自锁，必须有平衡力 Q 的作用才能维持正常卷取。根据式（13-6），此时的胀缩缸平衡力 Q 可按下式近似计算。

$$Q=2\sqrt{2}DBp(\tan\alpha-f_2)\ \mathrm{N} \tag{13-6}$$

② 对于不自动缩径的卷筒，$\tan\alpha<f_2$。锥面自锁，胀缩缸用于退出棱锥使卷筒缩径卸卷。此时胀缩缸推力 Q_t 作用方向与图示 Q 相反，其大小为

$$Q_t=2\sqrt{2}DBp\ (f_2-\tan\alpha)\ \mathrm{N} \tag{13-7}$$

设计时，f_2 常在 0.08～0.12 间选择。

当锥角小于 6°时，锥面自锁。锥角在 7.5°～8°之间时，卷筒可实现自动缩径。锥角过大，将增大胀缩缸尺寸；而锥角处于临界状态（$\tan\alpha=f_2$）时，卷筒的润滑条件对卷筒工作性能将有重要影响。一般情况下，锥面间的压应力将大于卷筒表面径向压力。在卷筒零件强度计算中应给予注意。

二、卷筒传动设计

（一）卷取机的速度控制

卷取机速度控制要同时考虑以下两个因素：为适应机组速度变化而调整卷取速度时，不应影响电机的驱动力矩；为适应卷径变化而调整卷筒转速时，不应引起张力的波动。一般卷取机都同时采用调压（恒力矩）和调激磁（恒功率）两种调速方法，分别适应上述两种情况，以充分利用电机的容量。

（二）电机的额定转速与传动比

卷筒电机的额定转速 n_{er} 必须与卷取计算转速 n_j 相适应

$$n_j=\frac{30v_{max}}{\pi R_c}\quad r/min \tag{13-8}$$

式中 v_{max}——最大卷取线速度，m/s；

R_c——最大带卷半径，m。

无减速机时，$n_{er}\geqslant n_j$。需要减速机时，其速比为 i

$$i=\frac{n_{er}}{n_j} \tag{13-9}$$

如果卷取带材的厚度范围较大，工艺上又要求多种张力及多种速度制度，卷筒传动可考虑多级速比切换，以满足工艺要求。

（三）激磁调整范围与最大卷径比

为实现在卷取过程中张力不发生波动，卷筒的电机的弱磁调速范围应满足下列要求

由于
$$v_{max}=\frac{2\pi R_c n_{er}}{60i}=\frac{\pi D n_{max}}{60i}$$

故
$$\frac{n_{max}}{n_{er}}=\frac{2R_c}{D} \tag{13-10}$$

式中 n_{max}——卷筒电机弱磁调整的最高转速；

D——卷筒直径，m。

式（13-10）代表激磁调速范围与最大卷径比之间的关系。设计时，电机调激磁的范围需取大于或等于最大卷径比。

（四）卷筒电机功率计算

卷取带材所需的传动功率应由带材的张力、塑性弯曲变形、卷取速度和加速度及摩擦阻力等因素确定。由于塑性弯曲和摩擦的影响远小于张力，故初选电机时，额定功率 N_{er} 可按下式近似计算

$$N_{er}\geqslant N_j=K_2\frac{(Tv)_{max}}{1\,000\eta}\quad kW \tag{13-11}$$

式中 K_2——塑性弯曲及摩擦影响系数，取1.1～1.2；

T——卷取张力，N；

v——卷取速度，m/s；

η——传动效率，取0.85～0.9。

式中，N_j 称为计算功率，$(Tv)_{max}$ 表示在各种工艺制度下，速度和张力乘积的最大值。

思考题

1. 试述三辊式地下卷取机的卷取工艺过程。
2. 地下式卷取机中张力辊的作用是什么？
3. 试述带钢纠偏控制的原理。
4. 四棱锥卷取机是如何实现卷筒收缩的？
5. 如何确定卷筒的直径？在卷筒传动设计中应注意哪些问题？

第十四章　辊道与升降台

第一节　辊　　道

在轧钢车间，辊道用于纵向运输轧件。热轧时，通过辊道将加热好的坯料送往轧钢机轧制或将轧钢机轧出的轧件送往剪切机组等。辊道是实现轧钢车间机械化的重要运输设备，广泛用于各种作业线。辊道通常贯穿整个生产作业线，设备重量大，约占车间设备总重量的20%～30%。而且轧钢机前后的辊道运转情况还直接影响轧钢机的产量。因此，正确合理地设计和维护辊道，对于减轻车间设备重量和提高轧钢机产量具有重要意义。

一、辊道的种类

（一）运输辊道

1. 运输辊道概述

运输辊道的主要作用是运送轧件或钢锭。如图14-1所示，受料辊道1是用来接受运锭车送来的钢锭，并将其送往钢锭旋转台辊道2上。根据需要钢锭在旋转台上旋转180°后，通过辊道2和输入辊道3送往初轧机进行轧制。由初轧机轧出的轧件，则通过轧机输出辊道11送往剪切机。

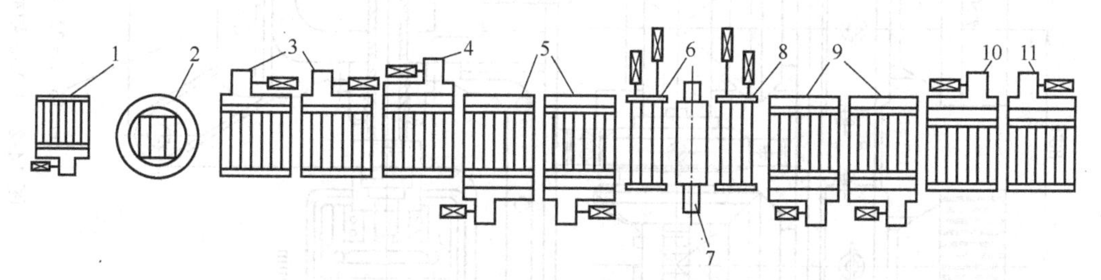

图14-1　初轧车间辊道布置简图

1—受料辊道；2—钢锭旋转台辊道；3—轧机输入辊道；4，5，9，10—工作辊道
6，8—机架辊；7—初轧机；11—轧机输出辊道

2. 运输辊道的分类

根据辊道的传动方式，运输辊道可分为如下几种。

（1）集体驱动辊道　集体驱动辊道由4～10个辊子组成一组，并由一台电动机驱动。它主要用来运输短而重的轧件，或用在辊道工作条件较繁重的场合。由于轧件重量集中在几个辊子上，使每个辊子承受较大的负荷，采用集体驱动则可以减少辊道电动机功率。

图14-2所示为1150初轧机受料辊道的结构。这组辊道的七个辊子由一台直流电动机通过一个二级齿轮减速装置和七对圆锥齿轮传动。

为了便于安装配置在一根长轴上的圆锥齿轮，圆锥齿轮与长轴采用动配合，而且用斜键固定，如图14-3 *A—A* 剖面所示。圆锥齿轮在长轴上的位置通过套筒和异型键确定。长轴上的轴承座能够单独拆卸，如图14-3 *D—D* 剖面所示。

用斜键固定长轴上圆锥齿轮的结构型式，拆装不太方便，圆锥齿轮啮合性能也不太好。

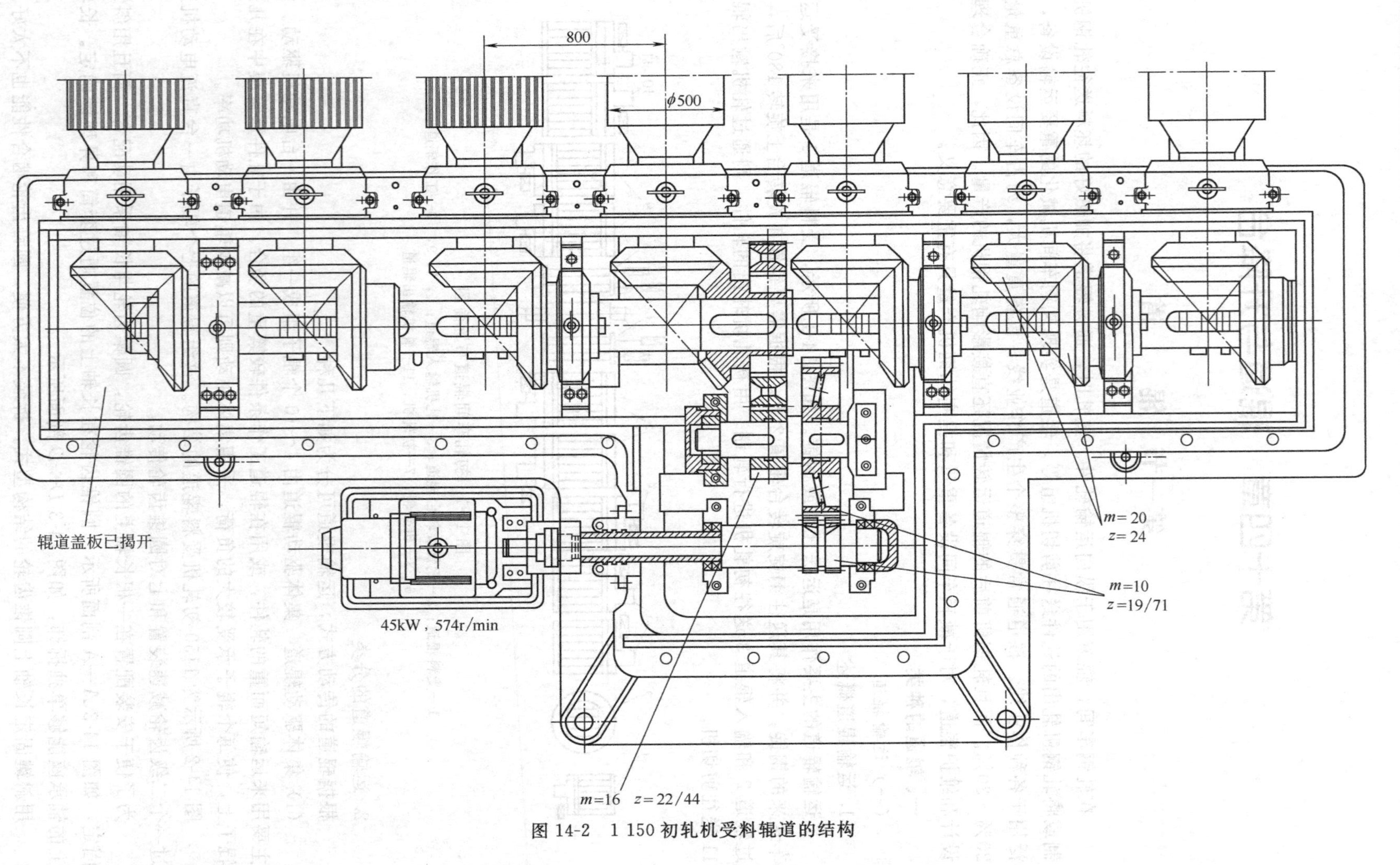

图 14-2 1 150 初轧机受料辊道的结构

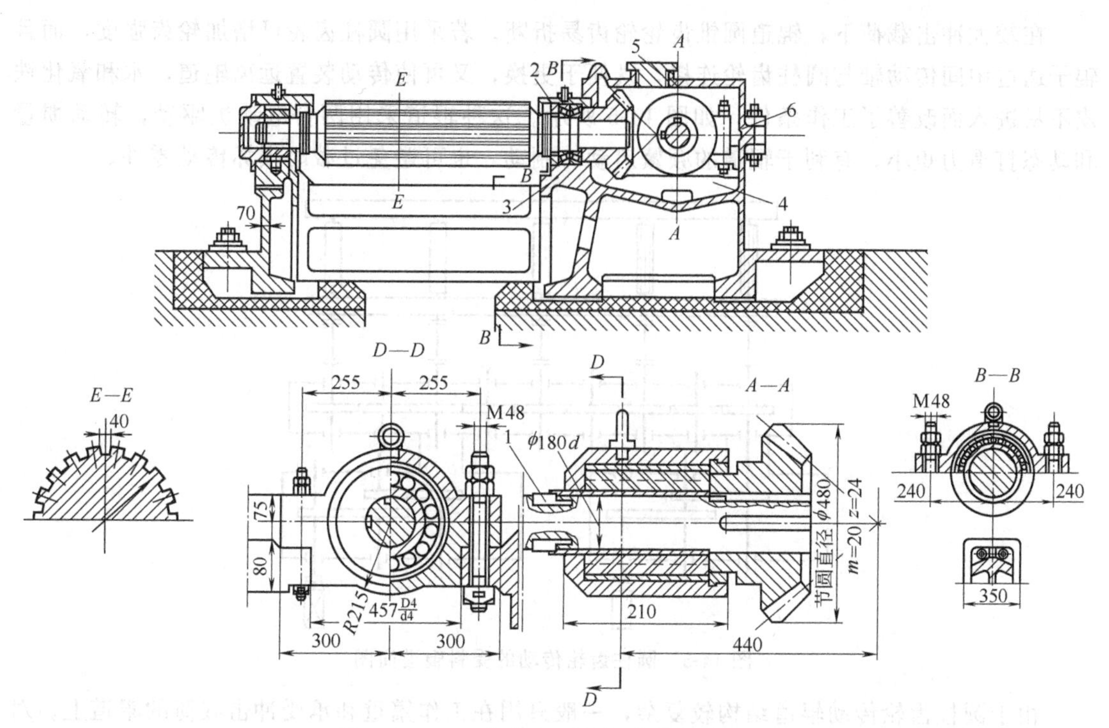

图 14-3　1150 初轧机受料辊道的辊子剖面

1—异形键；2—剖分套筒上半环；3—剖分套筒下半环；

4—油箱；5—观察孔盖板；6—挡油凸缘

目前，有的辊道采用了无键连接结构，如图 14-4 所示。无键连接就是具有一定过盈量的静配合连接，靠配合面间的摩擦力矩传递扭矩。采用无键连接，可以不削弱长轴的强度，提高了承受冲击载荷的能力，结构简单，制造加工方便。

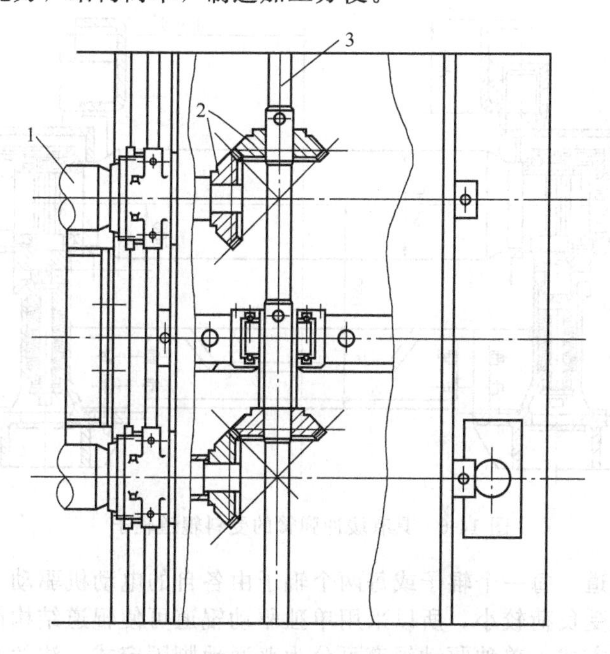

图 14-4　圆锥齿轮与传动长轴无键连接的辊道

1—辊子；2—圆锥齿轮；3—传动长轴

在较大冲击载荷下，辊道圆锥齿轮轮齿易折断。若采用圆柱齿轮可增加轮齿强度，而且辊子通过中间传动轴与圆柱齿轮连接，既便于更换，又可使传动装置远离辊道，水和氧化铁皮不易进入而改善了工作条件，如图 14-5 所示。这种辊道采用两台电动机驱动，转动惯量和动态打滑力矩小，有利于辊道的频繁启动、制动，也可避免过载时损坏传动零件。

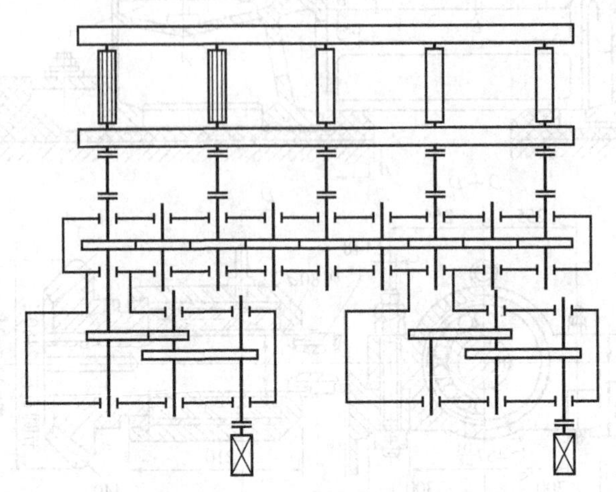

图 14-5　圆柱齿轮传动的受料辊道简图

由于圆柱齿轮传动辊道结构较复杂，一般只用在工作繁重和承受冲击载荷的辊道上。对一般集体驱动的运输辊道，多数仍采用圆锥齿轮传动。在辊距较大的运输辊道上，每个辊子都有单独的圆锥齿轮箱，并将传动长轴分成几段，中间用联轴节连接。在某些轧钢车间中，集体驱动辊道也可采用链条或三角皮带传动。

当辊道运输的钢锭重量较大时，为进一步减小冲击载荷，如图 14-6 所示，在辊子两端轴承座下面设置缓冲弹簧，用来吸收钢锭倾翻在辊道上时产生的冲击能量，防止发生轴承损坏或断辊等事故。

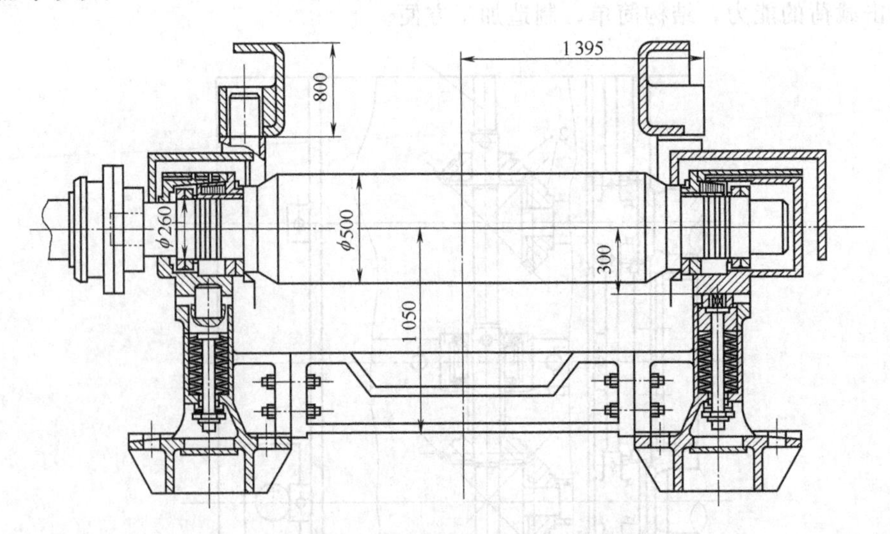

图 14-6　具有缓冲弹簧的受料辊道辊子

(2) 单独驱动辊道　每一个辊子或每两个辊子由各自的电动机驱动，一般用来运输长轧件。由于每个辊子承受负荷较小，所以采用单独驱动辊道可使辊道结构简单。

根据电动机固定方式，单独驱动辊道可分为普通地脚固定式、法兰盘式以及空心轴端部悬挂式。

当辊道速度较高时，辊子可以不通过减速装置而由电动机直接驱动。此时，如果采用地脚固定式（见图 14-7）或法兰盘式电动机（见图 14-8），一般通过万向联轴节、齿轮联轴节或弹性联轴节与辊子连接。如果采用空心轴电动机，则将电动机直接装在悬臂轴上，通过键和螺栓固定（见图 14-9）。这种电动机外壳上有凸耳，通过弹簧支撑在辊子轴承座的凸耳上，以防电动机外壳转动。由于空心轴电动机悬臂地套在辊子轴上，对辊子轴及其轴承装置受力不利。现场使用时，往往出现辊子轴变弯，一侧轴承座螺栓松动等问题。

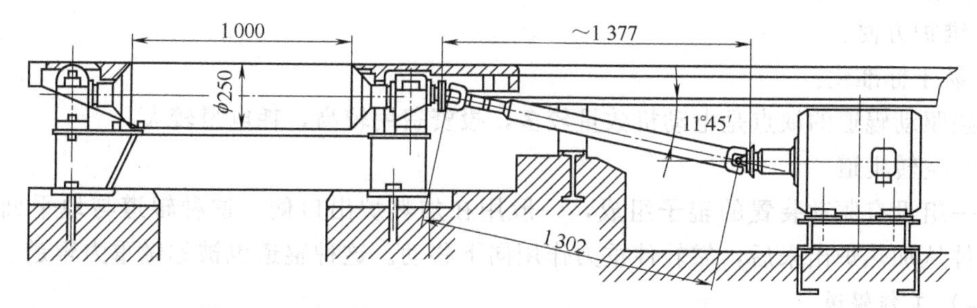

图 14-7　采用普通地脚固定式电动机的单独驱动辊道

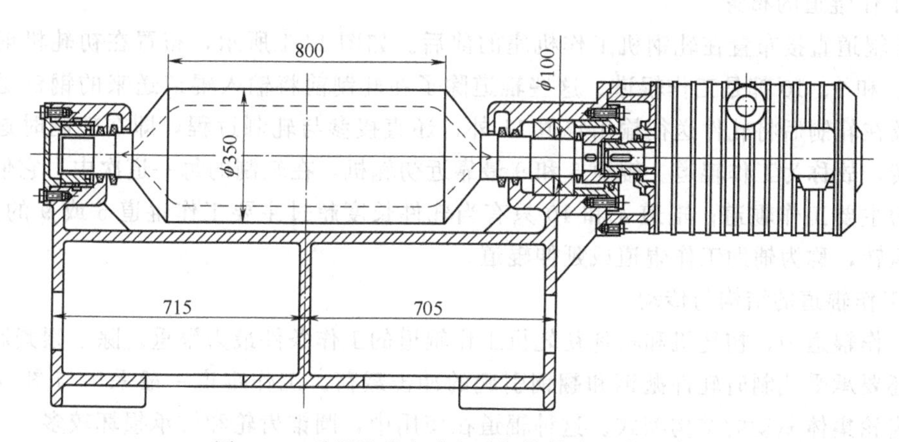

图 14-8　采用法兰盘式电动机的单独驱动辊道

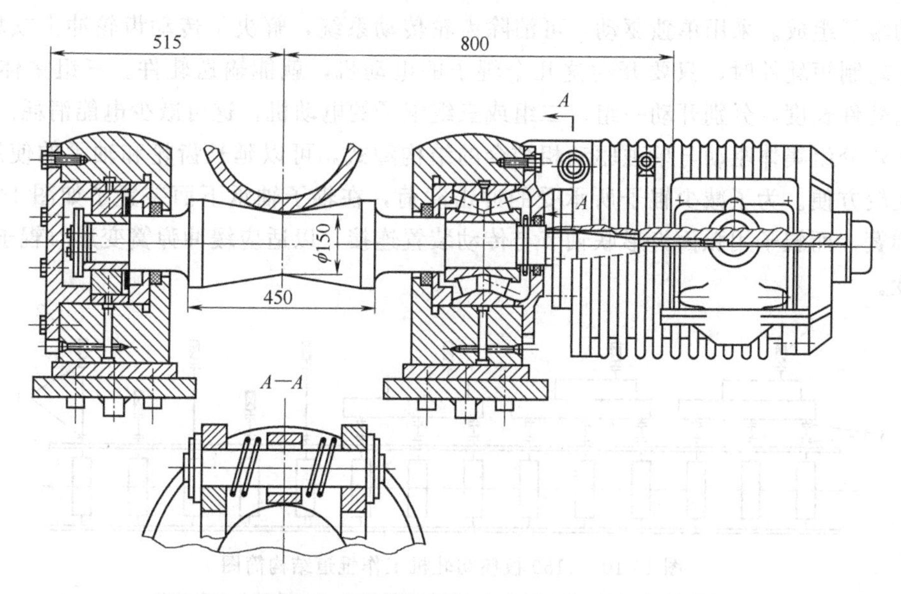

图 14-9　采用空心轴端部悬挂式电动机的单独驱动辊道

当辊道速度较高时，由于低速电动机价格较贵，一般都选用速度较高的电动机，通过齿轮减速后传动辊子。近年来，摆线或渐开线行星减速机在单独驱动辊道中也得到了应用。

单独驱动辊道取消了传动长轴，可以采用单独底座代替笨重的整体支架，结构简单。当辊道辊距较大时，它的优点更为显著。此外，单独驱动辊道还有如下优点。

① 传动系统惯性小，操作灵活，易于调整辊道上轧件位置。

② 少数辊子有故障时，不影响生产。

③ 维护方便。

④ 易于标准化。

单独驱动辊道的缺点是电动机数量较多，投资费用较高，耗电量较大。

(3) 空转辊道

由一组没有驱动装置的辊子组成，一般用在加热炉出口侧。这种辊道与地平面倾斜布置，轧件从加热炉出来后，靠轧件重力作用向下移动。这种辊道也被称做重力辊道。

（二）工作辊道

1. 工作辊道的布置

工作辊道直接布置在轧钢机工作机座的前后。如图 14-1 所示，布置在初轧机前后的辊道 4、5、和 9、10 都是工作辊道。这些辊道除了在轧制前将输入辊道送来的钢锭送往初轧机，以及在轧制后将轧件送往输出辊道 11 外，还直接参与轧制过程，即在轧制时这些辊道还要运转，故称为工作辊道。辊道 5 和 9 最靠近初轧机，在轧制的每一道次中，它们都要运转，称为主要工作辊道；辊道 4 和 10 只有当轧件长度超过主要工作辊道 5 或 9 的长度时，才开始运转，称为辅助工作辊道或延伸辊道。

2. 工作辊道的结构与传动

在工作辊道中，初轧机和板坯初轧机工作辊道的工作条件最为繁重。除了频繁启动、制动外，还要承受轧制时轧件抛钢和翻钢引起的冲击载荷。工作辊道一般采用与图 14-2 相似的圆锥齿轮集体驱动的结构型式。这种辊道在使用中，圆锥齿轮和轴承损坏较多。

如图 14-10 所示，1150 板坯初轧机的工作辊道由五个靠近轧机的单独驱动辊子和三组集体驱动辊子组成。采用单独驱动，可消除齿轮传动系统，解决了传动齿轮冲击损坏问题。此外，在轧制短轧件时，只要开动这几个辊子的电动机，就能输送轧件。三组集体驱动辊子，可由轧件长度，分别开动一组、二组或三组辊子的电动机，这可减少电能消耗。采用这种圆柱齿轮分组集体驱动与单独驱动相结合的结构型式，可以延长齿轮和轴承的使用寿命，维修也比较方便。为了减少辊子所承受的冲击载荷，在辊子轴承下面装置了如图 14-6 所示的缓冲弹簧，而辊子用弧面齿形联轴节与传动装置连接，以适应缓冲弹簧变形时辊子中心高度的改变。

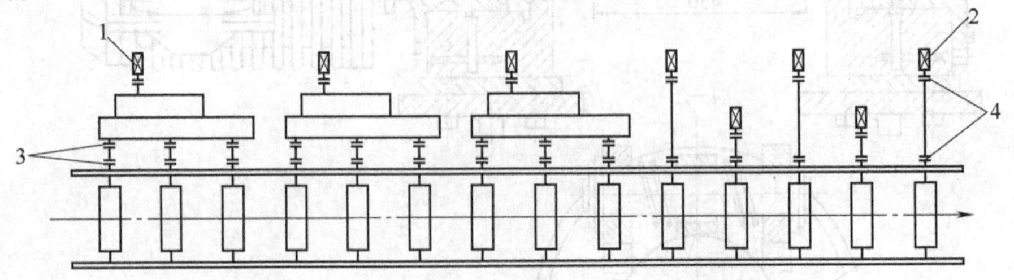

图 14-10　1150 板坯初轧机工作辊道结构简图

1—ZZJ-82 电动机；2—ZD49-3/46 电动机；3，4—弧面齿形联轴节

如果因辊道辊距或其他条件限制，则采用圆锥齿轮传动。此时，除了设法提高和改进辊子轴承和圆锥齿轮承载能力外，也应考虑传动系统的结构型式。例如，辊道辊子与圆锥齿轮采用以 2～4 个辊子为一组；传动长轴也由几根传动轴组成，每根传动轴传动 2～4 个辊子，各传动轴之间通过联轴节联接；辊道减速机采用单独减速机型式，它通过齿轮联轴节与圆锥齿轮箱相连接。这种分组组合式辊道，便于车间辊道的布置，也利于辊道的制造和维修。

（三）机架辊

如图 14-1 所示，辊道 6 和 8 的辊子直接安装在初轧机机架上，称为机架辊。在大型开坯轧机上，为了能可靠地将轧件送入轧钢机轧辊，要求辊子尽可能地靠近轧辊。为此，在这些轧机机架上，都有专门的孔、台阶或凹槽，以便安装辊道辊子。

机架辊的工作条件最繁重。除了频繁地启动、制动和承受轧件冲击外，在辊子传动方面还要满足以下要求。

① 喂送轧件时，机架辊的速度应与工作辊道速度相同。

② 当轧件从轧辊中轧出时，机架辊的速度与轧辊速度相同。

如果不满足这两个要求，就会阻碍轧件运动，或对机架辊产生附加力矩，损坏其传动机构。实践表明，机架辊采用没有减速机的单独驱动是能满足上述两个要求的一种可靠型式。只在机架辊辊距较小时，才采用圆柱齿轮传动的集体驱动型式。

如图 14-11 所示，1700 精轧机的机架辊辊子轴承采用球面滚子轴承，整个轴承座支承在机架内侧的支架上，辊子由电动机通过齿形联轴节传动。为了便于装拆机架辊辊子和减少机架孔尺寸，辊子端的外齿套和传动轴通过手柄可以轴向移动。当外齿套与内齿套脱离啮合后，就可以较方便地拆装辊子。

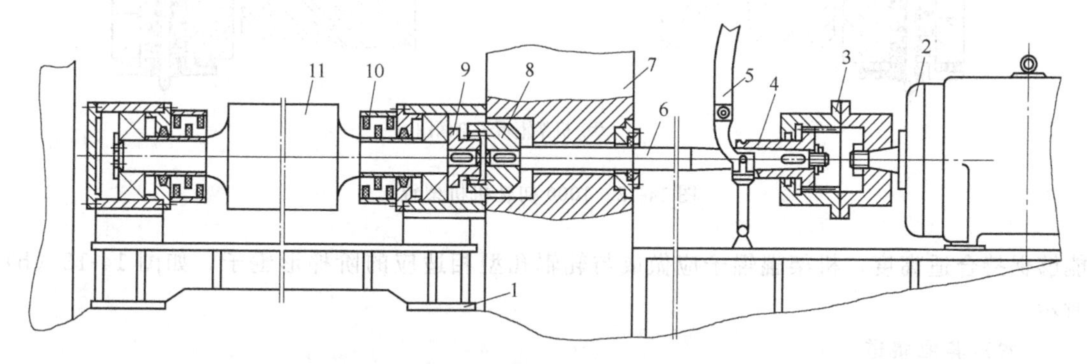

图 14-11　1700 热连轧精轧机的机架辊

1—支架；2—电动机；3—电动机端的外齿套；4—电动机端的内齿套；5—手柄；6—传动轴；7—机架；8—辊子端的内齿套；9—辊子端的外齿套；10—迷宫式挡环；11—辊子

如图 14-12 所示，1000 初轧机轧辊前后各装设了两个机架辊，它们都由单独的电动机通过万向接轴直接传动。为了使辊子能承受较大的冲击载荷，采用了实心锻造辊子，并将辊子轴承座支承在双列圆柱弹簧上。辊子轴承采用滑动轴承，轴承与轴承座是球面接触，故辊子有一定的调心作用。

应该指出，为了减少轧件对机架辊子的冲击载荷，轧辊、机架辊和工作辊道辊子之间应有合适的相对高度。机架辊辊子高度应稍高于工作辊道辊子的高度，如图 14-13 (a) 所示。这可减轻轧件对工作辊道的冲击。在轧辊孔型槽较深的初轧机上，为了使机架辊

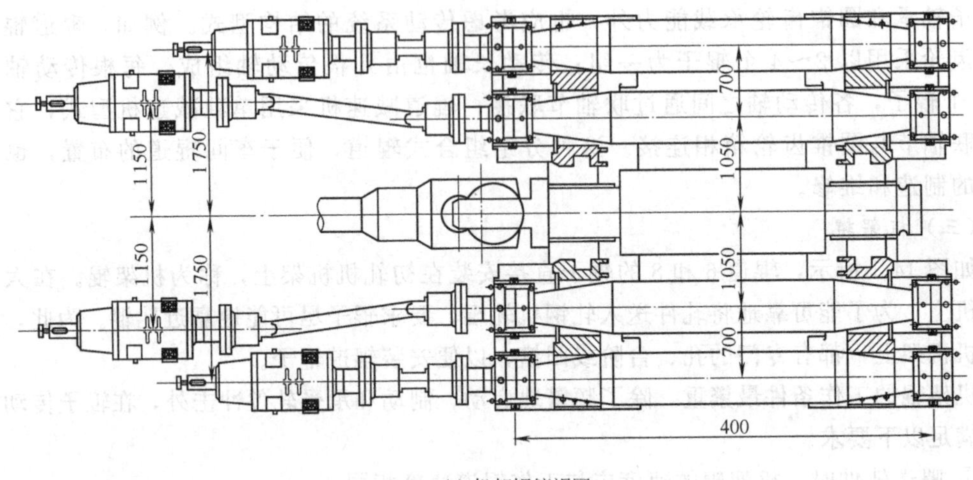

(a) 机架辊俯视图

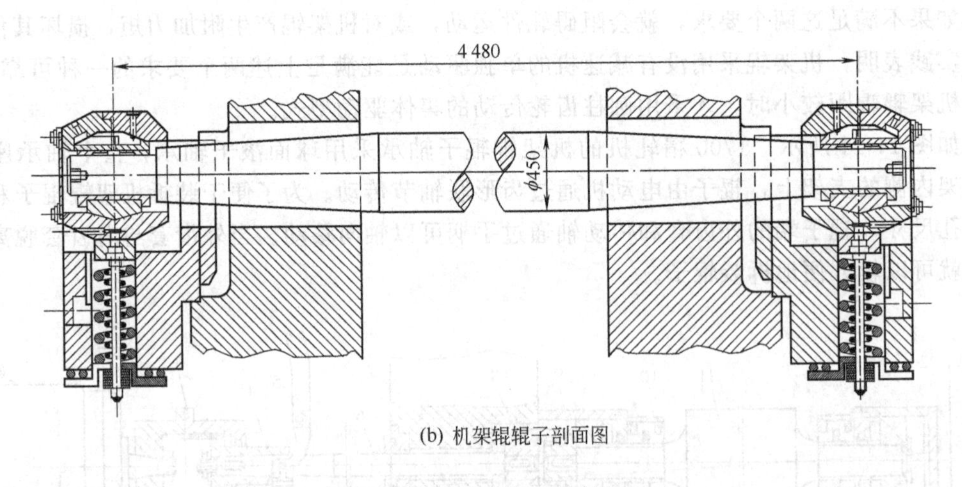

(b) 机架辊辊子剖面图

图 14-12　1000 初轧机机架辊

能够保持合适高度，机架辊辊子应做成与轧辊孔型相适应的阶梯形辊子，如图 14-13（b）所示。

（四）其他辊道

除了以上三种主要辊道外，还有爬坡辊道、受料辊道和收集辊道。

爬坡辊道又称双层辊道。如图 14-14 所示，是由装在支架上的许多辊身很短、辊距较大的从动辊组成。当需要从某架轧机的中、上辊过钢而没有摆动台时，就把这种爬坡辊道放在该架轧机后的工作辊道上，轧件靠工作辊道的驱动，通过爬坡辊道进入轧辊。更换孔型时，可将爬坡辊道吊至所需要的位置上。

受料辊道又称上料辊道，是从其他运输工具直接接受轧件，如初轧机前接受钳式吊车或钢锭车放下的钢锭的辊道段，钢坯加热炉前接受吊车放下的坯料或上料台架放下的坯料的辊道段。它的工作负荷较重，经常是在冲击、高温等条件下工作。

收集辊道位于设备加工线的尾部。用来将轧件半成品或成品收集起来，以便进行整理、打印、冷却、捆扎或其他加工工序。对于较小轧件，有的辊子为倾斜放置，可使轧件自动收

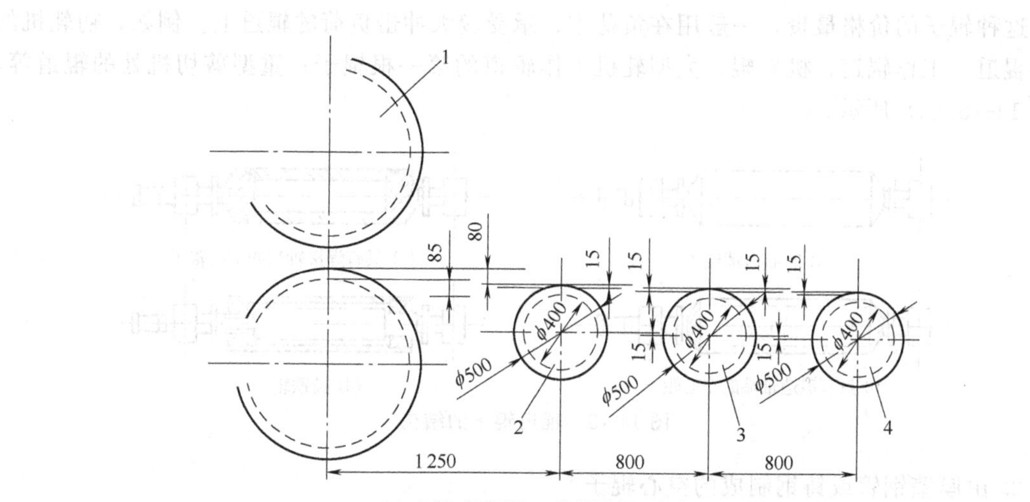

(a) 轧辊、机架辊、工作辊道辊子间的高度配置图

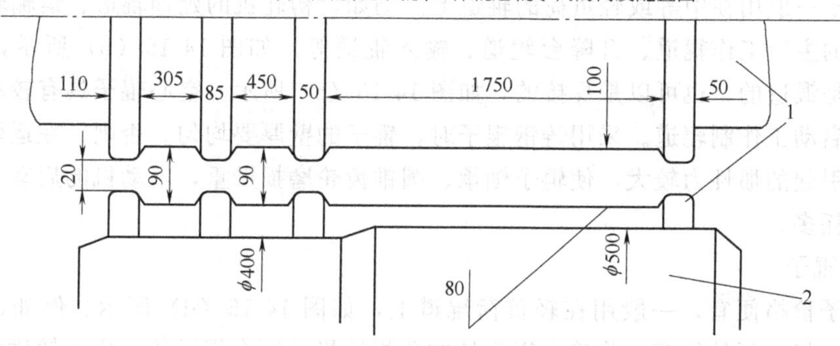

(b) 轧辊孔型与第一架机架辊辊身的相对位置

图 14-13　1150 初轧机机架辊子配置简图

1— 轧辊；2—第一个机架辊辊子；3—第二个机架辊辊子；4—工作辊道辊子

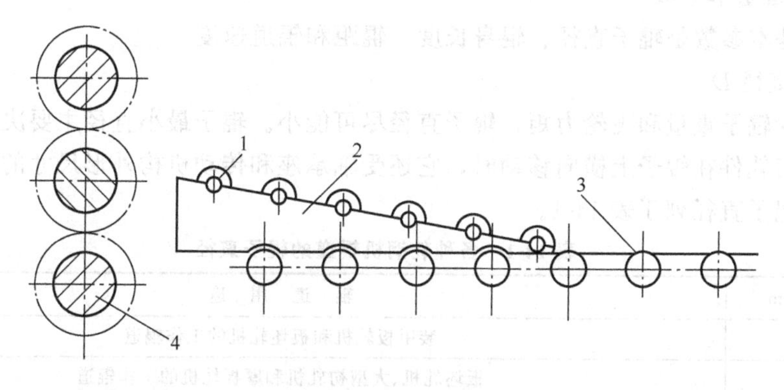

图 14-14　爬坡辊道

1—从动辊；2—支架；3—工作辊道；4—轧辊

集于集料设备上。

二、辊子结构和辊道基本参数

（一）辊子结构

在轧钢车间中，常用的辊道辊子结构有四种型式。

1. 实心锻造辊子

这种辊子的价格最贵，一般用在负荷重、承受较大冲击负荷的辊道上。例如，初轧机的受料辊道、工作辊道、机架辊；大型轧机工作辊道的第一根辊子；重型剪切机处的辊道等，如图 14-15（a）所示。

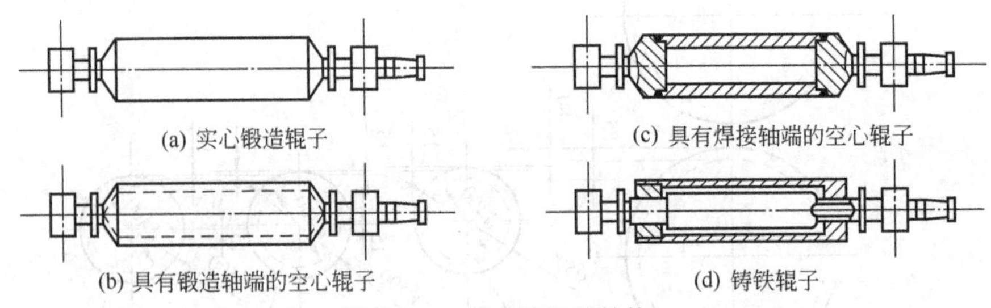

图 14-15　辊道辊子的结构

2. 由厚壁钢管或铸钢制成的空心辊子

这种辊子一般用在中等或轻负荷的辊道上。例如，初轧机的延伸辊道、运输辊道；其他大部分轧机的主要工作辊道、升降台辊道、输入辊道等。如图 14-15（b）所示，空心辊子的轴端可以是锻造的，也可以是焊接的，如图 14-15（c）所示。空心辊子具有较小的飞轮力矩，适合于启动工作制辊道。采用铸钢辊子时，辊子的壁厚要均匀。否则，在运转时由于辊子不平衡而引起的惯性力较大，使辊子轴承、圆锥齿轮磨损严重，电动机的启动、制动力矩大，功率消耗多。

3. 铸铁辊子

这种辊子价格便宜，一般用在轻负荷辊道上，如图 14-15（d）所示。例如，除初轧机外的大部分轧机的延伸辊道，除输入辊道外的薄板轧机的所有辊道等。由于铸铁辊子不易擦伤轧件的表面，对于成品轧件的输出辊道尤为合适。铸铁辊子的传动轴除了用键连接外，也有将铸铁辊子直接浇铸在钢轴上的。

（二）辊道基本参数

辊道的基本参数是辊子直径、辊身长度、辊距和辊道速度。

1. 辊子直径 D

为了减少辊子重量和飞轮力矩，辊子直径尽可能小。辊子最小直径主要决定于辊子的强度条件。但当轧件在辊子上横向移动时，它还受轴承座和传动机构外形尺寸的限制。一般轧钢机采用的辊子直径列于表 14-1。

表 14-1　各种轧钢机辊道的辊子直径

辊道直径/mm	辊　道　用　途
600	装甲板轧机和板坯轧机的工作辊道
500	板坯轧机、大型初轧机和厚板轧机的工作辊道
450	初轧机的工作辊道
400	小型初轧机和轨梁轧机的工作辊道，板坯轧机和大型初轧机的运输辊道
350	中板轧机的辊道，初轧机和轨梁轧机的运输辊道
300	中型轧机和薄板轧机的工作辊道和输入辊道
250	小型轧机的辊道，中型轧机和薄板轧机的输出辊道
200	小型轧机冷床处的辊道
150	线材轧机的辊道

2. 辊身长度 l

辊身长度一般根据辊道用途来确定。主要工作辊道辊子的辊身长度，一般等于轧辊的辊身长度。在初轧机和一些开坯轧机上，为了设置推床导板，辊子辊身长度就比轧辊辊身长度长一些。而型钢轧机辅助工作辊道辊子的辊身长度比轧辊辊身长度短，因为轧件只在最后几道轧制时，辅助辊道才运转。

运输辊道辊子的辊身长度 l，决定于运输的轧件宽度 b，即

$$l=b+\Delta \tag{14-1}$$

其中，余量 Δ 可根据运输的轧件种类选择确定，通常 $\Delta=150\sim350$mm，轧件越宽，Δ 应取得稍大些；轧件宽度 b 应按运输的轧件最大宽度来考虑。

3. 辊距 t

根据运输的轧件长度，辊道辊距 t 可按以下情况考虑确定。

① 在运输短轧件时，为了保证轧件至少放在两个辊子上，辊道辊距不能大于最短轧件长度的一半。在运输钢锭时，辊距不能大于钢锭重心到宽端的距离，如图 14-16 所示。否则，轧件在运输时要撞击辊子，加速辊子的磨损和轴承的损坏。

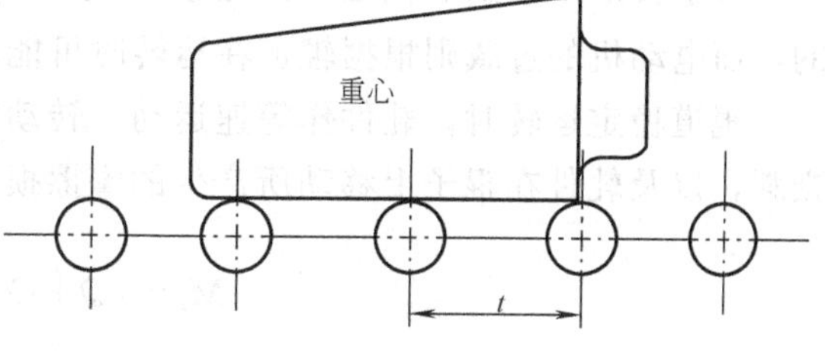

图 14-16　运输钢锭时，辊道辊距的确定

② 在运输长轧件时，最大辊距要考虑轧件由于自重引起弯曲这一条件。当轧件从一个辊子向另一个辊子移动，但还未到达另一个辊子上时，如图 14-17 所示，根据弹性变形的极限条件，辊子的最大允许辊距可由以下公式确定

$$\frac{1}{2}\gamma bhgt^2=\frac{bh^2}{6}\sigma_s\times10^3 \tag{14-2}$$

所以

$$t=\sqrt{\frac{h\sigma_s\times10^3}{3\gamma g}} \tag{14-3}$$

式中　t——最大允许辊距，mm；

b——轧件宽度，mm；

h——轧件厚度，mm；

γ——钢的密度，kg/ mm^3；

g——重力加速度，mm/s^2；

σ_s——相应温度下轧件的屈服极限，MPa。

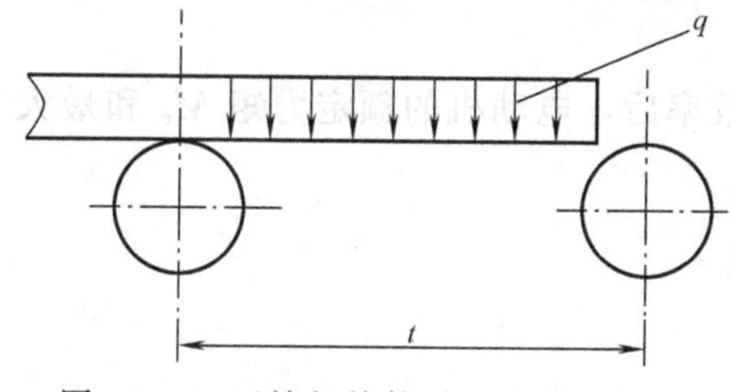

图 14-17　运输长轧件时，最大允许辊距的确定

在大型轧机上，辊道辊距一般取 1.2～1.6m；中板轧机取为 0.9～1.0m；薄板轧机取为0.5～0.7m。有时，在这些辊道的传动辊子之间还装设直径较小的空转辊子。

4. 辊道速度 v

辊道速度一般根据辊道用途确定。工作辊道的工作速度通常根据轧机的轧制速度选取。当运输长的薄

轧件时，轧机后的工作辊道速度要比轧制速度大5%～10%，以避免轧件形成折皱；冲击负荷较大的加热炉炉前辊道，应选用较低的速度，一般取1.2～1.5m/s；加热炉后辊道和轧机输入辊道的速度应取得稍大些，一般取1.5～2.5m/s；为了不产生堆钢现象，轧机输出辊道的速度要取为轧件轧制速度的1～1.1倍；在轧机后装有卷取机的板带连轧机组上，当卷取机咬入轧件建立张力后，轧机输出辊道的速度应与轧件速度相同；当轧件尾部离开最后一架精轧机座后，输出辊道速度应比轧件速度低10%，以避免轧件在辊道上产生起套现象。

三、辊道驱动力矩计算

为了计算驱动辊道所需的电动机功率，必须先求出辊道的驱动力矩。由于电动机运转方式和辊道工作条件不同，计算驱动力矩方法有所不同。根据辊道电动机的运转方式，可分为长期工作制和启动工作制两种。

（一）长期工作制辊道驱动力矩的计算

对于长期工作制的辊道，其电动机的发热是根据辊道稳定运转时的静力矩 M_1 来计算的，而电动机的过载则根据辊道在运转时可能出现的最大静力矩 M_{max} 计算。

辊道稳定运转时，轧件作等速运动。转动辊道所需要的静力矩是根据辊子轴承中的摩擦损耗，以及轧件在辊子上移动所产生的摩擦损耗来计算，即

$$M_1=(Q+CG_1)\mu\frac{d}{2}+Qf \tag{14-4}$$

式中 M_1——辊道稳定运转时的静力矩，N·m；

Q——在该组辊道上作用的轧件重量，N；对于单独驱动辊道，则为作用在一个辊子上的重量，可根据表14-2选取；

G_1——一个辊子的重量，N；

C——由一台电动机所驱动的辊子数目；

μ——辊子轴承摩擦系数，对于滚子轴承，$\mu=0.005$；对于铜瓦轴承，$\mu=0.06\sim0.08$；

d——辊子轴颈的直径，m；

f——轧件在辊子上滚动的摩擦系数，对于冷轧件为0.001m；对于热轧件为0.0015m；对于灼热钢锭为0.002m。

当在辊道上移动的轧件遇到阻碍物而突然停止时，驱动辊道的静力矩达到最大值。此最大静力矩 M_{max} 也称为打滑力矩。

$$M_{max}=(Q+CG_1)\mu\frac{d}{2}+Q\mu_1\frac{D}{2} \tag{14-5}$$

式中 μ_1——辊子在轧件打滑时的摩擦系数，对于热轧件为0.3；对于冷轧件为0.15～0.18；

D——辊子直径，m。

根据式（14-4）和式（14-5），考虑辊道传动比和效率后，电动机的额定力矩 M_e 和最大力矩 M_{emax} 应分别满足以下条件

$$M_e\geqslant\frac{M_1}{i\eta}$$

$$M_{emax}\geqslant\frac{M_{max}}{i\eta}$$

式中　i——辊道的传动比；

η——辊道传动系统的效率。

（二）启动工作制辊道驱动力矩的计算

启动工作制辊道是在加速情况下运送轧件的，除了静力矩 M_1 外，还要考虑辊子和轧件所产生的动力矩 M_2，辊道在启动时所需的力矩 M 为

$$M=M_1+M_2 \tag{14-6}$$

表 14-2　作用在一个辊子上的轧件重量（重力）

轧件特性		作用在一个辊子上的轧件重量/N	备　注
断面面积/mm²	长度		
>10 000	<3t	0.75G	t——辊道辊距；
>2 000	>3t	0.5G	G——轧件重量(重力),N
>2 000	>4t	0.3G	
小型型钢和薄带材	>10t	三个辊距长度的轧件重量(重力)	

动力矩 M_2 的初步计算，可根据辊道辊子和轧件在加速时的动力矩来计算，即

$$M_2=\frac{(CGD_1^2+GD_Q^2)}{4}\varepsilon \quad \text{N}\cdot\text{m} \tag{14-7}$$

式中　GD_1^2——一个辊子的飞轮力矩，kg・m²；

GD_Q^2——直线移动的轧件换算到辊子轴上的飞轮力矩；如果假设轧件质量作用在辊子的圆周上，则 $GD_Q^2=\frac{Q}{g}D^2$，kg・m²；其中，Q 为该组辊道上作用的轧件重量（重力），N；g 为重力加速度，m/s²；D 为辊子直径，m；

ε——辊子的角加速度，如果以轧件的加速度 a 来表示，则 $\varepsilon=\frac{2a}{D}$，1/s²。

如果以 $a_{\max}=\mu_1 g$ 和 $GD_Q^2=\frac{Q}{g}D^2$ 代入式（14-7），则动力矩 M_2 为

$$M_2=\frac{CGD_1^2}{2D}\mu_1 g+Q\mu_1\frac{D}{2} \tag{14-8}$$

由式（14-4）和式（14-8），可求得辊道的起动力矩 M 为

$$M=\frac{CGD_1^2}{2D}\mu_1 g+Q\mu_1\frac{D}{2}+(Q+CG_1)\mu\frac{d}{2}+Qf \quad \text{N}\cdot\text{m} \tag{14-9}$$

根据式（14-9），可初步选择辊道电动机。

在辊道启动时，为了保证轧件能在辊道上移动，所选择的电动机起动力矩 M_q 应满足以下条件

$$M_q\leqslant\frac{M}{i\eta} \tag{14-10}$$

根据电动机启动力矩 M_q 与额定力矩 M_e 的比值 K，可初步选择电动机额定力矩 M_e，即

$$M_e=\frac{M_q}{K} \tag{14-11}$$

式中　K——电动机启动力矩 M_q 与额定力矩 M_e 的比值。

根据式（14-11）初步选择电动机后，再按辊道工作特点，对电动机进行进一步验算。

第二节　升　降　台

升降台一般装设在二辊叠轧薄板轧机、三辊型钢轧机和三辊钢板轧机的前后，用来升降和输送轧件。

在二辊叠轧薄板轧机上，从轧辊中出来的轧件送到轧机后的升降台上后，升降台上升，并通过升降台上的运输链将轧件送往上轧辊的上表面。随着上轧辊的转动，轧件返回轧机机前的升降台上。然后，升降台下降，将轧件送往轧机进行再次轧制。

在三辊式轧机上，机后升降台用来接受从中下辊出来的轧件，并将轧件上升提高后送入中上辊轧制。机前升降台用来接受上中辊出来的轧件，并使其下降后送入中下辊轧制。

升降台的升降机构通常是采用曲柄连杆式或偏心轮式。近年来，也有采用液压式。升降台的平衡装置，在轻型升降台上常用弹簧或气缸平衡，在重型升降台上则用重锤平衡。轧机前后升降台的驱动，可由一台电动机驱动，通过连杆进行机械联锁或分别由两台电动机和机械传动装置驱动而采用电气联锁，如图 14-18 所示。为了使带动升降台的垂直杆作近似于直线的运动，重锤杠杆的摆动角度取为 40°～60°。

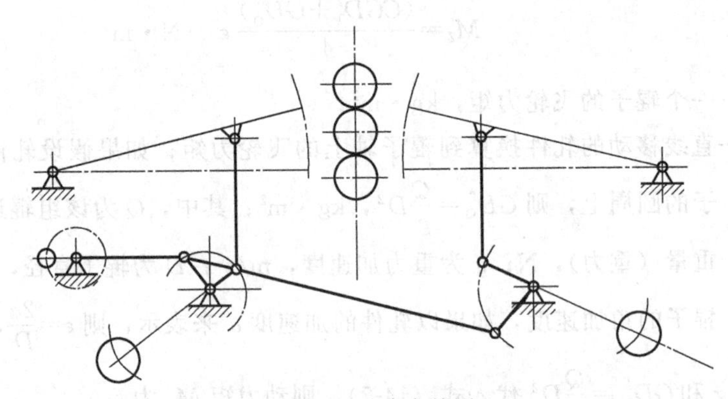

图 14-18　升降台简图

升降台台面长度可由以下两个条件确定。

① 当轧件长度小于 10～15m 时，升降台同时应作为主要工作辊道，升降台台面长度必须大于轧件最大长度的 2/3。

② 为了可靠地将轧件送入轧辊，以及减少轧件在升降台与运输辊道交接处的弯曲，升降台上升至最高位置时的斜度取为 1∶10 或 1∶15。在一些中小型轧机上，也有采用双层辊道代替升降台的。

一、升降台结构

如图 14-19 所示，650 大型轧机升降台的辊道采用集体驱动，电动机与减速机都设置在升降台台架上。由于电动机设置在升降台摆动点处，这有利于减轻升降台的摆动负荷。

升降台上装有两台辊式推床和一台辊式翻钢机，可以进行轧件的横移和翻转。

在型钢与轨梁轧机上，为了缩短换辊时间，有时采用更换整个工作机座的方式来换辊。要求升降台能够移离机座一定距离，以便在吊装工作机座时不碰升降台前几个辊子。升降台的移离机构是由两个液压缸和杠杆机构组成的，如图 14-19 (a)、(b) 所示。在升降台移离机座前，先将锁紧板拆卸掉，再通过液压缸和杠杆机构，使升降台

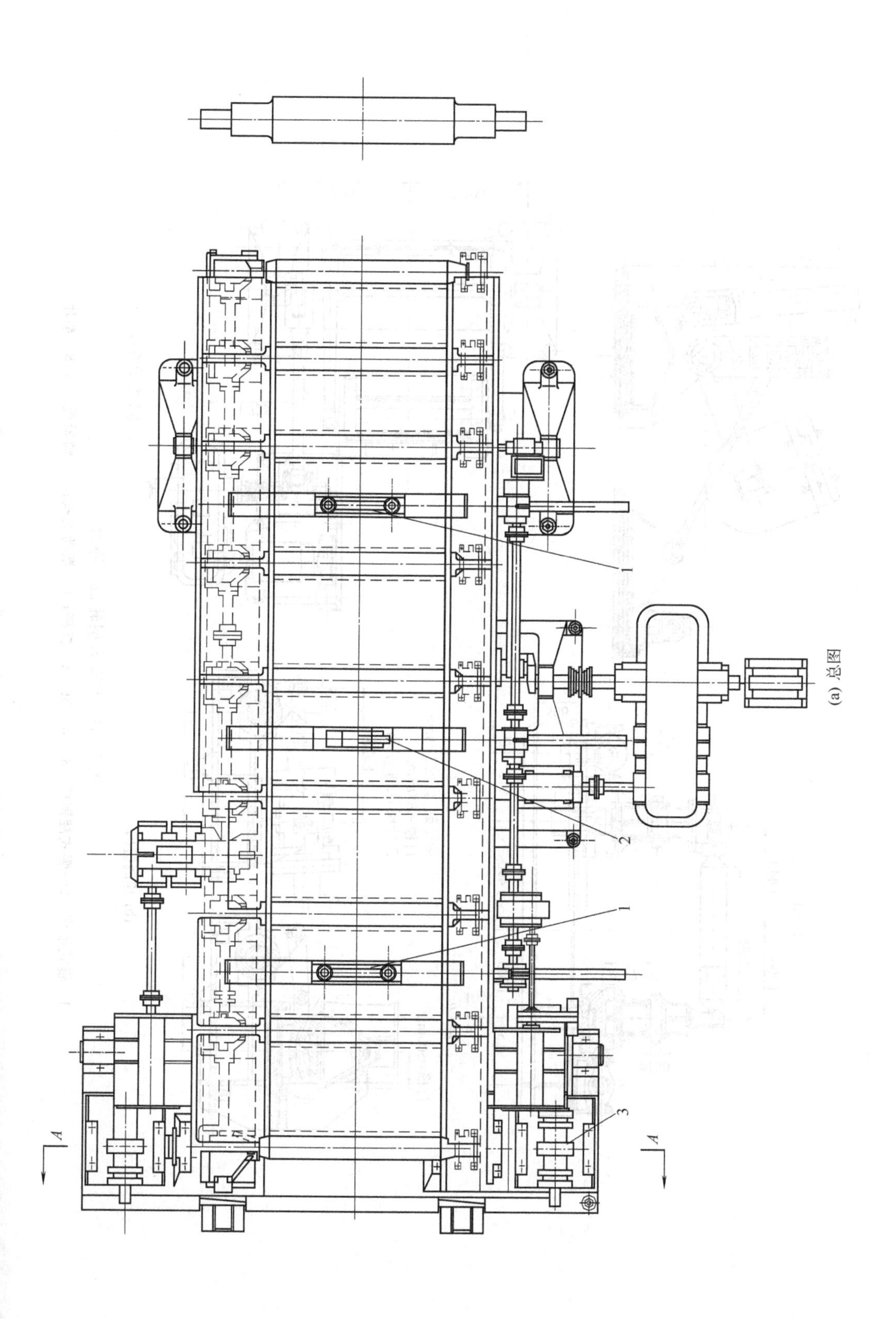

(a) 总图

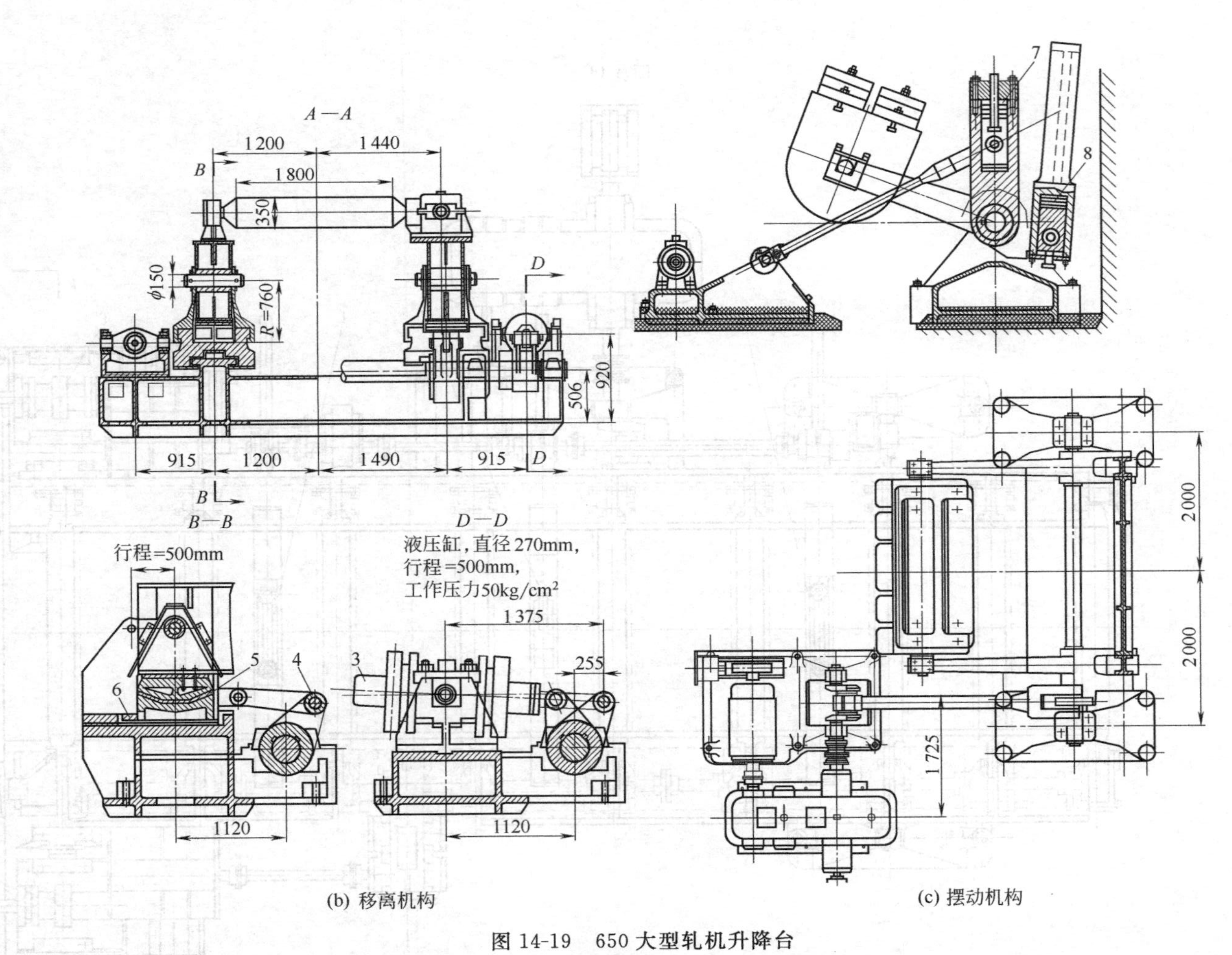

图 14-19　650 大型轧机升降台

1—辊式推床；2—辊式翻钢机；3—液压缸；4—杠杆；5—摆动支座；6—锁紧板；7，8—垫片

移离机座 500mm。

考虑轧辊的磨损和不同的轧辊孔型，有时需要调整升降台的摆动幅度和极限位置。调整升降台的摆动幅度，是通过更换垫片 7 的厚度而使摆动杠杆半径改变来实现的，如图 14-19（c）所示。升降台极限位置是通过调整升降台支杆的垫片来实现的。

二、曲柄连杆式升降台平衡原理

为了减少电动机容量，并使升降台工作平稳可靠，在曲柄连杆式升降台的摆动机构中装有平衡装置。在设计升降台平衡装置时，要符合“中间位置平衡原理”，即升降台在中间位置时能够保持平衡，而升降台在上部位置时欠平衡，升降台在下部位置时过平衡。

如图 14-20（a）所示，如果以 M_G 表示平衡重的重量（重力）G 相对于轴 O_2 的力矩，以 M_Q 表示顶杆对平衡杠杆作用力 Q 相对于轴 O_2 的力矩，则“中间位置平衡原理”可用以下不平衡力矩的关系式表示。

升降台在上部位置时，$M_Q > M_G$，其不平衡力矩为

$$M_2 = M_Q - M_G > 0$$

升降台在中间位置时，$M_Q = M_G$，其不平衡力矩为

$$M_2 = M_Q - M_G = 0$$

升降台在下部位置时，$M_Q < M_G$，其不平衡力矩为

$$M_2 = M_Q - M_G < 0$$

从以上关系可以看出。

① 升降台在上部和下部极限位置时，不平衡力矩有利于电动机的启动和制动，能节省电动机能量。

② 如果升降台摆动机构的传动系统有零件损坏，由于升降台在下部位置时，平衡重产生的力矩 M_G 大于顶杆作用力产生的力矩 M_Q，可保证升降台不会突然下坠。此时，升降台停在中间位置，故其工作可靠。

③ 升降台摆动时，不平衡力矩 M_2 是变化的。

为了实现上述平衡条件，平衡杠杆 KO_2D 的两个杠杆臂 KO_2 和 DO_2 的夹角 φ，要比力 Q 与 G 之间的夹角大 2γ，如图 14-20（b）所示。此外，r_k 和 r_D 应根据以下公式确定

$$Qr_D = Gr_k \tag{14-12}$$

当升降台在中间位置时，杠杆 KO_2D 处于图 14-20（b）中的实线位置。力 Q 相对于轴 O_2 的力矩 M_Q 和力 G 相对于轴 O_2 的力矩 M_G 分别为

$$M_Q = Qr_D\cos\gamma$$
$$M_G = Qr_k\cos\gamma$$

式中　r_D ——杠杆臂 DO_2 长度；

r_k ——杠杆臂 KO_2 长度；

γ——杠杆臂 KO_2 与水平线的夹角。

显然，只有满足式（14-12）时，才能使 $M_Q = M_G$，可以实现升降台在中间位置保持平衡的要求。

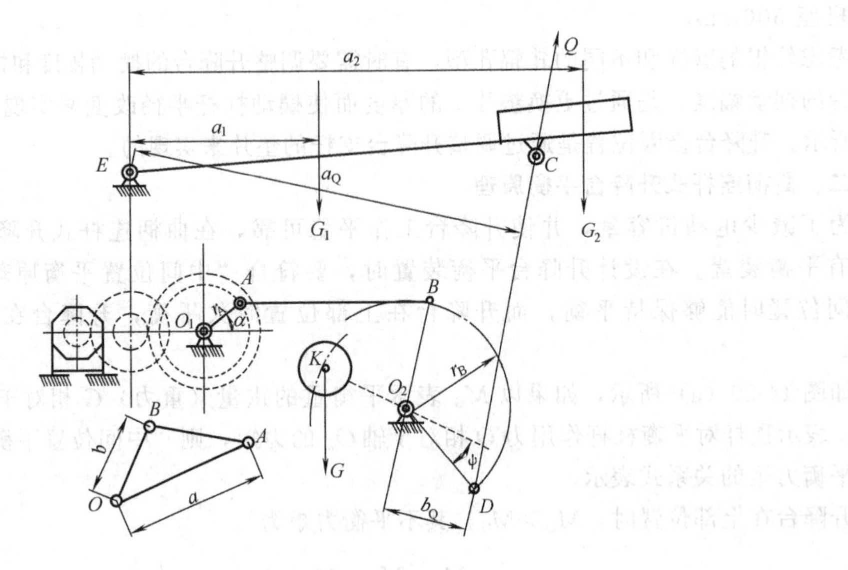

(a) 机构简图

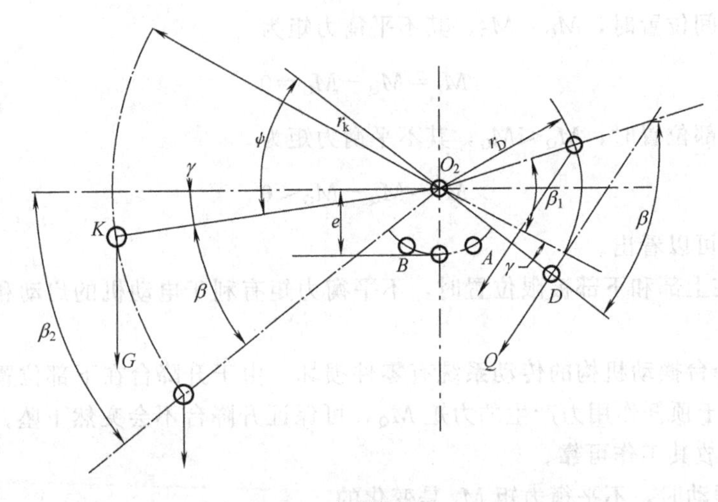

(b) 杠杆受力图

图 14-20　曲柄连杆式升降台示意图

当升降台上升到上部位置时，杠杆 KO_2D 反时针旋转一个角度 β，此时，力矩 M_Q 和 M_G 分别为

$$M_Q = Qr_D\cos\beta_1 = Qr_D\cos(\beta-\gamma) \tag{14-13}$$

$$M_G = Gr_k\cos\beta_2 = Gr_k\cos(\beta+\gamma) \tag{14-14}$$

式中　β_1——升降台在上部位置时，杠杆臂 DO_2 与从轴 O_2 引向力 Q 的垂线之间的夹角；

β_2——升降台在上部位置时，杠杆臂 KO_2 与从轴 O_2 引向力 G 的垂线之间的夹角；

β——升降台在上升（或下降）时，平衡杠杆 KO_2D 的摆动角度。

同理，当升降台下降到下部位置时，力矩 M_Q 和 M_G 分别为

$$M_Q = Qr_D\cos(\beta+\gamma) \tag{14-15}$$

$$M_G = Gr_k\cos(\beta-\gamma) \tag{14-16}$$

由式（14-13）～式（14-16），考虑式（14-12）后，升降台处于上部和下部极限位置时，其不平衡力矩 M_2 为

$$M_2=M_Q-M_G=Gr_k[\cos(\beta\pm\gamma)-\cos(\beta\pm\gamma)] \tag{14-17}$$

如果平衡杠杆的形状和尺寸已经确定时，式（14-17）中的 r_k 和 γ 角都是常数，可用常数 e 表示 r_k 和 $\sin\gamma$ 的乘积，即令 $e=r_k\sin\gamma$，则不平衡力矩 M_2 为

$$M_2=\pm 2Ge\sin\beta=f(\beta) \tag{14-18}$$

由式（14-18）可画出不平衡力矩 M_2 与平衡杠杆的摆动角度 β 的变化曲线，如图 14-21 所示。当摆动角小于 ±30°时，$M_2=f(\beta)$ 的正弦曲线可用直线来代替。不平衡力矩 M_2 的变化是符合上述平衡要求的。

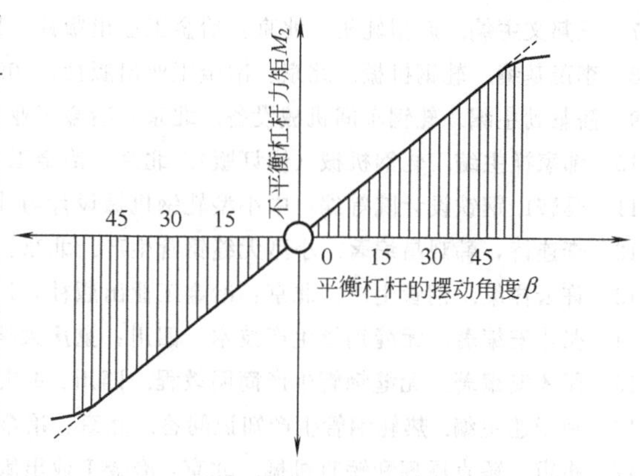

图 14-21　不平衡力矩 M_2 与 β 角变化曲线

γ 角一般根据平衡杠杆的最大摆动角度 β_{max} 和不平衡系数 K 来确定。其中，不平衡系数 K 是 $\beta=\beta_{max}$ 时的最大不平衡力矩 $(M_2)_{max}$ 与平衡时的力矩 Qr_D 或 Gr_k 的比值，即

$$K=\frac{(M_2)_{max}}{Qr_D}=\frac{(M_2)_{max}}{Gr_k} \tag{14-19}$$

根据式（14-17），将 $(M_2)_{max}$ 代入式（14-19），则

$$K=2\sin\beta_{max}\sin\gamma \tag{14-20}$$

在式（14-20）中，平衡杠杆的最大摆动角度 β_{max} 一般为 20°～30°。而不平衡系数 K 往往根据经验数据确定。对于高速升降台 K 值取得大些，而低速升降台则取得小些。一般重型升降台平均取 $K=0.1$。此时，由式（14-20）可求出 γ 角数值为 8°20′～5°40′。

思考题

1. 试述辊道的作用及分类。
2. 辊道的基本参数是什么？
3. 如何计算驱动辊道所需的电动机功率？
4. 简述曲柄连杆式升降台的平衡原理。

参 考 书 目

1 蒋维兴主编. 轧钢机械设备. 北京：冶金工业出版社，1981
2 黄华清主编. 轧钢机械. 北京：冶金工业出版社，1980
3 邹家祥主编. 轧钢机械. 北京：冶金工业出版社，1988
4 桂万荣主编. 轧钢机械设备. 北京：冶金工业出版社，1980
5 刘宝珩主编. 轧钢机械设备. 北京：冶金工业出版社，1984
6 边金生主编. 轧钢机械设备. 北京：冶金工业出版社，1998
7 王邦文主编. 新型轧机. 北京：冶金工业出版社，1994
8 李茂基编. 轧钢机械. 北京：冶金工业出版社，1998
9 潘慧勤主编. 轧钢车间机械设备. 北京：冶金工业出版社，1994
10 邹家祥主编. 轧钢机械（修订版）. 北京：冶金工业出版社，1989
11 马鞍山钢铁设计院等编. 中小型轧钢机械设计与计算. 北京：冶金工业出版社，1981
12 李连诗，韩观昌编著. 小型无缝钢管生产. 北京：冶金工业出版社，1989
13 许云祥编. 钢管生产. 北京：冶金工业出版社，1993
14 张才安编著. 无缝钢管生产技术. 四川：重庆大学出版社，1997
15 张才安编著. 无缝钢管生产简明教程. 四川：重庆大学出版社，1988
16 卢于逑主编. 热轧钢管生产知识问答. 北京：冶金工业出版社，1991
17 崔甫. 矫直原理和矫直机械. 北京：冶金工业出版社，2002
18 王海文主编. 轧钢机械设计. 北京：机械工业出版社，1983